POULTRY MEAT PROCESSING

Second Edition

Casey M. Owens, Christine Z. Alvarado, Alan R. Sams 主编

禽肉加工

徐幸莲 主译

王鹏 汤晓艳 副主译

第 2 版

CRC Press
Taylor & Francis Group

中国农业大学出版社

图书在版编目(CIP)数据

禽肉加工/(英)欧文(Casey M.Owens),等主编;徐幸莲主译.—北京:中国农业大学出版社,2013.12(2015.7重印)

书名原文:Poultry Meat Processing,Second Edition

ISBN 978-7-5655-0850-9

Ⅰ.①禽…　Ⅱ.①欧…　②徐…　Ⅲ.①禽肉-肉制品-食品加工-高等职业教育-教材

Ⅳ.①TS251.5

中国版本图书馆 CIP 数据核字(2013)第 270775 号

书　　名	禽肉加工(第2版)		
作　　者	Casey M. Owens　Christine Z. Alvarado　Alan R. Sams　主编		
	徐幸莲　主译　　　　王　鹏　汤晓艳　副主译		

责任编辑	宋俊果　刘耀华	责任校对	王晓凤　陈　莹
封面设计	郑　川		
出版发行	中国农业大学出版社		
社　　址	北京市海淀区圆明园西路2号	邮政编码	100193
电　　话	发行部 010-62818525,8625	读者服务部	010-62732336
	编辑部 010-62732617,2618	出　版　部	010-62733440
网　　址	http://www.cau.edu.cn/caup	E-mail	cbsszs @ cau.edu.cn
经　　销	新华书店		
印　　刷	涿州市星河印刷有限公司		
版　　次	2013年12月第1版　　2015年7月第2次印刷		
规　　格	787×1 092　16开本　22.75印张　562千字		
定　　价	60.00元		

图书如有质量问题本社发行部负责调换

Poultry Meat Processing, second edition/by Casey M. Owens, Christine Z. Alvarado, Alan R. Sams
ISBN:978-1-4200-9189-2

Copyright © 2010 by Taylor & Francis Group, LLC
CRC Press is an imprint of Taylor & Francis Group

译 者 名 单

主　译：徐幸莲　南京农业大学
副主译：王　鹏　南京农业大学
　　　　汤晓艳　中国农业科学院
　　　　　　　农业质量标准与检测
　　　　　　　技术研究所

翻译者（以姓氏笔画为序）
　　　　王华伟　南京农业大学
　　　　王虎虎　南京农业大学
　　　　王金玉　扬州大学
　　　　王　鹏　南京农业大学
　　　　叶可萍　南京农业大学
　　　　刘登勇　渤海大学
　　　　孙京新　青岛农业大学
　　　　汤晓艳　中国农业科学院
　　　　　　　农业质量标准与检测
　　　　　　　技术研究所
　　　　张秋勤　南京农业大学
　　　　李苗云　河南农业大学
　　　　邵俊花　渤海大学
　　　　祝超智　南京农业大学
　　　　赵改名　河南农业大学
　　　　徐幸莲　南京农业大学
　　　　徐雯雅　南京农业大学
　　　　康壮丽　南京农业大学
　　　　黄　明　南京农业大学
　　　　黄继超　南京农业大学
　　　　樊庆灿　扬州大学

撰 稿 人

James C. Acton
Department of Food Science and Human
  Nutrition
Clemson University
Clemson, South Carolina

Christine Z. Alvarado
Department of Poultry Science
Texas A&M University
College Station, Texas

Sacit F. Bilgili
Department of Poultry Science
Auburn University
Auburn, Alabama

R. Jeff Buhr
USDA Agricultural Research Center
R.B. Russell Research Center
Athens, Georgia

J. Allen Byrd
USDA Agricultural Research Center
Southern Plains Agricultural Research
  Center
College Station, Texas

David J. Caldwell
Departments of Poultry Science and
  Veterinary Pathobiology
Texas A&M University
College Station, Texas

Muhammad Munir Chaudry
Islamic Food and Nutrition Council of
  America
Chicago, Illinois

Donald E. Conner
Department of Poultry Science
Auburn University
Auburn, Alabama

Michael A. Davis
Department of Poultry Science
Texas A&M University
College Station, Texas

Paul L. Dawson
Department of Food Science and Human
  Nutrition
Clemson University
Clemson, South Carolina

Anne Fanatico
National Center for Appropriate
  Technology
Fayetteville, Arkansas

Glenn W. Froning
Department of Food Science and
  Technology
University of Nebraska
Lincoln, Nebraska

Billy M. Hargis
Department of Poultry Science
University of Arkansas
Fayetteville, Arkansas

Jimmy T. Keeton
Department of Nutrition and Food Science
Texas A&M University
College Station, Texas

Young S. Lee
Nong Shim Co., Ltd.
Seoul, South Korea

Brenda G. Lyon
USDA Agricultural Research Service,
　Retired
Athens, Georgia

Clyde E. Lyon
USDA Agricultural Research Service,
　Retired
Athens, Georgia

Shelly R. McKee
Department of Poultry Science
Auburn University
Auburn, Alabama

William C. Merka
Department of Poultry Science
University of Georgia
Athens, Georgia

Jean-François Meullenet
Department of Food Science
University of Arkansas
Fayetteville, Arkansas

Rubén O. Morawicki
Department of Food Science
University of Arkansas
Fayetteville, Arkansas

Julie K. Northcutt
Department of Food Science and Human
　Nutrition
Clemson University
Clemson, South Carolina

Wesley N. Osburn
Department of Animal Science
Texas A&M University
College Station, Texas

Casey M. Owens
Department of Poultry Science
University of Arkansas
Fayetteville, Arkansas

Joe M. Regenstein
Department of Food Science
Cornell University
Ithaca, New York

Scott M. Russell
Department of Poultry Science
University of Georgia
Athens, Georgia

Alan R. Sams
Department of Poultry Science
Texas A&M University
College Station, Texas

Manpreet Singh
Department of Poultry Science
Auburn University
Auburn, Alabama

Denise M. Smith
Department of Food Science and
　Technology
The Ohio State University
Columbus, Ohio

Douglas P. Smith
Department of Poultry Science
North Carolina State University
Raleigh, North Carolina

Leslie D. Thompson
Department of Animal and Food
　Sciences
Texas Tech University
Lubbock, Texas

英文版致意

　　谨以此书向我的导师致意，并以此书纪念 Dr. Pam Hargis 和 Dr. Doug Janky 团队对于禽肉加工、食品以及营养科学的深远影响。

中文版前言

经过 30 多年的持续发展,我国肉禽加工产业在规模、结构、效益等方面,取得了令世界同行瞩目的成就。仅以肉鸡为例,目前我国鸡肉生产总体规模仅次于美国,位居世界第二。在整个肉禽产业链上,深加工是肉禽屠宰企业发展到一定程度后的必然选择,是由产业链利润分布和消费者对加工食品的需求不断增长所决定的。我国禽肉加工正在从初级产品加工加速向深加工转变。但从产业链的纵向比较看,我国规模化的肉禽养殖体系不断做大,产业日趋成熟,而禽肉加工环节却相对不够成熟。从国际横向比较看,在产品结构、质量控制、自动化程度、标准化程度等方面,我国禽肉加工业仍落后于国外先进水平。

国外禽肉加工业的发展起步较早,其深加工已经相对发达。无论是在深加工产品的种类,还是在相关加工技术等方面,都要领先于我国。目前,美国家禽产业深加工领域的发展重心主要定位在即食和即烹食品上,在技术层面上更加关注加工设备的智能化、加工效率、包装技术、深加工产品的健康性、食品安全以及迎合消费者不断变化的产品口味需求等方面。这些先进的技术和经验对于中国发展禽肉深加工具有借鉴和指导意义。但从国内相关技术资料看,尚缺乏一本系统介绍从屠宰到终产品、集理论性和可操作性于一体的禽肉加工专门书籍。

鉴于此,国家肉鸡产业技术体系综合研究室召集了国内禽肉加工领域的多名专家,对于国际上禽肉加工领域的经典技术书籍《Poultry Meat Processing》进行了翻译。本书可作为禽肉加工企业、科研院所相关技术人员的技术手册,也可以作为学习畜产品加工学生的参考书籍。编者希望本书的翻译能够有助于我国禽肉业完善质量安全控制技术,提升加工自动化与标准化水平,丰富禽肉产品类型,提高禽肉深加工程度。

本书的出版得到了国家肉鸡产业技术体系专项资金"鸡肉及其制品质量安全控制关键技术"(CARS-42-11B)的资助。在本书整理过程中,周莉老师、韩敏义老师、王道营老师和胡萍老师对译稿进行了审校,硕士生邢通和谢翀帮助整理了图表,美国农业部 Hong Zhuang 博士提供了技术支持,在此一并表示衷心感谢!

尽管作者在翻译和统稿过程中尽了很大努力,但书中难免存在一些不足和不当之处,恳请读者批评指正。

译　者
2013 年 6 月

英文版前言

　　本书的第 1 版是由世界上家禽领域和食品领域一些最杰出的科学家编写完成的。编者们在讲授家禽加工以及产品质量控制的课程时发现，应该有一本好的教材，因此本书应运而生。该书第 2 版由原作者以及更多的专家进行了拓展，其总体结构保持不变，但各个章节节略了对科学文献的综述。除了教学使用，本书将继续为科研人员、产业人才、推广专家及代理商们寻求更多的知识来提供有益的参考。

　　本书大部分作者是 S-1027 美国农业部州际研究项目的积极参与者，由该工程推动的合作关系也为本书第 2 版的出版提供了可能，在此对这些作者给予禽肉加工领域的贡献表示感谢。主编同样非常感谢 Elizabeth Hirschler，因为她出色的技术和创造性的贡献使得最初第 1 版的出版成为可能。编辑这样一本书需要很多时间和精力，因此主编非常感谢在编写准备过程中他们配偶的理解。

　　尽管 Alan Sams 是第 1 版的主编，但是 Christine Alvarado 和 Casey Owens-Hanning 在第 2 版的协调、合作和编辑过程中给予了大力的帮助和支持。没有他们，不可能有第 2 版的面世。本书展现出的科学知识和编辑水平清楚地表明，他们接受了最好的教育和训练，他们在相应领域取得的公认成就和成功事业的背后是对自身能力的精雕细琢。他们让导师引以为豪。

主编

Casey M. Owens, Ph.D.

Christine Z. Alvarado, Ph.D.

Alan R. Sams, Ph.D.

目　　录

第1章

禽肉加工概述

Alan R. Sams，Christine Z. Alvarado

徐幸莲　译

　　家禽加工涵盖面广,涉及包括生物、化学、工程、市场和经济等在内的诸多内容。家禽加工的主要目标是为人们提供可食产品,此外还包括废弃物管理、家禽的非食用用途以及宠物或者家畜饲养等相关领域。从全球市场来看,家禽通常指那些被驯养的禽类,家禽产品包括从宰后胴体到进一步深加工的产品,如熟食面包卷、法兰克福香肠、快餐店的鸡块等。但是,由于鸡肉和火鸡占市场的绝大部分份额,本书将会以它们为重点。读者应该明白本书中的量化工艺参数是为了举例说明,这些参数可能会随着生产者的变化而发生改变。本书的目的既包括介绍家禽加工中不同生产工序和条件下应使用的方法,也包括对这些方法进行诠释。这样做将使得读者能自己对具体的问题进行评判,并找到可行的解决办法。

　　商业化生产的家禽在体型和营养成分构成上非常一致。固定的育种、孵化、饲养和营养条件的管理已经创造了成熟的标准模式,其实质上相当于同一批次的复制品。这种同一性已经使得家禽加工厂有效地发展高度自动化设备,这些设备不适用于其他家畜加工者。生产线上的加工速度为每分钟70～140只鸡,同一性、自动化以及高效是不变的主题,并已成为家禽加工的关键。

　　美国的家禽公司是纵向整合的。这个系统使得同一实体(比如公司、商店等)能控制从育种到加工生产过程中的部分(或全部)的步骤(图1.1)。纵向整合能确保效益最大化和高度一

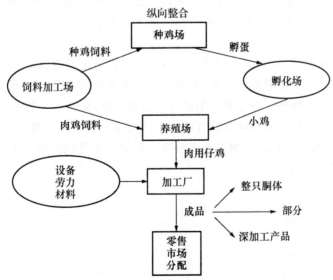

图1.1　某家禽生产公司各产业链纵向整合流程图

体化。通过减少生产系统中各个组成部分(饲料、鸡、劳动力等)的数量,将它们高度整合形成纵向一体化产业链能大大缩减成本。一些家禽公司对纵向整合的实施已达到了较高的水平,他们将饲料、饲养到生产一条龙整合,自己生产肉鸡饲料独特配方。纵向整合的另一个好处在于所有的生产系统都有一个相同的目标、一套相同的规范和一个相同的监管系统。

家禽工业是个全球化的市场。美国家禽工业日益增长的税收份额来自家禽产品的出口,特别是那些红肉和脚(爪子),这些东西在美国基本没有市场。因此,美国的业内人士越来越密切地关注其主要客户,如俄罗斯、中国香港、日本、加拿大和墨西哥的政治和经济。尽管美国是世界家禽生产的领导者,但仍需关注与其形成竞争的其他家禽生产国的行业发展情况。有些重要的例子,比如其他家禽生产国的竞争优势,包括巴西的大宗谷物生产和劳动力成本的下降以及中国日益增长且具有巨大潜力的消费市场。为了在世界各地确保生产成本和市场优势,美国的家禽公司在世界各个地方建立了生产及运营机构。全球市场的另一个要素是贸易集团的发展,如北美自由贸易协定、欧盟、南美经济联盟等。这些联盟减少或消除了成员国之间的贸易税,对许多要求进行了标准化,并调整了联盟内外的贸易。

近几十年以来,美国禽肉的消费量急剧增加,人均消费额达到最高值,是其他任何肉品无法比拟的。禽肉消费增加的主要因素在于:第一,禽肉中的脂肪几乎仅存在于皮下,易于去除,这符合减少饮食中脂肪的膳食准则。而一些哺乳动物肉如牛肉和猪肉,其实通常作为主要出售部分的瘦肉中含有更多的脂肪。然而,需要注意的是,基于切割,禽肉和牛肉瘦肉中的脂肪含量几乎相同,两者的区别主要是指脂肪分离的容易程度。第二,家禽工业已经变得非常注重开发新产品来满足消费者的需求,这些产品具有多功能、多样化、方便化的特点,如鸡块分割、油炸产品和即食食品。在20世纪60~80年代,最受欢迎的禽肉产品是整只产品。在过去的20年,整只产品到分割产品的转变是消费者驱动的,主要在于多功能和多样性需求的增长。例如,消费者倾向于购买基于他们所需的特殊部分,而不是包括其他部分的整只和他们不喜欢的肉类型(红肉或白肉)。在今天的市场上,深加工的产品已成为一个市场增长点,最近已经超过了禽肉鲜品的比例。据估计,禽肉的深加工比例约为40%,且大部分深加工产品是快餐禽肉产品。因此,禽肉具有多样化的产品开发潜力。禽肉在组成成分、质地和颜色上比哺乳动物的肉类更均一,使得禽肉更易于被加工成产品。与牛肉相比,禽肉风味温和,与调味品和酱汁等更加相辅相成。

纵向整合的经济生产模式、受人欢迎的肉品品质和为满足消费者需求做出的生产改善,这些因素都有助于家禽工业的成功。然而,家禽产品的安全性和在生产过程中的用水问题是该产业中令人关注的两大问题。为了减少细菌对产品的污染,提高产品的安全性,人们在活禽生产、加工工厂管理、产品品质和检测系统方面不断研究出新的应对措施。同样的,加工中大量用水的成本、废水排放对环境的影响以及废水排放前的净化等问题都极大地促进了相关领域的研究。接下来的章节将一一叙及。

第 2 章

影响禽肉品质的宰前因素

Julie K. Northcutt, R. Jeff Buhr

徐幸莲　祝超智　译

2.1　引　言

　　2008 年,美国肉鸡和火鸡生产加工量分别为 90 亿只和 2.8 亿只。屠宰加工的很多中间环节,都可能存在影响禽肉质量和产量的潜在因素。禽肉加工并不是一个孤立的操作过程,它受禽肉生产因素的影响。在肌肉转变为肉的过程中,这些因素会影响禽肉的物理、化学特性,造成肌肉结构改变。而从商业角度来看,禽肉产品质量和产量的微小下降都会对经济效益产生显著的影响。为了满足消费者的不同需求,出现了越来越多的深加工禽肉制品(如切块、去骨、腌制或者涂膜),这样质量问题也开始越发凸显出来。以前我们认为一些小瑕疵对于整个胴体而言是可以忽略不计的,但现在也成了产品被拒的主要原因。在禽肉生产和管理过程中,宰前因素不仅对肌肉生长、成分以及发育有重要影响,而且也决定了动物屠宰时的状况。其他和生产相关的缺陷包括骨头断裂或移位、表皮病变或擦伤、胸部水疱、瘀伤以及其他组织变色等都会影响市场上禽肉的质量和销量。因此,家禽类在屠宰前和屠宰后发生的一系列变化与禽肉的品质相关。

2.2　影响肉质的宰前因素

　　根据 Fletcher[1] 的研究,对禽肉品质产生影响的宰前因素可以分为 2 类:一类为长期影响因素,另一类为短期影响因素。长期影响因素是遗传性的,在动物的整个生命过程中都会起作用,比如基因(品种)、生理、营养、管理和疾病[1]。这些因素在本文中不做详细讨论,但我们可以从引用的文献中得到相关的信息[2-5]。影响禽肉品质的短期影响因素是指在家禽屠宰前 24 h 内的一系列操作,包括候宰(禁食、断水、抓捕)、运输、静养、装卸、捆绑、固定、击晕、放血[1]。在商业运作上,饲养场的管理者会制订家禽候宰和运输计划;但是,在屠宰前 24 h 家禽是由屠宰场管理的。本章下面的内容将介绍影响禽肉品质的短期影响因素,其中关于固定、击晕和放血的内容将在第 3 章进行讨论。

2.2.1　收禽

　　通常,家禽都圈养在鸡舍里,地上铺上农业副产物(碎木片、锯末、稻谷壳、花生皮、碎纸屑等)。根据鸡舍大小的不同,每个鸡舍可以圈养 20 000～25 000 只肉鸡,或者 6 000～14 000 只火鸡(图 2.1)。在美国,肉鸡是公母同舍的,而火鸡是公母分开饲养的。这样做主要是由于公火鸡和母火鸡的大小差异以及公火鸡需要较长的饲养出栏时间。饲养间面积通常为 $50' \times 500'$['为英尺(ft)的符号,1 ft=0.304 8 m],并且每平方英尺(ft²)成本高于 10 美元。大部分饲养场规模为:每个饲养场有 2 间(27%)、4 间(43%)、6 间(19%)鸡舍不等[6]。

图 2.1　典型的商业肉鸡舍

在美国,家禽公司都进行了纵向整合,这就是说公司拥有屠宰场、孵化场和饲料厂。家禽公司同农场主签订合同,要求他们将家禽饲养到市场销售需要的日龄。合同内容因公司不同而不同,但通常都是农场主提供土地、劳力、饲养间、设备、工具,并负责处理废弃物,而公司则提供禽种、饲料、兽医、药物(不包括生长激素)以及房间供暖用的燃料。根据送到公司屠宰场的家禽的数量和重量,农场主得到相应的报酬,并且公司会根据成活率、饲养效率、对屠宰场的污染程度等情况给予相应的激励措施。这种方法考虑到了疾病以及环境这些会减少市场上家禽供应量的因素[7,8]。通常,饲养合同(45%)是逐批次签订的;但是,也有特殊情况,有可能签订长达 15 年的合作合同(约占 8%)[6]。家禽的饲养时间取决于最终的产品需要(如是胴体销售还是分割等),但是大部分肉鸡的饲养时间在 6~8 周(4~8 lb 活体重量,lb 表示磅,1 lb=0.453 6 kg),火鸡的饲养时间在 14~22 周(14~38 lb 活体重量)。小肉鸡(<4.25 lb)通常用于快餐食用或供饭店使用,大肉鸡(>6.25 lb)会进行进一步加工(切块、去骨、腌制、滚揉或涂面包屑后烹制、托盘销售)。母火鸡比较小(12~15 lb),通常整个胴体出售;而公火鸡比较大(>22 lb),会以切块形式(鸡腿、嫩肉、鸡翅)进入市场或者进一步加工(午餐肉、香肠、绞肉、托盘销售等)。近些年,由于市场需求的变化,禽肉工业开始趋于加工更大型的家禽,大型家禽饲养时间较长,因此对于每只家禽的补助也大幅增加,这也促使农户饲养大型家禽。另外,虽然小型家禽饲养时间短,但是加工厂可以在短时间内利用少量的大型家禽生产出同等产量的产品[6]。

家禽屠宰之前必须经过候宰过程,候宰过程是为捕捉和收集动物做准备,然后捕捉家禽,并将它们放入容器(笼子、箱子)内。图 2.2 是宰前步骤的概况图,包括候宰以及将家禽送入屠宰场。在准备捕捉之前增加饮食和饮水(禁食和断水在下一部分讨论)。在美国,大部分肉鸡由"捕捉队"进行人工捕捉,每个"捕捉队"包括 6~8 名工作人员。肉鸡通常只需要抓住一条腿,而火鸡可能需要抓一条或两条腿,或者抓一条腿和对应面的翅膀。抓火鸡时可能还需要借助液压装载机或预装器将其装入笼子。液压装载机是一个有坡度的输送带,有的四周还包有铝板。火鸡群被赶上输送带,通过输送带进入笼子,笼子由装货机或预装器打开。捕捉肉鸡也有专门的机械设备,生产厂家不同,设备的系统不同,但是所有设备都包括一个类似于火鸡捕捉设备的有坡度的输送带。虽然看起来机械捕捉减少了家禽的应激,但是并没有得到广泛应用,这是因为很多老的饲养间中间都有支撑梁,使得饲养间没有足够的空间进行机械捕捉。

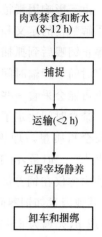

图 2.2 禽肉品质宰前
短期影响因素

一些主要的宰前问题都发生在候宰阶段,包括动物受伤(瘀伤、骨头断裂或移位以及皮肤抓伤)、死亡(不恰当的处理导致窒息)、由于禁食和断水造成的重量损失[9]。这些问题很严重,因为在后续加工中受损部分的去除会导致可销售肉块的重量下降,从而使产品等级下降(不属于 A 级产品)。禽类受伤以及胴体缺陷将在本章后面部分进行讨论。

商业用装载家禽的笼子规格(每个笼子的隔层,相连笼子的数目)大小不一。装载密度也随季节的不同而变化。一般肉鸡和火鸡每摞笼子通常为 2 层、4 层、5 层或 6 层,并排放 2 摞或 4 摞笼子。每层能容纳 15～25 只肉鸡或者 3～8 只火鸡。在冬季不会发生热应激的情况下以及鸡个体较小时可以提高装载密度。Berrang 等[10]研究发现装载所用的笼子是禽类发生微生物交叉污染的重要原因。

研究人员以携带阴性弯曲杆菌的鸡群为研究对象,将这些鸡装入刚刚装载过弯曲杆菌阳性鸡的鸡笼中进行运输,运输后进行屠宰去毛并进行检测,结果表明,50% 的脱羽胴体弯曲杆菌属数量都达到可检出水平。Berrang 和 Northcutt 也进行了其他相关试验,对装载笼子的清洗系统对禽类发生微生物污染的影响情况进行了研究[11-14]。结论是合理应用清洗系统十分有益,在清洗过程中如果不充分去除笼子上残留的粪便等物质会增加禽类微生物交叉污染的几率,因为湿润的环境有利于微生物的生存。美国农业部建议合理清洗装载禽类的笼子,实际上,在火鸡运输中清洗系统的应用较多(94%),而在肉鸡运输过程中清洗系统的应用率较低(27%)[15]。

2.2.2 禁食

禽类在被捕捉、装载、运输到屠宰场之前,应该进行禁食和断水以保证排空肠道内容物。禁食和断水可以防止胴体在屠宰过程中造成粪便污染[16-22]。美国农业部要求对胴体粪便污染"零忍受",HACCP 中也规定要降低致病菌数量,因此,对于禽类工业而言,禁食时间的长短显得尤为重要。对粪便污染"零忍受"意味着有可见粪便残留的胴体是不能进入浸洗冷却池的。有关 HACCP 的内容将在第 5 章详细介绍。美国农业部鼓励采用多种措施减少最终产品中致病菌(能够造成人类食源性疾病的微生物)的污染。目前,HACCP 计划被广泛地应用于牲畜活禽加工中,这其中就包括对禁食的规定。调查显示:2008 年,54% 的牲畜活禽养殖企业加入 HACCP 计划[6]。此外,在屠宰前 1 周检测禽流感、沙门氏菌和其他致病菌的企业分别为 63%、52% 和 49%[6]。

译者注:英文原版书第 2 章参考文献的[9]～[15]顺序错误,中文版予以改正。

　　由于影响因素很多,因此要达到最佳的禁食效果有很大难度。在讨论这些因素之前,首先要了解禁食的定义和禁食的目的。禁食是指禽类在屠宰前停止饲喂的全部阶段,包括在养殖场停止饲喂后到抓捕装笼前的候宰时间、运输时间以及到达屠宰场后的静养时间(在养殖场的候宰时间＋运输时间＋屠宰场的静养时间＝禁食的全部时间)[23]。在禁食的过程中,肉鸡和火鸡可能会采食一些废弃物和粪便,但是这些污染在胴体上不存在。

　　禁食时间决定了胴体污染的发生率、胴体产量、养殖企业的收益、屠宰场的效率以及产品的安全和质量。理想的禁食时间是指禽类的消化系统在尽可能短的时间内达到排空状态[16-21,23]。但是,由于每只家禽的进食时间、进食量不一致,因此宰前禁食的时间也有所不同。一些家禽仅在饲养员饲喂时进食,而有一些可能早在禁食开始前 1～4 h 已经停止进食了。另外,其他因素如饲养间环境条件以及管理措施等都会影响禁食时间。建议肉鸡的禁食时间在 8～12 h,火鸡为 6～12 h。在这段时间里,家禽有足够的时间排空胃肠道内的杂物[16,24]。但是,禁食会造成宰后胴体重量的大量损失。在禁食阶段,活体收缩会造成产肉动物重量的损失。禁食时间越长,就意味着屠宰场的出肉率越低,而低的出肉率则降低了养殖企业的收益。

　　虽然肉鸡和火鸡的推荐禁食时间分别为 8～12 和 6～12 h,但不同企业的禁食时间会有所不同。大多数企业制订的禁食时间为 10 h,有些企业将肉鸡禁食时间定为 6～8 h 可使胴体的污染率降到最低,而有些屠宰场将肉鸡禁食 12～14 h 也能取得相同的效果。这是因为在制订禁食时间时,应该综合考虑禽类的生产管理(饲养间温度、废弃物湿度、饲料类型、室内光照、静养时间)以及屠宰场的卫生情况(粪便污染发生率以及胴体大肠杆菌数量),目的是尽量减少在屠宰场的候宰时间,尤其是夏天,因为较高的温度会增加活体收缩和热应激。

2.2.2.1　饲养管理

　　饲养管理会影响禁食的效果。因为饲养管理可以改变禽类的饮食模式或者饲喂频率。表2.1 列举的是一些会影响禁食的饲养因素,这些因素最终会导致胴体污染。为了使禁食按照计划进行,屠宰前 12 h 禽类必须遵循正常的饮食模式和饲料类型[25]。有时会出现饲养者在常规禁食开始之前就将饲料用光,原因可能是因为错误的计算饲料量或者饲料运输被延误。这种情况下,宰前 12 h 的补饲对于肉鸡重新平衡体质指标以及维持正常的喂养-消化程序至关重要。

　　由于饮食以及其他管理因素使得禽类体格差异较大,这种差异会影响屠宰设备的效率,尤其是在净膛开始时影响开肛器的效率。光照和温度的变化、禁食中断以及捕捉过程中的应激都会减慢消化过程。当消化速度降低后,再通过简单的静养方式很难达到原来的效果。

表 2.1　饲养过程中造成胴体污染的原因

• 家禽饲养管理参差不齐	• 禁食前最后一次喂食的时间和量
• 家禽体型大小不一	• 盘子中剩余饲料的处理方法
• 静养时间和条件	• 禁食期间饲养员在饲养间过度活动
• 饲养企业和抓捕工作人员的沟通问题	• 禁食期间饲养间内的极端温度状况
• 经常性的饲料供应中断,尤其是进入市场前的几周	

来源:引自 Bilgili,S.F.1998.*Broiler Ind*.61(11),30;and Northcutt,J.K.and Savage,S.I.1996.*Broiler Ind*.59(9),24.

2.2.2.2　光照和栏舍

光照(持续时间和强度)和栏舍的情况影响家禽的活动,而家禽的活动影响食物的消化[18]。在持续光照的条件下,饲喂水后进行禁食,禁食 4~6 h 后,胃肠道内 60%~70% 的内容物会排空(图 2.3)[24]。但当禽类在黑暗的环境中或者被圈入栏舍后,由于活动减少和应激,胃肠道排空速率显著下降。Summers 和 Leeson[26]研究发现笼养肉鸡的胃肠道内容物的滞留时间显著长于那些平养并自由饮水的肉鸡。Taylor 等[27]发现将鸡圈养在高度有限的容器内对胃肠道内容物的排空没有影响,这可能和应激有关。他试验中用到的鸡经常与人类接触,不同于商用鸡。

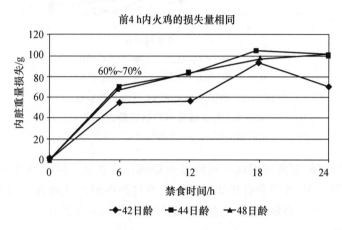

前 4 h 内火鸡的损失量相同

图 2.3　禁食时间对肉鸡内脏重量的影响

(引自 Buhr,R.J.et al.1998.*Poult.Sci*.77,758.)

另外一些研究将放在黑暗环境下的肉鸡和光照下的肉鸡进行对比,发现禁食 2 h 后,黑暗环境下的肉鸡胃肠道内容物显著多于光照下的肉鸡。当进入喂食阶段时,黑暗环境下的肉鸡也不愿意起来接近食物。光照对嗉囊内容物本身没有影响,但是当光照与笼养的饲养方式相互影响后,情况就有所不同。将笼养家禽放在黑暗的栏舍里 2 h,它的嗉囊内容物的量是光照下肉鸡的 2 倍多(图 2.4)。禁食 4 h 后,黑暗下的肉鸡嗉囊内容物的量是光照下肉鸡的 2 倍[18]。因此,家禽企业都希望在捕捉家禽前 2~5 h 内,饲养员将鸡置于平养环境中,只喂水而不喂食。他们建议在禁食开始后给肉鸡饲喂足够 4 h 消耗的水量,而给火鸡饲喂够其 2 h 消耗的水量,以保证禁食开始后鸡嗉囊内的饲料顺利耗尽。但是实际生产中,一些饲养企业违背这些建议,同时给家禽饲喂水和食物,为捕捉做准备。根据图 2.4,如果遵循 8~12 h 的禁食期,那么不管是否光照和笼养,家禽在屠宰时嗉囊已排空。

2.2.2.3　环境温度

除了光照、应激、栏舍外,环境温度也会影响禁食期间家禽消化系统的排空[18,28]。夏季,由于动物活动较少,通常会饲喂较少食物,而在春季和秋季,昼夜温差较大,家禽通常会在太阳下山后温度开始下降时立即填饱肚子。如果家禽开始禁食时恰恰是刚填饱肚子的时候,那么通常采用的禁食期就不足以排空消化道的内容物[23]。在天气寒冷时,饲养间温度低于 15.5℃也会使得消化道内容物在消化道内停留时间延长,并且家禽由于寒冷很少站立和饮食[18,28]。

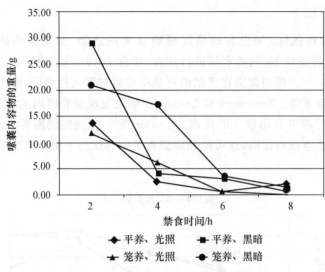

**图 2.4　光照和栏舍对 45 日龄肉鸡禁食
2、4、6、8 h 后嗉囊内容物重量的影响**

(引自 May,J.D.et al.1990.*Poult.Sci.*69,1681.)

如果鸡舍内的垫料潮湿,家禽就很难有到饲养槽边进食的意愿。May 和 Lott[29]指出:当温度恒定、持续光照的条件下,禽类会有规律地进食。当禽类不规律地进食时,那么消化道内容物的量以及消化状态就会不稳定,这会严重影响屠宰场的胴体污染情况。

2.2.3　胴体污染

当禽类胃肠道内容物渗透到胴体上,或者在净膛时肠道破裂损坏,就会造成胴体粪便污染(图 2.5)[18]。通常,在流水线上经过清洗机后能将表面可见的污染物去除。这种清洗机会将水和减菌剂的混合物(氯、二氧化氯、硅酸钠、酸化亚氯酸钠、一氯胺、过乙酸、有机酸混合物等,参见第 9 章)喷淋在胴体上。在线清洗装置通常采用旋转刷子擦洗每个胴体的背部、翅膀和胸部,去除其表面上的污染物,当然刷子也可喷洒减菌剂以减少交叉污染。通常,大部分屠宰场没有采用在线的清洗和减菌装置,而是采用员工清洗、真空处理、修剪每一个胴体的方式去除其中的粪便污染物,然后重新检查每个胴体。人工操作和重新检查会延长屠宰时间,增加成本,尤其是当某批产品污染较严重时[17,19,20,23]。胴体污染的频率取决于胃肠道内容物的量,残留在肠道内的已消化物质(部分已消化的食物和粪便),肠道的完整性,净膛设备的效率以及各个屠宰场的具体情况[22,23]。

针对禁食和消化道内容物之间关系的研究有很多。Northcutt 等[21]收集了美国 3 个不同屠宰场的 50~125 只肉鸡,测定了其肠道内容物。解剖后测定了谷物和胃的量,胃胆汁的量按百分比计算。观察了肠道形状,并将其分为 3 类:①圆形含有食物,②平的不含食物,③圆形并有气体。表 2.2 记录了本试验的结果,下面两段对于试验结果进行了讨论[21]。Buhr 等[30]研究了禁食对内脏重量、直径和剪切力的影响(主要反映肠道破裂的可能性),相关讨论在下面两段介绍。

译者注:英文原版书第 2 章参考文献的[30]与[31]顺序错误,中文版予以改正。

图 2.5　胴体的粪便污染

表 2.2　禁食后的消化道内容物

禁食时间/h	嗉囊内容物	胃内容物	肠道形状	肠黏液脱落程度	胃胆汁量/%
0～3	有饲料	液态饲料	圆	没有	0
9	只有水	很少	扁	少量脱落	30
12	空	很少	扁	脱落	30
14	空	很少	扁或圆	脱落到严重脱落	35
16～19	空	很少或有渣滓	扁或圆	脱落到严重脱落	40～70

来源：引自 Northcutt, J.K. et al. 1997. *Poult. Sci.* 76, 410.

2.2.3.1　短期禁食

如果禁食时间太短（肉鸡≤6 h，火鸡≤4 h），在屠宰时肠道内仍充满了部分消化过的食物[21]，这样，肠道内容物就有可能渗透到胴体上，或者在净膛时造成肠道破裂（表 2.2）。在进行电击晕和电刺激时，平滑肌和骨骼肌会收缩，就可能将泄殖腔内容物挤出。全饲养的禽类，其肠道很大，呈圆形（图 2.6），占据了腹部空腔内的很大一部分空间，在净膛时，会使得十二指肠靠近肛门打开的位置。因此，在打开肛门时，很容易切到充满内容物的肠道。另外，充满内容物的肠道也增加了净膛时所需的力度，容易造成肠道内容物渗透到胴体上[21,23,29]。

2.2.3.2　长期禁食

如果禁食时间太长（超过 14 h），可能引发很多问题，增加胴体污染的可能性。有研究报道，禁食会影响小肠绒毛和隐窝的深度，回肠绒毛的宽度、隐窝的深度，并且黏液随禁食时间的

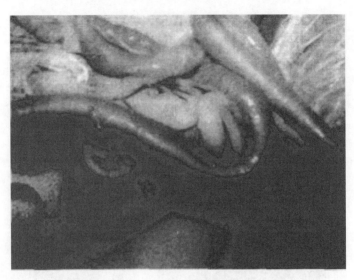

图 2.6　不禁食禽类的肠道

延长而减少。肠黏液会随着粪便蠕动(禁食期间每小时流失 2%),这样可能影响肠道的完整性,而不完整的肠道在净膛时破裂的几率更高。图 2.7 显示了随着禁食的进行肉鸡肠道强度的变化情况[30]。比起全饲养的肉鸡,禁食 14 h 或者更长时间的肉鸡,其肠道强度下降了约 10%。禁食后的 6~18 h,随着禁食时间的延长,小肠的张力下降了约 20%。此外,公鸡的肠道强度比母鸡高 15% 左右[31]。胃肠道区域其他位置的绒毛在禁食期间变长了,这可能是由于这些位置是营养物质最初的吸收场所,当肠道排空之后,绒毛变长以便尽可能地吸收营养物质。

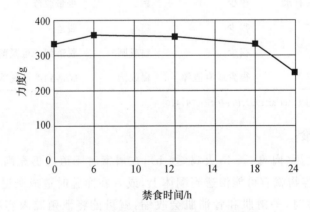

图 2.7　屠宰前禁食期间肠道强度的变化

(引自 Bilgili,S.F.and Hess,J.B.1997.*J.Appl.Poult.Res*.6,279.)

长时间禁食除了会使肠道强度下降,还会导致胆汁污染胴体。因为胆汁不停地生成,而膀胱也逐渐变大。Buhr 等[30]的研究显示:禁食 24 h 的肉鸡,其膀胱比全饲养肉鸡的膀胱长 16%~21%,但宽度没有差别。增大的膀胱在净膛时更容易破裂[21,28,30,32]。当膀胱达到最大容量后,多余的胆汁就会回流进入肝脏,或者流入十二指肠,回流入胃(表 2.2)。这可能会造成肝脏的外形甚至风味的改变[21]。禁食时间延长,会造成肝脏颜色变深,红度和黄度均减少[21,30]。由于胆汁的作用,胃表面变绿,这也意味着禁食时间过长(表 2.2)[21]。

在禁食期间,禽类会采食一切可采食的东西,包括废弃物和粪便等。因此,在禁食期间,肉鸡和火鸡的胃肠道内容物是含有饲料、废弃物、粪便、水在内的混合物。因为其他物质(剩余的食物、水、废弃物)的存在,所以在禁食 14 h 前禽类的消化道不容易识别出粪便(表 2.2)。其实,应该避免粪便在胃肠道内被消耗,因为这样会增加胴体污染的潜在可能性,而且可能使得屠宰企业违反美国农业部建立的禽类微生物标准[21,23,28]。

由于每只禽类并不是同时进食,因此屠宰场会制订不同的禁食时间计划,上下大约相差 3 h。比如说,打算将一批禽类禁食 8 h,但是在禁食前,有些禽类刚刚饲喂结束,而另外一些禽类早在 2~3 h 前已经饲喂过了。一个能容纳 20 000 只禽类的鸡舍,10 个工作人员组成的捕捉队,要花 2~3 h 才能腾空饲养间。在一个每分钟能处理 144 只禽类的屠宰场,大概要花 42 min 将这些禽类装入卡车。一个鸡舍的鸡大概需要 3~4 辆卡车装载,这个过程大约 2.5 h。一个典型的时间计划表如下:

> 在饲养间 4 h 内喂水但不喂食
>
> 每辆卡车装载时间 36 min(达到满载后,卡车离开饲养间)
>
> 到屠宰场的运输时间 1 h
>
> 屠宰场时间 3 h
>
> **总时间＝屠宰前的禁食时间为 8.6 h**

从同一个饲养间运往屠宰场,经第 1 辆车运输的禽类的禁食时间在 8.6~9.3 h,而经第 2 辆车运输的禽类禁食时间为 9~10.5 h[21,23,33]。由于禁食计划会有 2~3 h 的浮动范围,可以从肠道强度开始下降时计时[33]。

根据 Hess 和 Bilgili[32]的研究认为,禁食对肠道强度的影响随着季节的变化而变化。试验以开放饲养间喂养的 51 或 52 日龄的肉鸡为对象,测定肠道破裂所需的力度,结果表明,冬季所需力度比夏季高 15%。而且在冬季,肠道强度并没有像在夏季一样随着禁食时间的延长,呈现逐渐下降的现象。

2.2.4　禁食和微生物的联系

对于屠宰场产品,美国农业部特别关注的就是其微生物污染,尤其是致病菌污染。最近有研究表明,禁食时间的长短影响禽类胃肠道内容物中致病菌的比例。Byrd 等[34]研究发现禁食使谷物肠内容物弯曲杆菌属阳性的比例显著增加,禁食前有 25% 为阳性,禁食后阳性比例升至 62.4%。Corrier 等[35]检测沙门氏菌污染的谷物也发现了同样的现象,沙门氏菌阳性的比例从禁食前的 9% 升至禁食后的 10%。Stern 等[36]也发现了在肉鸡禁食的 16~18 h 中,带羽胴体以及盲肠中呈阳性的弯曲杆菌属数量均增加。Humphrey 等[37]发现禁食 24 h 后,肉鸡胴体内的谷物肠内容物中沙门氏菌水平显著提高,但是胃肠道内其他物质中沙门氏菌的增长速度比全饲养肉鸡有所下降。随着禁食的进行,其他谷物中正常的微生物菌群都有所下降,尤其是产乳酸的乳酸菌群,已不能与致病菌抗衡,也不能抑制沙门氏菌的增殖。Hinton 等[38]在肉鸡禁食谷物 6、12、18、24 h 后测定得到了同样的结果。禁食后肉鸡的 pH 比全饲养肉鸡的 pH 高(全饲养肉鸡 pH 为 5.5,禁食 12 h 后 pH 为 6.5)。pH 的增加为致病菌的增殖提供了更适宜的环境,而全饲养肉鸡的低 pH 不适宜致病菌的增殖。Northcutt 等[39]研究了浸水预冷前肉鸡的周龄(6、7、8 周龄)、禁食时间(0、12 h)、胴体微生物污染之间的关系。禁食除了对 8 周龄肉鸡胴体的弯曲杆菌属数量有影响外,对其他微生物数量无影响。相对于全饲养肉鸡,禁食 12 h 的肉鸡即使用棉塞塞住肛门防止肠道泄露,其胴体弯曲杆菌属数量仍然较高[39]。以前有报道称宰前肉鸡胴体外的微生物数量很高。Cason 等[40]测定了 7 个不同养殖场的禽类,发现其中 6 个养殖场内禽类的弯曲杆菌属都呈阳性,并且 50 个样品中 46 个样品胴体外部分(羽毛、头、脚)的沙门氏菌呈阳性,只有 26 个样品胃肠道内容物的沙门氏菌呈阳性。这些数据显示活禽的羽毛、皮肤、脚含有大量微生物,而在加工中必须减少这些微生物的数量。

2.2.5 活禽减重和胴体产量

在禁食到屠宰之间禽类重量的减轻称为活禽减重。活禽减重值得重视,因为它显著影响胴体产量,进而影响经济效益。报道称活禽减重率为每小时损失胴体重的 0.18%～0.5%(表2.3)。对于肉鸡和火鸡,在禁食后的 5～6 h,活禽减重率为每小时损失胴体重的 0.3%～0.6%。Buhr 等[31]称在禁食 5～6 h 后,活禽减重率为每小时损失胴体重的 0.25%～0.35%,并且公禽比母禽的损失率高(体格大重量损失多)。对火鸡研究也得到类似的结果(每小时损失胴体重的 0.2%～0.4%)[41]。Buhr 等[30]指出,除了性别因素,活禽减重率还和动物年龄、饲养间温度、禁食前喂养模式以及宰前候宰的条件(在栏舍的时间和候宰温度)有关。研究表明,延迟 3 h 屠宰的肉鸡(比如 15 h 而不是 12 h)比提前 3 h 屠宰的肉鸡轻 14 g。而对于火鸡,差别会更大。一只 16 周龄的火鸡延迟 3 h 屠宰比提前 3 h 屠宰重量减轻 55 g,这是由多喂食3 h 的体重增长和活禽减重共同造成的。一个屠宰场每天屠宰 25 万只肉鸡或 8.5 万只火鸡(美国屠宰场的平均规模),如果 1 周屠宰 5 d,那么延迟 3 h 屠宰将会造成每周肉鸡损失 1.65万 kg,火鸡 4 675 kg。这并不是说不对禽类采取禁食就可以最大限度地提高产量。实际上,禁食后禽类的胴体产量低是由于全饲养禽类的重量也包含其肠道内容物的重量。研究表明肉鸡禁食 6 h 胴体产量最大;但是,禁食 6 h 的计划很难施行,而且还会使胴体污染程度提高[28,30]。

表 2.3 禁食 10～12 h 后活禽减重造成的重量损失 ％

参考文献	活禽收缩率(禁食后每小时的重量损失)
Henry 和 Baunikar(1985)[42]	0.34
Wabeck(1972)[16]	0.18～0.24
Fletcher 和 Rahn(1982)[43]	0.39～0.42
Chen 等(1983)[44]	0.22～0.51
Veerkamp(1986)[24]	0.2～0.25
Papa 和 Dickens(1989)[19]	0.31～0.39
Buhr 等(1998)[30]	0.27～0.43
Petracci 等(2001)[45]	0.27～0.48
Taylor 等(2002)[25]	0.3～0.5

2.2.6 禁食中的生物学变化

早期的研究表明禁食会导致肌肉糖原含量的下降。肌肉中的糖原是由葡萄糖分子组成的多糖,是动物细胞中的短期能量储存分子。在肌肉运动时以及动物宰后,糖原会分解为乳酸,产生能量。动物宰后肌肉内糖原含量低,没有足够的糖原用于糖酵解(产乳酸的量减少),从而导致肌肉的最终 pH 偏高。

Murray 和 Rosenberg[46]研究称宰前禁食 16 h 的禽类,宰后其胸肉和腿肉中糖原含量分别下降 0.27% 和 0.22%。Shrimpton[47]发现禁食 24 h 后屠宰的肉鸡,其肌肉糖原含量有所下降。Warriss 等[48]称禁食 6 h 后屠宰的肉鸡,其肝糖原含量的下降不显著,但是腿肉中糖原含量随着禁食时间的延长而显著下降。Warriss 等[9]同时也指出运输影响肉鸡肝糖原和腿肉糖原的含量。他指出:在屠宰场静养时间超过 1 h 会增加鸡胸肉的 pH(5.84 vs 5.78)。这说明在屠宰场静养期间,鸡胸肉的糖原会逐渐消耗,而且主要发生在鸡活动时,或者被捕捉和受到应激时。这与 Northcutt[49]的研究结果一致。Northcutt 指出,宰前受到热应激和物理应激会使火鸡胸肉 pH 升高 0.1,并且与对照组相比,应激组的滴水损失率较高(相对于对照组的 1.66,其滴水损失率为 3.90)。

Kotula 和 Wang[50]报道称延长禁食时间,会导致宰后公鸡胸肉、腿肉和肝脏中糖原含量的减少和 pH 的下降。宰后初期(宰后 3 min 内)全饲养鸡胸肉的 pH 为 6.97,而禁食 36 h 后屠宰的肉鸡 pH 为 6.36。在禁食的 36 h 内,鸡胸肉糖原含量从 7.0 mg/g 下降到 3.5 mg/g,鸡腿肉糖原含量也呈下降趋势。也有研究表明禁食时间不影响宰后最终的 pH(宰后 34 h)。但是禁食时间延长,鸡胸肉和腿肉中糖原含量均显著减少。这些数据表明延长禁食时间以及受到其他应激(运输、物理活动、热、处理等)会减少禽类肌肉组织中糖原含量,并且可能会影响肌肉的功能性(如 pH 和保水性等)。

2.2.7 抓捕和装笼过程中产生的损伤

肉鸡和火鸡的抓捕、装卸、运输在前面已经讨论过,在抓捕之后,禽类被装入笼子、箱子或筐子。在美国,更常用的是笼子,由于笼子是由很多层组成的。典型的笼子如图 2.8 所示。美国大部分肉鸡是人工抓捕的,而火鸡大部分是机器操作的。抓捕工作最初是在夜间进行的,因为夜间禽类更平静。人工抓捕肉鸡牵扯到动物福利、工作环境差、劳动力成本高以及胴体的损伤等问题。Scott[51,52]以及 Lacy 和 Czarick[53]在肉鸡机械候宰方面做了很多研究。

不管采用什么方法(人工还是机器)抓捕,肉鸡和火鸡在处理时都会产生恐惧和应激,甚至受伤。这些典型的伤害包括瘀伤、骨头断裂和移位。瘀伤是由于作用力在向皮下组织传递的过程中,皮肤的细胞和血管破裂造成的(图 2.9)[54,55]。作用力造成的组织变色现象在受伤后的几秒钟内就会发生。禽类最容易发生瘀伤的部位是胸部、翅膀和腿部。据估计,90%～95% 的瘀伤发生在屠宰前的 12 h 内[56],30%～35% 的瘀伤是由饲养者造成的,30%～40% 是由抓捕者造成的,其余的可能发生在运输、卸车和固定时,甚至可能发生在割颈后的几秒钟(10～20 s)内,此时血压还未降到零。

在 20 世纪 50 年代末至 60 年代初,乔治亚大学的学者研究了瘀伤对家禽和家畜的影响。M. Hamdy 和他的研究组认为造成瘀伤的时间可由颜色推断出来。他们发现在受伤的最初阶段,瘀伤部位呈红色并且组织轻微肿胀;随着时间的延长,在回到正常状态之前,红色的瘀伤部分可能会变为紫色、黄色、绿色和橙色。肉鸡的瘀伤在 3～5 d 内能够恢复,恢复的速度取决于环境的温度。饲养间温度越低,瘀伤恢复所需时间越长(21.1℃ vs. 30℃)[54-57]。Northcutt 和 Buhr[58]以及 Northcutt 等[59,60]也得到了相似的结论,他们的试验重点在于研究深加工过程中禽肉瘀伤的颜色改变、组织结构的破坏和功能特性。

图 2.8 卡车上未卸载的典型的装禽类笼子

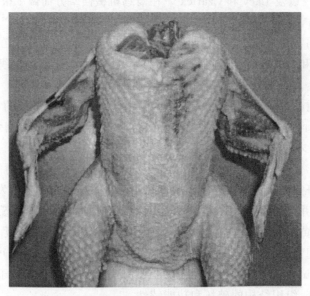

图 2.9 皮下细胞和血管破裂所造成的瘀伤

Bilgili 和 Horton[61]花了一年时间研究了饲养环境对肉鸡胴体质量和等级的影响。他们发现年龄大、重量大的肉鸡更易发生瘀伤、腿部问题、胸部水疱、骨头断裂和移位。禽类的月龄和到达屠宰场的死亡率呈正比。饲养间的饲养密度和每只肉鸡的活动空间影响肉鸡的瘀伤情况,当空间有限时,瘀伤发生率会增加。1954 年的一项针对火鸡瘀伤情况的研究显示:重量大的公火鸡比重量轻的母火鸡瘀伤发生率少 8%[62]。他们同样指出火鸡胴体表面的瘀伤会造成约 23%的火鸡等级下降(不属于 A 等级)。

另一个造成肉鸡胴体瘀伤的因素是谷物和饲料中毒枝菌素(真菌产生的代谢毒素)的出现。黄曲霉毒素也会增加胴体出现瘀伤的几率,这是由于它会增加血管的脆性和骨骼肌剪切力。动物饮食中包含 0.625 μg 的黄曲霉毒素就会造成肌肉和内部器官的出血[63]。有关毒枝菌素和瘀伤的关系可以参考 Tung 等[63]和 Hoerr[64]的研究。

近些年,国际肉鸡委员会(NCC)[65]和国际火鸡联盟(NTF)[66]对禽类生产商发布了动物福利指南和最佳操作规范。NCC 同时发布了一份动物福利审计清单。NCC 的动物福利指南建议了抓捕规程(对于>4 lb 禽类,每只手≤5 只禽类),抓捕工作人员的适宜操作技巧,以及不能抓禽类的翅膀和脖子。指南同时指出,如果宰前采用机器处理,企业需要提交人道主义协议。对动物福利关注程度的日益增加会减少在抓捕和装卸动物时可能造成的伤害,更多关于动物福利方面的信息见第 20 章。

2.2.8　饲养和宰前活动的热应激与生物学的联系

环境温度影响宰后动物的应激,并最终影响肉的品质。慢性或急性的热应激,是宰前活动引起动物应激的主要原因。除此之外,还有一些物理应激,比如抓捕时的拥挤、运输、屠宰前的静养等,这些会共同导致应激的产生。高温时,蒸发降温是防止禽类应激的主要方法,但是,如果温度和湿度均较高,蒸发降温就会受到阻碍,动物的热量很难散发出去[67],就会导致动物应激的产生。McKee 和 Sams[68]评价了火鸡生长过程中宰前的慢性热应激对火鸡宰后僵直的发生和肉质的影响。研究表明,与生长环境温度较低的火鸡相比(白天 24℃,晚上 16℃),暴露在高温下 4 周的火鸡(白天 38℃,晚上 32℃),肌肉的 pH 较低,L* 值(亮值)较高,表现为肉色发白,滴水损失和蒸煮损失高(保水性低)。pH、色泽、保水性的这些变化是典型的 PSE 肉的特征(肉色苍白、柔软和渗出性),这导致了肉的品质下降。在受到热应激的火鸡中,类 PSE 肉的发生率增加[68]。McCurdy 等[69]研究了季节对火鸡类 PSE 肉发生率的影响,结果显示夏季 L* 值最高,而冬季最低。Bianchi 等[70]报道,宰前将肉鸡置于>18℃的环境中(屠宰场的静养棚中),其肉色比置于 12℃ 环境中肉鸡的肉色苍白,表明宰前增加静养期间的环境温度会加大类 PSE 肉的发生率。

2.3　小　　结

宰前很多因素会影响禽肉的品质,尤其是活禽屠宰前 24 h 内发生的一系列变化。这些短期因素会影响胴体产量(活禽减重)、胴体缺陷(瘀伤、骨头断裂和移位)、胴体微生物污染以及胴体代谢能力。甚至有研究表明候宰阶段,如抓捕和装笼期间的应激也会影响宰后肌肉的功能特性。当前的这些问题与食源性疾病密切相关,这就迫使禽类企业在实施"从农田到餐桌"的食品安全条例之前,应更加注重活禽生产。美国农业部和禽类企业将继续优先考虑这些宰前因素。

参 考 文 献

1. Fletcher, D. L., Antemortem factors related to meat quality, *Proceedings of the 10th European Symposium on the Quality of Poultry Meat*, Beekbergen, The Netherlands, 1991, 11.
2. Moran, E.T., Jr., Live production factors influencing yield and quality of poultry meat, in *Poultry Science Symposium Series*, Volume 25, Richardson, R.I. and Mead, G. C., Eds., CABI Publishing, Wallingford, Oxon, U.K., 1999.
3. Calnek, B. W., Barnes, H. J., Beard, C. W., Reid, W. M., and Yonder, H. W., Jr., Eds., *Diseases in Poultry*, 9th ed., Iowa State University Press, Ames, IA, 1991.
4. National Research Council, *Nutrient Requirements of Poultry*, 9th ed., National Academy Press, Washington, D.C., 1994.
5. Sturkie, P. D., Ed., *Avian Physiology*, 4th ed., Springer-Verlag, New York, 1986.
6. McDonald, J. M., The economic organization of U.S. broiler production. USDA, Economic Research Service, Economic Information Bulletin Number 38, 2008. www.ers.usda.gov/publications/eib38/eib38.pdf. Access date 05/20/2009.
7. Cunningham, D. L., Contract broiler grower returns: A long-term assessment, *J. Appl. Poult. Res.*, 6, 267, 1997.
8. Cunningham, D. L., Poultry production systems in Georgia: Costs and returns analysis, unpublished annual reports, Extension Poultry Science, The University of Georgia, Athens, GA, 1990–1996.
9. Warriss, P. D., Wilkins, L. J., and Knowles, T. G., The influence of antemortem handling on poultry meat quality, in *Poultry Science Symposium Series*, Volume 25, Richardson, R. I. and Mead, G. S., Eds., CABI Publishing, Wallingford, Oxon, U.K., 1999.
10. Berrang, M. E., Northcutt, J. K., Fletcher, D. L., and Cox, N. A., Role of dump cage fecal contamination in the transfer of *Campylobacter* to carcasses of previously negative broilers, *J. Appl. Poult.*
11. *Res.*, 12, 190, 2003.
    Berrang, M. E., Northcutt, J. K. and Cason, J. A., Recovery of *Campylobacter* from broiler feces
12. during extended storage of transport cages, *Poult. Sci.*, 83, 1213, 2004.
    Berrang, M. E. and Northcutt, J. K., Water spray and immersion in chemical sanitizer to lower
13. bacterial numbers on broiler transport coop flooring, *J. Appl. Poult. Res.*, 14, 315, 2005.
    Berrang, M. E. and Northcutt, J. K., Use of water spray and extended drying times to lower bac-
14. terial numbers of soiled flooring from broiler transportation coops, *Poult. Sci.*, 84, 1797, 2005.
    Northcutt, J. K. and Berrang, M. E., Influence of a chicken cage washing system on wastewater characteristics and bacteria recovery from cage flooring, *J. Appl. Poult. Res.*, 15, 457, 2006.
15. Bennett, P., Compliance guidelines for controlling *Salmonella* and *Campylobacter* in poultry, 2nd ed., 2008. http://www.fsis.usda.gov/PDF/Compliance_Guideline_Controlling_Salmonella_Poultry.pdf. Access date 05/20/2009.
16. Wabeck, C. J., Feed and water withdrawal time relationship to processing yield and potential fecal contamination of broilers, *Poult. Sci.*, 51, 1119, 1972.
17. Bilgili, S. F., Research note: Effect of feed and water withdrawal on shear strength of broiler gastrointestinal tract, *Poult. Sci.*, 67, 845, 1988.
18. May, J. D., Lott, B. D., and Deaton, J. W., The effect of light and environmental temperature on broiler digestive tract contents after feed withdrawal, *Poult. Sci.*, 69, 1681, 1990.
19. Papa, C. M., and Dickens, J. A., Lower gut contents and defecatory responses of broiler chickens as affected by feed withdrawal and electrical treatment at slaughter, *Poult. Sci.*, 68, 1478, 1989.
20. Benoff, F. H., The "live-shrink" trap: Catch weights a must, *Broiler Ind.*, 59 (9), 24, 1996.
21. Northcutt, J. K., Savage, S. I., and Vest, L. R., Relationship between feed withdrawal and viscera condition of broilers, *Poult. Sci.*, 76, 410, 1997.
22. Bilgili, S. F., "Zero Tolerance" begins at the farm, *Broiler Ind.*, 61(11), 30, 1998.
23. Northcutt, J. K. and Savage, S. I., Preparing to process, *Broiler Ind.*, 59(9), 24, 1996.
24. Veerkamp, C. H., Fasting and yields of broilers, *Poult. Sci.*, 65, 1299, 1986.
25. Taylor, N. L., Northcutt, J. K., and Fletcher, D. L., Effect of short-term feed outage on broiler performance, live shrink, and processing yields, *Poult. Sci.*, 81, 1236, 2002.
26. Summers, J.D. and Leeson, S., Comparison of feed withdrawal time and passage of gut contents in broiler chickens held in crates or pens, *Can. J. Anim. Sci.*, 59, 63, 1979.

27. Taylor, N. L., Fletcher, D. L., Northcutt, J. K., and Lacy, M. P., Effect of transport cage height on broiler live shrink and defecation patterns. *J. Appl. Poult. Res.*, 10, 335, 2001.
28. May, J. D., Branton, S. L., Deaton, J. W., and Simmons, J. D., Effect of environment temperature and feeding regimen on quantity of digestive tract contents of broilers, *Poult. Sci.*, 67, 64, 1988.
29. May, J. D. and Lott, B. D., Effect of periodic feeding and photoperiod on anticipation of feed withdrawal, *Poult. Sci.*, 71, 951, 1992.
30. Buhr, R. J., Northcutt, J. K., Lyon, C. E., and Rowland, G. N., Influence of time off feed on broiler viscera weight, diameter, and shear, *Poult. Sci.*, 77, 758, 1998.
31. Bilgili, S. F. and Hess, J. B., Tensile strength of broiler intestines as influenced by age and feed withdrawal, *J. Appl. Poult. Res.*, 6, 279, 1997.
32. Hess, J. B. and Bilgili, S. F., How summer feed withdrawal impacts processing, *Broiler Ind.*, 61(8), 24, 1998.
33. Northcutt, J. K. and Buhr, R. J., Maintaining broiler meat yields: Longer feed withdrawal can be costly, *Broiler Ind.*, 60(12), 28, 1997.
34. Byrd, J. A., Corrier, D. E., Hume, M. E., Bailey, R. H., Stanker, L. H., and Hargis, B. M., Incidence of *Campylobacter* in crops of preharvest market-aged broiler chickens, *Poult. Sci.*, 77, 1303, 1998.
35. Corrier, D. E., Byrd, J. A., Hargis, B. M., Hume, M. E., Bailey, R. H., and Stanker, L. H., Presence of *Salmonella* in the crop and ceca of broiler chickens before and after preslaughter feed withdrawal, *Poult. Sci.*, 78, 45, 1999.
36. Stern, N. J., Clavero, M. R. S., Bailey, J. S., Cox, N. A., and Robach, M. C., *Campylobacter* spp. in broilers on the farm and after transport, *Poult. Sci.*, 78, 45, 1999.
37. Humphrey, T. J., Baskerville, A., Whitehead, A., Rowe, B., and Henley, A., Influence of feeding patterns on the artificial infection of laying hens with *Salmonella enteritidis* phage type 4, *Vet. Rec.*, 132, 407, 1993.
38. Hinton, A., Jr., Buhr, R. J., and Ingram, K., Feed withdrawal and carcass microbiological counts, *Proc. Georgia Poult. Conf.*, Athens, GA, September 30, 1998.
39. Northcutt, J. K., Berrang, M. E., Dickens, J. A., Fletcher, D. L., and Cox, N. A., Effect of broiler age, feed withdrawal, and transportation on levels of coliforms, *Campylobacter*, *Escherichia coli* and *Salmonella* on carcasses before and after immersion chilling, *Poult. Sci.*, 82, 169, 2003.
40. Cason, J. A., Hinton, A., Jr., Northcutt, J. K., Buhr, R. J., Ingram, K. D., Smith, D. P., and Cox, N. A., Partitioning of external and internal bacteria carried by broiler chicken before processing, *J. Food Protection* 70, 2056, 2007.
41. Duke, G. E., Basha, M., and Noll, S., Optimum duration of feed and water removal prior to processing in order to reduce the potential for fecal contamination in turkeys, *Poult. Sci.*, 76, 516, 1997.
42. Henry, W. R. and Raunikar, R., Weight loss of broilers during the live haul. North Carolina Agriculture Economics Information Service Number 69, 1958.
43. Fletcher, D. L. and Rahn, A. P., The effects of environmentally-modified and conventional housing types on broiler shrinkage, *Poult. Sci.*, 61, 67, 1982.
44. Chen, T. C., Schultz, C. D., Reece, R. N., Lott, B. D., and McNaughton, J. L., The effect of extended holding time, temperature and dietary energy on yields of broilers, *Poult. Sci.*, 62, 1566, 1983.
45. Petracci, M., Fletcher, D. L., and Northcutt, J. K., The effect of holding temperature on live shrink, processing yield, and breast meat quality of broiler chickens, *Poult. Sci.*, 80, 670, 2001.
46. Murray, H. C. and Rosenberg, M. M., Studies on blood sugar and glycogen level in chickens, *Poult. Sci.*, 32, 805, 1953.
47. Shrimpton, D. H., Some causes of toughness in broilers (young roasting chickens). I. Packing stations procedure, its influence on the chemical changes associated with rigor mortis and on the tenderness of the flesh, *Br. Poult. Sci.*, 1, 101, 1960.
48. Warriss, P. D., Kestin, S. C., Brown, S. N., and Bevis, E. A., Depletion of glycogen reserves in fasting broiler chickens, *Br. Poult. Sci.*, 29, 149, 1988.
49. Northcutt, J. K., Influence of antemortem treatments on postmortem muscle properties of poultry meat. Dissertation, North Carolina State University, 1994.

50. Kotula, K. L. and Wang, Y., Characterization of broiler meat quality factors as influenced by feed withdrawal time, *J. Appl. Poult. Res.*, 3, 103, 1994.
51. Scott, G. B., Poultry handling: A review of mechanical devices and their effect on bird welfare, *World's Poult. Sci. J.*, 49, 44, 1993.
52. Scott, G. B., Catching and handling of broiler chickens, *Proc. 9th Eur. Poult. Conf.*, Glasgow, U.K., II, 1994, 411.
53. Lacy, M. P. and Czarick, M., Mechanical harvesting of broilers, *Poult. Sci.*, 77, 1794, 1998.
54. McCarthy, P. A., Brown, W. E., and Hamdy, M. K., Microbiological studies of bruised tissues, *J. Food Sci.*, 28, 245, 1963.
55. May, K. N. and Hamdy, M. K., Bruising of poultry: A review, *World's Poult. Sci. J.*, 22(4), 316, 1966.
56. Hamdy, M. K., Kunkle, L. E., and Deatherage, F. E., Bruised tissue II. Determination of the age of a bruise, *J. Anim. Sci.*, 16, 490, 1957.
57. Hamdy, M. K., May, K. N., Flanagan, W. P., and Powers, J. J., Determination of the age of bruises in chicken broilers, *Poult. Sci.*, 40, 787, 1961.
58. Northcutt, J. K. and Buhr, R. J., Management guide to broiler bruising, *Broiler Ind.*, 61(10), 18, 1998.
59. Northcutt, J. K., Buhr, R. J., and Rowland, G. N., Relationship of the age of a broiler bruise, skin appearance, and tissue histological characteristics, *J. Appl. Poult. Res.*, 9, 13, 2000.
60. Northcutt, J. K., Smith, D. P., and Buhr, R. J., Effects of bruising and marination on broiler breast fillet surface appearance and cook yield, *J. Appl. Poult. Res.*, 9, 21, 2000.
61. Bilgili, S. F. and Horton, A. B., Influence of production factors on broiler carcass quality and grade, in *Proceedings of the XII European Symposium on the Quality of Poultry Meat*, Zaragoza, Spain, 1995, 13.
62. Mountney, G. J., Parnell, E. D., and Halpin, R. B. Factors influencing the prices received for Texas turkeys, *Texas Agriculture Experiment Station Bulletin 777*, 1954.
63. Tung, H.-T, Smith, J. W., and Hamilton, P. B., Aflatoxicosis and bruising in the chicken, *Poult. Sci.*, 50, 795, 1971.
64. Hoerr, F. J., Mycotoxicoses, in *Diseases of Poultry*, Calnek, B. W., Barnes, H. J., Beard, C. W., Reid, W. M., and Yonder, H. W., Jr., Eds., Iowa State University Press, Ames, IA, 1991, 884.
65. National Chicken Council. Animal welfare guidelines and audit checklist, 2005. www.national-chickencouncil.com/aboutIndustry/detail.cfm?id=19. Access date 05/20/2009.
66. National Turkey Federation. Animal care guidelines for the production of turkeys, 2004. www.eatturkey.com/foodsrv/pdf/NTF_animal_care.pdf. Access date 05/20/2009.
67. Yahav, S., Goldfield, S. Plavnik, I., and Hurwitz, S., Physiological responses of chickens and turkeys to relative humidity during exposure to high ambient temperature, *J. Therm. Biol.*, 20, 245–253, 1995.
68. McKee, S. R. and Sams, A R., The effect of seasonal heat stress on rigor development and the incidence of pale, exudative turkey meat, *Poult. Sci.*, 76, 1616–1620, 1997.
69. McCurdy, R. D., Barbut, S., and Quinton, M., Seasonal effect on pale soft exudative (PSE) occurrence in young turkey breast meat. *Food Res. Intl.*, 29, 363–366, 1996.
70. Bianchi, M., Petracci, M., and Cavani, C., The influence of genotype, market live weight, transportation, and holding conditions prior to slaughter on broiler breast meat color, *Poult. Sci.*, 85, 123–128, 2006.

第 3 章

前期加工处理:从宰杀到预冷

Alan R. Sams, Shelly R. McKee

黄 明 黄继超 译

3.1 引 言

在如今商业化的禽类加工厂中,禽类通常被捆住双腿,倒挂在设备上,通过自动化流水线系统进行传输和加工处理。整个加工流程都在机器化操作下进行,形成了一套高度协调的加工体系,涉及家禽的宰杀、胴体非食用部分的去除以及针对消费者的需求对可食部分进行选择性包装和保存。加工处理的效率在很大程度上取决于家禽个体的一致性,以便每台机器在家禽之间能够做到几乎无调节式的重复工作。而另一重要的影响因素就是禽体传输和生产线之间的协调,以保证有足量的家禽能够让人员和设备得到最大程度的利用。除去工厂现有的家禽原料成本,工厂生产加工的费用是固定的,这些费用需要销售生产的禽肉来支付,因此,一般而言,加工个体较大的家禽会更加有利可图。然而,当前的家禽细分市场需要不同大小的家禽。肉鸡的平均活体重为 5.5 lb,但个体的活体重却在 3.6～8.0 lb 之间波动。个体较小的家禽一般用于快餐、烤肉店以及禽体部分切割销售等,而个体较大的家禽则更倾向于深度加工。既然禽体的一致性对加工效率和产品产量是如此重要,针对目标细分市场,家禽的加工设备通常会用来加工某一种特定大小的家禽,在加工过程中,其目的在于使产量最大化,并最大限度地保证产品质量和安全。此外,为了最大限度地提高生产效率和产量,必须保证每一只家禽都被充分利用,从而实现产品产量的最大化。本章将介绍禽类的加工处理步骤及其目的,以及在整个加工过程中如何保证产品的质量和产量。

3.2 宰 杀

3.2.1 卸载

在抵达加工厂后,家禽被卸载下来等待加工处理。家禽的笼舍从卡车上"倾倒"至传送带上,或被放置在一个便于人工卸载的地方。由于家禽通常自由掉落一米或几米才能到达下方的传送带上,因此,"倾倒"这一环节成为了禽体发生擦伤、骨折等损伤的来源。所以,应尽量减少掉落的距离以减少损伤。粗鲁搬运式的人工卸载同样也会导致禽体的损伤。为防止其胸肉被破坏,应抓住家禽的双腿,所以适当地进行培训和监督是最大限度减少损坏的关键。人工卸下家禽后,通常将其直接悬挂在钩环上,而非放在单独的传送带上。自动化卸载机的使用要建立在家禽个体大小和数量得到控制的前提下,虽然在美国已成为普遍的行业模式,但在世界其他一些地区还主要使用人工卸载的方式。而火鸡由于个体较大及对其身体的控制能力较差,所以世界范围内仍普遍使用人工卸载的方式。

近年来,卸货过程中的人体工程学和安全性已成为一大讨论点。当笼舍和工人在可调高度的平台上时,家禽可以保持在一个最理想的位置,以便能最大程度地减少工人做弯曲和提升动作的幅度。业界已确定,这种符合人体工程学的革新有利于减少医疗赔偿,并使工人更好地保持状态和稳定性。在进行装卸和悬挂的场所,保证适当的通风对于进一步改善工人福利也很重要。尤其是在灰尘弥漫的工作场所,工人呼吸系统的健康应该引起重视。在装卸区,戴面罩有助于改善这种状况。悬挂区通常是阴暗的,一般只用"黑光灯"或暗红色的灯照明。这样的昏暗环境有助于使家禽镇静,在悬挂过程中减少它们的挣扎,从而减少加工处理过程对禽体的损伤。

3.2.2　致昏

人道屠宰要求在宰杀之前首先致昏,目的是使禽类失去知觉。美国法律中并没有强制要求对禽类致昏,但是,宰前致昏不仅被认为是人道的,且会带来如下所述的额外好处。为达到这一目的,目前已开发出了多种方法,其中最常用最简单的方法就是电击晕。电击晕是首先将禽类倒挂,头部浸入一种能导电的盐溶液中(约 1‰ NaCl),电流通过这种溶液在禽类与固定禽类的钢架之间传导(图 3.1)。恰当的电击晕能使禽类在从钢架上取下放到地面上的过程中产生 60～90 s 丧失知觉的时间,从而使其不能站立,这是一种有效致昏的推荐方法。禽类与导电溶液接触后脚马上挺直,翅膀紧贴胴体,颈部弯曲。从致昏溶液中取出禽类几秒钟之后,胴体姿态放松,几乎完全变软。合理的致昏方法除了能体现屠宰的人道主义,还会带来其他的好处,如固定禽类以提高切割机效率,放血更完全以及有利于此后脱毛过程中的去毛。不合理的致昏易导致胴体缺陷,如放血不完全;过度致昏则会导致质量缺陷,如锁骨断裂以及由于动脉和毛细血管破裂导致的内出血等。此外还会导致多点型血斑现象的毛细血管破裂,尤其是在靠近胸肉顶部的位置。一些商业化的家禽不需要致昏,因为在某一些地方文化中明确禁止宰前致昏,并要求在家禽有知觉的情况下屠宰(参见第 21 章)。

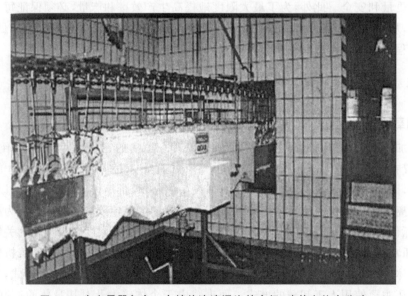

图 3.1　电击晕器包含一个被盐溶液浸泡的电极,鸡从左往右移动

　　鉴于区域差异,世界各地用于电击晕的情况各异。尽管美国法令没有要求禽类屠宰之前必须致昏,但实际上所有商业化的禽类处理中,出于人道、效率和品质等方面的原因,都会进行宰前致昏。在美国,通常使用一种低压(10～15 V)电击晕方式。在 10～12 s 的时间里,每只肉鸡通常通过 10～20 mA 的电流,每只火鸡通过 20～40 mA 的电流。频率从 50～500 Hz 不等(普遍采用高频电流),可以使用交流电或直流电。这些电击晕条件使禽类产生充足的丧失知觉的时间以利于切断颈部,通常控制在 7～10 s,然后在家禽恢复知觉之前对其放血完全来完成宰杀过程。在欧洲大多数国家,法令要求对禽类使用更高的致昏电流(每只肉鸡90＋mA,每只火鸡100＋mA,4～6 s)。这些法令和高电流的目的是使禽类获得人道待遇,保证它们完全被击昏,以确保它们没有恢复知觉和感受到痛苦的机会。欧洲的电击昏基本是通过电击、心脏骤停和阻止血液流回脑部致使禽类死亡。这两种致昏条件都是通过阻止血液回流脑部使家禽死亡,但一种是直接放血,另一种则是阻止血液回流脑部。欧洲这种更苛刻的电击昏方式导致瘀血和骨折出现的概率更高[1,2]。

　　此外,欧洲一些地区开发出了其他可替代电击晕的方法。将禽类置于某些气体中,导致其麻醉或缺氧致昏的方法已经在商业上得到应用。二氧化碳作为麻醉气体可通过改变脑脊髓液的 pH,使禽类快速失去知觉[3]。在高浓度条件下也可使禽类缺氧致昏。惰性气体氩气和氮气取代空气,使禽类因缺氧而失去知觉[4,5]。对禽类来说有两种主要的气体致昏方式:可逆方式和不可逆方式。一种系统采用含二氧化碳(10%～40%)和空气(60%～90%)的混合气体,经过 30～45 s 的短时间处理,使禽类失去知觉,但在宰杀之前仍然是活体(可逆方式)。另一种系统采用含氩气(55%～70%)、氮气(0～15%)、二氧化碳(30%)或二氧化碳(40%～80%)和氧气的混合气体,经过 2～3 min 较长时间的处理,使禽类在割脖放血之前死亡(不可逆方式)。这些气体致昏的方式在欧洲得到了广泛的应用,而且在美国也越来越备受关注。但是,由于在美国使用氩气的成本太高,这种方法未被广泛应用。常用的气体是二氧化碳、氧气和氮气。比如,Stock 公司的可控气体致昏(Controlled Atmosphere Stunning,CAS)系统通过两个阶段不可逆致昏的方式使置于传送带上的禽类失去知觉,通过气体隧道,死后挂在钩环上从出口出来(图 3.2)。在这个系统中,第一阶段的混合气体含 40% 二氧化碳和 30% 氧气,处理

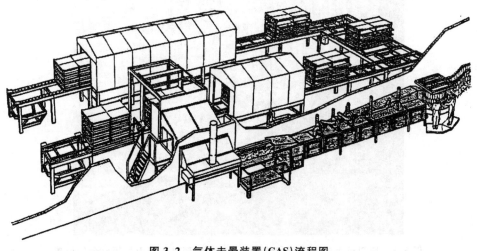

图 3.2　气体击晕装置(CAS)流程图

(由 Stork Food Systems 提供)

1 min 以麻醉禽类;第二阶段的混合气体含 80% 二氧化碳,处理 2 min 使禽类缺氧死亡。有的气体致昏方式是使禽类在鸡笼内通过致昏隧道,还有一种新技术能够使火鸡还在卡车上的时候就完成致昏。首先将这种装置安装在鸡笼周围,然后释放以二氧化碳为基础的混合气体。这些系统的一大优势在于,在禽类挂到钩环前已完成致昏。可逆的和不可逆的方法都是可行的,而考虑到动物福利问题,不可逆方法应用更为广泛。可逆和不可逆气体致昏方式能降低因高电流造成的胴体损伤[2]。而由于低电压击昏本身有较低的胴体损伤率,所以气体致昏方式对低电流造成的胴体损失影响不大。另外,值得注意的是经气体致昏的禽类挂到钩环上屠宰前胴体是软的,与经电击昏后硬的禽类不同,因此需要根据禽类的摆置方向对宰杀机械进行微调。

另外一种致昏系统螺栓俘虏致昏因动物福利问题也受到越来越多的关注[6]。这种击昏方式中,先将头部固定,然后用一种金属栓或探针射进头颅大脑内,导致家禽快速不可逆地丧失知觉。这种方法的人道性和对胴体品质的影响还在研究当中。

3.2.3 放血

在致昏后几秒的时间内,将禽体用钩环传输机移动至切割机上进行放血(图 3.3)。连续的旋转栅栏可使禽体的肉垂和颈部下皮固定,引导家禽头部进入切割机中与刀片位置吻合。切割机用旋转刀将一侧或两侧的颈静脉和颈动脉切断。绝大多数切割机在家禽经过刀片时旋转禽体头部将其左右血管都切断。如果刀口过深,则会切到脊神经线,会导致由神经刺激引发的羽毛固定,而使去毛更困难。反之,如果刀口过浅,则会放血不足,残留的血液会导致血管充血,而使皮肤变色。禽体的颈部切割完成后(致昏后 7~10 s 内),禽体放血时间需在 2~3 min 完成,在此期间,家禽放出的血占身体总血量的 30%~50%,而这足以使其脑功能衰竭和死亡。从活体重量到加工后胴体重量(冷却后)的总产量而言,血液占产量损失的 4% 左右。一些食品加工者将家禽斩首(即切割时切去头部)来确保动物福利和遏制产品掺假等问题。如果施行斩首,烫毛工艺需要调整以确保去毛的效率,此外,为了防止颈部凝血,周围皮肤必须去除。放血不足会导致一系列的质量问题。加工后出现红翅尖现象就是放血不良的一个标志。如果发生此类现象,应对切割机和放血阶段进行评估并做出调整。尽管红翅尖只是小

图 3.3 切割机上的引导棒和转轮保证鸡的头部进入与刀片相吻合的位置

(由 Stork Food Systems 提供)

问题,但翅膀中血液的残留会显著缩短此类产品的货架期。放血不足以致死可能会导致一些重大的质量问题。如果放血不足以致死,或是颈部切割错位,则在放血后期准备烫毛时家禽可能仍然活着(心脏跳动但无意识)。在这种情况下,烫漂水的温度使血液迅速涌到皮肤表面而使胴体出现亮红色。这些胴体就是所谓的"尸体"或"红禽",这样的产品会受到谴责而不能进入市场。

3.2.4　去毛

3.2.4.1　烫毛

在自然条件下的羽毛由于附着于毛囊中,所以很难被去除。为了让羽毛松弛,应将胴体浸没于热水中,使固定羽毛处的蛋白质变性。时间与温度的特殊组合已成为工业规范,它们对胴体有着不同的影响。烫毛温度 53.5℃(128℉)持续 120 s 被称为软烫毛,这种方法不会对外层皮肤和角质层造成损害(图 3.4),因为这种方法保持了皮肤光滑,黄色色素层完好,因此软烫毛是生产黄皮鲜禽的最优烫毛方法,而黄皮肤在部分地区被广泛认为是健康家禽的标志。如果胴体表皮不需要显露出来或者在饲养阶段就很少有胡萝卜素沉积使皮肤呈现黄色,通常使用 62～64℃(145～148℉)烫毛 45 s,这种方法称为硬烫毛,它可以使胴体表皮松弛,羽毛也更容易去除。外皮层一旦松弛,其上附着的色素也随着脱毛的机械磨损而去除。失去光滑的表皮或许对加工涂抹类和煎炸类食品更为有利,原因是没有了蜡质的阻水层,炸鸡涂料在胴体表皮上更容易附着上色。

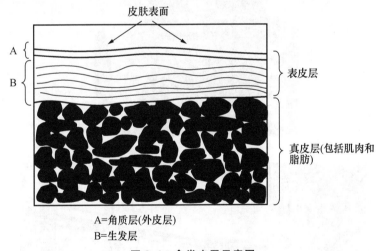

图 3.4　禽类皮层示意图

(引自 Suderman,D. R.and Cunningham,F.E.1981.*J.Food Sci.*,45(3),444.)

软烫毛多用于批量加工型体系。在现有的禽类加工设施中,可设定不同的温度多重复合烫毛。在连续的加工体系中,烫毛水从出口逆流至入口可以对禽体表面进行较好地冲洗。为了方便禽体冲洗和减少细菌,烫毛水应具有高流速并需不断搅拌,高流速可以溶解颗粒物而且可更好地减少毛皮的细菌数量。通常,在禽体进入烫毛器前,用预烫毛刷来去除粘在羽毛上的污物,将预烫毛和多重烫毛相结合可以提高清洗胴体的效率。此外,多重复合烫毛在操作得当的情况下可以保持产品的出品率。在使用多重复合烫毛时,通常有 3 个并排独立的烫毛池,每一个池的温度不一样。烫毛效果取决于时间和温度的组合,这一点很重要。因此,多重复合烫毛可以设定不同的温度组合。一般来说,温度范围是 48.9～56.7℃(120～134℉),时间为 2～4 min,具体参数的采用取决于烫毛类型(软或硬)和脱毛的效率。烫毛温度过低会促进细菌繁殖并导致毛不易去除,烫毛温度过高会因皮下脂肪液化而降低出品率。漂烫过度还会引起家禽胸脯肌肉出现由蛋白质加热变性导致的白色条带。羽毛生长不多的表皮部位受到的影响最大,原因是在这些部位隔热能力较差。

3.2.4.2　脱毛

　　脱毛的目的是去除烫毛后松动的羽毛,脱毛器由成排伸缩的旋转橡胶"手指"群构成(图3.5)。"手指"高速旋转,与胴体发生摩擦,将松动的羽毛剥去。由于这些旋转"手指"群的作

(a)

(b)

图 3.5　脱毛器上的旋转橡胶手指群(a);一整排的脱毛器,每个机器都作用于胴体的不同部位(b)

用，可接触到胴体不同部位进而将其羽毛脱净。脱毛器与禽体接触过于紧密可能会导致大腿和胸部皮肤破裂，并且还会引起翅膀、腿部和肋骨断裂。需要重点说明的是脱毛器不会引起禽体瘀血。当禽体丧失血压（即切割和放血）后，瘀血现象就不会发生。但是，脱毛器与禽体接触过松易导致羽毛不能充分去除。纤毛是皮肤上细小的羽毛，脱毛后仍会残留在禽体上。脱毛器不易将纤毛去除干净，因此需要人工去除。这里涉及家禽饲养中的一个关键点：长毛速度越快的禽类纤毛越少。去毛的最后一步是烧毛，胴体通过火焰来烧掉皮肤上的残留羽毛，这步也是必要的，否则消费者会认为胴体有瑕疵而降低购买欲望。加工过程中去除的羽毛大约占产量损失的 6.5%。此外，脱毛被认为是细菌交叉污染的主要媒介，所以在此之后应对胴体进行冲洗。

在脱毛工序完成以前，如果头部在脱毛器内未被分离，应将头部去除，或在宰杀时已将其去除。头部同羽毛、血液和不可食用的内脏一样，称为"废弃物"，应将其送至磨粉机（可能在工厂或其他地方）或作为动物的副产品制成饲料（参见第 19 章）。加工过程中头部大约占产量损失的 3%。爪子也需要在踝关节切除并冷却，分类待售，或归类到内脏。爪子品质通常分为两大类：一类是无缺陷的，一类是有诸如足底病变等有缺陷的。爪子大约占胴体产量的 3.5%。去内脏之前的最后一步是将家禽从屠宰线（足部吊挂）移至去净膛线（踝关节吊挂），这一步需要人工或传送器完成。如果由人工来完成，一个人处理许多禽体，会导致细菌交叉污染。屠宰场的活体区和宰后处理区必须隔离开来，以减少交叉污染。通常一条屠宰线可以配备多条净膛线，因为屠宰线的线速度比净膛线快。例如，一条屠宰线以每分钟宰杀 140 只家禽（bpm）的速度运行，而每条配备 2 个检验员的净膛线只能以 70 bpm 的速度运行（速度是由检验目的决定的；参见第 5 章）。然而，更加新型的净膛设备允许有更快的线速度（参见第 5 章）。由此可见，宰杀速度为 140 bpm 的屠宰线可以配备含 4 个检验员的线速度为 140 bpm 的净膛线。通常情况下，钩环间隔为 6 in（in 表示英寸，1 in = 2.54 cm），但是当加工体型较大的禽类（>7.5 lb）时，钩环间隔为 8 in。

3.2.5　净膛

净膛是指去除胴体中包括可食用和不可食用的内脏。它是由不同设备制造商之间、工厂之间的各种不同的设计和排列组合形成的一系列高度自动化的操作。虽然目前净膛的方法已经变得自动化多了，但全世界范围的火鸡净膛过程仍基本靠人工完成。肉鸡净膛有 3 个基本步骤：第一步，从胸骨后切割至泄殖腔（肛门）以打开体腔；第二步，取出内脏（主要是肺脏、心脏、生殖道及消化道和相关器官）；第三步，从取出的内脏中收集可食用内脏杂碎（如心脏、肝脏、砂囊），剪去附着组织，并用清水洗净。可食用内脏约占胴体产量的 7%，而不可食用内脏约占胴体产量的 3%。脖子虽然通常也是杂碎的一部分，但脖子的收集是在胴体卫生检查之后进行的。尽管从技术层面上来讲，脚（爪）并不属于内脏，但它已经成为一种有价值的产品，主要用于出口到那些以之为食的国家（参见第 19 章，图 19.2）。有些国家，爪子会和内脏一起包装与整个胴体一块销售。

也有一些国家的家禽消费中有相当大的比例是无需净膛的（图 3.6）。如被称为"纽约风味"（New York dressed）肉鸡的处理仅需清除血液和羽毛，有时甚至无需冷藏销售。而在喜欢这种类型产品的地方，这种"纽约风味"是新鲜产品的标志，因为人们认为这种家禽是在几个小时内宰杀并售出的（由于这种产品本身货架期短）。有时这些未被净膛的胴体需放置几天以形成一种有市场需求的"野味"。由于家禽胴体上缺乏可辨识的标记，于是生产者通过在胴体表皮上粘贴商标来促进消费者对品牌的识别(图3.7)。

图3.6 准备进入市场的"纽约风味"鸡。这个工人正在扎鸡的腹部皮肤来放出腹部气体并防止肿胀

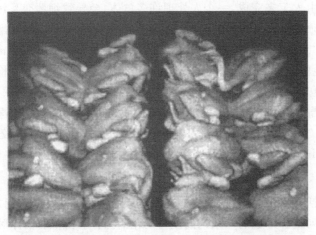

图3.7 市场上贴有商标的空气冷却"纽约风味"鸡

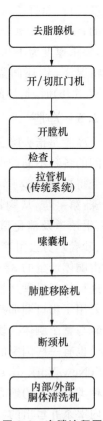

```
去脂腺机
   ↓
开/切肛门机
   ↓
开膛机
   检查
拉管机
(传统系统)
   ↓
嗉囊机
   ↓
肺脏移除机
   ↓
断颈机
   ↓
内部/外部
胴体清洗机
```

图3.8 净膛流程图

大多数净膛机都是采用边缘有10个以上的旋转竖直圆筒的基本设计。由于挂着家禽胴体的挂钩线带动圆筒旋转,所以挂钩线和设备以相互协调的速度运转。当每个挂钩和家禽与圆筒接触的时候,家禽就会被抓住,然后执行随后的一系列机械程序。当圆筒完成了完整的旋转和一系列的工序后,家禽就从这台机器中释放,然后进入到下面程序的机器中。接着,机器会对每只家禽进行清洗。尽管有这种清洗过程,但事实上大约每10只家禽都会接触到同样的表面,这些表面聚集了因胴体间交叉污染而导致的细菌,因此清洗过程就显得更为重要。图3.8中提供了一个净膛机的典型程序。在接下来的讨论中,需要重点强调的一点是,这些家禽都已由正常的、直立的、活生生的状态转变为腿被挂钩吊住而倒置的状态。

一旦这些家禽传送到净膛线上后，它们将经过去脂腺机（图 3.9）。刀片将刮除其背侧面的尾羽腺。尾羽腺含有一种家禽用来清理羽毛的油性物质，这种物质对人类来说尝起来有种不愉快的气味。

图 3.9　胴体通过尾羽腺切除机，该机器是用于切除鸡尾根部的尾羽腺

开肛门机（切肛门机或开钮孔机）（图 3.10）放在正对肛门处，然后抽真空以吸住其周围的皮肤。一个环形刮刀降下来并切开开肛门机周围固定住的皮肤，接着缩回带有肛门的探头，拉出小肠下部的顶端使其脱离家禽胴体。然后这小段附着肛门的小肠随着抽真空的停止而脱落。若这台机器调整的不好，可能会切破小肠，从而导致粪便和细菌对胴体的污染。由于所有的家禽接触同一台机器，且这台机器的探头和用于切割的刮刀将会插入到所有家禽中，所以加工机械将可能成为胴体间交叉污染和细菌传递的来源。为了降低这种交叉感染的现象，保证加工过程中胴体间设备的卫生性是非常重要的。净膛设备之间的探头需喷洒加氯水，胴体之间也有可能需要喷洒加氯水。

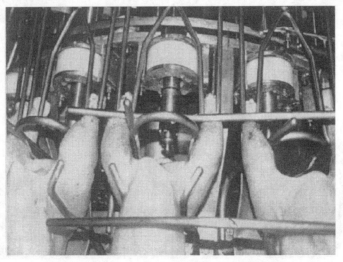

图 3.10　开肛门机的探头准备接触鸡的肛门

净膛的下一步是用开膛机增大腹腔的开口。开膛机可能是一个独立的机器,也可能是切肛门机的一部分(图 3.11)。一个刀片插入腹腔,从脊柱推向肋骨顶端,切开皮肤,并将腹部的开口扩大。其他一些设备会采用刀片和更多的剪刀来达到上述目标。更大的腹部开口将允许开膛机或拉丝机/拉管机(图 3.12 和图 3.13)挖出并拖长胴体的肠道组合。抓住并固定好胴体后,一个调羹形的勺子插入体腔。勺子沿着胸部内侧移到一个可以获取砂囊和心脏的点,然后撤回,将这些内脏从胴体取出。

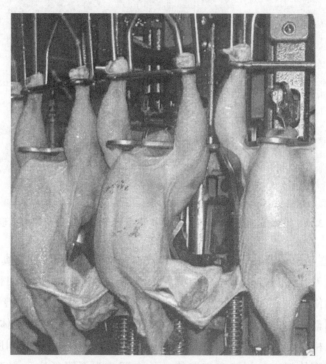

图 3.11　切开腹部皮肤之前开膛机的刀片(在图片正中,胴体上方)

图 3.12　开膛机上的刀片切除胸膜。从左往右数第 4 只鸡后面可以看到内脏

图 3.13　净膛流水线的展示图。内脏去除后的胴体准备从左侧离开机器,等待检查

　　由于净膛后的胴体都必须要逐一检查,所以当胴体从净膛机出来时通常需要将内脏挂在胴体之外。虽然新发明的净膛设备去除了胴体中的内脏,但它同时也是让内脏随同胴体一起进行检查。在 Meyn Maestro™ 系统中,内脏将被放置于胴体下的彩色托盘上(图 3.14)。检查人员可以通过托盘的交替颜色辨别胴体及其内脏并检查。Stork Nuova™ 系统则可将内脏钉住并带至毗连胴体的钩环线上。这些系统仍然可以让检查人员辨别与胴体相关的内脏。由于内脏不再直接接触胴体,所以这两个系统提高了生产过程中的安全性。此外,新的设备对线速度进行了改良(即高速线)。高速线可用 3 或 4 个检查人员,分别以 105 或 140 bpm 的速度

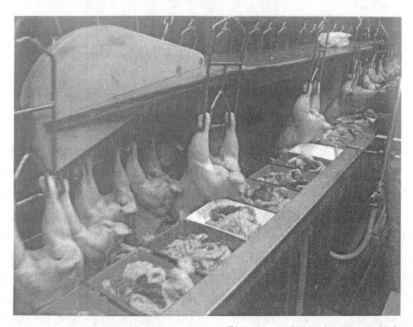

图 3.14　流水线上的检查站使用 Meyn Maestro™ 系统。内脏被放在胴体下面的盘子里

运行,以便每个检查员检查 35 bpm(参见第 5 章)。当胴体接近检查站(参见第 5 章)时,需要定位好其内脏和腹部脂肪垫(用于传统的净膛设备),以便检查人员能够迅速地观察到胴体中能判断内部疾病的部位(主要指肝脏和气囊组织)。为了达到这种定位目的,工厂员工用统一的方法排列内脏,以最大限度地提高检测效率。如有的胴体有可接受性问题方面的质疑,或需要其他处理,通常会将胴体挂在一种特制的置物架上额外考虑,而被评定为不可接受的胴体则置于指定的容器中以便清理。传统的净膛系统中,内部检查之后内脏包将从胴体中移除并送至内脏回收区。将内脏包从胴体中移除的机器称为拉管机或拉管机器人(图 3.15)。该设备将夹钳探头插入腹腔,一路延伸到达胴体颈部,在颈部夹住食道。当胴体继续远离该环形机器时,食道及黏附着的内脏包将从打开的腹腔中拉出。在新的净膛系统中,此步骤是与排水步骤相结合的。接着就将内脏抽至内脏回收区,在内脏回收区将肝脏、胗、脖子以及心脏收集并与不可食用的内脏分离开。在内脏回收区,将心脏和肝脏上黏附的结缔组织和血管移除。而将胗割开并用带尖锐边缘的滚动杆将其中坚硬的内容物剥离,与胗的肌肉组织分开。不可食用的内脏将送至磨粉处与其他不可食用的部分一同煮制并磨碎成副产品(参见第 19 章)。

图 3.15 随着轮的旋转,拉管机的探头插入胴体中

鸡嗉囊则用一种叫做嗉囊机的机器去除(图 3.16)。这种机器将一个带尖锐倒钩的自旋探头插入嗉囊,自旋探头钩住或抓住嗉囊后,带着嗉囊穿过颈部皮肤和脊椎之间的空隙直至其伸出原本头部所在的位置。一旦将探头和附带的食道带出胴体,探头就通过一个刷子和清洗站在探头返回胴体前将黏附的嗉囊从探头上去除。与所有的加工设备一样,探头由于经历了插入胴体并通过胴体缩回的过程,所以其卫生性和微生物交叉污染方面的预防是需要重点关注的。

接着,肺脏移除机向打开的胴体腹腔中插入一个真空探头(图 3.17),从胸廓背侧面吸住肺脏将其移出胴体。这个过程也可以用真空枪人工完成。移除肺脏后,胴体则穿过断颈机(图 3.18)。刮刀推向胸部之前的颈部,施加足够的力量用于打断脊椎并切割掉背部皮肤,但这种力道并不足以切断腹前皮肤或气管和食管。一旦切断脊椎,刮刀向下拖着部分切断的颈部,然后释放使其在胴体上悬摆着,然后断颈机将颈部从胴体上分离。

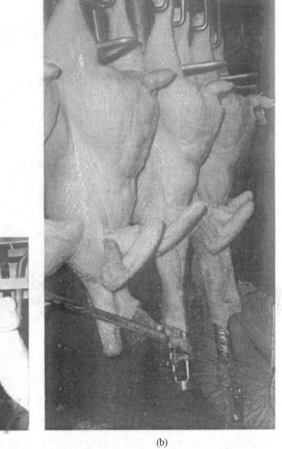

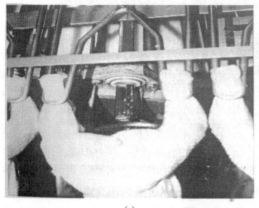

(a)　　　　　　　　　　　　　　　　　(b)

图 3.16　嗉囊机的锯齿状探头准备进入胴体腹部(a)。
锯齿状探头从颈部移出并且通过在机器后面的刷子清洗干净(b)

图 3.17　肺脏移除机的真空探头上的两个管子从胸廓背侧面吸住肺脏将其移出胴体

图 3.18　断颈机的刀片接触颈部切断脊椎

　　在净膛处理的有些过程中,胴体需要在外部检查站接受检查,检测皮肤是否有大范围碰伤或皮肤病损等不合格情况。不管是由内部检查站还是由外部检查站检测,检测判断有问题的胴体都需要更多的修剪或判别,要将其送到返工站或补救站进行适当的修剪和清洗。一般只有部分处理好的胴体会被直接使用,剩下的有问题的部分则磨粉成为家禽副产品。由于这种返工处理是将不合格品从众多合格品中挑出来,这个过程是极其耗费工时的劳动密集型的过程,所以屠宰场要力争将工作量降到最低。由于净膛后的胴体表面要求零粪便污染,所以胴体可能从生产线中被移除并置于返工站或用加氯等的抗菌水进行清洗。如果有多个胴体要进行返工或多个胴体被粪便污染,那么就需要对禁食的时间进行检查。因为如果禁食时间太长,则胴体中的肠道可能会变得脆弱易碎;然而如果这个时间少于 8 h,则肠道中可能仍残留有粪便,从而会在净膛过程中污染胴体表面。

　　当胴体通过检查后,在将它们放入冷却池进入正常冷却之前,胴体将经过一个内部/外部(I/O)胴体清洗机,清洗机中的喷嘴直接指向胴体的内部或外部,以除去黏附在其上的其他东西。内部/外部胴体清洗机中的水和冷却介质含有氯或其他可能的抑菌剂。额外的喷雾剂可能会用在冷却机前,以便用抑菌成分如酸化亚氯酸钠或其他被批准使用的抑菌剂来漂洗胴体。抑菌剂将在第 9 章讨论。

　　整个净膛过程对机械装置的依赖强调了机械维修和胴体大小调整的重要性。机器调整不好会经常引起皮肤撕裂、骨折和破肠等问题,最终将导致胴体的粪便污染。尽管有机器的应用,但通常还是需要有一个人在每一个或两个机器之间纠正机器造成的错误。在生产过程中人的作用是非常重要的,如在传统的净膛设备操作中需要安排人员检测内脏的质量,收集内脏的可食用部分。检查是净膛过程中重要的一环,在第 5 章将做详细介绍。

3.3　冷　　却

　　禽肉冷却的主要目的是为了减缓微生物的生长,从而最大限度地保证食品安全和延长可销售时间。通常将家禽宰杀净膛后尽快在 4℃ 或更低的温度下冷却,该过程需要在家禽宰杀后 1~2 h 内完成。美国的条例规定肉鸡在宰后 4 h 内,火鸡在宰后 8 h 内要将其温度降到 4℃ 或更低。禽肉冷却通常有水冷却和空气冷却 2 种方法。除实际的生产过程不同会对产品产生不同的影响外,冷却方法的不同也会对产品产生不同的影响。美国主要采用水冷却,而欧洲通常采用空气冷却。但最近几年,美国开始使用空气冷却的生产者有所增加。

　　水冷机主要由多级式水罐组成。将胴体从钩环上取下,用桨和螺杆系统将其慢慢推入水中。第一级为预冷机,温度为 7~12℃,持续时间为 10~15 min。该阶段有一部分水是从主冷却机中排出的水,这有利于能源的重复利用。预冷的作用是使胴体温度缓慢地降低,以避免将胴体直接放入 1℃ 冷水时产生的刺激,因为该刺激会对品质产生不良的影响。同时,预冷还可起到一定的清洗作用。在预冷机中,胴体会吸收水分。在预冷机的入口处,胴体温度约为 38℃,皮肤脂质仍成流动状态。水容易渗入皮肤并能小范围的渗入到筋膜和皮下组织中。水的吸收率与温度和时间有关,法规规定,胴体在冷却机中的吸水量要在产品标签上表明。一般,胴体在冷却机中的吸水率为 2%~4%,主要由皮肤吸收。因此,需要分割或进一步加工的禽类,通常要去除表皮,而使胴体重量不显著增加。

图 3.19　水冷机里的桨推动胴体,开口和桨一起推动水流

　　胴体预冷后,进入主低温罐时其温度大概是 30~35℃,主低温罐与预冷罐相似但体积要大得多。主低温罐中的水通常含有抑菌物质,过去最常用的为氯,更稳定有效的抑菌物质将在第 9 章介绍(具体参见第 9 章)。在该冷却机中,入口处的水温为 1℃,出口处的水温为 4℃。低温使胴体温度在 45~110 min(根据胴体大小)内迅速降低。一些生产者会让胴体在冷却罐

图 3.20　禽肉加工厂中的螺旋冷却机

中停留较长的时间而不是在低温下立即进入流水线操作(比如在冷却后立即去骨或包装),以此来延长货架期。由于胴体温度降低,组织中的脂质凝固,使胴体在预冷罐中吸收的水分固留在组织中。但是,当禽肉被分割或者储存时,这部分水就很容易随滴水而流失。为了使胴体与水的热交换以及胴体的清洁度达到最大化,冷却机中的水流通常为逆流(图 3.21)。由于胴体和水流方向相反,以使胴体在整个冷却罐的过程中都浸入在低温且干净的水中。为了提高冷却速率,可以从冷却罐底部鼓入空气(图 3.22)。空气从底部移动到水表面的过程中使水不断鼓动产生水泡,防止了产品表面热分层的形成。如果水不鼓动,接近胴体表面的水温度会升高,直到其与胴体温度达到热平衡。这层温度较高的水层降低了胴体与水之间的热交换,因为两种界面之间的热交换速率与界面的温差有很大关系[7]。

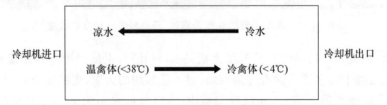

图 3.21　逆流冷却系统的流程图

图 3.22　水浸泡冷却罐上用来搅动水的通气管

　　有一种新型而有效的方法用于搅动冷却
机中的水,就是使用水射流将水从冷却机的底
部泵入。水以高速泵入冷却机能降低热分层,
提高胴体清洗度,并且防止胴体累积在冷却机
中。此外,泵入的水中可添加抑菌物质使其能
与胴体充分接触。除了水搅拌系统外,新兴设
备如整理式冷却机可以提高食品的安全性。
整理式冷却机拥有一个独立的冷却箱,位于主
冷却机的后面。该设备具有操作时间短,占地
面积少的优点(图 3.23)。整理式冷却机可以
提供冲洗,并且可以添加抑菌物质,但其容积
要比主冷却机小。

　　空气冷却是另一种冷却方法。它具有市
场优势(比如不使用水),也是一种节水方法。
空气冷却是将悬挂于钩环上的胴体通过一个

图 3.23　整理式冷却机的抗微生物设备
(由 Stock Food Systems 提供)

循环冷空气的大房间,时间一般为 $1\sim3$ h[8](图 3.24)。由于空气的热交换效率较低(是水的
1/25),所以空气冷却需要花费更长的时间。禽肉可放于架台上冷却,但更有效和常用的方法
是将胴体悬挂于钩环上。相对于水冷却而言,空气冷却需要更大的空间和更多的能量。在空
气冷却过程中,为了加快冷却并防止水分流失,胴体在进入冷却机时暴露在极冷的空气($-8\sim$
-6℃)中,而出口处的温度为 $-4\sim-1$℃。胴体在极冷的空气中会促使冰层的形成,其在冷却
过程中能够阻止水分的流失。同时也可在产品表面喷洒水,当水蒸发时能够吸收热量来促使
产品冷却和提高热交换。通过湿度的控制能最大程度地提高空气从胴体中吸收热量和蒸发表
面水分的能力,从而达到蒸发冷却的目的。迅速冷却之后,胴体表面容易干燥而出现斑点。但

干燥的表皮经过补水,包装之后能恢复正常。空气冷却的目的是使禽肉能在冷却过程中达到零水分流失,这样,生产者在销售该禽肉时可贴上零水分添加的标签。经过空气冷却的家禽胴体的重量比起冷却前会稍微减轻,但可以通过控制相对湿度或添加雾状水来阻止水分流失。相比而言,水冷却会导致胴体重量增加。正因为这种差异,导致国际贸易中各个国家对使用这两种冷却方法做出不同限定。

图 3.24　胴体的空气冷却
（由 Stork Food Systems 提供）

　　这两个冷却系统对禽肉胴体中的微生物状况具有不同的影响。水冷却能够将胴体表面的微生物清洗掉,因此胴体的微生物数量水平较低。然而,在水冷却过程中,胴体与胴体之间通过水的广泛接触,细菌(包括病原体)在胴体之间通过水冷介质传播的潜在风险比用空气冷却时大得多,因为空气冷却中胴体之间相对较独立。水冷却中病原体污染的潜在风险更大是导致国家之间贸易壁垒的一个主要原因。另一个与贸易有关的微生物因素是,在与产品直接接触的水当中氯的使用情况(如冷却机中的水)。在美国,氯常被用作抑菌物质,但许多欧洲国家是禁止使用氯的,因为在理论上氯与癌变有关。

　　家禽在冷却过后,就可用于销售或进一步深加工了。在这个阶段,家禽一般被称为 WOG(不含内脏),当然如果家禽被作为完整个体进行配套零售的话,内脏往往可增加产量。如果没有经过修整,加工产率一般约为活体的 72%;而这么高的加工产率是建立在原料质量和加工过程中良好的质量管理的基础上。

　　PSE 是一个缩写,它代表苍白、柔软、渗水的意思,这种肉颜色苍白(pale),形成柔软(soft)的胶状质地,保水能力较差。表 3.1 列举了火鸡和肉鸡的 PSE 肉典型特征。PSE 肉一般发生在宰前受到较大应激的家禽肉上(参见第 2 章),而正常的肉若处理不恰当,仍然可变为 PSE肉。首先,冷却对 PSE 禽肉的产生有很大的影响。不当冷却(冷却速度缓慢)可能会导致胴体长时间温度过高,使肉中蛋白质变性进而产生一系列的后续变化。尤其对大块的火鸡胴体,如何冷却是一个重要的问题。此前有研究表明,不合适的冷却将导致肉的 pH 过低,颜色变浅,滴水损失和蒸煮损失增加,凝胶强度降低,并且使肉中肌原纤维蛋白提取率降低[9-13]。McKee 和 Sams[9]、Alvarado 和 Sams[11] 的报告中称,胴体在高温(>30℃)下会加速糖酵解和诱发 PSE 肉(表 3.2)。他们的研究结果支持了 Khan[14]认为肌肉糖酵解率在 30～37℃时增加的报道。Rathgeber 等[10]报道称,延迟冷冻(90 min)会增加火鸡胸肉(苍白的肉)的 L* 值。Alvarado 和 Sams[11]建议,火鸡在屠宰后的 60 min 内,胴体温度应达到 25℃或更低,以减少 PSE 肉发生的机会。可见,适当的控温机制可以使胴体及时并充分冷冻,这对于防止或减少 PSE 肉的发生率非常重要。将 PSE 肉进一步加工成产品时会引起严重的问题,尤其是整个肌肉都变成 PSE 肉时。与 PSE 肉相关的蛋白质变性问题会导致产品在进一步加工的过程中汁液流出过多和黏合性差的现象。

表 3.1　从工厂采集的火鸡、肉鸡胸肉中"普通肉"和"苍白肉"之间一些特性的对比

测量指标	火鸡[a]		肉鸡[b]	
	普通肉	苍白肉	普通肉	苍白肉
光度(冻僵前[c])	47.31[e]	56.85[d]	51.38[e]	60.41[d]
光度(宰后 24 h)	48.99[e]	54.72[d]	52.15[e]	59.81[d]
pH(冻僵前[c])	6.09[d]	5.72[e]	6.07[d]	5.76[e]
表观湿度/%	23.41[e]	32.31[d]	25.18[e]	30.61[d]
滴水损失/%	0.72[e]	2.52[d]	3.32[e]	4.38[d]
蒸煮损失/%	15.17[e]	17.56[d]	21.08[e]	26.39[d]

[a] 引自 Owens,C.M.et al.2000.*Poult.Sci.*,79,553.

[b] 引自 Woelfel,R.L.et al.2002.*Poult.Sci.*,81,579.

[c] 冻僵时间:火鸡宰后 1.5 h,肉鸡宰后 3 h.

[d,e] 相同物种同行数据之间上标不同说明平均值差异显著($P<0.05$)。

表 3.2　宰后保藏在 0 和 40℃下 4 h 后火鸡肉的质量参数

参数	保藏温度/℃	
	0	40
宰后 2 h pH	6.02[a]	5.87[b]
L* 值	51[b]	57[a]
蒸煮损失/%	24.05[b]	28.56[a]

来源:引自 McKee,S. R,and Sams,A. R.1998.*Poult.Sci.*,77,169.

注:每个平均值 12 个重复。

[a,b] 同行数据之间上标不同说明平均值差异显著($P<0.05$)。

3.4　小　　结

　　加工厂的第一步处理是至关重要的,因为它涉及将活生生的动物转变为无生命的组织。动物及其活组织的生理反应对保持产品质量非常重要。除了产品质量外,在加工过程中另一个关键点是保证产品的产量,通常理解为最大限度地减少损失。产品的损失很大程度上是归因于工人,比如没有相应的约束制度、错误的分配、过多或不必要的修整、没有调节好设备造成不当的修整。在活家禽转换成市场上各种产品的时候,第一步处理是引发损失最多之处。因此,禽类从屠宰到冷却整个过程能否做到正确和高效是非常重要的。

参 考 文 献

1. Fletcher, D. L., Stunning of broilers, *Broiler Ind.*, 56, 40, 1993.
2. Craig, E. W., Fletcher, D. L., and Papinaho, P. A., The effects of antemortem electrical stunning and postmortem electrical stimulation on biochemical and textural properties of broiler breast meat, *Poult. Sci.*, 78, 490, 1999.
3. Eisele, J. H., Eger, E. I., and Muallem, M., Narcotic properties of carbon dioxide in the dog, *Anesthesiology*, 28, 856, 1967.
4. Mohan Raj, A. B. and Gregory, N. G., Investigation into the batch stunning/killing of chickens using carbon dioxide or argon-induced anoxia, *Res. Vet. Sci.*, 49, 364, 1990.
5. Mohan Raj, A. B., Grey, T. C., Audsely, A. R., and Gregory, N. G, Effect of electrical and gaseous stunning on the carcass and meat quality of broilers, *Br. Poult. Sci.*, 31, 725.
6. Lambooij, E., Pieterse, C., Hillebrand, S. J. W., and Dijksterhuis, G. B., The effects of captive bolt and electrical stunning, and restraining methods on broiler meat quality, *Poult. Sci.*, 78, 600, 1999.
7. Singh, R. P. and Heldman, D. R., *Introduction to Food Engineering*, Academic Press, Orlando, FL, 1984.
8. Veerkamp, C. H., Chilling, freezing and thawing, in *Processing of Poultry*, Mead, G. C., Ed., Elsevier Science, Oxford, U.K., 1989, 103.
9. McKee, S. R. and Sams, A. R., Rigor mortis development at elevated temperatures induces pale exudative turkey meat characteristics, *Poult. Sci.*, 77, 169, 1998.
10. Rathgeber, B. M., Boles, J. A., and Shand, P. J., Rapid postmortem pH decline and delayed chilling reduce quality of turkey breast meat, *Poult. Sci.*, 78, 477, 1999.
11. Alvarado, C. Z. and Sams, A. R., The role of carcass chilling rate in the development of pale, exudative turkey Pectoralis, *Poult. Sci.*, 81, 1365, 2002.
12. Alvarado, C. Z. and Sams, A. R., Turkey carcass chilling and protein denaturation in the development of pale, soft, and exudative meat, *Poult. Sci.*, 83, 1039, 2004.
13. Molette, C., Serieye, V., Rossignol, M., Babile, R., Fernandez, X., and Remignon, H., High postmortem temperature in muscle has very similar consequences in tow turkey genetic lines, *Poult. Sci.*, 85, 2270, 2006.
14. Khan, A. W. and Nakamura, R., Effects of pre- and postmortem glycolysis on poultry tenderness, *J. Food Sci.*, 35, 266, 1970.

参 考 书 目

Egg and Poultry-Meat Processing, Stadelman, W. J, Olson, V. M., Shemwell, G. A., and Pasch, S., Ellis Horwood Ltd., Chichester, England, 1988.

Meat Science, 5th edition, Lawrie, R. A., Pergamon Press, Elmsford, New York, 1991.

Muscle Foods: Meat, Poultry, and Seafood Technology, Kinsman, D. M., Kotula, A. W., and Breidenstein, B. C., Eds., Chapman & Hall, New York, 1994.

Poultry Meat Science, Poultry Science Symposium Series, Vol. 25, Richardson, R. I. and Mead, G. C., Eds., CABI Publishing, Wallingford, Oxon, U.K., 1999.

Poultry Products Processing, An Industry Guide, Barbut, S., Ed., CRC Press, Boca Raton, FL, 2002.

Poultry Products Technology, 3rd edition, Mountney, G. J., and Parkhurst, C. R., The Haworth Press, Binghamton, New York, 1995.

Processing of Poultry, Mead, G. C., Ed., Elsevier Science, New York, 1989.

第 4 章

二次加工：分割、剔骨及分配控制

Alan R. Sams, Casey M. Owens

黄　明　黄维超　译

4.1 引　　言

　　禽类一旦被加工成胴体并冷却至所需温度，其进一步加工的方式有：将整个胴体包装后销售，也可以分割肉或剔骨肉的方式销售。因此，禽肉胴体冷却之后在工厂可以多种形式进行再加工，即二次加工。禽肉工业已经开始致力于禽肉分割、剔骨肉以及肉块大小的控制等方面，以节约消费者（家庭消费、饭店或超市）的时间。生产者已经意识到消费者愿意为这些服务买单，因此，这种多样化的二次加工已成为大多数企业的重要发展方向。

4.2 附　加　值

　　随着社会的发展，人们现代的生活方式逐渐向可支配时间减少和可支配收入增加转变，双职工家庭和忙碌紧张的生活导致现代的消费者宁愿为加工厂提供的预制好的膳食这种便利支付额外的费用。人们不希望在做饭前花费时间切肉，同样，也愿意为购买所需要的部分鸡胴体这种便利支付额外费用。如果消费者只想要鸡胸肉，可以只买鸡胸肉不买鸡翅和鸡腿。在 20世纪 60 年代，这两个观念促使了禽肉行业革新，2009 年，美国鸡肉市场上分割肉占大约 40％的比例。因此，胴体分割能很好地为消费提供便利，并满足消费者需求。再加工和其他深加工产品占整个市场将近 50％的份额，这也是改变产品形式、提高产品价值的方式。在随后的章节中会对这些产品进行介绍。改变产品的其他形式如地点、时间（什么地方、什么时间可买到）也可以增加产品的价值。机场或便利店里高价销售的各种食品就是有关产品附加值的一个例子。

4.3 分　　割

　　从一个胴体上可以获得多种不同类型的分割肉：可以把胴体简单地劈成两半，用于烧烤；也可以切成很多片。在表 4.1 中对鸡胴体常用的分割方式进行了简要的总结，一些国外市场对这些预分割产品有更详尽的划分界限。例如：一些亚洲国家喜欢将分割肉切割，尽量避免食用时用手接触。图 4.1 显示了可选择的鸡翅产品，其中一部分有手持的柄，使食用更方便。

表 4.1 美国鸡胴体常用的分割方式

部分	描述
半胴体	将鸡胴体平均劈开成左右两半
1/4 鸡胸肉	鸡胸肉前部的左边或右边的 1/4,包括脊柱、肋骨、胸肌的 1/2 和连带的翅
1/4 鸡腿肉	臀部左边或右边的 1/4,包括脊柱、大腿、小腿的 1/2
鸡翅	鸡翅的三部分并带有一定的鸡胸肉(根据消费者而定)
鸡胸肉	主要和次要胸大肌,可以包括也可以不包括肋骨、胸骨和鸡皮
鸡大腿	鸡腿的上部,包括大腿骨
鸡小腿	鸡腿的下部,包括胫骨和腓骨
翅根	鸡翅的根部
翅中	鸡翅的中间部分,可以包括也可以不包括翅尖
整个鸡胸	鸡胴体前部的 1/2,不含有鸡翅,包括左右鸡胸肉,可以包括也可以不包括其背部的脊柱
龙骨架	未劈开的整个鸡胸的后尖端(大约占鸡胸的 1/3)
脊肉	从整个鸡胸中去掉龙骨构架后,将剩余的部分切成左右两部分
整个腿	鸡大腿和鸡小腿,没有脊柱
鸡背肉或带骨鸡背肉	脊柱和盆骨的 1/4 及其对应的背部肉
鸡胸的一半或前半部分	鸡完整胴体前部的一半
鸡腿的一半或后半段或脊肉	鸡完整胴体后部的一半

图 4.1 可选择的鸡翅产品,有些是带"柄"的

把胴体切成几部分是增加产品利润的一种方法。"增值"加工是指对产品进行一些改进来吸引消费者,消费者吸引力的增加是从价格增加上体现出来的,消费者愿意支付这样的价格是这种产品对于消费者而言的价值体现。当人们认为消费品价格的提高代表产品成本的提高,而且额外的利润则是由于产品对于消费者无形增加的价值时,利润就产生了。将胴体进行分割可能是禽类加工中提高价值的一种最简单的例子。

例子

4 lb 胴体×0.75 美元＝3.00 美元

$$25\% \text{ 鸡胸肉} = 1.00 \text{ lb} \times 2.50 \text{ 美元/lb} = 2.50 \text{ 美元}$$
$$33\% \text{ 腿肉} = 1.30 \text{ lb} \times 0.90 \text{ 美元/lb} = 1.17 \text{ 美元}$$
$$14\% \text{ 鸡翅} = 0.56 \text{ lb} \times 1.50 \text{ 美元/lb} = 0.84 \text{ 美元}$$
$$17\% \text{ 鸡背肉/颈} = 0.68 \text{ lb} \times 0.10 \text{ 美元/lb} = 0.07 \text{ 美元}$$
$$\underline{11\% \text{ 鸡内脏} = 0.44 \text{ lb} \times 0.40 \text{ 美元/lb} = 0.18 \text{ 美元}}$$
$$= 4.76 \text{ 美元}$$

分割损失价值＝0.05 美元/胴体

分割增加的价值＝4.76 美元－(3.00 美元＋0.05 美元)＝1.71 美元

在计划分割时,清楚记得一些价值较高部分是非常重要的,这些部位往往会带来更高的价格和利润。因此,分割胴体的目的是用这种方法使最有价值部分的比例达到最高。例如,鸡胸肉和鸡腿肉比鸡背肉更有价值,所以将尽可能多的鸡背肉和骨头与鸡胸肉和鸡腿肉归为一类销售可以获得更多的利润,这样整个胴体的利润也就增加。这就是我们经常看到鸡胸肉往往带有肋肉、腿肉带有股肉一起销售。

第 5 章中会详细介绍禽肉的分级,这也是提高产品价值的好方式。一个鸡小腿上有缺陷就会使整只鸡胴体的等级下降,这个唯一的缺陷会减少整个胴体的价值。然而,如果通过将胴体分割成几个部分使缺陷的部分移除,那么只有这个不好的鸡小腿等级会下降,胴体其他部分的附加值仍会保持在较高的水平。

例子

整个胴体为 B 级　　　　4 lb×0.25 美元＝1.00 美元(其中一个小腿有缺陷)

..........................对比..........................

有缺陷的小腿　　　　0.25 lb×0.25 美元＝ 0.062 5 美元

等级为 A 级的部分　　　3.75 lb×1.20 美元＝4.50 美元

1.20 美元＝等级为 A 级的部分的平均价格

实际上,对于等级为 B 级的胴体和等级为 A 级的切割部分是同样的价格

挽回的价值＝(4.50 美元＋0.062 5 美元)－1.00 美元＝3.062 5 美元

分级还可以通过其他方式增加价值。消费者购买经分级的禽肉可以获得一定的产品质量和一致性的保证。因为消费者愿意为已分级的产品支付额外的费用,所以这种保证具有特殊价值。

可以通过刀、台锯等手工的方式或者各种各样的仪器自动将胴体进行分割。使用仪器时,准确切割需要将刀放置在胴体的特定部位上来进行。这样复杂的操作需要锋利的刀刃和对系统很好的维护来完成。不管采用什么方法,一般都是将胴体切成 2 份(劈半)、4 份(1/4)、8 份(鸡胸肉、鸡翅、鸡大腿、鸡小腿)或者 9 份(两个脊肉、一个龙骨架、鸡翅、鸡大腿、鸡小腿)。后两种方法称为 8 片切割、9 片切割,常用于餐饮行业中油炸鸡块的制作。

4.4　出　品　率

出品率是效率的一种表示方法,一般定义为每单位投入的产出量,用百分比表示。

$$出品率＝效率＝（产出量/投入量）×100$$

出品率有多种表示方式，每一种都有其特定的体现工厂效率的方法。活禽经过初加工的重量比例叫做即烹出品率，这是一种直接测量捕捉、运输、装卸、取内脏及修整的效率的方法，这其中的任何一个因素都可以造成产品的损失，进而影响即烹出品率。该出品率一般为70％～75％，胴体同内脏一起销售比不带内脏销售的出品率略高。因此，75％可以用来结合活禽的饲料转化率来评估整个纵向整合的公司的整体效率。由于只有活禽重量的75％用于销售，所以一个更加有用的用于测量活禽出品率的方法是计算饲料转化效率作为每单位可销售产品的饲料消费。这种方法将结合目前产品率和加工厂的效率，对于不带内脏销售的胴体，肉占其60％，骨头占其40％，在60％的肉中白肉约为60％、红肉约为40％。这个比例会因工厂、鸡龄和遗传品系的不同而有所不同。这一数据可用于预测可用于剔骨或开发新产品的肉的数量。

另一种形式的出品率是用来检验构成胴体各部分的比例，正如前文中提到的，当生产分割产品时，这种出品率的分类方法对利润率起到关键性的作用。

4.5 成熟和剔骨

对无骨胸肉的迫切需求不仅提高了无骨肉品的价格，也使顾客对此类产品有较高的品质认同感。顾客愿意购买方便的剔骨产品，但他们希望能够买到性价比高的产品。无骨胸肉没有表皮掩饰其可能存在的缺陷及保持其多汁性，且没有方法保持其嫩度，如此便增加了生产无骨产品的压力。无骨产品在加工厂和厨房的质量都很难保证。因为产品的大部分瑕疵都将被修剪和整理掉，所以嫩度和产量是无骨胸肉生产者面临的巨大问题。虽然腿肉和胸肉都是商业化的剔骨产品，但因为市场和肉品生产者对胸肉有更迫切的需求，所以胸肉更受瞩目。

4.5.1 成熟

早期的肉类科学家发现动物死后不久就剔骨的产品肉质会相对较老，这种肉质变老的现象随着成熟时间的延长慢慢减缓。动物宰后到被剔骨的这段时间叫做成熟。随着对肌肉和肉的生物化学的深入了解，为了阻止肉的变老，在僵直后剔骨的必要性越发受到肯定[1]。虽然早期的商业化僵直完成都是将完整的动物尸体储藏过夜或经历更长的时间，但当今的工厂迫于高效和高产量的压力，许多加工者都在最大程度地减少成熟时间。一般来说，在冰箱中储藏胴体或前半部分胴体直至宰后 4 h（出冷藏室后 2.5～3 h）是现代化工厂中仔鸡需要的最少成熟时间。相关内容在第 7 章会详细的阐述。成熟期间的能量、劳力和成熟所需空间的需求及因冷藏期间的滴水损失引起的产量降低，这些因素使得成熟后的鸡肉成本较高。Hirschler 和 Sams[2]的调查结果表明加工平均大小的仔鸡因成熟而导致的损失占鸡胸肉的 2％～3％，相当于每年大约 500 万美元的损失。因此，减少成熟损失的需求已成为多年来研究的主题。事实上，虽然为了品质目的把成熟时间减少到 4 h，但是为了精简产品和提高加工效率，现在在宰后1.5～2 h 剔骨已经成为常规操作。

需要说明的是，这种关系到嫩度的做法只涉及全肌肉产品，如胸肉。因为一些仔鸡胸肉和大部分的无骨火鸡胸肉被加工成其他产品，所以冷却期间的成熟过程则并非必要的了。在一个公司的生产线上，全肉产品通常是高档产品，因此使嫩度在可接受范围内减少成熟时间需要考虑宰后僵直对肉的影响。

4.5.2　宰后僵直

宰后僵直是细胞凋亡的过程[3,4]。当动物死去时,其单个细胞仍是活着的,细胞利用储藏在胞内的能量继续其代谢过程。失去血液作为氧气提供来源,细胞慢慢的从需氧(依赖氧)代谢转变为无氧(不依赖氧)代谢。细胞继续利用能量,但由于无氧代谢的效率低于有氧代谢,所以代谢变得更加缓慢。这种失衡引起为细胞提供能量的初始复合物三磷酸腺苷(ATP)的减少。乳酸和无氧代谢终产物也会随着无氧代谢活动而产生。在活体动物中乳酸会被血液清除,但在死后动物肌细胞中会逐渐积累,导致细胞的 pH 从接近中性(pH=7)降至 pH 约为 5.7 的酸性。pH 的下降会降低 ATP 酶的活性,进一步减少 ATP 的产生(图4.2)。在僵直过程中的 pH 降低会影响蛋白质的功能和加工产品的特性,后面的章节将进行详细的阐述。

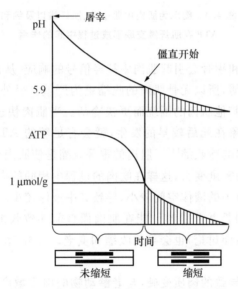

图 4.2　在宰后僵直过程中 ATP 和 pH 下降

ATP 是肌细胞中的一种重要复合物,它不仅能够为许多反应提供能量,还能够调节蛋白纤维的收缩作用。肌肉是由重叠的蛋白丝组成,肌球蛋白由粗丝构成,肌动蛋白由细丝构成。这些肌丝是肌节重复结构的组成部分,也是肌肉的基本组成单位。每根细丝的末端嵌入到肌节末端的 Z 线结构中,而其他部分和位于肌节中间的粗丝相重叠。粗丝的另一端和肌节另一端的细丝相重叠。

当神经信号到达肌肉时,就会发送将钙离子从储存囊泡中释放到纤维丝周围的液体中的信号(图 4.3)。ATP 存在时,这些钙离子会触发 ATP 在粗丝和细丝之间形成桥梁。ATP 分子释放能量,提供能量推动细丝和肌节的末端使其连接在一起。然后需要一个新的 ATP 分子来打破纤维丝之间的连接而使其回到原始的长度。因此,ATP 通过提供能量并打破粗丝与细丝之间的连接来引发肌肉的伸缩作用。ATP 发挥这种作用的最小浓度大约是每克肌肉1 mmol/g ATP(图 4.2)[3]。因此,当肌细胞 ATP 浓度小于这个水平时,肌肉将不再响应神经信号和其他刺激,此时肌肉进入僵直状态。

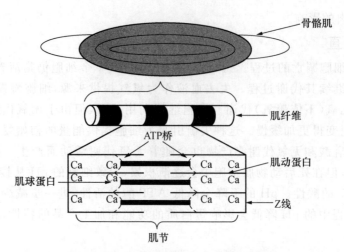

图 4.3 图示为肌肉中肌小节、肌纤维以及钙和 ATP 在肌纤维交联形成过程中起的作用

在僵直完成之前分割和剔骨会引起肌肉中神经信号的响应,从而引起肌肉收缩。而且,肌肉的收缩不再受骨骼的束缚,所以无骨肌肉的收缩更为严重。另外,当肌肉从胴体上取下后,肌肉因不再有皮肤覆盖和其他肌肉的围绕而更快冷却。当肌肉快速冷却时,储存钙离子的囊泡就会泄露。如果这种现象在死后较早的发生,就会有足够的 ATP 来引发肌肉和肌节的收缩作用,这个过程叫做肌肉的冷收缩[4]。肌肉的重叠收缩是使肌肉变老的重要原因,因为肉的重叠(肌节更短),使肌丝的密度变大,这样在吃肉的过程中相同的横截面会有更多的肌丝需要牙齿咬断。同样地,短肌节中的液体空间较小,导致其中液体较少。液体较少意味着多汁性较差,从而影响肉的嫩度。剔骨并非是唯一能在肌肉僵直前导致收缩和肉质变老的刺激因素。垂直分割过程(在本章的后面讨论)也会导致收缩和变老。此外,在僵直之前蒸煮肌肉也会导致肌肉的收缩和变老。

由肌丝的重叠和收缩导致的肉质变硬,与老龄动物的肉质嫩度较差不可混淆。老龄动物肉质嫩度较差是由蛋白质的结缔组织和胶原蛋白的交联导致的。在年幼的动物中,胶原蛋白并没有交联,因此在加热情况下不稳定,会在蒸煮过程中溶解。年幼动物肉中的胶原蛋白对肉的老化影响很小。然而,随着动物年龄增大,胶原蛋白之间或与其他胶原蛋白分子间会形成热稳定的交联,从而形成在蒸煮时不溶的耐热网状结构[4,6,7]。这种网状结构使年老动物的肉质变老,与僵直无关。这种胶原蛋白网状结构只有在湿热的条件下长时间蒸煮才会被破坏,这也是炖母鸡需要长时间加热才能做出可口美味的食物的原因。

4.5.3 减轻僵直硬化的对策

腌制是一种可以减轻僵直硬化的方法[8]。虽然这在接下来的章节中有详细的描述,在这里还是简单介绍一下。腌制是添加液体、磷酸盐和食盐使肉变得多汁、较嫩的方法。腌制中添加的液体可以增加肉的水分活度,而磷酸盐和食盐能够增加肉的保水性,破坏由于肌丝相连接形成的一些难以破坏的蛋白质网状结构。

宰后电刺激是另一种减轻僵直硬化的方法,电刺激在防止肉僵直硬化的同时还有一定程度的嫩化作用[9]。电刺激(与宰前的电击晕不同)时,尸体挂在钩环上,脉冲电场通过放血不久的尸体(图 4.4)。电流通过带电荷的圆盘从尸体的头部进入直至挂在钩环上的尸体的脚部。电刺激的电特性和时效性产生两个作用：一个作用是脉冲电场作用于肌肉时，会加速 ATP 的分解使僵直提早完成；另一个作用是脉冲电场会引起强有力的收缩而使肌丝破损，从而破坏引起肉质变老的蛋白质网状结构的完整性。电刺激系统中可以应用不同的电压和电流。现存的系统有高压(如 450 V)系统和低压(如 200 V 或更低)系统，这些系统应用在动物放血或褪毛之后。这些方法都是为了使肉的嫩度达到预期，所以一个公司需要对顾客的需求进行评估并预测出所需的嫩度水平，然后，生产者就可以选择其中一项或联合应用这些技术来减少僵直硬化带来的损失。

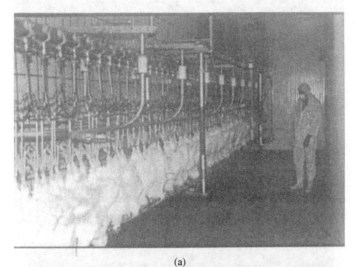

(a)

(b)

图 4.4　胴体加工厂里的宰后电刺激器(a)；电刺激器通过带电平板接触鸡头(b)

4.6　剔　　骨

在离开冷却间或成熟之后，胴体的前半部分会被剔骨生产无骨胸肉。加工者可以手工剔骨或用自动化设备剔骨，两种方法各有优缺点，对加工者来说手工和自动化各有其经济性和高效性。手动剔骨生产线比自动化生产线的产量高,但是产量的高低程度并不一致。工人经过培训后,手工剔骨的产量波动会减小(图4.5)。手工剔骨比自动化剔骨需要的劳动力多,因此如果不能保证良好稳定的劳动力时,自动化剔骨会是一个更好的选择。在有些情况下,自动化剔骨节省下来的劳动力成本会远远高于手工剔骨增加的产量带来的利润。而且,如果设备管理恰当,自动化剔骨可以提供与手工剔骨相当且更稳定的产量。腿肉也可以用自动化剔骨或手动剔骨或者将两者相结合来生产无骨肉品。有些新仪器可以对还在胴体上未分割下来的腿肉剔骨(图4.6)。

图 4.5　生产无骨鸡胸肉的手工去骨流水线

图 4.6　自动去鸡腿骨系统
(由 Stork Food Systerms 提供)

在剔骨胸肉中发现锁骨和扇骨是个大问题。因为锁骨和扇骨镶嵌在肉中而且比较锋利，所以会对顾客产生危害。工厂员工可以检查并移除剔骨肉品中的骨头，但有时肉眼很难检测出肉中的骨头。因此，工厂中可以运用 X 射线检测系统以减少无骨胸肉中的骨头。

4.7　分割控制及其均一化

分割控制在食品供应中，尤其是食品工业的终端需求如酒店、餐馆和大型机构专供中，是很重要的概念。随着美国消费者外出吃饭增多，对食品分割控制的需要也在快速增长。分割控制使消费者吃到大小均一，外观相似和质量相近的产品，因此自助餐线上几乎没有可挑剔之处（剩下特大或特小的产品）。此外，分割控制还提供了更精确的食品供应和价格控制。顾客家中同样需要均一大小的肉品，因为他们要确保相同的加热工艺（时间、最终温度、方式）和产品质量（外观、煮熟程度），因此，分割控制对零售市场也同样重要。

肉块经分割后对于加工和销售的适应性增强，这在炸鸡餐馆显得尤为重要。为了使每位顾客吃到质量相同的产品，无论来自于什么部位，每块肉都要具有大概相等的质量。这就是九片分割的部分起源。商业化仔鸡胴体的胸肉是大块的，因此不具有和胴体其他部位肉相比较的大小。解决这个问题的方法就是把胸肉分割成 3 片而且切除包含一些胸肉的翅膀。这样就把胴体平均的分割成和胴体其他部位肉相似的重量了。更严格的分割控制则是按顾客的要求把胴体按重量分类而获得。这就导致所有特定形状的部分几乎大小形状相同。这些产品的称重通常在含高架钩环线的生产线上进行的。当挂有所需重量范围的家禽的钩环通过天平时，胴体将会被放置于料仓中或直接进入专门的生产线中分割成许多部分。

需要提及的是，对于肉块大小的控制也可以从活禽开始。大多数生产者选择特定基因型品种或一定月龄的家禽来生产大部分顾客特别需要的禽肉。比如向食品服务部门或进一步加工市场提供无骨产品时，为了提高产量和增加工人的产值，用较大的禽类（6～9 lb）来生产剔骨产品。为满足消费者尤其是食品服务市场对产品均一性的严格要求（如重量或形状），可以用较大的禽类来生产形状较大的胸肉。由于无骨产品的高价值和特定用途，无骨胸肉可通过许多方法进行分割。在分割之前首先要做的是修除结缔组织、肌膜和边缘的脂肪。在很多情况下，这个复杂的操作是手工完成的（图 4.5）。根据所修整原料肌肉含量的不同，可以把无骨产品加工成肉块或者肉饼。这种修整工作是增加肉品价值的一种方法，因为修整可以为顾客带来方便，减少浪费，增加产品的均一性。因修整而使产品价格增加的部分足以用来弥补修整带来的消耗。修整之后的肉可以根据重量的不同进行分类。肉通过高速传送带分拨为不同的种类，每种都有一定的重量范围。当肉通过设定的种类时，电脑会记录下产品的重量，并用分类杆把产品推入到料仓中。通过记录每块肉的信息，电脑可以保存肉品的产量和库存。

要做到更精细的分割，可以用垂直或水平切割法把肉块切割到更小块，这些方法相结合可以得到特定长宽高的肉块。用摄像机和电脑记录传送带上肉块的数码形状，再由电脑决定切割所需规格肉块最好的方法，并指导切割设备按照相应的方法进行切割。这些设备一般使用水压切割，喷射出的高压水可以轻松地切割柔软的肌肉组织。通常，胸肉中心部分是肉块的高价值部位，边缘价值比较小，整块肌肉产品和其他的修整部分组成整个产品系列（图 4.7）。

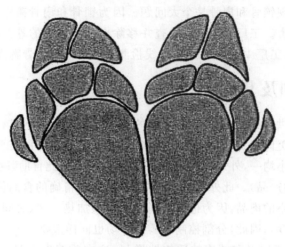

图 4.7 无骨鸡胸肉的垂直切割示例

水平切割可以控制肉块的厚度,有的时候把水平切割叫做切片。这种切割方式下,肉块在两块圆盘或传送带之间向刀片运输(图 4.8)。在刀片切割过程中,圆盘或第二个传送带将肉块固定。可以根据顾客的特殊要求设定肉块的目标厚度,而这种厚度取决于刀片与传送带或圆盘之间的距离。切块后的肉块表面如果还保留了分割后初始的性状,消费者可能会认定这种肉块是高价值的肉块。鸡肉块一般只切片一次,但是较大的鸡肉块和火鸡肉块厚度较大,需经多次切片。

另一种切割是用刀片和模具来完成垂直和水平分割的(图 4.9)。胸肉被吸附或挤压到模具中,然后再通过传送带将肉块送向刀片完成水平和垂直切割。这种方法分割出的产品形状一致。剩下的肉块可以用来生产涂抹或者裹面包屑的油炸产品(比如油炸肉片),或者进一步分割成小块(比如鸡米花),或进一步加工成其他产品。

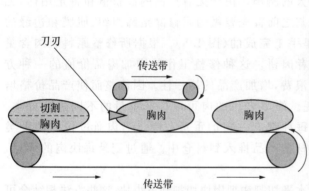

图 4.8 切割机通过传送带和刀片将产品切开

图 4.9 无骨鸡胸肉修整的模具。鸡胸肉被吸进模具并且通过刀片修整,修整后的鸡胸肉有相同的尺寸和重量

最后一种控制肉块形状的方法是肉块水平地通过一种叫做"桥接"的加工器。肉块通过两块非常近的表面带有凸出齿轮的滚轮(图 4.10)。肉块在滚轮之间被挤压成厚度减小、长度和宽度增加的肉块。齿轮穿刺到肌膜和结缔组织中，增加了腌制时的表面积，促进腌制液的吸收，通过物理破坏肌肉结构的方式提高嫩度。这种方法的另一种方式是带挤压，肉被不同的两个传送带挤压但不对肉进行穿刺。在这个过程中，也可以很好地控制产品的厚度。可以用液氮浸泡或能固定形状的螺旋速冻来快速的冷冻这些产品。

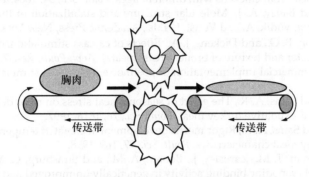

图 4.10　"桥接"加工器通过方向的转轮把肉压扁

除了形状，颜色是禽类加工者关心的另一个均匀化的问题。肉品的苍白和保水性降低与基因、宰前热应激和冷却速度有关[10-13]。因为难看的外观会影响产品品质，所以一些加工者会将苍白的肉块从进一步加工中挑出来。苍白、软、汁液易流失（PSE）和黑、硬、干（DFD）肉都不是正常的肉色，这与肌肉的代谢相关[4]。肉色不一致对零售包装中无皮无骨胸肉的影响也很大[14,15]。除了 PSE 和 DFD 肉，肌肉色素蛋白如肌红蛋白、血色素蛋白如血红蛋白的浓度也可以改变肉的颜色。许多加工者会按照颜色对肉块进行分类，把外观相同的肉块放在一起。因为一个包装中往往放置 4 块或更多的肉块，某一块肉色的不同就会显得非常明显，这就会导致顾客拒绝购买整包的产品。

4.8　小　　结

二次加工区与工厂的初级加工区不同，它包括大量的人力劳动和一些自动化切割、修整和分割的复杂操作。因为二次加工为产品添加了许多利润，所以工厂的大部分利润来自二次加工。在现代化加工厂中，分割肉品和无骨肉品是其主要产品。分割肉品和无骨肉品是增加胴体价值的很好的方法。禽类胴体比其他肉品更容易加工成消费者需要的分割产品和无骨产品，因此，分割控制是禽类加工中的一个不断发展的重要环节。有一点需要指出，消费者购买高档禽肉产品的驱动力在于他们希望肉品具有较高的质量和一致性，也就是说消费者的"品质敏感度"很高。

参 考 文 献

1. de Fremery, R. and Pool, M. F., Biochemistry of chicken muscle as related to rigor mortis and tenderization, *Food Res.*, 25, 73, 1960.
2. Hirschler, E. M. and Sams, A. R., Commercial-scale electrical stimulation of poultry: The effects on tenderness, breast meat yield, and production costs, *J. Appl. Poult. Res.*, 7, 99, 1998.
3. Hamm, R., Post mortem changes in muscle with regard to processing of hot-boned beef, *Food Technol.*, 36(11), 105, 1982.

4. Lawrie, R. A., *Meat Science,* 5th ed., Pergamon Press, New York, 1991.

5. Dunn, A. A., Kilpatrick, D. J., and Gault, N. F. S., Contribution of rigor shortening and cold shortening to variability in the texture of pectoralis major muscle from commercially processed broilers, *Br. Poult. Sci.,* 36, 401, 1995.

6. Nakamura, R., Sekoguchi, S., and Sato, Y., The contribution of intramuscular collagen to the tenderness of meat from chickens with different ages, *Poult. Sci.,* 54, 1604, 1975.

7. Light, N. D. and Bailey, A. J., Molecular structure and stabilization of the collagen fibre, in *Biology of Collagen,* Vudik, A. and Vuust, J., Eds., Academic Press, New York, 1980.

8. Lyon, C. E., Lyon, B. G., and Dickens, J. A., Effects of carcass stimulation, deboning time, and marination on color and texture of broiler breast meat, *J. Appl. Poult. Res.,* 7, 53, 1998.

9. Sams, A. R., Commercial implementation of postmortem electrical stimulation, *Poult. Sci.,* 78, 290, 1999.

10. McKee, S. R. and Sams, A. R., The effect of seasonal heat stress on rigor development and the incidence of pale, exudative turkey meat, *Poult. Sci.,* 76, 1616, 1997.

11. McKee, S. R. and Sams, A. R., Rigor mortis development at elevated temperatures induces pale exudative turkey meat characteristics, *Poult. Sci.,* 77, 169, 1998.

12. Wang, L.-J., Byrem, T. M., Zarosley, J., Booren, A. M., and Strasburg, G. M., Skeletal muscle calcium channel ryanodine binding activity in genetically unimproved and commercial turkey populations, *Poult. Sci.,* 78, 792, 1999.

13. Owens, C. M., McKee, S. R., Matthews, N. S., and Sams, A. R., The development of pale, exudative meat in two genetic lines of turkeys subjected to heat stress and its prediction by halothane screening, *Poult. Sci.,* 79, 430, 2000.

14. Boulianne, M. and King, A. J., Biochemical and color characteristics of skinless boneless pale chicken breast, *Poult. Sci.,* 74, 1693, 1995.

15. Allen, C. D., Fletcher, D. L., Northcutt, J. K., and Russell, S. M., The relationship of broiler breast color to meat quality and shelf-life, *Poult. Sci.,* 77, 361, 1998.

参 考 书 目

Egg and Poultry-Meat Processing, Stadelman, W. J, Olson, V. M., Shemwell, G. A., and Pasch, S., Ellis Horwood Ltd., Chichester, U.K., 1988.

Meat Science, 5th ed., Lawrie, R. A., Pergamon Press, Elmsford, NY, 1991.

Muscle Foods: Meat, Poultry, and Seafood Technology, Kinsman, D. M., Kotula, A. W., and Breidenstein, B. C., Eds., Chapman & Hall, New York, 1994.

Poultry Meat Science, Poultry Science Symposium Series, Vol. 25, Richardson, R. I. and Mead, G. C., Eds., CABI Publishing, Wallingford, Oxon, U.K., 1999.

Poultry Products Technology, 3rd ed., Mountney, G. J., and Parkhurst, C. R., The Haworth Press, Binghamton, New York, 1995.

Processing of Poultry, Mead, G. C., Ed., Elsevier Science, New York, 1989.

第 5 章

禽肉检验与分级

Sacit F. Bilgili

汤晓艳　王华伟　译

5.1　肉及家禽检验历史

　　人类从远古时期就开始食用动物肉,特定肉的消费受到许多古代宗教的限制。许多早期文明对动物的屠宰和处理进行了规范,并要求执行肉品检验[1]。食用带病动物的肉是有害的,欧洲在 12 世纪初期的就已禁止。尽管销售不卫生或受污染的肉在早期欧洲文化中是一种严重的犯罪,然而第一个正式的关于肉品检验的现代法律直到 1835 年才在英国通过。

　　在美国殖民时期,一家当地企业将农场动物当作食品来生产和销售。肉品检验是初步的,且在农场主、屠夫和消费者的赞同支持下执行。随着人口增长和殖民地的扩大,生产者和消费者间的销售距离增加,但随着交通系统的发展,出现了肉和肉制品州际间和国际间的贸易。在 19 世纪 80 年代早期,欧洲人认为美国的肉是不卫生的,并限制其进口[2]。

　　在美国,第一个肉品检验法律是《肉品检验法案》(MIA),于 1890 年出台,最初目的是重拾欧洲人对美国牛肉的信心,并且确保出口产品符合欧洲人的要求。这项法律规定了出口肉的限制标准,尽管在 1891 年和 1895 年进行了两次修订,但对恢复出口市场的信任却不是很有效,许多外国政府继续拒绝相信美国对出口肉制品的检验证明[3]。

　　Upton Sinclair 的《The Jungle》[4]一书中曝光的芝加哥肉品包装厂的不卫生条件引起了公众的关注,伴随而来的是由 Theodore Roosevelt 执行的联邦调查,因此国会通过了 1906 年版的 MIA,这项法律代表了国家首批消费者保护措施之一,要求对州际和外国销售的肉和肉制品进行强制检验。除了要求建立工厂卫生要求外,MIA 还要求对牛、猪、绵羊和山羊在屠宰时进行检验以确认其是否有病,对加工产品进行检验以确认其是否含有有害添加剂及对所有标签的真实性和准确性进行检查。

　　20 世纪初期,家禽行业很小,部分农民以饲养供人们消费的禽类作为第二职业。一些小农场上生产的鸡和火鸡的活体或屠宰后胴体也在当地市场进行销售。由于家禽被认为是较少量的肉类产品,因此未在 1906 年的立法中进行相关规定。家禽和禽类产品的生产、屠宰和销售也没有标准化方法。小规模农场足以满足人们对禽肉的需求。活体或"纽约式屠宰"禽肉(仅放血和去羽毛)是常见的市场销售形式,通常加工和检验也是由家庭主妇根据一些异常、腐败或不卫生迹象进行的[5]。1910 年,动物产业局(BAI)在贝茨维尔开设了一个研究中心,隶属于美国农业部肉品检验部门,专门从事肉品检验研究。

　　随着家禽生产和消费的增加,消费者开始要求对活禽和屠宰后的家禽胴体进行检验。纽约在当时是家禽的主要集中地。1924 年禽流感的暴发使得纽约活禽商业联合委员会开始了对活禽的检验[2]。确保产品卫生的需求使得许多城市、国家和政府开始实施他们的检验计划。

1926 年,美国农业部、纽约活禽商业联合委员会、大纽约活禽商会间达成协议成立了 FPIS,用于资助当地的检验计划。由于大多数禽肉都是按纽约式修整后进行加工和运输,所以检验就在发货点进行。FPIS 被授权执行自愿的宰后检验,并且根据购买者的要求提供去除内脏的家禽胴体的检验。FPIS 还根据当地和外国政府的要求为罐装禽类产品提供卫生证明。1927年,美国农业部启动了针对禽类的自愿检验计划,在当时仅有一个商业屠宰企业参与计划。1938 年,商业屠宰企业对包装生产进行了严格要求,这消除了来自其他场所动物在农场进行屠宰的常规做法[6]。1942 年,肉品检验部门在全国范围内建立了 7 个实验室,负责制定新的科学检验方法,并对肉及肉类产品进行检验。

　　第二次世界大战使得禽类产品的军事需求增加,军队要求美国农业部为禽类加工者提供检验和必要的证明服务,以满足他们的要求。随着市场的偏好从活禽转向纽约式加工的禽类,然后转为即烹(RTC)禽类,美国农业部对肉品检验及其认证项目进行了修订。对于 RTC 家禽,发货点检验不很令人满意,因为它不包括屠宰和去内脏时的评价。战时军队对禽类产品的需求由经过调查发现能满足军队卫生需求的工厂来满足。因此,美国农业部要求去内脏厂和罐装厂购买符合美国农业部卫生要求的家禽来生产纽约式修整禽肉[5]。

　　在屠宰场执行宰前、宰后检验程序的发展和正规化,加速了在单一工厂内完成修整和去内脏活动的趋势。此时,FPIS 家禽检验活动仅限于确保卫生安全和促进需要证书管辖的家禽产品的销售[5]。

　　1957 年,国会在《禽产品检验法案》(PPIA)下制订了强制性检验计划。"家禽"被定义为任何活的或屠宰的家养鸟类,如鸡、火鸡、鸭、鹅或猎禽,包括鸽子和雏鸽,而平胸鸟,如鸵鸟、鸸鹋、美洲鸵鸟,在这个法案中则没有涉及。PPIA 要求在州际间和国外贸易中对活禽和禽产品进行如下检验[7]:

- 宰前禽类的检验(即宰前检验);
- 宰后及加工前每只胴体的检验;
- 确保卫生条件的工厂设施的检验;
- 所有屠宰和加工操作环节的检验;
- 产品标签准确性和真实性的检验;
- 入境口进口家禽产品的检验。

实施 PPIA 的职责归属美国农业部的农业营销局(AMS),其还负责执行自愿性检验计划。1958 年《人道屠宰法案》对销售到联邦机构的动物产品提出了人道屠宰的要求。1962 年,国会通过了《Talmadge-Aiken 法案》,该法案签订合作协议,允许州雇员对 300 家工厂进行检验,这些工厂被认为是"经联邦检查"的,其产品允许在州际贸易中销售。

　　1967 年出台的《肉品卫生法案》是对 MIA 第一次大的修订,这项法律将检验和执行要求延伸到州际间贸易的肉制品。该法案还加强了对进口肉的管理,并正式启动了联邦-州合作检验计划,美国农业部为该合作检验计划提供资金,但要求其"至少等同于"联邦检验计划。这一时期,美国大约有 16% 的鸡产品没有被美国农业部检验,这些产品没有在州间销售,并且 31个州也没有建立他们自己的检验计划来检验这些禽类产品。1968 年出台了《家禽产品卫生法案》,该法案要求所有销售给消费者的禽类产品都要通过州或者联邦检验计划,并提出为各州检验计划提供联邦技术支持和高达 50% 的资金资助。如果某些州选择终止他们的检验计划,或者不能达到等同于 USDA 的标准,FSIS 必须承担相应检验责任。《家禽产品卫生法案》修订了 PPIA,但没有改变联邦宰前和宰后检验过程。自 1968 年来,尽管家禽检验数量有了极大增加(表 5.1),但有关家禽检验的法律并没有显著改变。1977 年,USDA 动物和植物健康检验服务局(APHIS)成立了食品安全和质量管理局(FSQS),其职责是负责肉和禽产品检验和农产品质量分级管理。1978 年,《人道屠宰法案》补充了以前的检验法案,要求检验的肉和加工的产品要来自于人道方法的屠宰。该法案规定还延伸至各州检验的屠宰场和出口到美国的国外屠宰场,但值得重点提出的是,禽和禽类产品没有包括在该法案范围内。

表 5.1 美国农业部对禽类屠宰厂的检验记录

年份	工厂数量	检验的活重[a]/lb	年份	工厂数量	检验的活重[a]/lb
1927	1	—	1981	371	200 亿
1928	7	320 万	1988	528	260 亿
1940	35	7 600 万	1991	508	340 亿
1954	260	10 亿	1996	459	440 亿
1958	268	20 亿	2001	350	500 亿
1964	201	66 亿	2007	305	580 亿
1975	154	140 亿			

来源:改自 NRC.1987.*Poultry Inspaction*:*The Basis for a Risk-Assessment Approach*.Natinal Academy Press,Washington,D.C.

[a]包括所有禽类。

1981 年美国农业部成立了 FSIS 机构,以管理肉、家禽和蛋制品产业。通过 USDA 部门内部重组,将质量分级职责划归为 AMS,FSQS 则转变为 FSIS。

自此,与公共健康相关的肉和家禽的检验活动划归 FSIS 管理,强制性的一只接一只的禽类感官检验的有效性开始频繁地被消费者组织、企业和科学团体质疑。在 20 世纪 80 年代早期,FSIS 要求国家研究委员会(NRC)评估肉和家禽检验计划的科学基础。NRC 的报告在 1985 年发布[8],针对于家禽的报告在 1987 年发布,报告基础是建议建立基于风险评估的肉和禽类的检验计划来评价公共健康问题。

1986 年,国会颁布了自主检验权威性,允许 FSIS 在基于工厂自身的标准、工厂管理承诺和产品类型的基础上变动检验类型和特征。工作性能检验系统(PBIS)允许针对每个工厂和基于风险的工厂加工的检验日程和任务进行计算机换代。每个工厂自身的标准通过缺陷分类指南被记录下来。

1988 年国家食品微生物标准建议委员会(NACMCF)和 1990 年国家肉品和家禽检验建议委员会(NACMCF)的成立为农业部有关微生物标准和检验项目的议题提供了建议和意见,并分别评定了肉品和禽肉的安全和卫生性[9,10]。1993 年 1 月,基于单一成分、原料肉品和禽肉产品上的自愿性营养标签,以及对所有肉品和禽肉制品的强制性营养标签的法规最终得以通过。

1996 年 7 月 25 日颁布了《减少病原菌和危害分析关键控制点(PR-HACCP)系统最终规则》,这成为了 NRC 中一个重要的里程碑[11]。新的规定中,规定在 1997—2000 年这个时期每个肉品和家禽加工厂都要建立一个书面的 HACCP 计划用来系统地强调关于产品的所有重要的危害性,同样引进管理性能标准来减少肉品原料和家禽中的沙门氏菌。除了建立书面的工厂卫生性能标准(SPS)和卫生标准操作程序(SSOP)外,同样要求执行微生物检验(大肠杆菌属)来监测控制过程和确认屠宰操作中排泄物污染降低的有效性[12]。1996 年 PBIS 的范围扩展到全国,将以电脑为基础的组织检验要求的系统,安排检验活动和记录不符合历史,引进到每个加工企业中。2002 年家禽产品检验法规和自愿性家禽检验法规都经过了修订,增加了对强制性家禽产品检验法规中列出的平胸鸟类和雏鸟的检测[13]。

20 世纪 80 年代中期,加工肉和家禽产品中李斯特菌的出现引发了 FSIS 要求对即食(RTE)肉和家禽产品生产者的 HACCP 计划的再评估。到了 2002 年,FSIS 开始加强了工厂检验,主要针对于生产高度和中度风险的 RTE 产品,以及没有做预防李斯特菌的环境监测或没有自愿向 FSIS 提交环境监测数据的工厂。

FSIS 是利用法律监管来提高食品安全和保护公共健康。建立在科学基础上的有力的基于风险检验系统和有效使用检验计划的人员对有效鉴别和缓解肉及禽产品的消费风险是非常必要的,这一点已经得到公认。

5.2　家禽检验

FSIS 执行着《禽肉检验法规》第 381 部分的相关条款[14]。这些详细的规定条款具有强制性且具有法律效力,其规定家禽产品应满足以下 4 个基本目标。

(1)在经过卫生认可的工厂加工;

(2)卫生检验(适于人类消费);

(3)没有掺假;

(4)正确的(真实而有效)标签。

通过国家兽医和检验员网络,FSIS 管理和执行着其全部的食品安全职责[15]:

• 家禽和其他动物的宰前和宰后检验应适于人类食用和肉品、禽产品深加工;

• 为肉品和家禽产品提供病原微生物、化学和其他必需的检验以排除疾病、传染病、外源性异物、药物和其他化学残留或其他种类的掺假;

• 执行应急响应,包括对掺假肉、家禽和蛋制品的保留、扣押或自愿性召回;

• 执行食源性危害和疾病暴发的流行病调查;

• 监控各州检验计划的有效性,确保与联邦法案下检验的等同性;

• 实施合作战略,从而控制与动物生产实践有关的食品安全危害;

• 监控出口到美国的肉、家禽和蛋制品的国外检验系统和设施,确保与美国标准一致;

• 在入境口对肉和家禽产品及在目的地对蛋制品进行再检验;

• 提供公共信息确保食品处理者和消费者对肉、家禽和蛋制品的安全处理;

• 协调美国在食品法典委员会(CAC)活动中的表现及参与。

大约有 8 000 名检验操作人员在美国近 6 000 家肉、家禽和其他屠宰加工企业中执行检验。在 1 100 家屠宰企业中,每个动物都要检验。2007 年,大约 480 亿 lb 的家畜、570 亿 lb 的家禽胴体和 43 亿 lb 的蛋制品得到检验(表 5.1)。此外,检验活动也针对于进口禽肉(40 亿 lb)和液态蛋制品(60 亿 lb)。大约 25 万不同种类的肉和家禽产品,其中包括至少 2% 甚至更多的熟制禽肉产品或至少 3% 生肉产品,属于 FSIS 的检验范围[16]。

以下是 8 种主要由 FSIS 在加工厂执行的与公共健康相关的检验项目[17]:

(1)宰前检验;

（2）宰后检验；

（3）废弃物及终产物的处理；

（4）卫生屠宰和修整；

（5）家禽冷却；

（6）工厂卫生；

（7）胴体复检；

（8）残留监测。

5.2.1　宰前检验

宰前检验指的是在屠宰当天家禽宰前的检验。FSIS 的检验员以批次为单位检查和观察动物。企业制订批次规模，可以从特定农场的单间房子变化到大农场的多间房子。宰前检验观察的家禽，可以在笼子里、装运集装箱或吊挂在屠宰线上，以检查它们是否有疾病或其他不正常的状况（如表面组织肿胀或水肿、呼吸困难、腹泻、跛腿、皮肤病变等）。宰前检验有 3 种可能的处理情况：可以屠宰、可疑和废弃。可疑的群要与健康家禽分开，并在单独的屠宰线上屠宰。对于感染易传染给人类的疾病的活禽必须进行隔离，直到可单独屠宰或实施可行性处理或被全部销毁。大多数公司还通过向 FSIS 提供有关上市日龄的禽群中可能出现的可能性疾病状况的早期数据，来延长宰前检验过程。宰前检验中死的动物要防止被屠宰，所有死的禽类（DOA）要被废弃和隔离（放置在标记的容器中）直到进行适当处理。宰前检验在 FSIS 检验活动中只占很小的一部分，因为通过纵向整合管理，几乎所有美国生产的肉鸡都在密切监控条件下饲养。

5.2.2　宰后检验

家禽检验法规明确指出，由于疾病或其他因素导致的家禽和家禽产品的废弃，必须要有科学的事实、信息和标准来支撑。此外，废弃的标准和程序必须一致。根据法律要求，在联邦检验过的企业中进行屠宰的所有禽类都要进行胴体检验。FSIS 的食品检验者检查胴体外部和内部表皮以及在去内脏后的内部器官的疾病和受污染情况，这些问题可能会使胴体的整体或部分部位不适于人类消费（表 5.2）。兽医官员（VMO）或主管检验员（IIC）监督从事流水线检验的食品检验员，以确保检验过程的一致性，并为疾病检验提供专业知识。

表 5.2　2007 年联邦家禽检验概况

项目	鸡		火鸡		鸭
	幼年	成年	幼年	年长[a]	
检验数量（×1 000）	8 898 486	132 549	262 791	2 178	27 311
平均活重/lb	5.51	6.00	28.36	26.21	6.73
废弃[b]/%					
宰前	0.34	1.8	0.29	1.26	0.25
宰后	1.1	6.9	1.69	5.45	2.9

来源：USDA. 2007. Poultry Slaughter Annual Summary, National Agricaltural Statistics Service (NASS), Agriculture Statistics Board, v.s. Department of Agriculture, Washington, D.C.

[a] 指完全成熟的饲养家禽。

[b] 指以磅计算的废弃部分与活重的百分比。

当前肉鸡加工厂的几个可用的检验系统如下。

(1)传统检验系统(TIS):内脏去除最大线速度为每分钟35只鸡,每条线配1名检验员。

(2)流水线检验系统(SIS):内脏去除最大线速度为每分钟70只鸡,每条线配2名检验员,每人每隔1只鸡进行交替检验。

(3)新提升流水线速度(NELS):内脏去除最大线速度为每分钟91只鸡,每条线配有3名检验员,每人每隔2只鸡进行交替检验。

(4)新被FSIS认可的内脏去除系统有Maestro、Nu-Tech和Nuova。这些新系统允许内脏去除线速度达到每分钟140只鸡,每条线上配4名检验员,负责检验相邻的4只鸡;当有3名检验员时,线速度应为每分钟105只鸡。

(5)新的火鸡检验系统(NTIS):允许内脏去除线速度从每分钟85只鸡(大于16 lb的大体重火鸡)增加到102只(轻体重火鸡),每条线配2名检验员。

工厂对胴体进行适当的处理对宰后检验非常重要。适当的处理包括均匀一致地去毛、去爪、开膛、去内脏、胴体吊挂。在不考虑使用的内脏去除系统下,去除内脏的胴体和相应的内脏,即整个胴体包括内部和外部表皮,以及所有的内脏都能被快速而彻底地检验。跗关节必须切下,以便于能检验到滑膜和肌腱。宰后检验完成之前不得清洗跗关节切口表面,否则病源性渗出液很可能被去除或不明显。使用传统的内脏去除系统时,内脏要自然地连接于胴体上,并且一致地放置在左边或右边以利于检验。为了达到并且维持SIS和NELS内脏去除生产线速度,胴体和内脏器官的呈现必须一致。通常在内脏去除线上,屠宰工厂雇佣工人安置在检验员之前,以确认机械去除内脏过程的完成,并且确保其规范地呈现,以便于检验。在SIS和NELS企业中,去内脏过程可能使用两点(肉鸡)或三点(火鸡)式胴体悬挂,这些吊钩必须安装在内脏去除生产线上,且线上至少具有一名检验员。通常,每个检验站由机械设备"选择器"来推动每2个或3个胴体和相应的内脏。只有在最佳条件下,FSIS才允许使用最大线速度。当内脏未和胴体相匹配或者发生高致病或污染事件时,VMO则会要求企业降低线速度以确保充分的检验。

新的内脏去除系统采用物理方法将内脏与胴体分离,以降低消化道内容物污染胴体的可能性。分离的内脏放在盘子里或吊钩上,与胴体同步进行检验。这种新的内脏去除系统节约了劳动力,因为内脏分离使得在每个检验站之前不必安排工人,在新系统中,颜色标记的吊钩和盘子就可以供每个检验站识别对应的胴体。

线上检验员也同时配备企业工人作为助手,以帮助从线上移走废弃胴体、内脏及其他部分,保留可疑胴体供兽医处理,分离需要后续离线挽救处理的污染胴体与其他胴体,标记需要在内脏去除线后进行修整的胴体,在检验记录单上记录每一批中胴体废弃的原因。能保留在内脏去除线上的胴体和内脏被认为是按规定通过了检验。在完成内脏分离,食道、气管去除,体腔和胴体表面冲洗后,胴体到达最终的工厂修整站,在修整站,企业工人去除检验过程中标记的不卫生的胴体部分,并修整其他本身存在的缺陷,如乳房疱、破碎或移位的骨头、因瘀伤出血变色的表皮、表皮疮和结疤等。

检验法规提供了详细的宰后检验条件[即检验站物理布局(图5.1)、线速度控制机制、胴体的检查、洗手和记录设施等]。光线强度对于检验非常重要,USDA要求最小光线强度为200 in烛光,这个光照条件下无阴影且具有最低85的显色指数。每个检验站必须配有最小18℃(65℉)水温的洗手设施。每个检验站必须配备有明确标有"美国废弃产品"标识的密封盛装废弃产品的容器,淘汰的整个胴体或部分必须安全保存在正确标记的容器中,或使用认可的方法再进行处理,如蒸汽处理、焚化,或使用化学试剂及染料进行变性,所有这些都必须在 FSIS 人员的直接监督下进行。任何由于生物性残留而被淘汰的胴体或部分胴体必须焚烧或掩埋。USDA 检验标识(图 5.2)要求出现在消费者包装上及联邦政府检验过的禽及禽产品的装运容器上。

图 5.1　胴体倒挂着进入检测站进行检测,"检测罐"位于图片最前面的位置,流水线上方的剪切板可以记录检测的频率

图 5.2　USDA 发布的健康检测合格标志

5.2.3　废弃和最终处理

胴体处理的依据是基于对疾病阶段的评估,也就是说,胴体处理是依据疾病阶段或屠宰时的状态。宰后检验涉及病理损伤的评价和解释,如果病理是典型的不可逆的系统牵连的疾病,

胴体就被认定为不卫生,并要被废弃掉。如果仅仅是胴体的部分或器官受到感染,在去除了胴体不健康部分后剩下的仍可以判定为卫生的。

在食品检验员逐只检验家禽的基础上,胴体可以分为以下几类[18]。

(1)通过检验:胴体和/或内脏没有明显的疾病或不健康状况迹象,可以保留在内脏去除线上,但可能需要在冷却前对较小损伤进行修整以满足RTC要求。

(2)修整/挽救/清洗后通过检验:胴体某些部位出现损伤后,由检验员助手进行修整,或者在线上对被感染部分进行标记以便于后续的修整。伴有脂肪变性、大范围瘀伤出血、炎症、脓肿、坏死、肝硬化和囊肿的肝脏要被废弃掉。伴有出血性骨头断裂的部分必须修整,没有出血的情况可以通过检验。无论是否出血,所有复合性骨折情况(骨头刺破表皮)都要进行修整,某部位具有疾病(原始气囊炎和蜂窝织炎)的胴体和那些被外源物质(胆汁、残留的蛋黄、消化道内容物)污染的胴体通常先被标记,从内脏去除线上移走,然后挂在一个隔离的线上进行挽救处理。离线的挽救或者对这些胴体的再加工都在一个离线站点执行,在预冷前应用FSIS认可的程序,并进行复检(图5.3)[19]。每个挽救站点在去内脏区域必须有充足的空间,一个保留的架子或架空的传送线来预防交叉污染,并配备洗胴体、手和工具的设施及冷却产品的容器。

(3)保留下来由兽医处理:具有可疑损伤或缺失内脏的胴体需要留在检验站由VMO进行评估。

(4)整个胴体废弃:废弃的胴体要在检验计数表上记录,并按原始病理或工厂操作相关的废弃原因进行分类。

图5.3 线下再加工站带有一个清洗柜子和补救盒子

整只禽类废弃的原始原因如下。

结核病:禽结核病的产生是由于分枝杆菌,它是一种慢性疾病,患有结核病的禽类发展为一种消瘦的状态,结核(颜色是灰到黄色)常在肠道里和许多器官(肝脏和脾脏)里观察到。一个确定的损伤足以使整个胴体废弃。结核病导致的废弃情况一般不会发生在童子鸡上,由于童子鸡年龄较小,结核病感染也只是偶尔发生在年龄较大的鸡上。

白血病:这个通常指的是由多种病毒引发的肿瘤疾病。白血病综合征通常表现是马立克氏病(小鸡)、淋巴白血病(成年鸡)、网状内皮组织增殖(鸡和火鸡)和淋巴组织增生病(火鸡),白血病的大体病理明显重叠,且大多数包括内脏器官(脾脏、肝脏、重组器官、肌肉、骨头和神经)的肿瘤,也包括皮肤(由于淋巴细胞浸润而引起的羽毛囊扩大)的肿瘤(图 5.4)。

败血症/毒血症:这是一种由病原微生物或相应的具有明显系统疾病特征的毒素引起的常见疾病状态。被感染胴体的心脏、肝脏、肾脏和浆膜会出现点状出血,体腔内也经常能看见血样渗出物,肝脏、脾脏和肾脏可能还会发生肿胀、出血。败血症和厌食症会使家禽变得瘦弱。在败血症的攻击下,胴体可能会充血、紫绀、贫血、脱水和水肿,或者出现综合特征。

气囊炎:禽类空气囊系统的炎症由多种微生物引起,包括支原体、衣原体。在通风条件差、管理和预防接种差引起的应激条件下会发生典型气囊炎。气囊炎损伤可能是急性的,也可能是慢性的,症状严重程度从轻微的气囊膜浑浊及有少量的水样渗出液发展为较厚的、不透明的膜,并伴有大量厚的奶油样白色或者干酪样的渗出液。同时也会存在肺炎、心包炎和肝周炎等症状。大范围损伤并具有系统疾病的标志的胴体要废弃(图 5.5),患有锁骨间肺泡炎的胴体可以部分被挽救(如去除肱上膊部分的翅膀、腿肉及胸部表面肌肉)。

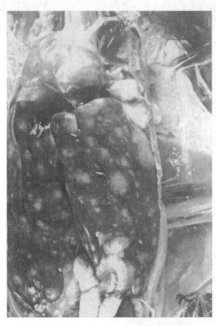

图 5.4　鸡白血病导致的肿瘤

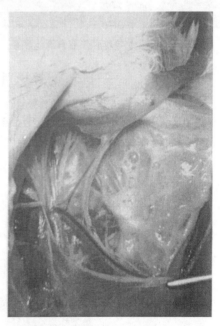

图 5.5　气囊炎导致囊膜有气体

滑膜炎:滑膜炎,或者关节膜和肌腱膜有炎症,可能由多种微生物引起,但是大多数是支原体。变红、有炎症或者是肿胀的胫跗关节,尤其是具有渗出液,即被认为是患了滑膜炎。具有增大或破裂的肌腱,有或没有绿色变色区域发生,一般就是被肌腱炎或肌滑膜炎感染。无论何种情况,被感染的腿部一般要进行修整,只有具有系统感染症状时,整个胴体才被废弃。

蜂窝织炎:蜂窝织炎或传染过程引起的禽类表皮下组织发炎,这种炎症一般是由大肠杆菌通过划伤或刺伤表皮而进入皮下组织,损伤大多数出现在胴体的盆腔部位。局部的蜂窝织炎可以被修整,仅有那些损伤扩散的胴体才会将整个胴体废弃。

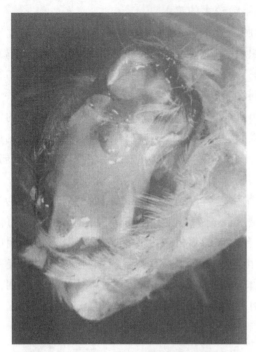 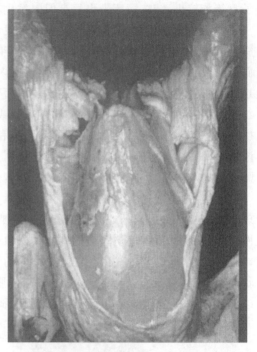

图 5.6　滑膜炎导致肘关节有液体聚集　　　图 5.7　蜂窝织炎导致皮肤和胸部肌肉损伤

图 5.8　皮肤表面的角化棘皮瘤

　　肿瘤:这里是指除了白血病综合征外的其他肿瘤,角化棘皮瘤、阳性肿瘤、平滑肌瘤、纤维瘤的发生率很低。如果肿瘤有转移迹象,胴体就要被废弃。角化棘皮瘤是一种皮肤瘤,在去毛后会显现"陨石坑"。环形,如果有大的合并的或大的多种皮肤瘤,整个胴体就要被废弃。

　　挫伤:如果挫伤是胴体系统变化造成的,或者胴体没有可以挽救的部分,整个胴体就要废弃。新的或者旧的出血处通常会在线上经过修整去除。

其他：这是一个范围广泛的胴体废弃,包括工厂废弃(由加工企业废弃的胴体)、内脏缺失废弃(如缺失心脏、肝脏、脾等主要器官)、腹水废弃(体腔里过多液体累积阻碍了锁骨间气囊炎的检验)。

整只禽类废弃的工厂因素主要有以下几种。

(1)尸体:非屠宰死亡的家禽要被废弃。这些胴体和内脏颜色呈现樱红色(由于血管舒张而充血),且可能有臭味。

(2)污染/损伤:被外源物质(油、涂料、油脂)污染,被消化道内容物过度污染而无法进行检验,被设备损伤且没有可以挽救的部分,掉进敞口的下水道或者内脏槽,以上这些情况下的胴体都要被废弃。

(3)过度烫伤:被煮过的胴体要被废弃。这个通常发生在由于机械故障和设备问题使得烫毛抓提生产线停止工作时。只有较嫩部位的肉(深层胸部肌肉)被煮制时才可以判定为过度烫伤。许多时候,过度烫伤的胴体也会被抓提设备损伤。

火鸡屠宰过程中,还会发生其他几种火鸡特有的疾病情况,具体如下。

鸟疫：由细菌鹦鹉热衣原体引起,会引发出恶病质、厌食症、出血,最重要的是有硫黄样胶状渗出物产生。宰后损伤表现为肺扩散性阻塞,胸腔表面覆盖着纤维蛋白样渗出物,心脏增大并覆盖有厚的纤维蛋白斑块,心包囊增厚,肝脏增大且变色,气囊中有纤维蛋白样渗出物。

丹毒：由被污染的土壤、水、饲料、死于丹毒的火鸡内脏中红斑丹毒丝菌引起,或者皮肤和黏膜损伤引起的污染。现今丹毒病并不普遍,因为大多数火鸡是在封闭环境中饲养,这就减少了与病原体接触的机会。

禽霍乱：禽霍乱的病原菌为多杀性巴氏杆菌,这是一种影响家养和野生禽类的传染性疾病。这种疾病经常表现为败血症,具有高发病率和高致死率的特点。当鸡在成熟期时对禽霍乱更敏感,水禽尤其容易被禽霍乱传染。由于这种疾病广泛存在,火鸡更可能接触到被感染的野生禽类和哺乳动物。

火鸡腿部水肿：这种疾病原因尚不清楚,主要发生在25周大或者更老更大的雄性火鸡上,有时会发生在大的雌性火鸡上。具有这种疾病的高发群体可在宰前确认出,通过感触腿部皮肤下的气泡来判断,在宰后检验中综合病理表现为大腿部皮肤发白,触诊有光滑感,在腹股沟和腿的皮下组织蓄积着琥珀色或红色胶状液体。这种病发作通常是单侧的,水肿液中会存在大量气泡,可通过触诊发现。慢性水肿情况下,胴体中水肿液会变绿,或者出现炎症渗出物。如果胴体出现系统感染症状时,整个胴体就要被废弃。

胸部肌肉萎缩：这种症状通常被称为绿肌病或"俄勒冈"疾病。这种病的特征是在饲养母火鸡的龙骨一侧或两侧的深胸肌全部或部分肌肉颜色变绿,变绿的肌肉坚硬、具有木质纹理,有萎缩现象,且被炎症组织所包围。这种病主要是由于深胸肌的血供应缺乏,随后发生肌肉退化和吸收,肌红蛋白变成绿色的胆色素使肌肉变绿。

火鸡骨髓炎综合征(TOC)：这种病的症状是关节发生肿胀及肝脏变绿,后一种症状是TOC普遍一致的症状。尽管任何骨头都可能被TOC影响,但最常见的是长骨骨骺生长板受影响,由葡萄球菌和大肠杆菌感染引发骨头和软骨生长板发炎或者炎症蔓延到临近软组织和关节。损伤呈现多种形式,从轻微炎症到严重化脓反应。VMO必须对可疑批次进行特殊的诊断检查。如果诊断检查中确认有TOC病发生,VMO要求工厂在所有宰后检验点对可疑胴体上进行额外的检验。在疑似骨髓炎胴体上,所有感染组织到下一个正常关节之间必须切除并且废弃。被挽救的禽产品被允许进入正常生产流程之前,必须经FSIS的人员复检。

黑头病:这种疾病发生于小于 12 周的暴露于被从属细菌复杂化的组织滴虫感染的火鸡中。火鸡中常见的盲肠虫、鸡异次线虫虫卵以及蚯蚓在传播这种疾病中起了重要作用。被感染的火鸡肝脏呈现不规则圆形,消耗型病变及颜色发生变化。损伤由黄变灰,有时变成绿色或红色,发生损伤的直径大小不一,但经常为 1～2 cm,也可能合并产生更大的损伤。

5.2.4 卫生屠宰和修整

防止消化道内容物溢出对胴体的污染或粪便物质对可食用肉表面的污染,是卫生屠宰和修整规范的最重要的方面。FSIS 检验人员对禽胴体抓提和去内脏操作进行监控,从而确保产品发生最小污染。被外源物质污染的胴体在检验站上从内脏去除线上移走,送往独立的站点去再加工。这些胴体必须进行再加工,通过真空处理、修整、含有 20 mg/L 的氯水冲洗,然后在冷藏前进行复检。FSIS 最近修订了《食品成品标准》,介绍了胴体在进入冷藏间时"零粪便污染"的规定[20,21]。

5.2.5 家禽冷藏

检验后,收集、修整好的家禽杂碎和作为 RTC 产品的胴体要在水浸没式冷却器中及时冷却,从而阻止细菌繁殖。除了要进行冷冻或立即食用的产品外,禽胴体内部温度必须分别在 4(4 lb 肉鸡)、6(4～8 lb 肉鸡)、8 h(8 lb 肉鸡或火鸡)内降到 4.4℃以下。同样,杂碎(心脏、肝脏、肌胃和脖子)在浸没式冷却器中要在 2 h 内冷却到 4.4℃以下。

水浸没式冷却会导致家禽胴体表皮及皮下组织吸收和保留水分。因此,USDA 在 2002 年开始实施最终规定来限制原料、单一成分的肉和家禽产品中持有的水分含量。在此规定下,肉、禽胴体及相应分割块不允许持有"添加水分",除非这些水是企业为了满足食品安全要求而使用的不可避免的结果,例如沙门氏菌等病原菌消减操作而导致水分残留。法规还要求在所有产品标签中对含水量进行标识,以防止假冒及让消费者在购买时拥有知情权和选择权[22]。

5.2.6 工厂卫生

FSIS 检验人员一直监控工厂设施和设备以维持良好卫生状况,包括监控房屋地基的构造、水供应设施、污水处理系统、屠宰和加工设备、人员设施和规范、冷藏和干燥储藏区域、冷却和冷冻装置、虫害控制计划,以及其他与工厂环境相关的卫生情况。卫生活动也包括运转前检验以及屠宰和加工过程中卫生条件的保持。自 1997 年以来,随着 PR 和 HACCP 计划的出现[23],每个工厂都被要求建立和执行 SPS 和 SSOP。下文相关部分将对卫生程序、使用频率、指定责任及 HACCP 框架下的纠偏措施和记录活动进行书面详细描述。

5.2.7 胴体复检(RTC 家禽)

RTC 家禽是指家禽经过适当完全的屠宰,去除羽毛和内脏,准备直接用于烹调而不需要进一步加工的禽产品。由于没有统一标准,各工厂间 RTC 家禽质量标准差异较大。家禽胴体检验计划是 FSIS 和企业人员为建立 RTC 家禽一致可接受质量水平(AQL)而共同努力的结果。这项计划为 RTC 缺陷建立了较小或较大的可接受限。随着更有效检验程序的建立,如 SIS、NELS 和 NTIS,在成品标准体系(FPS)下,3 种独立的在线检验已经形成[24]。

(1)冷藏前加工符合性检验:由企业执行,用来确定修整和去内脏过程是否受控。

(2)冷藏前修整符合性检验:由企业执行,用来确定不合格产品是否在可疑的控制下进行。

(3)冷藏后符合性检验:由企业执行,用来确定冷藏过程是否受控。

FPS 体系下,加工和修整过程中不符合产品被记录下来,以清楚评价去内脏过程,并且在不合格产品生产出来前进行适当的调整操作。加工不符合主要是应用机械或工厂人员能从禽体上去除的缺陷,包括外源物质(如饲料)、油腺、肺、肠、泄殖腔、腔上囊、嗉囊、气管、头发、羽毛、细毛和长胫。修整不符合主要是去除不卫生的损伤及相关方面,这是工厂工人的职责,修整缺陷包括胸部水泡,瘀伤,单个肿瘤,标记滑膜炎、气囊炎等的胴体,复合性骨折,短跖关节,蜂窝织炎及外部残缺。冷却前检验是指经过最终冲洗后、进入冷却系统前的检验。每条去内脏线要单独检验。冷却后符合性检验是对冷却过程中胴体附带外源物质情况进行监测。禽类离开冷却器后就被收集,每个冷却系统要分别监测。冷却前检验由工厂质量控制人员每小时对 10 只禽胴体进行检验,冷却后检验也是由工厂质量控制人员每 2 h 对 10 只禽胴体进行检验。FSIS 人员在每个操作班次执行 2 个 FPS 检验进行总体监管。对于连续样品,不合格量化是基于累计总和系统(CUSUM),该系统代替了 1973 年制定的 AQL 标准。作为复检过程的一部分,胴体样品在冷却前也要进行检验,以确保达到"零粪便污染"标准。此外,为了去除粪便污染进行再加工而挽救的产品和胴体在冷却前也要进行复检。

5.2.8　残留监测

　　FSIS 检验活动还包括动物组织中药物及化学物质残留的监测,这些残留来自于不当使用或偶然暴露于杀虫剂、除草剂、兽药、饲料添加剂及由于企业事故污染了动物饲料或者环境。在国家残留计划下,FSIS、食品与药品管理局(FDA)和环境保护局(EPA)一起合作来确定禽类产品中化学物质的残留水平。FDA 和 EPA 规定了哪些化学物质和药物在禽类生产体系中是可以使用以及使用的条件。基于已记录的毒性情况、暴露量和持久性水平,随机抽取组织样品来检测其中残留的化学物质种类和含量[25]。

5.2.9　其他检验活动

　　FSIS 还使用工厂操作的自愿总体质量控制计划(TOC)来监测进一步加工的设施,由于许多企业使用多种过程控制系统来确保产品的一致性以符合 FSIS 要求,并达到自身质量标准。除了在工厂里的检验活动,FSIS 还监控整个食品供应链(包括仓库、经纪人、经销商、零售连锁等)中肉和家禽的卫生和标签准确性。对发现消费不安全或者标签错误的产品应从市场供应链扣留、没收和召回。尽管由 FSIS 管理的大部分企业遵守检验法,但当违法现象发生时,FSIS 会采取一些执法手段(包括警告信、犯罪指控、强制令、撤销检验、关闭工厂)。FSIS 还要对进口肉和家禽的安全负责,这些产品必须和国内产品一样符合相同的标准。对于有资格出口到美国的某个国家产品,必须符合等同于美国的检验要求,最后进口产品在进入美国时也要由 FSIS 复检[26]。

5.3　PR 和 HACCP 计划

　　1996 年 7 月 25 日,FSIS 颁布了《PR-HACCP 系统最终规则》[23]。这一计划在引入肉和家禽检验项目中发生了 4 个主要变化。

　　(1)要求所有肉和家禽工厂制定和实施书面 SSOP;

　　(2)为屠宰厂和生肉糜产品生产厂建立针对沙门氏菌的病原菌减菌性能标准;

　　(3)* 建立针对于大肠杆菌属的微生物检验措施以检查预防粪便污染的过程控制的有效性;

　　(4)命令所有肉和家禽工厂制定并实施针对具体产品的 HACCP 计划来提高产品的安全性。

译者注:英文版原版书*处编号有误,中文版予以改正。

"最终规则"中规定的要求是用 4 年时间分阶段逐步执行的。针对所有工厂的 SSOP 要求及针对屠宰厂的大肠杆菌属检验要求是在 1997 年生效执行的。HACCP 的要求和沙门氏菌性能标准是根据企业规模用 3 年时间分阶段逐步执行的。在 PR-HACCP 最终规则建立后没多久,FSIS 修订了 FPS,针对冷却前胴体和胴体分割块制定了对于可视粪便零污染标准[20]。FSIS 认为粪便是病原菌的载体。由于微生物污染可能在屠宰过程中发生,工厂必须采取控制措施来防止粪便污染和病原菌的出现。为了预防病原菌污染,在最后胴体冲洗后和冷却前对 10 只禽胴体(每批次 2 次)的可视粪便物进行检验。和其他工厂检验缺陷一起,如果在检验中发现可视粪便污染,不符合的情况就要被记录在案,并且工厂会被通告要求采取与 HACCP 计划一致的纠偏措施。

卫生性能标准(SPS):每个官方企业都要求以适当的方式运转和操作,以预防不卫生情况的发生,并确保产品不掺假[27]。SPS 根据要达到的目标设定要求,但并不规定达到目标所采用的办法。企业可以根据自身生产的性质和能力制定和采用卫生和加工程序。许多卫生指南都以 FDA 食品法典[28,29]为基础,这是一份管理部门的参照文件,旨在监管零售渠道,如饭店、食品杂货店、私人疗养院和育儿中心等机构的食品安全。企业同时也受到鼓励去遵循所有有关管理建筑、管道和污水处理的联邦、州和当地法律。SPS 指南包括企业地面和设施,虫害控制,建筑,灯光设施,通风设施,管道,污水处理,水供应设施,水、冰和溶液再利用设施,更衣室,盥洗室和厕所,设备和容器,卫生操作要求,人员卫生,不卫生设备、容器、房间和隔间的标签标注[30]。

5.4　SSOP

在肉和家禽加工中保持卫生条件对于保证食品安全是至关重要的。FSIS 要求所有肉和家禽生产企业制订、保持并遵守 SSOP[31]。不卫生的设施和设备、较差的食品处理条件、不当的人员卫生和其他的不卫生操作都会造成微生物,包括病原菌对产品的污染。通常,FSIS 通过指定的法规、详细的指南和 FSIS 检验人员每天亲身参与的操作前和操作时的程序来执行卫生要求。SSOP 要求经过发展后将卫生责任和义务由 FSIS 检验人员转移到屠宰企业。SSOP 最终规则[22]是 FSIS 对肉和家禽检验法规进行改革、重组和修订的一次重大变动。

SSOP 由每个工厂制订、记录、实施和保持。SSOP 一般要求如下:

(1)SSOP 必须制订每天执行的操作前和操作过程中的卫生程序,充分预防产品污染和掺杂。

(2)SSOP 必须规定频率,并且指定实施和维持卫生程序的责任人。

(3)适当的纠偏措施,包括卫生条件的恢复、再次发生的预防、被感染产品的处理、再评估和卫生措施的修订,都必须记录下来。

(4)日常卫生记录要保持 6 个月,用来记录 SSOP 的实施和监控情况。这样的记录由相关责任人记录开始日期和截止日期。

(5)SSOP 的签发和截止由企业有权威管理的人员来执行。

FSIS 通过检查企业每天 SSOP 的执行情况和书面记录,或者通过对工厂卫生条件的直接观察和检验,来确认每个 SSOP 执行的充分性和有效性。除了良好操作规范(GMP)[26]和 SSOP 外,FSIS 1999 年还推出了 SPS,作为有效 HACCP 体系的必要的先决条件[27]。

5.5　HACCP 体系

HACCP 是一个直接的、合乎逻辑的、系统的过程控制体系,侧重于预防食源性危害。

HACCP 体系的原则及其在整个食品链中的应用,已经被许多国家和国际组织广泛地推广和采纳[32-34],包括国家科学院、国际食品微生物标准委员会(ICMSF)[35]、食品法典委员会(CAC)[36] 和 NACMCF[37]。HACCP 7 条原则如下。

• 原则 1:进行危害分析。列出加工过程中可能会发生严重危害的一系列步骤,并且给出控制危害的预防措施。食品安全危害定义为"可能导致食品消费不安全的任何生物、化学或物理的因素"。食品安全危害可能来源于天然毒素、微生物污染、化学污染、农药残留、动物疾病、腐败变质、寄生虫、不合法的食品添加剂的直接或间接使用和物理危害(如金属、玻璃、塑料)。危害分析包括进入企业前、进入时和进入后发生的食品安全危害。

• 原则 2:确定加工过程的关键控制点(CCP)。CCP 被定义为"食品加工过程中可控的一个点、步骤或程序,并且经过控制后,食品安全危害可以被预防、消除或降低到可接受的水平"。许多"CCP 决策树"被用来区分 CCP 与其他加工控制点。

• 原则 3:建立与 CCP 相关的预防措施达到的关键限值。关键限值被定义为"使关键控制点的物理、生物或化学危害被控制到能预防、消除或将食品安全危害发生降低到一个可接受水平的最大或最小值"。关键限通常是客观的和可量化的指标值,例如时间、温度、湿度、水分活度、pH、盐浓度或含氯水平。

• 原则 4:建立 CCP 监控程序。监控是一个有计划的测量和观察程序,不仅用于评价关键控制点是否在控制中,而且可为验证提供客观记录。监控应该连续进行,例如在烹调步骤中使用自动时间/温度控制设备,如果监控不连续,监控测量也要按规定的频率执行。监控频率取决于加工过程,并可能要求使用统计学抽样方案。

• 原则 5:建立纠偏措施。当监控结果表明企业某个 CCP 偏离关键限值(即不符合关键限值),就要执行制订的纠偏程序。纠偏措施是提前计划的,必须包括不合格产品的处理,偏差原因的消除以防止再次发生,CCP 得到控制的证明和执行纠偏措施记录的保持。

• 原则 6:建立书面 HACCP 体系的记录保持程序。典型的 HACCP 体系记录包括产品描述表、产品和配料成分表、加工流程图表、危害分析/预防措施表、CCP 决定表、关键限值/监控/纠偏措施表、验证表和主要的 HACCP 计划。

• 原则 7:建立验证和确认程序,以确定 HACCP 体系是否正确运作。验证活动包括应用分析测试和检查来评估监控程序、设备校准、微生物采样、记录审查、现场检验、过程检查和产品/环境取样的准确性。确认是一种更宽泛的评估工作,是为了证明正在运行的 HACCP 计划是否确实能预防、消除或降低加工中的危害水平。科学文献、试验研究发现,基于科学的要求、管理标准或由加工权威机构发布的信息都可以被用来对具体产品的 HACCP 计划进行确认。

5.6　微生物检验

与 PR-HACCP 规则相一致,每个联邦检验机构必须执行大肠杆菌属检验以监测过程控制情况,执行沙门氏菌检验以确保满足生肉产品性能标准。这些标准基于 FSIS 全国微生物基础数据收集项目[38]。

5.6.1　大肠杆菌检验

屠宰厂要检验冷却后加工胴体上的大肠杆菌(生物型 I),以确认加工环节是否预防和消除粪便污染。选择大肠杆菌是因为它能很好地反映粪便污染情况,并且它培养和计数比较容易、成本相对较低。大肠杆菌性能标准不是强制性管理标准,但可为过程控制提供客观参照和指南。每个家禽屠宰企业必须有书面的检验程序,包括采样(职责、位置、随机性)、处理(采集、样品完整性、运输条件)、培养(灵敏度达到小于 5 CFU/mL 冲洗液的认可方法)分析(列表或者过程控制图表)。对于家禽,整个胴体在冷却和滴水后被随机选择,1/22 000(肉鸡)和 1/3 000(火鸡)抽检的样品在袋中用允许的稀释液淋洗,然后使用官方分析化学家协会(AOAC)建立的方法对胴体冲洗液中大肠杆菌(CFU/mL)进行计数[39]。最近的 13 次检验结果作为典型被列在一张控制表中,如果在 13 次检测结果中没有结果超出临界值上限(M)(1 000 CFU/mL),少于 3 个结果在临界范围下限(m)(100 CFU/mL)和 M 之间,企业就被要求按照大肠杆菌性能标准进行操作。

5.6.2　沙门氏菌检验

家禽厂必须要符合已有的生肉产品国家沙门氏菌性能标准,这一检验由 FSIS 进行取样和检验。已有性能标准的生肉产品包括整只肉鸡、火鸡胴体、绞碎的鸡和火鸡。和大肠杆菌性能标准不同,沙门氏菌检验不是以批次为检验单位,而是通过适当的过程控制实现生产全程一致符合沙门氏菌标准。沙门氏菌检验的频率、计时和分析由联邦检验人员执行。美国国家肉鸡胴体沙门氏菌性能标准是 20%,这相当于在整套 51 样品中最多有 12 个沙门氏菌阳性样品。不能满足沙门氏菌性能标准的工厂必须采取纠偏措施,或者 FSIS 暂停对其特定产品的检验服务[40]。在沙门氏菌检验的第一年中,从 1998 年 9 月到 1999 年 1 月覆盖了大约 200 家大的肉和家禽厂,全国沙门氏菌流行水平降低到 10.9%[41]。到 2002 年,FSIS 开始将每个样品的沙门氏菌性能标准检验结果告知企业,允许企业对屠宰加工操作中过程控制及时进行确认和回应。从 2002 年到 2004 年,由于肉鸡中沙门氏菌水平不断增长,FSIS 在 2006 年启动了一项计划,该计划基于沙门氏菌性能将企业进行分类,企业共被分为 3 类。

第 1 类:有一致过程控制的企业(连续两套样品小于或等于 50%性能标准)。

第 2 类:有可变过程控制的企业(一套或超过连续两套样品大于 50%性能标准)。

第 3 类:有高度可变过程控制的企业(不符合性能标准)。

2007 年,在接受 FSIS 检验和沙门氏菌确认检验的 195 个肉鸡屠宰企业中,74%属于第 1 类,24%属于第 2 类,仅有 2%属于第 3 类。沙门氏菌阳性样品在爱荷华州埃姆斯美国农业部动物与植物卫生检验局(APHIS)国家兽医服务实验室进行血清型鉴定。从肉和家禽产品中分离出来的沙门氏菌常见血清型很少从患病人群中分离出。相反,人类沙门氏菌感染病例中分离到血清型(例如鼠伤寒沙门氏菌、肠炎沙门氏菌、纽波特沙门氏菌、爪哇沙门氏菌、蒙得维的亚沙门氏菌、海德堡沙门氏菌)在肉和家禽产品中却不常找到。

2007 年,FSIS 启动了沙门氏菌主动计划(SIP),据此实行加工豁免(如继续使用 OLR 或 HIMP,增加去除内脏线速度等),这对已经满足现行 FSIS 目标的企业可能具有促进作用。对所有的加工和屠宰企业,FSIS 正在向公共健康基于风险检验系统(PHRBIS)演变。PHRBIS 在现有 FSIS 检验活动的管理框架下发展,但重点是针对于那些一旦失去过程控制就容易被微生物污染的加工步骤。此外,FSIS 使用 PHRBIS 将灵活的检验资源,如食品安全评估(FSAs)和由执行调查分析员(EIAO)实施的强化确认检验(IVT),集中用于发生微生物污染高风险的企业。SIP 和 PHRBIS 的管理和操作细节预期在 2009 年完成[42]。

实施活动

美国农业部的 FSIS 依据法律来确保肉、家禽和蛋产品的安全、卫生和适当标签。为了达到这些目标,FSIS 使用 PBIS 管理系统来安排和整合每个企业执行的检验任务。为了努力实现检验活动现代化,FSIS 改进了 PBIS 系统和检验任务,以执行 HACCP 体系规范。检验项目活动由两个 PBIS 组成部分来指导:第一部分是检验系统程序指南(ISP),它包括所有工厂内程序,组成卫生 SOP(01)、HACCP 体系(03)、经济/健康(04)、取样(05)、其他要求(06)和应急单元(08)活动;第二部分是自动化系统,这一系统为工厂内程序作出计划,并且基于录入系统的数据(即执行程序记录、不符合信息情况)生成报告[43]。

PBIS 日常检验过程要求检验员检查企业操作的多个方面,确定偏差,当达不到 FSIS 要求时对存在缺陷进行分类。每次 FSIS 检验员做出一个不符合决定,就将生成一份报告,对缺陷的性质及采取的管理措施进行阐述。这份书面的不符合报告(NR)会提供给加工厂的管理部门,以帮助其采取行动进行补救,并阻止类似问题再次发生。PBIS 活动根据企业表现进行修订,增加对检验的监督直到企业满足 FSIS 要求。如果缺陷问题再次发生,工厂的卫生状况不好,HACCP 和过程控制体系未起作用,或者工厂没能预防掺假产品的销售,FSIS 可能采取渐进的强制措施,拒绝为工厂一些或所有产品提供美国农业部检验标志。这种行为能有效地使企业内被影响的操作停工,因为如果没有美国农业部的检验标志,在州际间销售产品是不合法的。工厂中未被影响的部分可以允许继续生产。如果企业没能成功执行纠偏措施,FSIS 也可能暂停检验,暂停检验可以关闭工厂部分或全部操作。当企业执行纠偏措施后,美国农业部可能取消暂停检验。暂停或撤除检验服务的情况包括[44]:

(1)未能执行或操作 HACCP 体系;

(2)未能执行或维持卫生 SOP;

(3)没有收集、分析和记录胴体样品中的大肠杆菌污染情况;

(4)未能满足沙门氏菌性能标准或对 HACCP 计划进行再评估;

(5)未能保持卫生条件;

(6)未销毁废弃的肉、家禽胴体或部分或产品本身;

(7)对牲畜不人道地屠宰或处理;

(8)攻击、威胁、恐吓或用其他方式干扰检验服务。

2001 年,FSIS 启动深入验证审查程序(IDVs),来评估企业是否正在执行满足 PR-HACCP 最终规则要求的活动[45]。这些有目标和随机的工厂审查由多学科团队来执行,以表明 HACCP 体系的科学价值和应用情况。消费者安全办公室(CSO)经过训练后参加 IDV 团队,以对保证产品安全的 HACCP 计划、SSOP、大肠杆菌及微生物控制策略,以及这些计划的相互作用进行综合评估。2005 年,执行调查办公室(EIAO)取代 CSO,来执行肉和家禽企业的食品安全评估(FSA)[46]。这种广泛的食品安全评估可能由实验室阳性结果引起,来确定 HACCP 计划再评估的合适时间、食源性疾病暴发情况、召回或消费者投诉情况。

渐进式强制措施(PEA)是一项具有更加严格强制性的工厂操作跟踪系统,被要求实施以遵守管理要求。例如,在 2000 年,由于未有效遵守 PR-HACCP 最终规则,约有 184 项强制措施在联邦检验企业中启用[47]。如果 PR-HACCP 规则遵守失败(即一个企业连续 3 次未能满足沙门氏菌性能标准),FSIS 就会发布强制措施通知(NOIE)。当 FSIS 收到来自工厂正式的可接受的纠偏和预防措施计划后,可以重新启动检验。

有几种其他措施比暂停检验更严重,其中之一就是产品召回[48]。当有证据表明,根据检验法规定,某些产品不安全、掺假或者误贴商标,企业可以自愿召回产品,以避免负面的公众影响。FSIS 基于以下 3 个级别评估被召回产品呈现的公共健康问题或危害。

第 1 级:健康危害情况。有证据证明使用这种产品可能将引起严重的、负面的健康影响甚至死亡(例如,即食肉或家禽产品中存在病原菌,生牛肉存在大肠杆菌 O157:H7)。

第 2 级:潜在健康危害情况。如果使用这种产品可能将会产生长远的负面健康影响(例如,存在少量过敏原物质,如小麦或大豆有典型的温和的人群反应;存在小的、非锋利外源物质)。

第 3 级:使用这种产品不可能产生负面健康影响的情况(例如,产品中存在不明确的、一般被认为安全的、非过敏原物质)。

召回的范围可以从批发商到零售商、HRI(宾馆、餐厅和机构使用者),到最终消费者。企业也可以通过随时从市场上召回相关产品,以改正一些未造成健康危害或不违反联邦肉品检验法或家禽产品检验法的小错误。如果是美国农业部发出的强制性召回,随后包括召回级别、产品名称、生产企业,产品代码和额外返还等更多信息将发布给公众。召回产品的纠偏处理可能包括重贴标签、重新煮制、重新加工或销毁产品。最终,如果企业或个人被确认有明显的、重大的和具有完好记录的犯罪意图(即有意生产含有病原菌的产品或者在产品中有意添加危害成分),美国农业部有合法权利对企业或个人提出犯罪起诉。

5.7 基于 HACCP 的检验模型项目

为了与 PR-HACCP 最终规则相一致,FSIS 正着手取消一些规定性的"命令与控制"检验要求,并允许企业自由发展他们的 HACCP 体系,以满足食品安全标准。不久的将来,现有的食品安全标准、沙门氏菌发病率、粪便污染物零检出,将会被补充到包括其他致病菌(如空肠弯曲菌、大肠杆菌)和其他食品安全议题中去。基于 HACCP 的检验模型项目(HIMP)可以说是一个全新的检验模型,它有可能取代现有的胴体检验程序。它允许企业自主设计加工控制体系,该体系需围绕 FSIS 在线检验员最近执行的逐只家禽检验或"胴体分类"加工来设计[49,50]。有了这个体系,一些被 FSIS 认为是消费者所关注的感官缺陷,将会由一些训练有素的企业人员来解决。在 HIMP 的推动下,28 家志愿者企业(包括 20 家鸡肉加工企业、5 家火鸡肉加工企业和 3 家猪肉加工企业)将扩大他们的 HACCP 计划和其他加工控制体系,以承担起阻止不安全和不卫生的肉类和禽肉进入食品供应链的责任。

尽管很有可能要经过进一步的修订,但是宰后检验中一些可见的疾病和健康状况,根据食品安全(FS)和其他消费者保护(OCP)重要性进行了分类。根据这种分类方法,败血症/毒血症和排泄物污染,被认为是危害公众健康的主要食品安全隐患,在冷却前要执行"零"检出标准。其他疾病和健康状况大多是美观缺陷,如果存在的话,基本上也不会对消费者造成食源性风险,但这些缺陷却被认为是导致肉类和禽肉不被消费者接受的主要因素。目前,OCP 被分为动物感染、肿瘤与病变情况(蜂窝织炎、气囊炎、肺结核、滑膜炎、腱鞘炎、内脏感染、白细胞组织增生、癌和恶性肿瘤、腹腔积液)、非病变情况(瘀青、乳房水泡、表面烫伤、残疾、皮肤溃疡和结痂、死尸);消化道内容物污染;与消化道接触(泄殖腔、肠道、食道)和未与消化道接触(羽毛、毛发、肺脏和气管)的修整缺陷。每个试点车间都已执行食品安全和其他消费者保护标准的定量性能标准,而这些标准必须满足国家标准。在 HIMP 下,需使用统计加工控制方法和控制图表来监控和证明预防 OCP 不可接受水平。

各企业将会在 FSIS 检验员的监督下执行 HIMP,并通过确认检查,该确认包括由 FSIS 工作人员随机抽取的产品,检验这些红肉和禽肉产品是否符合 FSIS 的要求。FSIS 检验员有权利停止或适当地降低去内脏生产线的速度,扣留掺假或贴假标签的产品,拒绝颁发检验标志,摒弃不符合检验规定的设备、仪器及与企业有关的任何配件。

5.8　家禽分级

分级是指根据不同种类和质量特征将禽和禽产品、带壳蛋、兔进行分等分类。制定执行分级服务需遵守的分级标准和法规以 1946 年农产品市场法为依据。联邦分级标准从 1913 年建立市场办公室开始到第二次世界大战逐渐发展,这时军队系统开始要求运往美国军队的食品质量和检验的一致性。现在,美国农业部农产品市场服务局(AMS)的家禽部门发布家禽和蛋类市场新闻、标准和分级活动。家禽和蛋市场新闻是一份由 AMS 向全国发布的供需和价格报告,报告跟踪约 50 个商品的价格。除了执行以官方农业部标准为基础的分级服务外,AMS 家禽部门也涉及家禽和带壳蛋的认证,即通过食品采购合同来核实数量、质量、条件、组成、净重、包装、储存、运输[51]。

分级和认证服务是自愿的。除了分级费,要求 AMS 分级服务的企业必须提供由分级员或分级法规要求的空间、设备、灯光或其他设施。分级是由美国农业部分级员执行,分级员被安排到企业,依据所生产产品的数量和特征分为全职或兼职 2 种。通常,常驻的分级员在工厂雇员的帮助下处理大量的家禽,通过一种适当的取样计划,执行最终的检测分级和认证。企业可以制订并使用自己的分级规格(如工厂分级),但如果家禽已经由美国农业部授权的分级员分级,那么分级标签仅可使用"US"或"USDA"的字样(图 5.9)。

所有经美国农业部分级的家禽首先必须由 FSIS 来检验其安全卫生[52]。在家禽通过了检验后,该产品才可以根据官方质量分级标准进行分级。所有的家禽产品,不论是 RTC 整个胴体、部分或者深加工产品都可以进行分级。包含生产缺陷(过度突出的羽毛,需要修整的擦

图 5.9　USDA 的官方分级标示

伤,肺的剩余物,气管和其他器官,任何类型的外源杂质)或者其他异常状况(发黏,湿滑,腐败或发酸气味)的 RTC 家禽,不能进行分级,必须重新加工来消除这些缺陷部分。

对于 RTC 胴体和部分,质量标准包括[53]如下内容。

(1)构造:骨骼畸形可能会影响到肌肉的正常分布。凹陷、弯曲、多节或 V 形胸部,翅膀和腿畸形,楔形框架,这些都是典型的缺陷,会破坏正常外观。

(2)肌肉:肌肉量与胴体和它的分割块状况一致。肌肉的大多数位于胸部、大腿上,后背上的肌肉量有性别差异,雌性禽类后背上的肌肉比雄性多。

(3)脂肪覆盖率:皮肤中有良好发育和分配的脂肪层。脂肪主要集中于羽道周围,但也有一些脂肪储存在后背和臀部间的羽道。

(4)羽毛:胴体或其分割块必须没有突出的羽毛或毛发(鸭和鹅)来满足 RTC 的要求,并且适于分级。

（5）暴露的肌肉：暴露的肌肉可以来自于在胴体上的切口、撕裂口和修整边，它破坏了产品的外观，也可能因肌肉在储藏和加工中干燥而降低食用品质。

（6）变色：皮肤上轻微的阴影是由于放血不完全或者大出血的血块造成的。深红、蓝色或绿色瘀伤必须在分级前去除。

（7）脱节或破裂的骨头及缺失部分：胴体或分割块要没有破裂或脱节的骨头。

（8）冷冻损伤：家禽皮肤暗淡和脱水，或者由于冷冻及储藏出现无皮产品（如冻伤）。

（9）分割的准确性：当分割块在一个关节处被分离，这个关节应该被均匀分开。同样，一个部分应该仅包含适当的解剖组织，例如，"整只腿"应该仅包含一个没有脊椎的小腿和大腿，然而"四分之一鸡"应该包含小腿、大腿和一半脊椎。

在评估这些质量标准时，除了考虑家禽的种类（品种）、上市年龄、性别外，还必须考虑缺陷的位置、受损严重性及受损总面积。内脏杂碎（心脏、肝脏和砂囊）、分离的脖子和尾巴、翅尖和皮肤没有分级标准。无骨-无皮的胸肉质量标准包括骨头、腱、软骨、变色、血块及其他特定产品因素。

在美国，整个胴体和分割块的消费等级分为 A 级、B 级、C 级。A 级家禽总结说明见表5.3，较低等级（B 级和 C 级）的胴体经常被分割，因为来自这些胴体的分割块可能被定为 A级，具有更高的商品价值。

在现代加工操作中，家禽最先由经过训练和经美国农业部授权的工厂人员来分级，并由官方常驻的分级员来监管。大多数的胴体和分割块在生产线上或者在冷却后分级。当监测这些分级产品时，常驻分级员利用可接受质量水平程序（AQL）判定产品子样品，来决定缺陷、次等禽类、分割块的累积得分。当 AQL 或 FPS 指出有严重缺陷后，这个产品被判定为"美国农业部扣留"产品，直到产品经过重新加工后满足分级标准。

由于产品在复杂性和细节方面的变化，深加工产品的获得计划可能包含准备、加工、金属检验、冷冻、包装、标签、测重、部分控制、温度、储藏和运输等额外说明。

美国销售系统广泛地使用质量标准和分级，为家禽和家禽产品的买卖双方提供了共同的语言。商业操作也利用这些标准和分级作为他们产品说明、广告、品牌效应的基础。

5.9　小　　结

FSIS 和 AMS 是美国农业部的两个分支机构，受法律赋予具有管理家禽检验和分级活动的责任。在美国，家禽检验涉及每只禽的检验，来判定它对于人类食品的卫生性和适合性，卫生标准的维持，以及对在被认可设备上家禽产品准备、屠宰、加工、包装、标签的监督。对于要销售到州际或者国外贸易的家禽检验是强制性的，并且相关的费用由美国农业部来承担。

分级是依据种类和质量特征对家禽和家禽产品的进行分等分类。由于分级是自愿的，且费用必须由使用者来偿付，因此家禽企业可以建立和使用他们自己的质量标准（即企业分级标准）。由农业市场服务局提供的分级服务使用国家质量分级标准，由训练有素的美国农业部人员执行，颁发美国农业部分级标志。

联邦食品安全和质量标准与法规自适用于肉和家禽产品开始，就发生了巨大改变。这种改变预期在将来继续发生，有效地反映着肉、家禽和消费者需求的变化特性。

表 5.3　A 级家禽的具体要求

构造:正常
　胸骨:轻微弯曲或凹陷
　后背:轻微弯曲
　腿和翅膀:正常
肌肉:就种类和级别而言,肌肉丰满
脂肪覆盖率:脂肪覆盖良好,特别是在厚厚羽毛的羽道间

去毛: (羽毛长度)	火鸡(小于或等于 3/4 in)		鸭和鹅[a](小于或等于 1/2 in)		其他家禽(小于或等于 1/2 in)	
	胴体	分割块	胴体	分割块	胴体	分割块
突出的羽毛	4	2	8	4	4	2

暴露肌肉[b]		胴体		大的胴体分割块[c] (一半、前半和后半)		
最小	最大	胸部和腿	其他	胸部和腿	其他	其他分割块[c]
无	2 lb	1/4 in	1 in	1/4 in	1/2 in	1/4 in
超过 2 lb	6 lb	1/4 in	1.5 in	1/4 in	3/4 in	1/4 in
超过 6 lb	16 lb	1/2 in	2 in	1/2 in	1 in	1/2 in
超过 16 lb	无	1/2 in	3 in	1/2 in	11/2 in	1/2 in

变色:胴体		轻度变色		中度变色[d]	
		胸部和腿	其他	腿关节	其他
无	2 lb	3/4 in	11/4 in	1/4 in	5/8 in
超过 2 lb	6 lb	1 in	2 in	1/2 in	1 in
超过 6 lb	16 lb	11/2 in	21/2 in	3/4 in	11/4 in
超过 16 lb	无	2 in	3 in	1 in	11/2 in

变色:大的胴体分割块 (一半、前半和后半)		轻度变色		中度变色	
		胸部和腿	其他地方	腿关节	其他地方
无	2 lb	1/2 in	1 in	1/4 in	1/2 in
超过 2 lb	6 lb	3/4 in	11/2 in	3/8 in	3/4 in
超过 6 lb	16 lb	1 in	2 in	1/2 in	1 in
超过 16 lb	无	11/4 in	21/2 in	5/8 in	11/4 in

变色:其他分割块		轻度变色	中度变色[d]
无	2 lb	1/2 in	1/4 in
超过 2 lb	6 lb	3/4 in	3/8 in
超过 6 lb	16 lb	1 in	1/2 in
超过 16 lb	无	11/4 in	5/8 in

脱节和破裂骨头:胴体—1 处脱节,没有破裂骨头
　　　　　　　分割块—大腿(连后部),整只腿或 1/4 胴体可能从髋关节就有股骨脱节
　　　　　　　其他部分—无

缺失的部分:翅尖和尾巴

冷冻缺失:鸡后腿颜色轻微变深,总体上外观明亮,偶尔由于干燥产生麻点
　　　　偶尔小区域有清晰的粉红色或红颜色的冰

来源:改自 USDA Poultry Grading Manual.1998.U.S.Department of Agriculture,*Agriculture Handbook* No.31.
[a]对于鸭和鹅,胴体或分割块上允许留有毛发或绒毛。
[b]所有暴露肌肉的最大总和。
[c]对于所有分割块,允许沿着边缘修整表皮,每块至少有 75% 的正常表皮覆盖分割块。
[d]中度变色和由于肌肉瘀伤的变色与血块无关,这仅限于胸部和腿部区域,临近关节区域除外。

参 考 文 献

1. Forrest, J. C., Aberle, E. D., Hedrick, H. B., Judge, M. D., and Merkel, R. A., Meat inspection, in *Principles of Meat Science*, W. H. Freeman, San Francisco, 316, 1975.
2. Libby, J. A., History, in *Meat Hygiene*, 4th edition, Lea & Febiger, Philadelphia, 1, 1975.
3. Olsson, P. C. and Johnson, D. R., Meat and poultry inspection: Wholesomeness, integrity, and productivity, in *Seventy-Fifth Anniversary Commemorative Volume of Food and Drug Law*, Food and Drug Law Institute, ed., Food and Drug Law Institute, Washington, D.C., 1984, 220.
4. Sinclair, Jr., U. B., *The Jungle*, Doubleday, New York, 1906.
5. NRC, *Poultry Inspection: The Basis for a Risk-Assessment Approach*, Committee on Public Health Risk Assessment of Poultry Inspection Programs, National Academy Press, Washington, D.C., 1987.
6. CAST, *Foods from Animals: Quantity, Quality and Safety*, Report No. 82, Council for Agricultural Science and Technology, Ames, IA, 1980.
7. NRC, *Meat and Poultry Inspection: The Scientific Basis of the Nation's Program*, Report of the Committee on the Scientific Basis of the Nation's Meat and Poultry Inspection Program, Food and Nutrition Board, National Academy Press, Washington, D.C., 1985.
8. NRC, *Poultry Inspection: The Basis for a Risk-Assessment Approach*, Report of the Committee on Public Health Risk Assessment of Poultry Inspection Programs, Food and Nutrition Board, National Academy Press, Washington, D.C., 1987.
9. USDA, *Meat and Poultry Inspection*, Report of the Secretary of Agriculture to the U.S. Congress, Food Safety and Inspection Service, U.S. Department of Agriculture, Washington, D.C., 1988.
10. USDA, *Meat and Poultry Inspection*, Report of the Secretary of Agriculture to the U.S. Congress, Food Safety and Inspection Service, U.S. Department of Agriculture, Washington, D.C., 1991.
11. USDA, Pathogen Reduction: Hazard Analysis and Critical Control Point (HACCP) Systems; Final Rule, *Fed. Regis.*, 9 CFR Part 304, 1996.
12. USDA, *Meat and Poultry Inspection*, Report of the Secretary of Agriculture to the U.S. Congress, Food Safety and Inspection Service, U.S. Department of Agriculture, Washington, D.C., 1996.
13. USDA, *Mandatory Inspection of Ratites and Squabs* [Docket No. 01-045IF] Food Safety and Inspection Service, U.S. Department of Agriculture, Washington, D.C., 2001.
14. USDA, *Meat and Poultry Inspection Regulations*, Part 381, Title 9, Chapter III, Subchapter C, Code of Federal Regulations, Food Safety and Inspection Service, U.S. Department of Agriculture, Washington, D.C., 1970.
15. USDA, *Food Safety and Inspection Service*, Food Safety, Agriculture Fact Book, U.S. Department of Agriculture, Washington, D.C., 1998.
16. Hurd, H. S., FSIS Initiatives. *Proc. Poultry Processor Workshop*, USPEA, Atlanta, GA, May 21, 2008.
17. USDA, *Meat and Poultry Inspection Manual*, Food Safety and Inspection Service, U.S. Department of Agriculture, Washington, D.C., 1987.
18. Ewing, M., Exley, S., Page, K., and Brown, T., Understanding the disposition of broiler carcasses. *Broiler Ind.*, March 28, 1977.
19. USDA, *Guidelines for Offline Salvage of Poultry Parts*, Meat and Poultry Inspection Technical Services, Food Safety and Inspection Service, U.S. Department of Agriculture, U.S. Government Printing Office: 0-617-013, Washington, D.C., 1988.
20. USDA, *Enhanced Poultry Inspection: Revision of Finished Product Standards with Respect to Fecal Contamination*, Docket No.94-016F, Food Safety and Inspection Service, U.S. Department of Agriculture, Washington, D.C., 1996.
21. USDA, *Poultry Post-Mortem Inspection and Reinspection—Enforcing the Zero Tolerance for Visible Fecal Material*, Food Safety and Inspection Service, Directive 6150.1, U.S. Department of Agriculture, Washington, D.C., 1998.
22. USDA, *Retained Water in Raw Meat and Poultry Products*, Food Safety and Inspection Service, Directive 6700.1, U. S. Department of Agriculture, Washington, D.C., 2002.
23. USDA, *Pathogen Reduction; Hazard Analysis Critical Control Point (HACCP) Systems*, Final Rule, 9 CFR Part 304, et al., Food Safety and Inspection Service, U. S. Department of Agriculture, Washington, D.C., 1996.

24. USDA, *Finished Product Standards Program for the New Line Speed Inspection System and the Streamlined Inspection System,* Directive 6120.1, Food Safety and Inspection Service, U.S. Department of Agriculture, Washington, D.C., 1985.
25. USDA, *FSIS Facts: The National Residue Program,* FSIS-18, Food Safety and Inspection Service, U.S. Department of Agriculture, Washington, D.C., 1984.
26. USDA, *Equivalence Criteria for Imported Meat and Poultry Products* Docket No. 97-081N, Food Safety and Inspection Service, U.S. Department of Agriculture, Washington, D.C., 1998.
27. USDA, *Sanitation,* 9 CFR part 416, Food Safety and Inspection Service, U.S. Department of Agriculture, Washington, D.C., 1996.
28. DHHS, *Current Good Manufacturing Practice in Manufacturing, Packing, or Holding Human Food,* 21 CFR Part 110, Food and Drug Administration, Washington, D.C., 1996.
29. DHHS, *Food Code,* Food and Drug Administration, Washington, D.C., http://vm.cfsan.fda.gov/~dms/foodcode.html.
30. USDA, *Sanitation Performance Standards.* Directive 11,000.1, Food Safety and Inspection Service, U.S. Department of Agriculture, Washington, D.C., 2000.
31. USDA, *Sanitation Performance Standards Compliance Guide,* Food Safety and Inspection Service, U.S. Department of Agriculture, Washington, D.C., 1999.
32. Bauman, H., HACCP: Concept, development, and application, *Food Technol.,* 44(5),156, 1990.
33. Adams, C., Use of HACCP in meat and poultry inspection, *Food Technol.,* 44(5), 169, 1990.
34. Stevenson, K. E., Implementing HACCP in the food industry, *Food Technol.,* 44(5), 179, 1990.
35. ICMSF, *Microorganisms in Foods 4. Application of Hazard Analysis Critical Control Point (HACCP) System to Ensure Microbiological Safety and Quality,* Blackwell Scientific, Boston, MA, 1988.
36. CAC, Report of the 24th session of the Codex Committee on Food Hygiene—Alinorm 88/13A. Codex Alimentarius Commission, Rome, 1988.
37. NACMCF, Hazard Analysis Critical Control Point System, *Int. J. Food Microbiol.,* 16, 1, 1992.
38. USDA, *Nationwide Broiler Chicken Microbiological Baseline Data Collection Program,* Food Safety and Inspection Service, U.S. Department of Agriculture, Washington, D.C., 1996.
39. AOAC, *Official Methods of Analysis,* 16th edition, Official Analytical Chemists International, Gaithersburg, MD, 1995.
40. USDA, *Inspection System Activities,* Directive 5400.5, Food Safety and Inspection Service, U.S. Department of Agriculture, Washington, D.C., 1997.
41. USDA, *One-Year Progress Report on Salmonella Testing for Raw Meat and Poultry Products,* Food Safety and Inspection Service, Backgrounders, U.S. Department of Agriculture, Washington, D.C., 1999.
42. USDA, *Improvements for Poultry Slaughter Inspection.* Technical Report, Food Safety and Inspection Service, U.S. Department of Agriculture, Washington, D.C., 2008.
43. USDA, *Performance-Based Inspection System: Overview of policies and implementing procedures,* Directive 5400.5, Food Safety and Inspection Service, U. S. Department of Agriculture, Washington, D.C., 1991.
44. USDA, *Enforcement, Investigations, and Analysis Officer (EIAO) Comprehensive Food Safety Assessment Methodology,* Directive 5100.1, Food Safety and Inspection Service, U.S. Department of Agriculture, Washington, D.C., 2005.
45. USDA, *In-depth Verification Reviews,* Directive 5500.1, Food Safety and Inspection Service, U.S. Department of Agriculture, Washington, D.C., 2001.
46. USDA, *Verifying an Establishment's Food Safety System,* Directive 5000.1, Rev.3, Food Safety and Inspection Service, U.S. Department of Agriculture, Washington, D.C., 2008.
47. USDA, *Enforcement, Investigations, and Analysis Officer (EIOA) Comprehensive Food Safety Assessment Methodology,* Directive 5100.1, Rev. 2, Safety and Inspection Service, U. S. Department of Agriculture, Washington, D.C., 2008.
48. USDA, *Recall of Meat and Poultry Products,* Directive 8080.1, Rev. 5, Food Safety and Inspection Service, U.S. Department of Agriculture, Washington, D.C., 2008.
49. USDA, *HACCP-Based Inspection Models,* Backgrounders, Food Safety and Inspection Service, U.S. Department of Agriculture, Washington, D.C., 1998.
50. USDA, *HACCP-Based Inspection Models Project: Models Phase,* pages 1–5, Backgrounders, Food Safety and Inspection Service, U.S. Department of Agriculture, Washington, D.C., 1999.

51. USDA, *United States Classes, Standards, and Grades for Poultry*, AMS 70.200 *et. seq.* Agricultural Marketing Service, Poultry Programs, U.S. Department of Agriculture, Washington, D.C., 1998.
52. Brant, A. W., Goble, J. W., Hamann, J. A., Wabeck, C. J., and Walters, R. E., Guidelines for establishing and operating broiler processing plants, U.S. Department of Agriculture, Agriculture Handbook No. 581, 1982.
53. USDA, *Poultry Grading Manual*, U.S. Department of Agriculture, Agriculture Handbook No. 31, 1998.

第 6 章

包　　装

Paul L. Dawson

汤晓艳　王华伟　译

6.1　引　　言

美国的,禽肉加工业基本上被 60～70 个禽肉企业控制着,接近 50% 的产品是由 5 个主要的加工企业生产。由于禽肉分割肉块数量有限,相对少数的加工企业从事着相对大量的加工,禽肉在加工中心以小消费单位特别包装。虽然零售商承担了部分成本,但是这种做法能减少劳务、设备费用、包装存货、污染问题,以及在简易包装操作过程中出现的效率过低的问题。

在讨论具体的禽肉包装系统之前,我们需要回顾一下包装的功能以及包装材料。最后需要重申一下:包装只能延长禽肉的货架期,而不能提高禽肉的质量。因此,想要生产出高质量的包装产品,良好的加工和处理工艺是必不可少的。

6.2　基本概念——包装功能

食品包装的功能可以分为 4 个方面:容纳作用、信息传递作用、便携作用和保护作用[1]。

容纳作用是指能容纳产品,而不需要特意去保护产品。将鸡的不同部位,例如鸡腿、鸡翅、鸡胸脯分别包装起来,人们就可以购买不同数量及种类的产品。

信息传递作用既是政府规定,又是市场手段。包装上包括营养配料表、正确操作方法、产品信息以及法律特别规定。包装上也包括产品价格、产品声明、烹饪建议以及包装材料的可回收利用的信息。

便携作用是包装的功能之一。切片肉的一次性包装以及微波炉包装可以使产品带包装加热或烹饪。

保护作用是包装最重要的功能,可以将产品与微生物、啮齿目动物、灰尘、外界污染、水分、光照和氧气隔离开,达到保护的目的。同时,也可以保护产品在操作过程中不被篡改,免受有形损坏。

没有包装的肉很快就会失水,因此包装必须能够阻止水分丢失。色素含量较高的禽肉必须加以保护,以防止氧合肌红蛋白中的红色色素流失。像碎腿肉和肉末一类的产品,经常用渗氧性高的薄膜包装,以维持氧合肌红蛋白的常态。肉末用纸箱包装,因为纸箱内有氧气,而且可以阻止光照到肉的表层。

在整个包装系统中,包装材料可根据各自的功能进行分类。包装材料的功能包括阻挡功能、强度功能以及密封功能。例如,铝箔因为其阻挡性较好,经常被添加到材料中做夹层,用来隔光、隔气。绘制图片的时候,也常常用铝箔做表层。聚酯(聚乙烯对丙二甲醇酯)因其强度高经常被添加到材料中。聚乙烯的密封性非常好,既可以单独使用作为密封材料,也可以和其他材料混合使用。包装材料按其功能可分为如下几类。

按阻挡功能:铝箔、乙烯-乙烯醇共聚物(EVOH)、偏氯乙烯共聚物(Saran™)、聚氯乙烯(PVC)、聚丙烯腈(Barex)。

按强度功能:聚酯、聚对苯二甲酸乙二醇酯(PETE)、尼龙、聚丙烯(PP)。

按密封功能:聚乙烯(PE)、杜邦沙林料(Surlyn®)、聚苯乙烯(PS)。

6.3 一般包装理论

通常,可以将禽肉包装分为初级包装、二级包装和三级包装。初级包装被大多数消费者所熟悉,就是与食物直接接触的那层包装。初级包装上印有标签以及其他消费者须知的信息。对禽肉类而言,最常见的初级包装是聚合物(塑料)薄膜包装或者透明外包装。不过,如果是肉罐头、熟肉和蒸肉,或者带有肉汤和肉汁的禽肉产品,初级包装也可能是金属。初级包装材料可以是几种材料的混合,如纸、箔和玻璃纸,这些材料可以改变包装的性能或者印刷特殊图案。材料可以是柔韧的,半硬的,也可以是刚硬的。柔韧的包装材料包括"塑料"(聚合物)、纸或者一层薄膜制品;半硬材料包括热塑型聚合物、铝箔或者纸板;刚硬材料是些厚的聚合物、金属或者玻璃[2]。塑料是用来形容聚合物的术语。和大部分食物组成结构相比,聚合物的结构链相对简单。

二级包装是指外面的盒子、箱子和包装纸,这些包装将数个初级包装集中在一起,使它们成为一体。二级包装不和食物表层直接接触,而是保护初级包装在销售过程中免受破损、损坏、污染和污物。鸡块用托盘盛放,先将它们贴上标签和标价,然后将再装进纸盒里,这些纸盒就是二级包装。在更加复杂的肉类包装系统中,每个二级包装里都充满了惰性气体,而初级包装的新鲜肉类,是用一层高渗透性的薄膜包裹,这些薄膜可以使肉类从二级包装中取出时依旧保持新鲜,同时会让惰性气体在产品被取出之前就进入初级包装内。此系统会减少运载过程中微生物的增长,同时会让零售店中的肉类颜色呈现正常的变化。

在运输过程中,一个三级包装会包含好几个二级包装,例如托盘包装。为使托盘在装载、卸载以及运输过程中维持稳定状态,经常会使用拉紧器。

6.3.1 包装材料

相比较而言,食品的包装材料的种类很少。可是,某些包装材料却有很多不同的变体,而且混合包装材料也已被应用。用于包装肉类产品的材料包括纤维材料(纸、纸板)、玻璃和金属。并且,几乎所有的禽肉类包装如涂层、衬料、透明外包装纸和袋子中都含有塑料。最常见的塑料制品的用途和功能总结见表6.1。

表 6.1 用于包装肉类产品的塑料

聚合物	应用	特征
离聚物	封热涂层	抗封蜡污染
尼龙(未涂层)	薄膜、热塑型托盘	也用于骨性防护
尼龙(PVdC^a 涂层)	薄膜、热塑型托盘	
PETE^a(未涂层)	薄膜、托盘	透明度高

续表 6.1

聚合物	应用	特征
PETE[a]（PVdC 涂层）	薄膜	
LDPE[a]	袋子、包膜	成本低,气障小
LLDPE[a]	封热涂层	透明度高
EVA[a]-LDPE	封涂层、薄膜、包膜	热收缩性共聚物
PP[a]（非定向）	半刚性容器	
PVC[a]	鲜肉包膜	气体传送率决定于增塑性
PVdC	阻挡层	阻挡程度受湿度影响小

[a]PVdC,聚偏二氯乙烯;PETE,聚对苯二甲酸乙二醇酯(聚酯);LDPE,低密度聚乙烯;LLDPE,线性低密度聚乙烯;EVA,乙烯-醋酸乙烯共聚物;PP,聚丙烯;PVC,聚氯乙烯。

6.3.1.1 纸、纸板和纤维板

纸、纸板和纤维板在相对厚度上有所不同,纸是最薄的,纸板较厚,但纸板比纸更刚硬,纤维板是将纸黏合起来而得。最常用在禽肉二级包装运输箱的材料是瓦楞纸板,之所以这样命名是因为用来增加强度的纸板内层是波状的。这类材料常被用来指代"硬纸板",而"瓦楞纸板"这个术语常用在包装业。这些二级包装纸箱是将木浆和再加工的纸漂白、涂层或用蜡、树脂、漆或塑料浸渍而成。新添的夹层可以提高包装材料对高湿度的抵抗力,也可以提高材料湿了以后的强度、抗油脂性、外观以及阻挡性能。对纸浆进行酸处理可以制成玻璃纸,玻璃纸具有强大的耐油性和防水性。酸可以修饰纤维素,生成长的木浆纤维,这些木浆纤维也能增加纸的强度。

6.3.1.2 金属

用于禽肉类罐头包装的金属材料包括钢铁和铝。铁制罐有较高的强度,不容易产生凹痕;而铝制罐则材质较轻,能抗大气腐蚀。人们曾将锡涂在铁制罐与食物接触的那一面,用来防止腐蚀;然而,现在这层涂层变成了像铬合金之类的铁合金,这类铁合金比锡要便宜得多。此外,人们也可以再将一层有机层涂在金属罐的里层和外层。这种做法可以进一步保护金属罐不受食物成分的腐蚀,也可以保护食物不受金属材料的污染,特别是免受一些由金属催化的降解反应产生的污染。酚类混合物常用在这层有机层中,而改良环氧树脂常用于其他肉类包装材料中。铝箔用于加工有柔韧性的袋子,并且常在涂层中与塑料和纸混合使用。箔类完全能避光、抗氧化以及防止水蒸气的入侵。

6.3.1.3 塑料(聚合物)

塑料(聚合物)因其功能多、成本低、易携带等优势,目前已成为最常见的禽肉类包装材料。

1. 聚乙烯(PE)

$$—CH_2—CH_2—CH_2—CH_2—CH_2—$$

聚乙烯的分子结构是$(CH_2)_n$,在主链的旁边有很多支链,这样的排列可以防止堆垛过紧,最终形成一个相对较为稀松的结构。聚乙烯有 3 种主要的类型,它们在结构、性能和加工工序上有所区别。这 3 种聚乙烯是高密度聚乙烯(HDPE)、低密度聚乙烯(LDPE)和线性低密度聚乙烯(LLDPE)。低密度聚乙烯和线性低分子结构不同,但密度相似($0.910 \sim 0.925$ g/cm³)。

低密度聚乙烯和高密度聚乙烯的不同之处在于支链的长度,因此膜的总体密度也不同。相对低密度聚乙烯而言,高密度聚乙烯密度较大,透明度较低,强度较大,硬度也高些。线性低密度聚乙烯是在高压下生产的产品,因此膜的密度虽然与低密度聚乙烯相似,可是强度和硬度却和高密度聚乙烯不相上下。高密度聚乙烯在相对较低的温度下密封性良好,耐油性和抗热性都比低密度聚乙烯好。线性低密度聚乙烯比低密度聚乙烯更硬,热密封温度也更高,线性低密度聚乙烯用于加工层合层、包装袋和拉紧器。

2. 聚丙烯(PP)

$$\begin{array}{ccc} CH_3 & CH_3 & CH_3 \\ | & | & | \\ -CH-CH_2-CH-CH_2-CH-CH_2- \end{array}$$

聚丙烯的主链依旧是碳分子,与聚乙烯结构不同的是,聚丙烯有一个侧链是甲基(CH_3)而不是氢原子。这种结构可以形成一种比高密度聚乙烯更坚固且更有弹性的聚合物,其水蒸气渗透性和气体渗透性介于低密度聚乙烯和高密度聚乙烯之间。聚丙烯的结构有多种,包括定向聚丙烯和非定向聚丙烯,挤压并涂层后,聚丙烯会变得具有热封性,还可以改变其他薄膜的性质。聚丙烯具有较强的耐热性,并且在水中泡和蒸煮的时候不渗透水分,所以在禽肉类包装中,聚丙烯主要用于烹饪食品的包装。

3. 离聚物(沙林)

$$\begin{array}{c} CH_3 \\ | \\ -(CH_2-CH_2)_x CH_2-C \\ | \\ C-O-(Na\ 或\ Zn) \\ | \\ O \end{array}$$

离聚物是和某种酸共聚后得到的聚合物。酸的某部分以铵盐或者是以锌或铝等金属的形式留在薄膜中。这些离子的参与增加了聚合物的亲脂性,形成的薄膜柔软、坚韧、透明并具有优良的热密封性。在肉类包装中,离聚体用于与食品接触的那层包装材料以及热密封面材料的生产。离聚物的热密封范围广,耐油性良好,而且可以很好地与其他包装材料包裹在一起,例如铝箔。

4. 聚氯乙烯(PVC)

$$-(-CH_2-CHCl-)_n-*$$

聚氯乙烯的结构与聚乙烯相似,只是在聚氯乙烯单体中,氯原子取代了氢原子。由于聚氯乙烯在约 80℃ 的时候就会开始降解,所以很难加工。像那种需要较高透氧性和水蒸气渗透性并且存货期有限的零售食品的包装,聚氯乙烯是很理想的材料。聚氯乙烯常用于熟肉、鲜肉以及熏肉产品的储藏包装。

5. 聚偏二氯乙烯(PVdC)

$$-(-CH_2-CCl_2-)_n-$$

---

* 编者注:英文原版书此处错误,中文版予以改正。

Saran 是聚偏二氯乙烯的商业用名,与聚氯乙烯相比,聚偏二氯乙烯的乙烯单体中又增加了 1 个氯原子。聚偏二氯乙烯形成的薄膜强韧透明,但对气体和水分的渗透性相对较低。它用作小袋、袋子和肉类热成型包装中多层材料中的一层,其功能是阻隔氧气和水蒸气。聚偏二氯乙烯可以加热密封,且易于印刷,并能经受住高温烹饪和干馏。它被用来包装熏肠、午餐肉和热狗,也用于气调包装。

6. 乙烯-乙烯醇共聚物(EVOH)

$$(\cdots CH_2—CH_2—CH_2—\underset{\underset{OH}{|}}{CH}—CH_2—CH_2—CH_2—\underset{\underset{OH}{|}}{CH})_n—$$

乙烯-乙烯醇共聚物薄膜可以很好地阻隔氧气,但是却极易吸水,所以它的透氧性会随着湿度的增高而有所改变。聚合物主链上的羟基使乙烯-乙烯醇共聚物溶于水,湿度较高时会分解。为了提高它的防水性,乙烯-乙烯醇共聚物被固定在聚丙烯、聚乙烯和/或聚对苯二甲酸乙二醇酯之间。

7. 聚苯乙烯(PS)

$$—(—\underset{\bigcirc}{CH}—CH_2—\underset{\bigcirc}{CH}—)_n—$$

聚苯乙烯结构里的苯环取代了聚乙烯中氢的位置。聚苯乙烯干净透明,坚硬易碎,是一种低强度的材料。它一般用来加工一次性餐具和包装膜。聚苯乙烯发泡后形成可发性聚苯乙烯(EPS,Styrofoam™),用于制作包装家禽肉的托盘。这种透明的发泡性材料制成的托盘具有高透氧性。耐冲击性聚苯乙烯(HIPS)拉伸性好,硬度强。聚苯乙烯具有较高的热熔融强度,使其成为适合生产托盘的少数材料之一。

8. 聚酰胺(尼龙)

$$H(—\underset{H}{N}—(CH_2)_n—\underset{H}{N}—\overset{\overset{O}{||}}{C}—(CH_2)_n—\overset{\overset{O}{||}}{C})_n OH$$

聚酰(尼龙)中含有一些由氨基酸聚合而成的聚合物,因此,它也成为含氮元素的食品级塑料材料。尼龙由一对数字命名,第一个数字代表胺中的碳原子数量,第二个数字代表酸中碳原子的数量。它们具有相对较高的熔点和较低的透氧性,当暴露在湿度较大的环境中时会吸水导致强度降低。尼龙用于带膜加热的产品的生产,有时会和沙林混合使用。

9. 聚酯

$$—(—CH_2—CH_2—O—\overset{\overset{O}{||}}{C}—O—\overset{\overset{O}{||}}{C}—O—)_n—$$

最常见的聚酯是聚对苯二甲酸乙二醇酯,这种材料经常用在碳酸饮料的包装中。聚酯强度大、透明度高、热稳定性强,常用于真空包装和肉类蒸煮袋的生产。聚对苯二甲酸乙二醇酯强度大、透明度高,透水透气性较差。聚对苯二甲酸乙二醇酯也用于消毒袋和蒸煮袋的生产。

10. 由双酚 A(BPA)生产聚碳酸酯(PC)

聚碳酸酯包含碳酸聚酯纤维。因其结构中包含许多化学基团,而这些基团又由碳酸基团(—O—[C═O]—O—)连接起来,所以就有了聚碳酸酯这个名字。一种较为常见的聚碳酸酯中加入双酚 A 可用来生产刚性聚合物。这些聚合物透明,刚硬而坚韧。聚碳酸酯透气性强,易吸水,使其容易丢失机械性能。尽管聚碳酸酯成本相对较高,可其不容易和食物发生反应,因而在烤箱食品中得到推广应用。

11. 玻璃纸

玻璃纸是纤维素薄膜的再生体,树木为其原料,由木浆板制造而成。纤维质木浆中添加增塑剂后,再生为非纤维质形式,就可获得需要的柔韧度。玻璃纸隔气性和抗油性都很好,但是水分多的环境下容易损坏,因而常涂覆一层疏水层。

聚合物薄膜的物理性质总结见表 6.2。

表 6.2　包装材料的物理性质

包装 材料	密度/ (g/mL)	拉伸强度 /Kpsi	断裂伸长 率/%	100℉（华氏度）、 90%相对湿度下的 水蒸气透过系数/ [g/(100 in² · 24 h)]	77℉、0%相对湿度 下的工作温度范围 /[mL/(100 in² · 24 h · 1 atm)]	热封温度 /℉
HDPE[a]	0.945～0.967	2.5～6	200～600	0.4	100～200	275～310
LDPE[a]	0.91～0.925	1.5～5	200～600	1～2	500	250～350
LLDPE[a]	0.918～0.923	3～8	400～800	1～2	450～600	220～340
EVA[a]	0.93	2～3	500～800	2～3	700～900	150～350
离聚物	0.94～0.96	3.5～5	300～600	1.5～2	300～450	225～300
PETE[a]	1.3～1.4	25～33	70～130	1～1.5	3～6	275～350
PVC[a]	1.22～1.36	4～8	100～400	2～30	30～600	280～340
PVdC[a]	1.6～1.7	8～16	50～100	0.05～0.3	0.1～1	250～300
EVOH[a]	1.14～1.19	1.2～1.7	120～280	3～6	0.01～0.02	350～400
PC[a]	1.2	9～11	100～150	12	180～300	400～420
尼龙 6	1.1～1.2	6～24	30～300	22	2.6	400～550
PS[a]	1.0～1.2	5～8	1～30	7～11	350	—
PP[a]	0.90～1.2	4.5～6	100～600	11～12	—	260～290

[a] HDPE,高密度聚乙烯;LDPE,低密度聚乙烯;LLDPE,线性低密度聚乙烯;EVA,乙烯-醋酸乙烯共聚物;PETE,涤纶长丝(聚酯);PVC,聚氯乙烯;PVdC,聚偏氯乙烯;EVOH,乙烯-乙烯醇共聚物;PC,聚碳酸酯;PS,聚苯乙烯;PP,聚丙烯。

6.3.2　透气性和透氧性

对于肉类产品的包装而言,聚合物的阻隔性能非常重要,包装材料应该具有阻挡气体和水蒸气进入包装内的能力。这种阻挡能力就是薄膜的阻隔性能。水蒸气透过率（WVTR）、水蒸气透过系数（WVP）、氧气透过系数（OP）以及氧气透过率（OTR）是包装材料至关重要的性能，它们影响到所包装的禽肉的质量。氧气透过率和水蒸气透过率是基于透过特定薄膜区域的氧气或水蒸气的多少计算的，而水蒸气透过系数、氧气透过系数则是通过薄膜两边的厚度和相对湿度梯度来计算的。水蒸气透过率和氧气透过率分别表示在一个大气压的压力下，在规定的相对湿度和温度环境中，气体或者水蒸气的交换率。薄膜的水蒸气透过率和氧气透过率可以由几个不同的单位来表示（表 6.3）。这些参数对禽肉业很有价值，因为它们对包装薄膜有实用性，对不依据单位厚度使用的薄膜也很有实用性。

表 6.3　水蒸气透过率和氧气透过率的单位表示方法

水蒸气透过率	氧气透过率
mL/(m² · 24 h)（38℃、90%相对湿度下）	mL/(m² · 24 h)（20℃、0%相对湿度下）
mL/(m² · 24 h)（25℃、75%相对湿度下）	mL/(m² · 24 h)（25℃、50%相对湿度下）
g/(100 in² · 24 h)（100°F、90%相对湿度下）	mL/(100 in · 24 h)（77°F、0%相对湿度下）

一般情况下，用于肉类包装的塑料薄膜，以 1 mL/(m² · 24 h) 的氧气透过率为标准，可以分为以下几个等级：低级（0～1 200）、中级（1 200～5 000）、高级（5 000 以上）。随着温度和湿度的变化，一些材料的氧气透过率也会随之变化。例如，尼龙和乙烯-乙烯醇共聚物具有亲水性，所以当相对湿度发生变化时，它们的氧气透过率会随之发生剧烈变化。

禽肉包装中，塑料的热性能也非常重要。大多数肉类包装中使用的袋子和托盘是通过加热熔化两层聚合物而实现密封的。禽肉包装经常通过加热的方式来使包装薄膜收缩，完成包装材料紧贴的最后阶段。

无论是在单一聚合物（添加剂、趋向等）的形成过程中，还是在为了产生需要属性而混合使用多层聚合物的过程中，包装材料的性质都会发生改变。生产多层聚合物的方法分为层合法和共挤法两种，在生产中采用哪种方式取决于要使用的材料。层合法就是利用黏合剂把两种聚合物黏合在一起，而共挤法则是通过加热将层与层熔合起来。

包装的密封是有效阻止禽肉被污染的关键点。密闭一词是用来形容包装以及封口阻隔灰尘、污垢、细菌、霉菌、酵母以及气体的能力。金属和玻璃就是真正意义上的密闭容器，相比之下，有些软包装的设计允许气体交换，因此它们就算不上标准意义上的密闭。这种类型的软包装同样不允许微生物入侵。若发生包装失效，多数是密封失效导致的，密封在防止污染物渗透到零售商品中发挥着重要作用。

6.4　新 鲜 禽 肉

6.4.1　现行方法

最早用来包装和运送新鲜禽肉类的方法是"湿运"。湿运就是将整只禽与冰块一起放到涂有蜡层的瓦楞纸箱中（图 6.1）。"干运"和湿运相似，只是没有冰。目前已采用将整只禽肉胴体包裹在塑料袋子中，然后密封或夹封（图 6.2）。几乎 90% 的鸡肉块直接包装用于销售，这种包装可能采用透氧性高的聚苯乙烯泡沫托盘（这种托盘中添加了透氧性较高的聚氯乙烯），也可能采用拉伸薄膜。这些鸡肉块包括鸡胸肉、鸡腿、小腿和鸡翅(图 6.3)。剩下的禽肉大部分在加工中心,与冰块一起整批包装,但是最终禽肉类在零售阶段仍然以托盘包装和拉伸薄膜包装的形式进行销售(图 6.4)。

图 6.1　表面涂有蜡层的瓦楞纸箱中的包装熟肉

图 6.2　用塑料袋包装后密封或夹封的全胴体

正如 Timmons[3] 所述,在整批包装系统中,常将零售产品放置在装有衬垫的瓦楞箱里。衬垫被气调气体包围,然后密封在瓦楞箱里(图 6.5)。与不进行气调包装的方式相比,这种包装系统可以将货架期延长 5 d。像高密度聚乙烯与低密度聚乙烯形成的具有低氧阻隔性的共聚物包装材料,常在存储过程中释放异味。由于担心包装中的异味会不断累积,在禽肉业中很少使用高阻隔性薄膜材料。包括预煮产品在内,只有 1%～2% 的禽肉类产品需要用高氧阻隔包装。鲜肉或冷冻肉包装还应具备无雾、无褶、透明度高、抗穿刺性高以及密封性好等条件。

禽肉可以在托盘中深度冷却或冻结,方法是让整个包装通过一个温度不高于−40℃的冷冻道,历时约 1 h。这个环节可以让肉的表面变硬,而肉的内部不会冻结,并且大大延长了产品

图 6.3　用透氧性高的聚苯乙烯托盘包装的鸡肉块

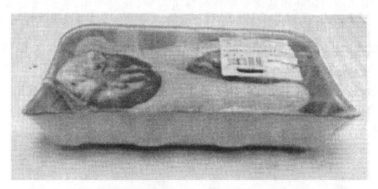

图 6.4　零售店中用透明包装膜和聚苯乙烯托盘包装的火鸡鸡腿

的货架期。美国农业部规定,禽肉制品的中心温度必须在 $-3℃$ 以上才可以打上"新鲜"的标签。典型的新鲜肉制品零售包装,是一个泡沫托盘外面裹上一层透明膜。为了保持肉制品干燥洁净,肉制品下面通常放置一个吸湿垫。这个吸湿垫是由纤维素一类的有吸收性的材料制成的,吸湿垫周围加上多孔的但无吸湿性的"塑料"。包裹着的透明薄膜透氧性相对较高,可以使生肉制品保持新鲜。鲜肉的透明包装材料是由可拉伸的聚氯乙烯或者是能伸缩的聚乙烯构成,而托盘则由发泡聚苯乙烯(EPS)制成。

即使储存在冷冻条件下,生禽肉制品也很容易腐败。巴氏腐败细菌的滋长常是引起腐败的主要原因。导致腐败的其他因素(尤其是初期的细菌含量)会缩短禽肉制品的货架期,而真空包装或者气调包装则可以延长货架期。一般而言,真空包装或者二氧化碳气调包装与低温储藏相结合,可以显著延长肉制品货架期。此外,相对于二氧化碳浓度为 20% 的气调包装和

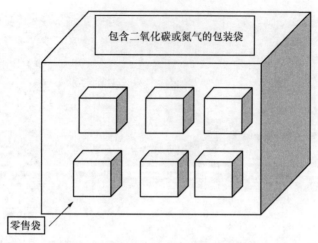

图 6.5　气调包装下的主包装和零售包装

真空包装而言,将包装内的二氧化碳浓度提升至 80% 或 100%,可以减缓鸡肉制品中腐败细菌的增长速度。

根据肉制品的种类,禽肉制品真空包装大概有以下 3 种方法。

(1)将整只胴体用透氧性低的热收缩塑料袋包装,用密封夹或者热封方式封口。

(2)将切好的禽肉先真空包装,再用热封的方式密封。

(3)碎肉使用热成型包装机或者水平外包装机包装,此过程中,先将肉放在托盘上进行真空包装,然后充气包装,最后封口。

碎禽肉的包装会因其颜色稳定性的不同而不同。火鸡碎鸡胸肉是一种畅销产品,有时候,里面还掺有火鸡鸡腿碎肉。鸡腿碎肉颜色相对不稳定,所以当前市场中很少出现。所有的这些碎肉产品都包装在氧含量达到 70%～90% 的气调包装中,通常放在聚苯乙烯泡沫托盘上,外面裹上一层透明薄膜或者用可以隔绝氧气的封盖盖上(图 6.6)。通常,人们根据包装内气体体积与肉体积的比例来确定包装顶空,比例一般为 1:1 或者更大。

图 6.6　鸡肉和碎火鸡肉包装在用聚苯乙烯托盘和
透明薄膜包裹的高氧含量的气调包装中

6.4.2　研究现状

6.4.2.1　薄膜渗透性

人们发现,薄膜渗透性影响鲜禽肉中细菌的生长。一般来说,包装中的氧气含量越少,新鲜禽肉中典型腐败菌的生长速度就越慢。Shrimpton 和 Barnes[4] 曾分别用高透氧性薄膜、低透氧性薄膜、实验性聚乙烯、聚氯乙烯和聚偏二氯乙烯的混合物、改性聚乙烯来包装冷冻禽肉，以此来做出评估。高透氧性共聚物会使异味不易被察觉，而导致包装顶空中氧气的浓度较其他包装材料中的高。鸡肉腐败菌中荧光色素的产生、脂肪水解酶的活力以及蛋白质水解酶的活力均与包装过程中氧气的有效浓度有直接关系[5]，细菌数量与生化活性成正比。另外，鲜禽肉的包装必须能持续保持包装内水分的含量，这样才能在保证产品质量的同时限制细菌的增长[6]。透氧性不同的薄膜将会对细菌的生长以及冷藏禽肉的颜色和气味产生不同的影响[7]。通常情况下，氧气透过率低的薄膜会延缓细菌的生长，而使用氧气透过率高的薄膜，在打开包装的瞬间，则不会觉得异味很刺鼻（图 6.7）。

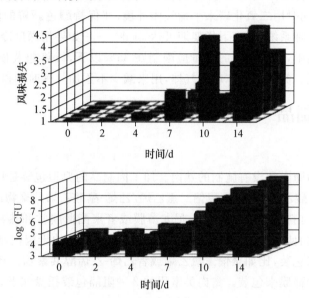

图 6.7　不同氧气透过率的薄膜对碎鸡腿肉货架期的影响

6.4.2.2　真空包装和气调包装（MAP）

几十年以来，真空包装和气调包装一直被用来延长包装肉制品的货架期。鲜禽肉的气调包装系统有以下几种：真空或充气的柔韧托盘，带瓶塞和充气的刚硬托盘，真空或充气的可热封袋子以及为多重真空或充气包装而准备的整批透明包薄膜[8]。人们意识到真空包装可以延长货架期，很大程度上是因为在真空包装的小空间里，二氧化碳在不断地累积。真空包装常常被误解，其实没有完全的真空，只是通过使用包装机最大程度地限制包装中空气体积。结果是包装中最小的顶端空间容纳了大部分残余空气，残余空气最终溶解于肉的水相中。禽肉中水相占到肉重的大部分（65%～75%）。真空包装的鲜肉放置几天后，剩余空间中二氧化碳的含量达到 20%～70%，而氧气含量不足 1%，因此，相比于那些有氧包装的冷冻肉，它们的保质期会延长 3～5 倍。

在气调包装中，常用的气体有二氧化碳、氧气和氮气。各气体的基本功能分别是维持肉新鲜的颜色（氧气），抑制细菌生长（二氧化碳）以及减少褶皱（氮气）。二氧化碳的含量在气调包装中至关重要，当二氧化碳含量高于空气中含量（<1%）时，就能控制需氧腐败菌的生长，减慢细菌增长速度。理论上，二氧化碳对细菌的抑制作用主要有 2 个原因：①改变了细胞膜通透性；②抑制了细菌酶的活性。Haines[9]是第一个发现二氧化碳对需氧腐败菌有抑制作用的人。

Barnes 等[10]发现真空包装冷冻储藏的禽肉主要滋长乳酸菌,有时候会滋长抗冷的大肠杆菌。对冷冻肉使用富含二氧化碳的气调包装,主要是根据 Ogilvy 和 Ayres[11]的前期研究成果。他们发现,二氧化碳气调包装的禽肉的货架期与不包装的禽肉的货架期的比值和二氧化碳的浓度线性相关。二氧化碳既会影响包装内细菌的延滞期,又会影响其增代时间。包装顶空中,二氧化碳含量至少在20%以上才能显著延长货架期[12,13]。将新鲜鸡肉储存在 1.1℃时,二氧化碳含量的增加会抑制鸡肉致病菌的生长。然而,包装内的乳酸菌并不会受到抑制,因为它们具有独特的厌氧能力[14]。Thomson[15]还发现,相比较用空气包装的鸡肉而言,二氧化碳含量高的气调包装中,禽肉上细菌的增长会得到抑制。新鲜的碎肉和去皮后的禽肉用高氧气调(70%~80%)包装,同时用二氧化碳来平衡气体环境,在保持颜色新鲜的同时,还能抑制腐败菌的生长。若使用这种系统,冰冻下货架期可达 14 d[8]——如果用深度冷冻的话,货架期会稍微再长些。零售包装中,二氧化碳的含量应限制在 35%以下,以将包装损坏和过度的储藏损失的可能性降到最低。氮气常用作填充气体,用来减少不添加氧气时的损失。

6.5 加工肉制品

6.5.1 现行方法

加工肉制品包括腌肉和没有腌制的熟肉。加工肉制品的典型包装是将产品包装在热收缩薄膜中,比如乙烯-醋酸乙烯共聚物/聚偏二氯乙烯/乙烯-醋酸乙烯共聚物或尼龙/乙烯-乙烯醇共聚物/离聚物复合材料(图 6.8)。有时,尼龙薄膜或者聚酯薄膜常和热封层(离聚物或乙烯-醋酸乙烯共聚物)一同使用来包装加工的肉制品。室温下储存的干肉肉制品需要用透氧性高和透湿性低的薄膜来包装,比如聚偏二氯乙烯或者乙烯-乙烯醇共聚物。还有些干肉肉制品用铝箔(聚乙烯层压的)薄膜来包装。禽肉类常用的 2 种阻隔包装托盘如下。

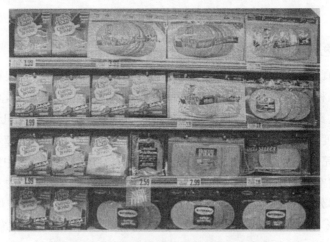

图 6.8 气调包装和热收缩包装的熟午餐肉

(1)没有阻隔功能的发泡聚苯乙烯(聚苯乙烯泡沫)托盘,外面包着透明的阻隔性薄膜。

(2)发泡聚苯乙烯(聚苯乙烯泡沫)托盘,内置阻隔或者带有用来密封托盘的盖子。

包装层的结构如下。

• 托盘:耐冲击性聚苯乙烯/聚苯乙烯泡沫/耐冲击性聚苯乙烯/黏合剂/阻隔薄膜。

- 阻隔膜：2～3 mL 线性低密度聚乙烯/黏合剂/聚偏二氯乙烯涂覆的尼龙/热风涂层。
- 盖子：聚偏二氯乙烯涂覆的聚酯/低密度聚乙烯/2.5 mL 乙烯-醋酸乙烯共聚物。

用到的阻隔材料有聚偏二氯乙烯或乙烯-乙烯醇共聚物。尼龙材料因其具有隔氧性好、韧性高、抗热性强和易成型的特征常用于包装香辣鸡翅和烤鸡（图 6.9）。与尼龙相比，聚酯易于印刷、透明度高、成本相对较低，因而经常使用。线性低密度聚乙烯强度较好、成本较低，而乙烯-醋酸乙烯共聚物冷却时，可用作热封层，其密封强度适中。

烹饪袋型产品是熟食制品的变体，比如火鸡汉堡、火鸡鸡胸肉和火鸡肉卷，它们是密封后再蒸煮而成的。烹饪袋包装技术的优点如下：延长货架期、较高的产品质量以及提高生产效率。袋子或者盒子需要能够承受将肉煮熟所需的温度。烹饪袋的不同涂层有不同的功能。阻隔水蒸气和气体的涂层是乙烯-乙烯醇共聚物，可是，这种包装需要和肉制品有一定程度的黏合。黏合层是用尼龙和/或沙林制成。黏合会将烹饪和储存之后的损失降到最少。无黏合包装常用于这样的产品：产品带包装烹饪，然后拿出来进行下一步加工，比如烟熏、褐变处理或添加其他风味。烹饪包装系统在持续的包装操作中，需要填充机、大剪刀、泵和收缩管道一起配合使用。

6.5.2　研究现状

真空包装的熏肠冷藏 24 d 后，并没有生长霉菌，而同一组熏肠，不用真空包装就生长了霉菌[16]。天然肠衣灌的香肠，在氮气含量为 70%，氧气含量为 30% 的气调包装的条件下，保质期可达 30 d。如果盐腌肉包装在除氧后的氧气透过率低的薄膜中，就可以保持腌肉的颜色和风味，同时可以抑制腐败菌的生长。

肉表面和薄膜密封层会发生相互作用，其相互作用与碎肉产品加工过程中肉组织颗粒表面的肌原纤维蛋白溶解相似[17,18]。因此，肉制品和薄膜黏合的程度取决于肉制品中可提取的肌原纤维蛋白[19]。肉膜间的黏合已通过剥离试验检验[19,20]。该试验的难题是，测试时产生的拉力是肉和薄膜之间的拉力，还是肉与肉之间的拉力。薄膜表面的扫描电子显微图显示，碎鸡肉胶状液在加热过程中，用不黏合的薄膜包装的话，就几乎不出现肉渣（图 6.10a）。然而，同样的鸡肉胶状液，用黏合的薄膜包装的话，肉渣就会黏在薄膜表层（图 6.10b）[21]。

图 6.9　聚苯乙烯泡沫塑料托盘包装，热缩性薄膜包裹的烤鸡肉

从鸡胸肉中提取的蛋白质稀溶液，分别用 3 种不同的烹饪薄膜包装（聚乙烯、尼龙和沙林树脂）后放在水中，而水的温度是恒温还是变温决定了结合蛋白质总量以及结合氨基酸的种类。结果发现，3 种类型的薄膜中均出现蛋白质黏合现象；然而，在 25.8℃ 下加热 60 min 后，

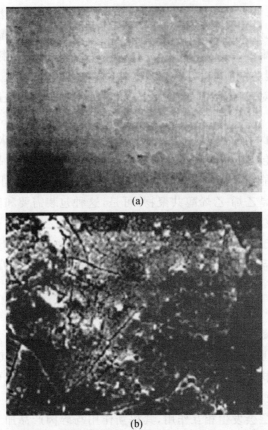

(a)

(b)

图 6.10 将不黏合的薄膜从熟鸡肉上剥离后,再用四氧化锇染色(a);
将黏合的薄膜从熟鸡肉上剥离后,再用四氧化锇染色,会有附着的肉渣(b)
(引自 Clardy,C.B.and Dawson,P.L.1995.*Poult.Sci*.74,1053.)

蛋白质黏合程度如下:沙林树脂>尼龙>聚乙烯[22]。当加热温度由 55℃升到 80℃时,沙林树脂上黏合的结合蛋白质的量也随着增加,而聚乙烯和尼龙只增加少许或不增加。根据黏合到薄膜上氨基酸的种类,肉-膜间的黏合过程既有疏水作用又有氢键的结合作用(图 6.11)。

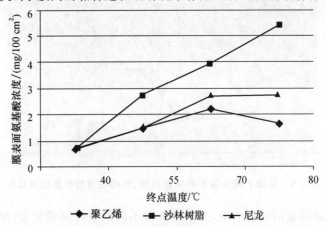

图 6.11 3 种薄膜浸在鸡肉蛋白质稀溶液(12 mg/mL)中,以 1℃/min
的速度加热,在不同终点温度下,薄膜黏合的氨基酸的浓度变化

6.6　新兴技术

活性包装系统指的是与环境或者食品本身相互影响的系统,包括能够随着气温变化而变化的清除氧气系统、吸收水分系统,以及选择性气体渗透或气体交换系统。

6.6.1　除氧剂

使用除氧剂是一种新型方法,这种方法可能在禽肉产品的筛选上有一定优势。在包装上添加除氧剂的同时,配合使用如聚偏二氯乙烯(PVdC)或乙烯-乙烯醇共聚物(EVOH)等阻隔包装,可以使包装内部的氧含量维持在零水平上。化学氧化系统例如联氨间二甲苯,加上钴盐催化剂或使用葡萄糖氧化酶和过氧化氢酶的酶反应系统,也可以清除包装环境内的氧气[23]。混合铁粉和氢氧化钙系统不仅可以清除氧气,还可以清除二氧化碳[24]。这些耗氧包装可以抑制需氧腐败菌的生长,但也可能会创造一个有利于致病性厌氧菌生长的环境。

6.6.2　干燥剂

由于清洗会有利于一些细菌的生长,所以在包装内放入干燥剂或者将干燥剂作为薄膜的一部分会减慢细菌的增长。将吸湿垫放置在新鲜禽肉的下面,能够减少包装内清洗液的残留。添加了丙二醇的薄膜接触禽肉表面时,会吸收其表面的水分,并且有可能延长新鲜禽肉的货架期。

6.6.3　温度补偿薄膜

有些薄膜在特定温度下,会瞬间改变其渗透性。因侧链为长链脂肪酸醇基,并呈线性排列,随机排列的变化会导致渗透性改变。而最初设计使用植物材料,现在用在禽肉制品上来确保产品质量,抑制产品在冷冻运输和解冻销售过程中微生物的生长。

6.6.4　抗菌包装

包装中加入杀菌化合物,用来抑制腐败菌和致病菌的生长。可食性薄膜和涂层可以携带杀菌化合物,用来阻隔微生物。大部分报告杀菌薄膜和涂层的研究中,用到了各种各样含有酸类的材料[25-31]。玉米蛋白[25]、甲基纤维素和羟丙基甲基纤维素[26]中常会将山梨酸用作涂层,用来抑制食品表面细菌的生长。含有酯酸和乳酸的藻酸钙常被用来减少牛肉表面李氏杆菌的数量。

有些商业薄膜是用专用工序制成的,即将氯化苯化合物加到聚合物基体的空隙中。几乎所有的商业外包装薄膜和真空包装薄膜都是用热挤压方法制成的。只有部分肉品包装盒是用胶原蛋白制成的。用大豆和玉米蛋白制成的薄膜[32],通过热挤压方法,将杀菌物质添加到其结构中。用热挤压方法将蛋白质制成薄膜,是一种新兴技术,可以将蛋白质薄膜作为一种载体,将杀菌物质带到食物中[33]。如果将含有 EDTA 的乳酸链球菌肽和溶菌酶,加到用大豆和玉米蛋白制成的薄膜结构中,就会抑制特定的革兰氏阳性菌和革兰氏阴性菌菌株的生长。有时也将乳酸链球菌肽加到蛋白质薄膜和聚乙烯薄膜中,发现其仍有杀菌活性(图 6.12)[34]。

对这些薄膜作进一步测试来评估它们对李氏杆菌和大肠杆菌的抗性(图 6.13)。若细菌直接和薄膜接触,李氏杆菌会减少 $10^3 \sim 10^4$ [33],大肠杆菌会减少 $10^2 \sim 10^3$ [32]。也可以使用琼脂和藻酸钙,将乳酸链球菌肽携带到鲜禽肉的表面[35]。鼠伤寒沙门氏菌在 4℃下放置 72 和 96 h 后,平均减少量均超过 $10^3 \sim 10^4$。将乳酸链球菌肽加入肉类吸湿垫中,鼠伤寒沙门氏菌的减少量多达 $10^4 \sim 10^5$ (图 6.14),有些时候,可以使细胞不再复生[36]。

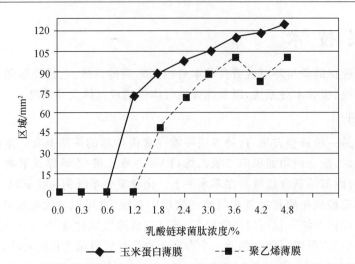

图 6.12 含不同浓度乳酸链球菌肽的玉米蛋白薄膜和聚乙烯薄膜的抑菌面积大小

（引自 Hoffman，K.L.et al.2001.*J.Food Prot*.64,885.）

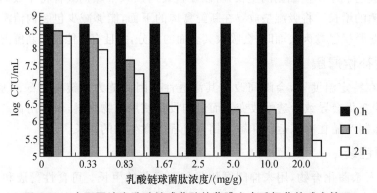

图 6.13 含不同浓度乳酸链球菌肽的薄膜上李氏杆菌的减少情况

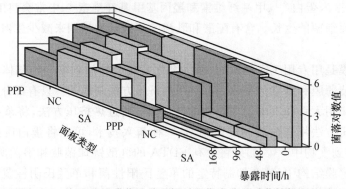

图 6.14 含乳酸链球菌肽的面板对鼠伤寒沙门氏菌的抑制作用

另一种正在研发中的肉类涂层是壳聚糖，一种源于贝类骨骼中的碳水化合物。在海鲜产业中，贝类骨骼是废弃物，但却可以加工成有抗菌杀菌功能的涂层。壳聚糖涂层可以减少鸡腿上细菌的数量，与没有涂层的肉相比，细菌少了 90%[33]。

在包装薄膜中添加抗菌化合物，既可以抑制沙门氏菌菌种的生长，又可以抑制大肠杆菌菌种的生长（图 6.15）[34]。添加了 EDTA 的乳酸链球菌肽或月桂酸，或者 EDTA、月桂酸、乳酸链球菌肽混合物，均对大肠杆菌的生长有抑制作用，而添加了 EDTA 的月桂酸，或者 EDTA、月桂酸、乳酸链球菌肽混合物,均能有效抑制沙门氏菌的生长。

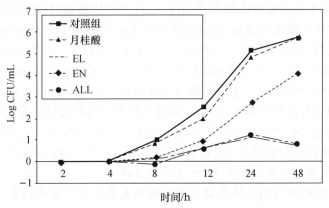

图 6.15 月桂酸、月桂酸+EDTA(EL)、EDTA+乳酸链球菌肽(EN)、EDTA+月桂酸
+乳酸链球菌肽(ALL)在蛋白质薄膜中抗 10^4 CFU/mL 肠炎沙门氏菌的效果

6.6.5 无菌包装

无菌包装的禽肉制品,一般是用于加工酱汁、汤和炖菜的小块肉产品。这些产品既有来自完整的肉块,也有来自再加工的产品。在成品的生产过程中,无菌包装和无菌操作工序是密不可分的。无菌包装的主要优点是,减少食物中微生物的初始含量,并保证包装在杀菌后是完整的。整个过程就是,先将食品预杀菌,然后将无菌食品放入预先杀过菌的无菌包装中,随后用无菌的方式将包装封口。大部分包装材料刚生产出来时是无菌的,可是在储存和使用之前,这些材料很容易被灰尘和触摸污染。因此,必须在填料之前完成无菌操作工序和包装系统的杀菌。无菌系统中,常用的食物杀菌方法是高温瞬时杀菌。其他杀菌方法,如电阻加热杀菌和微波炉加热杀菌,也可以用于含禽肉成分的产品的杀菌。为确保商业无菌,这些食物杀菌工序与传统热致死时间的杀菌方法紧密结合。

包装的杀菌方式多种多样,金属容器一般采用蒸汽和高温杀菌,而软包装则采用过氧化氢、紫外线辐射和电离辐射等非加热方式进行杀菌。为了确保包装表面的彻底杀菌,采用氧化氢和热气流烘干、超声能量、紫外线辐射或铜离子相结合的方法。紫外线杀菌往往会有以下缺点:液体中穿透力有限;由于包装形状或灰尘覆盖无法彻底杀菌;有极少数微生物经紫外线辐射后仍残存,它们甚至会将已被破坏的 DNA 修复。此外,虽然用 γ 射线辐射对无菌包装进行杀菌的方法广泛的应用于医药工业,但由于需要采用极端安全的措施以保证工人远离辐射,这种方法并不适用于食品业。然而,电子束杀菌技术已允许应用于食品,并且可以用于包装材料的杀菌。现在一种更可行的包装灭菌方法是电离辐射,电离辐射不需要无菌区和灭菌的产品包装。

6.6.6 真空包装-带包装烹调

真空包装-带包装烹调是一种加工工序和包装方法,就是将食物在真空条件下包装,然后烹饪,待冷却后再冷藏。用这种方法包装的产品在食用之前需要再次加热。这种工序的有以下几个优点:在原汁液中烹饪;将挥发性气体成分密封在包装中;水分和养分丢失最少。这种工序加工出来的产品口感较好,质地较嫩,营养更丰富。相应的产品在冷藏的条件下可以保持其刚出锅时的风味长达数周[37]。

真空包装-带包装烹调的目的是为了追求产品的感官品质,而忽略了商业无菌的指标,因此用该包装方法生产出来的肉制品和食物的安全性受到了人们的关注。烹调中使用相当温和的热处理方法,可能不会杀死所有的营养细胞,也就不会使所有的孢子失活。真空包装-带包装烹调产品很少或者不添加防腐剂,而且热处理工序很少,因此其货架期不稳定。又因为该产品在真空条件下包装,因此在抑制一些腐败菌生长的同时,也为一些致病菌的滋长创造了理想环境[38]。真空包装与温和的热处理方法结合使用,有利于筛选肉毒芽孢杆菌。若无法做到商业杀菌,包装内就会有孢子存在,进而导致肉毒芽孢杆菌繁殖和有毒代谢产物的生成[39]。虽然冷藏可以防止肉毒芽孢杆菌繁殖,但单一使用这种方法仍不能保证食品安全[40,41]。国家食品微生物标准咨询委员会禽肉类研究小组建议,冷藏食品像熟食和未腌肉制品,均需进行热加工处理,已达到使李氏杆菌数减少 10^4 的目的[42]。Smith 等[43]建议对这些产品进行更加激烈的热处理,以达到使粪链球菌数减少 $10^{12} \sim 10^{13}$ 的目的。

其他备受关注的嗜冷菌病原体是耶尔森氏菌和大肠杆菌。真空包装-带包装烹调产品在储藏、配送或者准备的过程中均处于较温和的温度下,这会增加食品感染蛋白分解菌株的可能性,这类蛋白分解菌株主要包括肉毒梭菌、金黄色葡萄球菌、副溶血性弧菌、蜡样芽孢杆菌以及沙门氏菌。在食品配送系统中,温度控制很充分的情况并不存在。Wyatt 和 Guy[44]调研发现 7/10 的零售店的温度控制情况并不令人满意。Harris[45]发现,7%的大型商店、17%的独立商店、26%的家庭商店以及 23%的便利商店,其冷藏零售产品的冷柜温度均不低于 10.5℃。新鲜肉的陈列柜的温度控制状况最好(只有 4%高于 10℃),但是熟食产品的温度控制状况最差,有 26.1%的产品置于 10℃ 以上的环境中[46]。

熟禽肉菜和真空包装-带包装烹调工艺密切相关,它们包装在氧气分压较低的气调包装中。这类产品常将肉放在烹调过的蔬菜、面团中,或者放在米饭上。用这种方式处理的产品和真空包装-带包装烹调产品一样,都易感染相同的病原体。需要特别关注的是肉毒芽孢杆菌孢子,特别是那些与禽肉有关的孢子,这些孢子能够在不低于 5℃ 的环境下产生副产物。尽管这些产品可以追溯,可是食源性疾病的风险一直存在。

6.7　小　　结

禽肉包装除了有容纳作用外,还有其他很多功能。这些功能与包装材料的性能、包装材料与食品接触的方式以及包装材料周围的环境有关。最新包装系统包括活性包装,它可以提升包装产品的品质,此外,还包括一些效率更高的系统,它们可以通过减少散装或者制冷环节,使食品配送更加便利。

参 考 文 献

1. Barron, F. B., *Food Packaging and Shelf Life: Practical Guidelines for Food Processors,* South Carolina Cooperative Extension Service and Clemson University, EC 686, 1995.
2. Miltz, J., Food Packaging, in *Handbook of Food Engineering,* Heldman, D. R. and Lund, D. B., Eds., Marcel Dekker, New York, 1992.
3. Timmons, D., "Dryer fryer"—Is CVP the ultimate bulk pack? *Broiler Bus.,* December 10, 1976.
4. Shrimpton, D. H. and Barnes, E. M., A comparison of oxygen permeable and impermeable wrapping materials for the storage of chilled eviscerated poultry, *Chem. Ind.,* 1492, 1960.
5. Rey, C. R. and Kraft, A. A., Effect of freezing and packaging methods on survival and biochemical activity of spoilage organisms on chicken, *j. Food Sci.,* 36, 454, 1971.
6. Stollman, U., Johansson, F., and Leufven, A., Packaging and food quality, in *Shelf-life Evaluation of Food,* Man, C. M. D. and Jones, A. A., Eds., Blackie Academic, New York, 1994.

7. Dawson, P. L., Han, I. Y., Vollor, L. M., Clardy, C. B., Martinez, R. M., and Acton, J. C., Film oxygen transmission rate effects in ground chicken meat quality, *Poult. Sci.* 74, 1381, 1995.

8. Lawlis, T. L. and Fuller, S. L., Modified-atmosphere packaging incorporating and oxygen-barrier shrink film, *Food Technol.*, 44(6), 124, 1990.

9. Haines, R. B., The influence of carbon dioxide on the rate of multiplication of certain bacteria as judged by viable counts, *J. Soc. Chem. Ind.*, 52, 13, 1933.

10. Barnes, E. M., Impey, C. S., and Griffith, N. M., The spoilage flora and shelf life of duck carcasses stored at 2 or 21°C in oxygen-permeable or oxygen-impermeable film, *Br. Poult. Sci.*, 20, 491, 1979.

11. Ogilvy, W. S. and Ayres, J. C., Post-mortem changes in stored meats. II. The effect of atmospheres containing carbon dioxide in prolonging the storage life of cut-up chicken, *Food Technol.*, 5, 97, 1951.

12. Shaw, R., MAP of meats and poultry, in *Conference Proceedings, Modified Atmosphere Packaging (MAP) and Related Technologies*, September 6–7, Campden & Chorleywood Food Research Association, Campden, U.K., 1995.

13. Greengrass, J., Films for MAP foods, in *Principles and Applications of Modified Atmosphere Packaging of Foods*, Parry, R. T., Ed., Blackie Academic and Professional, Glasgow, U.K., 63, 1993.

14. Sander, E. H. and Soo, H. M., Increasing shelf-life by carbon dioxide treatment and low temperature storage of bulk pack fresh chickens packaged in nylon surlyn film, *J. Food Sci.*, 43, 1519, 1978.

15. Thomson, J. E., Microbial counts and rancidity of fresh fryer chickens as affected by packaging materials, storage atmosphere, and temperature, *Poult. Sci.*, 49, 1104, 1970.

16. Baker, R. C., Darfler, J., and Vadehra, D. V., Effect of storage on the quality of chicken frankfurters, *Poult. Sci.*, 51, 1620, 1972.

17. Seigel, D. G., Technical aspects of producing cook-in-hams, *Meat Process.*, 11, 57, 1982.

18. Terlizzi, F. M., Perdue, R. R., and Young, L. L., Processing and distributing cooked meats in flexible films, *Food Technol.*, 38(3), 67, 1984.

19. Rosinski, M. J., Barmore, C. R., Dick, R. L., and Acton, J. C., Research note: Film-to-meat-adhesion strength for a cook-in-the-film packaging system for a poultry meat product, *Poult. Sci.*, 69, 360, 1990.

20. Rosinski, M. J., Barmore, C. R., Dick, R. L., and Acton, J. C., Film sealant and vacuum effects on two measures of adhesion at the sealant–meat interface in a cook-in package system for processed meat, *J. Food Sci.*, 54, 863, 1989.

21. Clardy, C. B. and Dawson, P. L., Film type effects on meat-to-film adhesion examined by scanning electron microscopy, *Poult. Sci.*, 74, 1053, 1995.

22. Clardy, C. B., Han, I. Y., Acton, J. C., Wardlaw, F. B., Bridges, W. B., and Dawson, P. L., Protein-to-film adhesion as examined by amino acid analysis of protein binding to three different packaging films, *Poult. Sci.*, 77, 745, 1998.

23. Yoshii, J., Recent trends in food packaging development in consideration of environment, *Packag. Jpn.*, 13(67), 74, 1992.

24. Labuza, T. P. and Breene, W. M., Applications of "active packaging" for improvement of shelf-life and nutritional quality of fresh and extended shelf-life food, *J. Food Process. Preserv.*, 13(1), 31, 1989.

25. Torres, J. A. and Karel, M., Microbial stabilization of intermediate moisture food surfaces. III. Effects of surface preservative concentration and surface pH control on microbial stability of an intermediate moisture cheese analog, *J. Food Process. Preserv.*, 9, 107, 1985.

26. Vojdani, F. and Torres, J. A., Potassium sorbate permeability of methylcellulose and hydroxypropyl methylcellulose coatings: Effects of fatty acids, *J. Food Sci.*, 55, 941, 1990.

27. Rico-Pena, D. C. and Torres, J. A., Oxygen transmission rate of edible methylcellulose-palmitic acid film, *J. Food Process. Eng.*, 13, 125, 1990.

28. Siragusa, G. R. and Dickson, J. S., Inhibition of *L. monocytogenes* on beef tissue by application of organic acids immobilized in a calcium alginate gel, *J. Food Sci.*, 46, 1010, 1992.

29. Davidson, P. M. and Juneja, V. K., Antimicrobial agents, in *Food Additives*, Branen, A. L., Davidson, P. M., and Salminen, S., Eds., Marcel Dekker, New York, 1990, 83.

30. Robach, M. C. and Sofos, J. N., Use of sorbates in meat products, fresh poultry and poultry products: A review, *J. Food Prot.*, 55, 1468, 1982.

31. Maas, M. R., Glass, K. A., and Doyle, M. P., Sodium lactate delays toxin production by *Clostridium botulinum* in cook-in-bag turkey products, *Appl. Environ. Microbiol.*, 55(9), 2226, 1989.

32. Padgett, T., Han, I. Y., and Dawson, P. L., Incorporation of food-grade antimicrobial compounds into biodegradable packaging films, *J. Food Prot.*, 61, 1330, 1998.

33. Dawson, P. L., Developments in antimicrobial packaging, in *Proceedings of the 33rd National Meeting in Poultry Health and Processing*, 1998, 94.

34. Hoffman, K. L., Han, I. Y., and Dawson, P. L., Antimicrobial effects of corn zein films impregnated with nisin, lauric acid, and EDTA, *J. Food Prot.*, 64, 885, 2001.

35. Natrajan, N., and Sheldon, B. W., Evaluation of bacteriocin-based packaging and edible film delivery systems to reduce *Salmonella* in fresh poultry, *Poult. Sci.*, 74 (Suppl. 1), 31, 1995.

36. Sheldon, B. W., Efficacy of nisin impregnated pad for the inhibition of bacterial growth in raw packaged poultry, *Poult. Sci.*, 75 (Suppl. 1), 97, 1996

37. Baird, B., Sous vide: What's all the excitement about? *Food Technol.*, 44(11), 92, 1990.

38. Rhodehamel, E. J., FDA's concerns with sous vide processing, *Food Technol.*, 46(12), 73, 1992.

39. Conner, D. E., Scott, V. N., Bernard, D. T., and Kautter, D. A., Potential *Clostridium botulinum* hazards associated with extended shelf-life refrigerated foods: A review, *J. Food Safety*, 10, 131, 1989.

40. Palumbo, S. A., Is refrigeration enough to restrain foodborne pathogens, *J. Food Prot.*, 49, 1003, 1986.

41. Moberg, L., Good manufacturing practices for refrigerated foods, *J. Food Prot.*, 52, 363, 1989.

42. U.S. National Advisory Committee on Microbiological Criteria for Foods (USNACMCF), Recommendations of the U.S. National Advisory Committee on Microbiological Criteria for Foods: I. HACCP principles, II. meat and poultry, III. seafood, *Food Control*, 2(4), 202, 1991.

43. Smith, J. P., Toupi, C., Gagnon, B., Voyer, R., Fiset, P. P., and Simpson, M. V., Hazard analysis and critical control point (HACCP) to ensure the microbiological safety of sous vide processed meat/pasta product, *Food Microbiol.*, 7, 177, 1990.

44. Wyatt, L. D. and Guy, V., Relationship of microbial quality of retail meat samples and sanitary conditions, *Food Prot.*, 43, 385, 1980.

45. Harris, R. D., Kraft builds safety into next generation refrigerated foods, *Food Process.*, 50(13), 111, 1989.

46. Daniels, R. W., Applying HACCP to new-generation refrigerated foods at retail and beyond, *Food Technol.*, 45(6), 122, 1991.

参 考 书 目

Controlled/Modified Atmosphere Packaging of Foods, Brody, A. L., ed., Food and Nutrition Press, Trumbull, CT, 1989.

Food Packaging, Robertson, G. L., Ed., Marcel Dekker, New York, 1998. *The Microbiology of Poultry Meat Products*, Cunningham, F. E. and Cox, N. A., Eds., Academic Press, San Diego, CA, 1987.

Packaging Foods with Plastics, Jenkins, W. and Harrington, J. P., Eds., Technomic Publishing, Lancaster, PA, 1991.

Principles and Applications of Modified Atmosphere Packaging of Foods, 2nd ed., Blackstone, B. A., ed., Aspen Publishers, Gaithersburg, MD, 1999.

第 7 章

肉品质量:感官和仪器评价

Brenda G. Lyon, Clyde E. Lyon,

Jean-François Meullenet, Young S. Lee

王　鹏　康壮丽　译

7.1 引　言

产品质量可以包括很多方面。对于消费者来说,产品质量合格指的是产品能够满足其需求和期望并且安全卫生。对于生产者来说,能够带来利润的产品是合格的产品。另外,产品质量合格也包括贯彻产品加工和处理的方针,这些方针是相关部门为保护商业化的食品供应而制定的。所以,产品质量涉及的方方面面与消费者、制造商和监管者有关。

消费者对于产品品质特征的关注点主要在于其外观、香气/气味、味道、质地以及声音等,这些特征可通过感官来衡量。衡量这些特征的方法是进行感官评价,并且用纸质或电子评分表给出结论。另外,可以通过仪器来测定与产品物理或化学成分直接相关的特性。也可将这两种测定方法综合起来使用对产品的质量进行总结和推断。本章将讲解消费者的感官评价因子(外观、香气/气味、味道、质地以及声音),以及这些因子如何与产品的物理或化学成分特征相关联。

7.2 感官质量属性

感官评定是指利用感知对产品的特征性质进行分析,这些感知包括视觉、嗅觉、味觉、触觉和听觉。感官评定需要人(消费者或产品使用者)做出回应,而仪器测定是衡量影响产品的一些物理化学特征,这些特征可影响人类对感官刺激的接收以及回应。所以尽管仪器不能直接测定产品感官特性,但我们使用合适的仪器并进行相应的测量,就可以将其结果与预期的感官体验相关联。当评定感官质量时,人工和仪器测定两种方法都很重要,人工评定相比起来更加复杂。这是因为人们对感官刺激的先天感受能力因人而异,并且人们接触食物的经历也是不同的,不同人的神经对于食物刺激做出的反应可能会有所不同。而对于机械测定来说,我们可以对仪器进行校准和编程,使其始终以一个给定的方式做出响应;当然这些响应的意思需要人类来解释,并且用人类的感官经验来验证。

7.2.1 五感评价食品

五感包括味觉、嗅觉、视觉、触觉和听觉。人类对食物的感官响应如图 7.1 所示。

7.2.1.1 嗅觉和味觉

嗅觉和味觉是相关的,并且共同评估风味。挥发物是从食物中释放出的小分子物质(当加热、咀嚼时等),它们与口腔和鼻腔中的感受器发生化学反应,产生的信号被送往大脑进行处

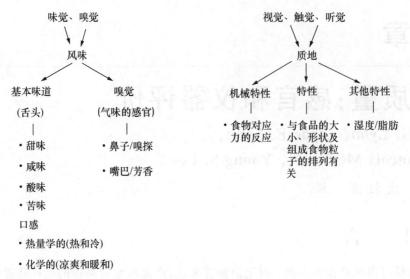

图 7.1 基本感官的组成

理。处理后能区分出甜、酸、咸、苦 4 种基本味道,并可以识别更具体的感觉(比如肉汤味、鸡肉味、水果味等)。4 种基本味道的主要感受器位于舌头和口腔表面上,挥发物的感受器位于鼻腔的不同部位。嗅探是一种用来集中收集挥发物并迫使它们到达鼻腔受体,从而被处理和分辨的技术。

7.2.1.2 视觉、触觉和听觉

视觉、触觉和听觉与产品成分的结构和状态相关。产品的颜色和外观 2 个感官特性可以通过视觉来评估。眼睛里的感受器收到光波的刺激,使得信号被送往大脑进行处理。因此,食品的外观和颜色的判定实际上涉及眼睛这个感觉器官和能反射和传导光的食品成分。颜色可以通过仪器测定,仪器可以给出物品在每个波长下反射光的总量。颜色是十分复杂的,人们只能对复合光进行评价,然而仪器却可将它分成不同波长的单独光。

通过视觉可以感受到的质构特性有平滑性、凸凹性等。质构的物理特性包含与结构相关联的机械学特性和几何学特性。这其中包括来自在牙齿或是仪器的外力作用下产品破碎时感知到的力量、大小、形状和成分的种类。另外一些特性如油腻、含油、湿润、干燥与口感和触觉相关联。同样,听觉也能评估质构,例如,脆度是禽肉饼和禽肉面包的一个重要特性。

7.2.2 其他特性

像凉爽、温暖、热和冷这样的化学口感和热口感是其他能被感知的特性。这些被称为三叉神经感觉,并且它们与口腔、舌头和喉咙内壁组织上的细胞对刺激做出的回应相关。

7.3 评估家禽质量的感官方法

总体来说有 2 种感官评价方法。实验室/分析方法通过少量感官评定人员的评定来确定样品间是否存在差异,并且确定差异的属性、范围的强度。消费者情感测试方法需要大量的感官评定人员,通过测试来评估消费者对产品的感受和反应,从而提供偏好、接受、喜欢/不喜欢这样的判断。

7.3.1　实验室/分析方法

实验室/分析方法是一种致力于发现产品间是否存在差异以及如何描述这些差异的方法。评定小组的评价员一般人数较少(6～12 个)，评价员可由内部人员或经过感官培训和测试的外来人员充当，其甄选要从感官能力和敏锐度等方面进行。实验室/分析方法的关键点在于：评价员必须经过甄选，通过培训知道如何针对特定感官特性对产品进行评判，而不是单纯地表达是否喜爱产品。因此，这类测试要着眼于产品的特性，评价员此时就成为评估产品特性的工具或仪器。产品特性的评定结果必须被评估以确定其是否可靠和一致。评定小组的级别可分为接受过培训的、接受过半培训的和有经验的。接受过培训的小组都通过了入门培训和一些专门设计的用以评估其感官敏锐性的环节，并在学习和应用描述性语言上投入了大量时间。他们给出的结果还需要通过验证来确定他们所发现的产品间的差异性。有些研究者会缩短培训的过程或是仅仅给评价员提供一些规程，这样的评价员属于经过半培训的，但是这种做法是不恰当的。有经验的评价员是指其接受过培训，并且加入过很多相关的评定小组或是参与过很多相似的评定测试，他们对产品特性的分类和评定过程都非常熟悉。

7.3.2　偏好测试方法

偏好测试方法是一种侧重于评估消费者(产品使用者)在评定样品时如何反应的方法。消费者评定员的反应需表达出他们是否喜爱、偏爱或是接受样品，他们的回答可能与一些特殊属性的存在与否不直接相关联。消费者们喜爱这个产品吗？他们喜爱的程度怎样？哪一个样品更辣？或是更嫩？他们是否对这种产品的偏向程度达到经常购买它而不是其他的产品？他们是否依旧接受这种产品即便他们更偏爱那个辣味淡一些的产品？这些研究中的评价员必须是产品的使用者。消费者评价小组要求从大量的参与者中做抽样检查，而不是从一个特定群体中检验评估结果，随后小组讨论得出结论。小组中成员无需经过培训和选拔，除非希望从大量群体中确定不同人群对产品的消费状况。在消费者喜好测试中，关键点在于评价员对相关产品作出的评价，这些评价对于消费者来说是一种鼓励。

7.3.3　确定试验类型

以下 6 个基本问题可以帮助我们判定应当使用差别/判别试验方法还是偏好试验方法：

(1)样品是否存在差异？

(2)如果存在差异，这些差别是在哪些感官参数上体现出来的？

(3)这些差别可以被量化吗？

(4)差别是怎样的趋势(例如更咸，不那么硬)？

(5)与类似样品相比呢？

(6)这些不同对于消费者来说重要吗？

一般来说，从问题的顺序来看，差异是我们进行偏好试验以及从中得到产品特性的首要条件。如果差异不存在，那么人们对产品就没有偏向性。如果差异存在，接下来要询问消费者对产品的接受性、偏向性和喜爱，从而得知这些差异对消费者是否重要。

在产品开发和市场调研中，也可以用另一种方法。通过消费者测试来确定新产品如何才能被接受，以及消费者希望产品有怎样的特性。随后，带有这些特性的产品被设计成形，并且由接受过培训的评定小组来对产品作出评估。

在任何情况下，评定小组的任务和功能是始终不变的。消费者评定小组能很大程度上反映人们对被评估产品的感受或是他们表现出的购买行为。受过训练的评定小组人数较少,这些评价员通过甄选而具有良好的感官敏锐性,他们的任务在于辨别出样品的差异性。

7.4 进行感官测试的要点

这个环节将侧重介绍做差异测试的人数较少的评定小组。内部评定小组可由公司职员或系的学生组成。然而,甄选和培训是至关重要的。为此,评定人员必须要先通过辨别风味、滋味或是质地上的微小差异来选拔出来。同时,评定员必须能够表述这些特性。味觉和嗅觉当然十分重要,健康的身体、积极的态度以及不带有偏见地完成测试的动力也是必需的。出席与参加培训和测试的意愿、可靠性同样重要。在此,要牢记重要的一点:培训小组成员远远不止对打分表进行解释。受训过的评定小组成员要像灵敏仪器一样有用,对特殊的感官测试要完全不带有对产品持喜欢或不喜欢的个人观点。

7.4.1 样品的呈现和准备

感官评定使用的样品必须来自一个共同且统一的来源。这一点对于肉制品来说非常难做到,因为它们并不像谷类、液体样品那样均一。禽肉样品的选择取决于测评内容:一次测评需要多少个样品,还要考虑怎样煮制、分割和呈现样品才能使评定员在测试时评定到几乎相同的样品。

实际被呈现的样品要求大小一致,且样品自身温度均一。应为评定提供适当的工具(叉、牙签)。在样品间应提供过滤水来清洁口腔,除去口中残留的味道。有时,还需要使用无盐饼干、苹果或其他产品。

准备样品的方法由评定目的来决定。曾有人研究了在烤箱中什么位置烘烤样品比较适宜。这种情况下,需要考虑以下问题:样品在烤盘上的放置,烤盘在烤箱中的位置,如何在不扰乱烹饪循环前提下检测样品内部温度,是使样品裸露着烤制还是被包裹着烤制,使用怎样的烘箱温度和样品的内部温度。

这里给出一个测试准备和取样的例子:Lyon 和 Lyon[1]将鸡胸脯肉放入热密封袋水浴加热。其要点包括对密封袋标记以准确辨别样品,如何应对大量的样品的加热。每一块胸脯肉在加热前后的质量都要被准确记录,由此来计算煮制损失并做进一步分析[2-4]。这样的严格控制是必要的,因为有报道表明鸡胸脯肉烹调方法对产品的品质指标有影响[5-7]。

7.4.2 感官评定室

为评定员提供样品和实现测试的房间需满足一些特殊的环境要求,例如:稳定、舒适的温度和湿度,没有外来气味、噪声和其他干扰。这种控制是有必要的,因为评定员在不经意中持续地感知和处理大量刺激。为了使评定人员将注意力集中在少数特殊的刺激(样品刺激)上,所以测试环境必须将样品外的其他刺激最小化。除了环境控制之外,我们还需具备隔开的鉴评小间,这样呈递样品时评定员们是被隔离开的,可以避免他们之间的相互干扰和交流。图7.2为感官实验室的平面图。

感官评定中,光线是必须要控制的。若在一个测试中鉴评样品外观是首要任务,那么照明不得使产品产生阴影,并且光线的频率必须适合所使用的样本。若产品的味道或口感是测试中的关键要素,我们则需要用特殊的光照来隐藏样品外观上的不同,因为评定员可能会根据样品外观的差异来进行判断,而不是根据样品的味道或口感来选择不同的样品。有些实验室会

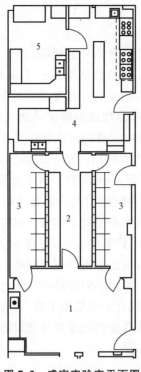

图 7.2　感官实验室平面图

1. 培训区,包括桌子、椅子、书写板和其他视觉辅助用品;2. 服务区,为两边隔开的品评小室提供样品;

3. 测试区,位于服务区的两旁,每一边包含 6 个隔开的品评小室,品评小室装备有输入电子数据的电脑元件;

4. 准备区,包括水槽、储物柜、通风柜、烤箱;5. 实验室区域,对样品进行分析,包括颜色、电子鼻、

质构仪和香气标准保护罩。

使用红色、绿色甚至蓝色的光。常用的单色光是橙色至褐色的钠蒸气灯光。

感官评定所需空间小到一张桌子大的简易测定区,大到能容纳大型试验设施的完整的感官评价实验室,包括等待区、培训区、带有数据电脑输入系统的品评小室、服务区和厨房/准备区。这其中的关键点在于:对品评测试环境的控制越多,评价员对产品刺激的反应就越可信,而不是因环境刺激做出的反应。

7.5　具体感官检验方式

7.5.1　差异/差别检验

差异/差别检验是在以下前提下进行的:评定员鉴评一组样品,以确定任何一个样品是否有别于其他。如果有显著多的人发现有不同,那么这个差异是真实存在的。实验员熟知处理过程,他们对试验结果的对错进行评分并且通过一个表格来确定显著性。这个表格基于样品数、评价员人数和得到正确答案的概率统计几率。有关检验的功能和数据解释的统计表的细节,可以在一些通用的教科书[8,9]中找到。

差异检验包括:三角检验、二-三点检验、配对比较检验、"A"-非"A"检验、五中选二检验和五中选三检验。这些检验常被用于检验 2 种处理是否有差异。每种处理的多个样品被呈现给评定员,他们必须根据给出的标准选择 1 或 2 个样品。给出的结果都要被记录下来以便统计其对错。

7.5.1.1 三角检验

在三角检验中,提供给评定员3个带编号的样品,其中2个是一样的,1个是不同的。根据随机选择,每个评定员有1/3(33.3%)的概率得到正确的答案。由此,回答总数必须超过1/3才能得出真实存在差异的结论。评定员的任务是按照给定的顺序品尝或嗅闻3个被编号的样品并指出哪个样品是不同的。样品摆放的顺序是随机的以避免偏差。通常"哪个样品在甜度上不同?"这样的问题是不合格的,这样的问题会误导评定员仅注意甜度不同,然而可能还会有其他确定样品间存在真实差异的暗示。图7.3是三角测试问卷的一个例子。Dickens等[10]用三角检验对禽肉制品进行了评定:处理涉及3个重复试验,对用浓度为0.6%的醋酸预冷溶液和未处理水浸泡制熟的肉鸡胸脯肉的差异进行比较。之后进行6个三角检验(2种处理方式各有3个重复试验)。呈递给先前经过了感官区别能力筛选和差别/描述分析方法培训的10位评定员,每人3个标有不同三位码的样品,在这3个样品中有2个来自来同一块经过酸处理或对照的胸脯肉,要求评定员指出不同的那个样品。在检验中,样品的出现必须是平衡的,也就是说经过酸处理和对照样品作为不同样品出现的次数要一样多。同时,不得给予评定员任何影响他们选择的特殊暗示。统计正确结果个数,与表中当 $P < 0.05$ 时的临界正确答案数对比。结果表明,感官评价人员没有发现用醋酸处理过的胸脯肉与对照组存在感官差异,并且得出结论,样品之间感官上没有差异。

姓名:＿＿＿＿＿＿＿　　　　日期:＿＿＿＿＿＿＿

说明:有2个样品是相同的,1个是不同的,检查哪个样品是不同的。

样品#	检查不同样品
526	
344	
879	

图7.3　三角测定问卷

7.5.1.2 二-三点检验

二-三点检验中需要3个样品,1个作为对照样品,对另外2个样品编号。2个被编号样品中的1个与对照样品相同,检验要求鉴评员挑选出与对照样品相同的样品。根据随机选择,评定员有50%的机会选出正确的样品。在整个检验中2个样品中任何一个都可以作为对照样品,或是说对照样品的选择是可以互换的。不得给评定员提供特定的鉴定范围,只是要求评定员指出哪个样品和对照样品相同。Janky 和 Salman[11]通过20~25个鉴评员参与的二-三点检验,研究了不同冷却过程(水与5%的食盐腌制液)对肉鸡胸脯肉和鸡腿肉质量的影响,结果表明经2种方式处理的胸脯肉和腿肉都存在由于处理方式不同而产生的显著的感官质量差异。

7.5.1.3 五中选二检验

五中选二检验提供给评定员5个被编号的样品,2个样品是一组的,另外3个样品是另外一组的。评定员需指出2个相同样品。在这个检验中,猜出正确答案的概率是1/10,所以说我们认为这个检验比三角检验的效率高。但是,这种方法的缺点在于评定员的感官疲劳将更严重,尤其是当我们利用这种方法评鉴产品口感时。当试验包含视觉检验、听觉检验或是触觉检验时,五选二检验能很好地完成任务。目前尚未有将此方法用于禽肉制品的报道。

7.5.1.4　配对比较检验

本法提供给评定员 2 个被编号的样品,评定员需比较 2 个样品间一些指定特性的强度。给出的答案可用来记录哪一个样品在被研究的特性上强度更大(或更小)。在本检验中,可以指定一个让评定员注意的特性,比如哪一个样品更甜。

通常,在差异检验中的任务是检查是否存在差异。如果差异存在,可以使用进一步的检验来确定样品在哪方面存在不同或是样品在哪个方向不同。

7.5.2　秩检验

秩检验与定向差异的成对检验相似,只是样品数不止一个,要求评定员按一定顺序排列一组样品。例如,从最嫩到最不嫩排列,从最甜到最不甜排列。以上是按照给定角度(嫩度或甜度)评估样品的例子,并且给出了差异排列方向。当调查消费者对产品的可接受性时,此法可用于消费者检验(使用大量未经培训的评定员),从最不能接受的到最能接受的或相反方向对产品排序也属于秩检验。

7.5.3　类别评分检验

类别评分检验是对产品的给定特性进行评估,需要评定员鉴定一些特性的等级,它也属于差别测试。此法也可用于消费者检验,可对一些给定特性的喜爱程度、接受程度、偏爱程度进行等级评分。等级的形式可以是有特定术语的数字形式(如 1~5),这些数字与术语非常软、比较软等相关联。这个等级也可以是没有被系统化的,只在最后和中间与形容词或是表情(如皱眉或是微笑)相关联。评定员在一条直线上自左向右标出他们认为这个产品特性所在的点。随后用尺子测量这一点,若由计算机系统来自动测量。不论是成体系的标度还是未成体系的标度,评定员给出答案的数值都通过方差分析来分析它们的变异性。

7.6　描述性分析

描述性分析是感官评定测试的一种形式,接受过培训的评定员确定在一组产品中可被感知的特性并且给这些特性的强度打分。这种方法可用于描述风味或质地的轮廓,或是从产品一开始的外观到被吞咽后在口中的余味,其所有的主要特性都能用一个轮廓图表示。

7.6.1　风味轮廓法

第一个风味轮廓方法是由 Arthur D. Little 公司在 1949 年引入的[8]。经过培训的评定员以一致的方式描述并且量化风味特征。评定员的大部分工作是围坐在一张桌子的周围完成的,他们先各自分析样品,然后以小组的形式讨论他们的结论。香气、滋味和口感特征出现的顺序是相当重要的。我们用一个简化的尺度来表示某个产品属性的风味强度,结果的范围从可检测出到非常强烈。由于最终结果是由一个小组决定,所以不需要用统计的方法来分析数据。

7.6.2　质地轮廓法

质地轮廓法是评估感官质地特性并将这些特性与仪器流变学原理相关联起来的方法,在20 世纪 60 年代初期由通用食品研究公司(General Foods Research)研发[12-14]。产品的特性被分类和定义,用以描述从被咬下第一口直到吞咽结束后的质构。为了阐明对产品特性的不同分类,形成了相关术语和标准。机械特性包括使产品破碎受到的抵抗力(硬度、凝聚性、弹性),几何学特性包括构成产品的单独成分或颗粒的大小、形状、结构、走向以及当在外力(比如咀嚼)作用下结构的变化,含水量和脂肪性质也被认为是质地特征的一部分。评估这些特征需要经过培训的感官评定小组。一种标度体系也由此形成。在这个标度中,对于食物显示出的主要特性,其不同的强度有对应参照物。由于强度用数值给出,所以可以对每个评定员给出的结果进行统计分析。基于以上原则及 Ceville 和 Liska[15] 与 Munoz[16] 发表的论文,Lyon 和 Lyon[17] 发明了评估肉鸡胸脯肉的质地轮廓法。这种方法包含了 4 个不同质地轮廓阶段的 17 个特性。在 Lyon 和 Lyon[5] 的另一个研究中,这些特性被扩充为 20 个,并用刻度为 0~15 的量化的标度线来衡量。

7.6.3 其他轮廓法

在原风味轮廓和质地轮廓的基础上,出现了多种其他的描述轮廓方法,有些被其发明者注册成了商标,如定量描述性分析(Quantitative Descriptive Analysis™, QDA)[9] 和感官频谱(Sensory Spectrum™)[8]。这些方法都包括通过评定小组完善描述语言和提供可被统计分析的强度值,在形成的术语学上存在着不同。QDA 使用由评定小组根据被品评产品等级选出的强度标度,感官频谱发明了一种通用的标度,通过对比来评估任意确定特性的强度得分,例如:可以使用一个 0~15 的标度尺来评定饮料的甜度,将它们与浓度范围在 2%(2 分)~10%(10 分)的蔗糖溶液做比较。另一个例子中,给定 Kool-Aid 葡萄为 4 分,Welch's 葡萄饮品为 12 分来评定葡萄风味属性(表 7.1)。在感官评定小组密集培训的背景下,一个小组给鸡汤或是炖鸡中肉汤味道特性的强度打分,其结果可被另外一个接受过相同描述方法培训的小组理解。在 QDA 培训中,感官评定小组成员在组长的带领下,借助一些参考资料,建立描述产品各方面特性的词汇表。

表 7.1   与香气或味道特性的强度分数相对应的通用标度尺[a]

标度值(分数)	特性说明(描述对象)	参照物(以食物为例)
2	苏打	撒盐饼干
4	葡萄	Kool-Aid 葡萄
7	橘子	浓缩橘子汁
9.5	橘子	Tang
10	葡萄	Welch's 葡萄汁
12	肉桂	Big red 口香糖

来源:引自 Meilgaard,M.C.et al.2007.*Sensory Evaluation Techniques*,4th ed.,CRC Press,Boca Raton,FL.
[a] 任意特定味道或香气特性强度适用的一个普通标度尺。

对这些方法的修正也有报道,并得以成功使用。自由选择分析法让评定员建立自己的术语并对其强度打分,由此需要用高级的统计程序来解释其结果。

Lyon 和 Lyon[18] 在一个研究中报道了与 QDA 评定禽肉相似的应用。在这个研究中,11 个接受过训练的评定员建立了 20 个与质构相关的感官特性,每个特性用一个 15 点的数字强度标度尺来评估,其中 0=没有,15=极值。在近期研究中,感官频谱的应用主要集中在禽肉上[19-22]。Lee 等[23]介绍了一个关于商业用肉鸡胸脯肉质构、风味和气味特性的完整剖面，这个剖面由一个经过感官谱方法培训的 11 个评定员组成。其中，创建了质构特性在 4 个不同的阶段(部分压缩，第一次咬/咀嚼，咬碎，残留的特点)。此外，借助参考标准，15 个代表基本味道、芳香和感觉因素的风味特性也使用 15 点的数字强度标度尺来评估。

类似的方法也有报道，并被成功应用。例如，自由选择分析法让评定员建立自己的术语并对其强度打分，由此需要高级的统计程序来解释其结果。

7.6.4　评分标度

评分标度是用来量化感官响应的形式。在描述性分析方法中使用到的评分标度是一条连续的线性形式，用来表示由低等级或零强度到很高等级强度。有时，强度被定义在沿着有间隔或多端点的线上。当这些间隔是被清楚标出时，我们说这个标度是有结构化的。当线之间没有标记点时，我们说这个标度是非结构化的，在这种情况下评定员要使用心理暗示强度。

7.7　消费者测试(偏好方法)

如前所述，用描述性分析得到的产品信息局限于产品的特征或属性，与消费者对被评估产品的偏好和/或接受程度无直接联系。而情感方法是适合评估对禽肉产品偏爱、喜好和/或接受程度的工具。

偏好测试方法通常包括定性和定量测试，评定员是未经过培训的消费者。定性测试包含重点组、小型组和一对一采访，可提供评估和阐述质量的叙述性信息。偏好测试和接受程度测试是定量消费者测试的两个例子。

测试地点的选取是至关重要的，因为它会在很大程度上影响试验结果[8]。定量消费者测试被划分为实验室型测试、中央地点型测试和家庭使用测试。这几种方法都有其利弊。若想查找这些测试的具体信息可以查看 Meilgaard 等[8]的文章。

九点快感标度由于它的实用性、可靠性和有效性常被采用[9]。九点强度标度或五点 JAR(just-about-right)标度也可被用于评估强度或分别评估不同指定特性的强度适合程度[24]。

在肉制品中运用消费者测试的一些重要研究出现在 20 世纪 60 年代初期。White 等[25]用399 个未经训练的消费者评估火鸡肉的不同嫩度等级。在 Palmer 等[26]的研究中，一个由 101个未经训练的消费者组成的评定小组评估了炸鸡肉的韧性，发现消费者有能力区分不同韧性的禽肉。尽管这两个研究被认为是最早利用消费者评估禽肉制品的尝试，但这些测试仅仅偏重于禽肉的嫩度。Lyon 和 Lyon[27]用 24 个未经培训的评定员评估了肉鸡胸脯肉的嫩度、多汁性和质构整体接受程度。

最近的一个研究中，在 Xiong 等[21]利用一个由 74 人组成的消费者评定小组来评定肉鸡胸脯肉在宰后不同时间去骨的指标：采用九点快感标度评估质构可接受性、嫩度可接受性和嫩度强度，五点 JAR 法评定嫩度和多汁性。由于去骨时间不同，消费者对胸脯肉嫩度的感受从"有点硬"变到"非常软"。在一个相似的研究中，Cavitt 等[20]认为肉鸡胸脯肉肉片嫩度"正好"的消费者评定员比例有普遍的增长，认为肉片"太硬"的消费者评定员比例随着去骨前成熟时间的增加而减少了。事实上，当去骨时间≤宰后 2 h，接近 60% 的评定员认为肉"太硬"；当去骨时间在宰后 2.5~3.5 h，接近 40% 的评定员认为肉"太硬"；当去骨时间≥宰后 4 h，接近20% 的评定员认为肉"太硬"。

在 2008 年,Lee 等[23]发表了一篇关于商业无骨胸脯肉的接受程度的文章。75 名未经培训的消费者评定了 6 种涵盖不同品牌和加工工艺的商业无骨胸脯肉,被评估的 11 个指标与产品外观、风味、嫩度、多汁性和整体接受程度相关。消费者发现产品的整体感官质量会有明显的差异。例如,消费者评定不同产品的嫩度等级在"不软也不硬"和"很软"之间[22]。最近,Saha 等[28]进行了一个消费者研究,一个由 68 人组成的评定小组来评估增加了不同量盐的肉鸡胸脯肉的消费者接受程度。研究结果中的一项表示 20% 的消费者认为增加的盐浓度为 1% 或更高的产品过咸。

7.8　仪器分析方法

质构是禽肉制品中最重要的特征,同时动物的年龄和加工方法会对质构产生影响。由于质构的重要性,大量研究侧重于用仪器方法来评价肌肉纤维的结构。Bourne[29]提出了质构测定方法的重要原理。许多检测方法不仅仅适用于一种食品,因此通过对测试类型来分类质构测定方法比对食品分类更有效。Bourne 还指出咀嚼是为了吞咽使食物断裂而发生的一个过程,这与口中是什么样的食品无关。另一个事实是,通过科学家和工程师对材料和结构的理论和实践的不断研究,流变性质的测试方法的不断发展也使得仪器分析不断发展。这些理论对于研究口腔内咀嚼过程并不是很有效。因此对这个测试有 2 种不同的期望。工程师希望能够设计一种仪器来测定物品的强度,从而使它能够在使用过程中承受外力而不会断裂。然而,食品科学家希望测定食物的强度,使结构变弱,从而更容易断裂。在这种情况下,食品质构测试研究的是物质的弱度而不是强度。

从 19 世纪 50 年代起,研究者和 QC 人员利用仪器分析方法对肉的嫩度的评价就进行了广泛的研究和应用。这些方法具有重复性,能够提供与嫩度相关的数值。使用这些方法的不足在于过多关注这些数字,而忽略了其真正代表的含义。历史上,质构法被认为是一种过于简单的方法,因此研究者希望能够找到一种或数种方法结合起来表征整个咀嚼过程,并且获得嫩或老的结果。对禽肉嫩度的准确描述需要用多种测定值,因为大部分处理会使宰后生化指标发生变化,不仅影响嫩度,也会影响水分结合特性,如多汁性以及释水性。

7.8.1　可供选择的质构测试方法

除非另作说明,这部分重点是胸肉,因为胸肉具有重要的经济价值,因此也是大多数研究的重点。这是因为胸肉的宰后生化特性(参见第 4 章)和一系列的纤维特性会影响最终产品的质量。应该注意的是,任何一种方法都能用于评价腿肉和肉糜/重组肉,也包括完整肉制品,仅仅只需要确定分析目的和选择适当的方法。剪切力对于整个肌肉来说可能是最重要的,对于法兰克福香肠来说压缩力是最重要的,而对于重组产品如肉块和肉馅来说凝聚性是最重要的。

大多数煮制禽肉制品的嫩度测试数据是通过 Warner-Bratzler(WB)剪切装置或 Kramer 剪切压力仪(KSP)获得的,这两种方法适用于通用的工业标准,另一种方法 Meullenet-Owens 刀片剪切仪(MORS)目前正在不断地发展和广泛的应用。这些测定方法的步骤是剪断或割断肌肉纤维,另一种技术,仪器质构剖面分析(TPA)数据,用于获得禽肉制品的质构信息。食品质构的概念和方法的深入讨论参见 Bourne[29]所著的书籍,这里只进行简单叙述。

7.8.1.1　剪切力测试

剪切力测试已应用多年,它是将样品固定,用一个刀片或是多个刀片垂直切断纤维。测试的基本原理是切断煮制样品的力与样品的嫩度有关。由于历史的原因,这个力用重量单位表示(如磅或千克),但是如果有必要,这些单位也能转换成力的单位,如牛顿。

1. Warner-Bratzler(WB)剪切装置

WB 剪切装置用于剪断或切断红肉和禽肉制品已经超过 50 年[30]。这个装置小巧轻便,组成部分是一个矩形刀片,刀片中间是一个三角形的孔。这个刀片与一个圆盘相连,将切成适当尺寸的样品,通常红肉是取圆形尺寸,禽肉是长方形,放置在单一刀片的三角 V 形口上。两个横杆通过一个液压传动装置降下,样品会被挤压通过三角 V 形的顶点。随着横杆下降穿过样品,在圆盘上会记录剪切纤维的最大的力,单位是磅或千克。这个装置的优点在于它的重复性,坚固性,使用方便,易于携带以及价格便宜(低于 1 200 美元)。这个装置适用于产品现场质量控制。它的缺点在于仅能够得到最大承载量或是最大的剪切力,因此研究者或是 QC 人员对仪表数字要有足够的背景感官评价数据,从而增加剪切力值的有效性(图 7.4)。

图 7.4　WB 剪切装置

2. Kramer 剪切压力仪(KSP)

另一种广泛用于红肉和禽肉的剪切力测试是根据 KSP 的一个剪切单元[31]。KSP 有两个主要部分:含有槽的金属盒子,是用于放置样品;上面部分是 5～10 个刀片,这个刀片恰好能够插进槽中。这个装置带有一个系统,这个系统会使刀片落下,完全切断放置在金属盒子里的长方形样品。最初,刀片会压缩纤维,然后剪切,使最终的条状样品从缝隙中挤出。结果一般用 kg/g 样品重量来表示。KSP 装置很牢固,但是它比较重,不易携带而且价格较昂贵。最初的设计用于预测菜豆的质量,经过广泛改进后,被用于评定各种食品包括蔬菜和水果的质构特性。

原始 WB 和 KSP 的刀片设计都被引进到其他仪器中。如 Instron 万能测试仪(Universal Testing Machine™,UTM；Instron 公司)和质构分析仪(Texture Technologies Texture Analyzer™,Texture Technologies 公司)。多刀片单元也参考 Allo-Kramer(AK)剪切单元。WB 刀片和 Allo-Kramer 剪切单元分别如图 7.5 和图 7.6 所示。新的系统是连接有软件用于控制机器和记录力/距离或者力/时间曲线。

图 7.5 Instron UTM 的 WB 剪切单元

3. Meullenet-Owens 刀片剪切仪(MORS)

最近,研究者研究了一种用剃刀刀片剪切力方法来确定禽肉嫩度的装置,也就是 Meullenet-Owens Razor 剪切力仪[19-23,32]。这个 MORS 装置与 WB 或者 KSP 相当,但是它不切断样品,可用完整肉样进行测试。因此,与 WB 和 KSP 相比,MORS 能节省操作步骤和时间。MORS 用于煮制的全胸肉见图 7.7,它在 4 个或更多预定的位置上对样品进行垂直剪切[19,21,23](图 7.8)。它包括一个剃刀刀片(边缘平坦的手术刀片),高 24 mm,宽 8.9 mm 可以穿透深度 20 mm。剪切力(MORS,N)和剪切能(MORS,N×mm)是由一个带有 5 kg 感应单元的质构分析仪测定的。可以使用其他材料测试仪进行相同的测试,包括 Instron 的材料测试仪,Brookfield LFRA 质构测试仪和 Food Technology Corporation 质构分析仪。当样品小于 20 mm 时,剪切能可以转换成一个穿刺深度为 20 mm 时等同的能量值,因为根据 Xiong 等[32]的研究数据表明能量值会受到穿刺深度的影响。当探头的测速设置为 5 mm/s 时,触发力是 0.1 N。每进行 100 次剪切测试时要更换刀片,以避免刀片钝化。

Cavitt 等[19]用 MORS、AK(即 KSP)和肌节长度评价了宰前和宰后不同时间里去骨胸肉

图 7.6 Instron UTM 的 AK 剪切单元

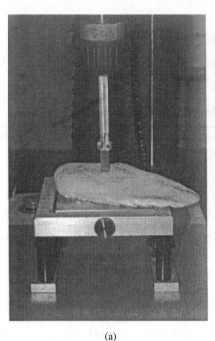

(a) (b)

图 7.7 MORS 装置(a),包括一个垂直切断肌肉纤维的剃刀(b)

的嫩度,同时对产品进行描述感官分析。结果发现 MORSE、MORSF 和肌节长度(反映嫩度的间接指标)对初始硬度的预测值(R^2 分别为 0.84、0.75、0.86)比 AK($R^2 = 0.68$)更好。其他感官属性如凝聚性、质量凝聚性、咀嚼次数都有相同的趋势。其他研究也表明 MORS、KSP 和 WB 在基于描述分析和消费者测试的禽肉嫩度预测上都有相似的结果[20,21]。Xiong 等[21] 建立了特定感官属性或者消费者对嫩度的接受度和仪器范围的对应关系(表 7.2)。

　　MORS 的新版本 BMORS 被认为是原始方法的改进版,能够更好地描述肉质硬老的肉块。它也解决了 MORS 每剪切 100 次就要更换刀片的问题,在试验中更节省时间。BMORS 被认为会替代 MORS,并且在测试肉质硬老的肉时比 MORS 更具有优越性[23]。

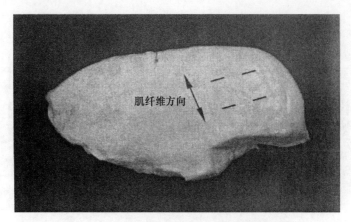

肌纤维方向

图 7.8 MORS 在完整鸡胸肉上预定剪切位置

7.8.1.2 质地剖面分析(TPA)

TPA 是一种能够获得多个食品质构属性的方法[12-14]。Breene[33]指出质构特性很复杂,多点测试比单点测试更有效,同时他也强调了多点测试的必要性。Meullenet 等[34]最近更新了 TPA 程序。

表 7.2 WB、AK 和 MORS 对嫩度的接受程度和强度的分级

特征	喜好标度		WBF[a]	AKSV[b]	MORSE[c]
嫩度接受程度	非常不喜欢	1	≥17.84	≥17.37	≥220.72
	很不喜欢	2	15.57~17.83	15.27~17.36	204.07~220.71
	一般不喜欢	3	13.30~15.56	13.17~15.26	187.43~204.06
	有点不喜欢	4	11.02~13.29	11.07~13.16	170.78~187.42
	既不喜欢也不讨厌	5	8.77~11.03	8.97~11.06	154.13~170.77
	有点喜欢	6	6.51~8.76	6.87~8.96	137.48~154.12
	一般喜欢	7	4.24~6.5	4.77~6.86	120.83~137.47
	很喜欢	8	1.97~4.23	2.67~4.76	104.19~120.82
	非常喜欢	9	≤1.96	≤2.66	≤104.18
嫩度	非常硬	1	≥16.83	≥16.55	≥212.77
	很硬	2	14.69~16.82	14.53~16.54	197.16~212.76
	比较硬	3	12.54~14.68	12.52~14.52	181.55~197.15
	有点硬	4	10.40~12.53	10.51~12.51	165.94~181.54
	不软也不硬	5	8.26~10.39	8.50~10.5	150.32~165.93
	有点软	6	6.12~8.25	6.49~8.49	134.71~150.31
	比较软	7	3.97~6.11	4.48~6.48	119.10~134.7
	很软	8	1.83~3.96	2.47~4.47	103.48~119.09
	非常软	9	≤1.82	≤2.46	≤103.47

来源:引自 Xiong,R.et al.2006.*J. Texture Sturd.*,37,179.

[a]WBF= Warner-Bratzler 剪切力值(kgf)。

[b]AKSV= Allo-Kramer 剪切力值(kgf/g)。

[c]MORSE=Meullenet-Owens Razor Shear 能量值(N×mm)。

　　图 7.9 所示的是鸡肉双曲线 TPA。这里指出并定义其中重要的属性。重要的属性如硬度、弹性、凝聚性和咀嚼性可以分别进行计算分析。TPA 的样品是从熟肉制品获得的一个圆形样品。测试者在测试过程中必须确定压缩的百分比。在现有的文献中，所报道的压缩比范围是原始高度的 60%～80%。低于 60% 的压缩比并不能足够压缩样品使其达到可测量的变化，然而大于 80% 的压缩比会使样品在第 1 次压缩时破坏严重，以至于第 2 次压缩曲线几乎没有或是完全没有信息。样品放置在一个平整的金属平台上，位于初始位置的测试探头则与感应元连接。压缩百分比可以转换成探头与初始位置的距离。在第 1 次压缩样品后，探头回到初始位置，探头很快准备第 2 次压缩。TPA 相对于剪切力测试是一个更好的研究工具，而且比 WB 和 KSP 更灵敏，用途更广。但是购买和维护仪器（如 Instron UTM 或者 Texture Analyzer）的费用更高，而且也不方便携带。

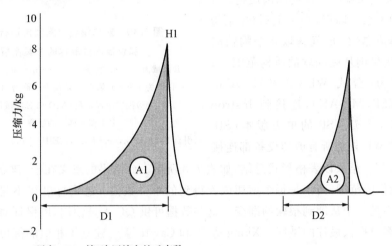

硬度＝H1＝第 1 次压缩力的千克数
黏合力＝A2/A1＝第 2 次压缩的面积(mm²)/第 1 次压缩的面积(mm²)
弹性＝D2/D1＝D2 的长度(mm)/D1 的长度(mm)
咀嚼性＝硬度×黏合力×弹性

图 7.9　鸡肉双曲线 TPA 图

(引自 Lyon，C.E.et al.1992.*Poult.Sci*.59,69.)

7.8.2　剪切力或者剖面测试的样品准备

　　尽管仪器测试方法各不相同，但是样品的尺寸规格对测试结果有很大影响[35,36]。因此对样品的测试尺寸应该给予描述或给出参照物，在评价肉样品时，消费者关注的物理特性应该考虑。例如，由于肌肉收缩（宰后/宰后冷却剔骨时间）使处理方法对样品厚度产生直接影响，那么厚度的差异也应该作为测试需考虑的一部分。但是，如果研究目的是为了评价仪器测试的灵敏度，则要求样品有统一的尺寸（高度和宽度）。图 7.10 所示为在这个实验室肉鸡胸脯肉的感官和仪器测试的取样方案。

7.8.3　仪器测定与感官评定质构间的关系

　　如前所述，由于大量的机械测定方法的出现，存在将复杂连续的质构简化为一个单一目标数值的可能。科学研究者进行了大量研究，以帮助确定质构相关的仪器和感官数据之间的关系[27,37,38]。

7.8.3.1 完整的肌肉

完整的肌肉样品被用在一个研究中[37]，来将未经培训的评定小组（5 人）的评定分数与 KSP 得到的数值关联起来。作者指出，KSP 与感官评定数值是相关联的，KSP 的值小于 8 kg/g 的样品在软到很软间，在 95％的置信区间，5 人未经培训小组由于人数太少而不能够测评其感官反应。Lyon 和 Lyon[27,38] 的两个研究中，将未经培训评定员人数增加至 24 人来确定肉鸡胸脯肉质构与 4 个仪器测试的关系。随后，在去毛后（宰后 0 h）到整个胴体成熟（24 h）间选取 4 个胸脯肉去骨时间，来提供肉从硬到软的质构范围。4 个仪器测试为：台式 WB（B-WB），Allo-Kramer（即 KSP，MB-AK），连接到 Instron 的 WB（I-WB），多刃 KSP 的单刃版本（SB-AK）。除台式 WB 外的所有剪切设备都连接

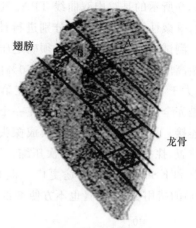

图 7.10 对单块熟鸡胸脯肉进行感官和仪器测试取样的方案图解

B 区域为 1.9 cm 宽条，用于 Warner-Bratzler 剪切；C 区域为 1.9 cm 宽条，对两端进行修剪，1 和 2（大约 1.9 cm²）提供给评定员；A、D 和 E 区域用于需要肉丁作为样本的研究。

（引自 Lyon,B.G., and Lyon,C.E.1996.*Poult.Sci.*75,812.）

到 Instron UTM。结果以表格形式总结，如表 7.3 所示。此结果的意义在于，建立了评定小组对嫩度的感知值的范围，而不是每个剪切试验得到的单一数值。感官标度尺不是一个非此即彼的硬或软，而是一个从硬到很软的渐变。这些数据可供 QC 人员使用，以保证对整个过程的控制，确保为客户提供最佳的嫩度。Xiong 等[21] 和 Cavitt 等[20] 建立了相似的标度尺来显示感官特性对应的仪器数值（表 7.2）。

表 7.3 机器剪切力值和感官嫩度的关系

感官嫩度	剪切设备			
	SB-AK/kg	I-WB/kg	MB-AK/(kg/g)	B-WB/(kg/g)
非常嫩	8.11	<3.62	<5.99	<3.46
轻度至中度嫩	8.11～14.82	3.62～6.61	6.00～8.73	3.47～6.40
轻度嫩至轻度硬	14.83～21.53	6.62～9.60	8.74～11.48	6.41～9.35
轻度至中度硬	21.54～28.24	9.61～12.60	11.49～14.24	9.36～12.30
非常硬	>28.25	>12.60	>14.25	>12.40

来源：引自 Lyon,C.E. and Lyon,B.G.1990.*Poult.Sci.*69,1420；Lyon,B.G.and Lyon,C.E.1991.*Poult.Sci.*70,188.

Lyon 和 Lyon[17] 报道了 TPA 和评定小组（经过培训）给出的对完整肉鸡胸脯肉的结果之间的关系。试验设置了 4 个不同宰后剔骨时间（5 min、2 h、6 h、24 h）和 2 种烹饪方式（装在热封袋于水中和微波炉加热）。在一系列测评中，8 名经过培训的评定员组成的小组建立了 17 个特性和等级标度尺，用以评估质构（表 7.4）。小组建立的用以评估样品的感官特性的 4 个阶段，从第 1 次用白齿压缩且不咬断样本（第 1 阶段）到在吞咽点的感觉和口中"余感"的属性（第 4 阶段）。计算出了硬度、弹性、凝聚性和咀嚼性这些 TPA 指标。宰后 5 min 和 2 h 剔骨

的肉与宰后 6 或 24 h 剔骨的肉在 17 个特性中的 16 个上有显著差异,宰后 6 h 去骨的肉和宰后 24 h 剔骨的肉间无显著感官差异。宰后 5 min 剔骨的肉在硬度和咀嚼性上明显高于宰后 2,6 和 24 h 剔骨的肉。在同一剔骨的时间下,评定小组比较了用微波炉煮熟的肉和在水中煮熟的肉,发现微波炉煮制的肉多汁性更好,更加湿润,残留颗粒更少。经 TPA 发现,微波炉煮熟的肉的凝聚性和咀嚼性大于在水中煮熟的肉。

　　评定小组得到的结论和 TPA 得到的结论显著相关。例如,宰后 5 min 的剔骨肉更加有弹性,有黏聚性,更硬,咀嚼过程分泌更多的唾液,颗粒较大,更难下咽,更加粘牙。不用说,这样的结果比单一剪切力值更加有意义,并升华了我们称之为"质构"属性的广泛意义。在评定小组的结果中,多汁性的影响和复杂性是显而易见的。

表 7.4　质构属性的描述和用于评估完整肉鸡肌肉的定义

术语	定义
第 1 阶段:将样品放在臼齿之间。缓慢压缩(3 个循环)样品且不咬通	
1.弹性	表示物体被部分压缩后,恢复原来形状的程度(标度尺:由低到高)
第 2 阶段:将样品放在臼齿之间。以每秒咀嚼一次的速率咬穿样品(小于 6 个循环)	
2.最初凝聚性	破裂前的形变量(标度尺:低 5 到高 5,即破裂前非常小的形变量到破裂前很大的形变量)
3.硬度	把样品咬穿至破裂所需的力(标度尺:由低到高)
4.最初多汁性	肉放出的水分总量(标度尺:低且干到高且多汁)
第 3 阶段:将样品放在臼齿之间。以每秒咀嚼一次的速率咀嚼样品。在第 15～25 次咀嚼之间开始评估下列特性	
5.硬度	继续咬穿样品所需的力(标度尺:由低到高)
6.质量凝聚性	在咀嚼过程中,样品如何结合在一起(低 5,纤维容易咬断,大量样品消散;增到高 5,小块状,抵抗破裂)
7.唾液分泌	操作过程中,产生的与样品混合为吞咽样品做准备的唾液量(标度尺:由无到很多)
8.颗粒大小与形状	描述样品破裂后继续咀嚼时样品颗粒的大小和形状(标度尺:从细小的颗粒到粗大的颗粒)
9.纤维性	纤维性或黏性的程度(标度尺:从小到大)
10.咀嚼性	(标度尺:软,耐嚼,硬)
11.咀嚼数	准备吞咽样品前咀嚼的总次数
12.颗粒大小	吞咽时颗粒的大小(标度尺:从小到大)
13.颗粒的湿润度	在准备吞咽时,样品颗粒释放出的水分或感受到水分的总量
第 4 阶段:在吞咽样品后评估以下特性	
14.易于吞咽性	(标度尺:从易到难)
15.残留颗粒	在吞咽后口腔中剩下的颗粒总量
16.粘牙程度	塞满在牙齿中和牙齿周围的物质的总量(标度尺:从无到很多)
17.口腔涂层	吞咽后水和脂肪在口腔中形成涂层的量(标度尺:从低到高)

来源:引自 Lyon,B.G. and Lyon C.E.1990.*Poult.Sci.*69,329.

7.8.3.2　糜状禽肉质构研究

20 世纪 70 年代后期和 80 年代发表的一系列文章[39-41]以研究禽肉制品质构为特点,这些禽肉制品来自糜状禽肉及与各种原料混合的碎肉产品。在 3 个研究中,均用到了感官评定小组评定法和质构测定法,评估了大量的品质特性(基本成分、持水性、颜色、酸败和蒸煮损失)。在其中的一个研究[39]中,使用机械去骨禽肉(带皮和不带皮)作为肉源,添加 2 种比例的结构蛋白纤维(15％和 25％),由 5 名成员组成的训练有素的小组使用 QDA 技术评估。此外,还使用了反映产品的整体品质的标度尺。

在另一个研究[40]中,用含有 6 个配方的不同量的机械去骨鸡肉(MDBM)、手工去骨禽肉(HDFM)、结构性蛋白纤维(SPF)的肉饼来研究其基本成分、酸败(硫代巴比妥酸或 TBA 值测量)、颜色(Hunter L^*、a^*、b^* 值)、剪切力(WB)和感官特性。其中感官特性用 QDA 法来评估。当 MDBM 的含量下降时,含水量、蛋白质含量、亮度(L^* 值)和剪切力值都有相应的增高;脂肪含量、红度(a^* 值)和 TBA 值都有所下降。感官上来说,当 MDBM 下降时,产品变得更加清淡,更有嚼劲和弹性,并且多汁性下降。基于感官和仪器得到的数据,作者注意到 40∶60 与 60∶40 的 MDBM 和 HDFM 互换率可与 SPF 结合起来得到品质优良的产品。综合结果表明了集成工具和感官分析在决定产品质量中的益处。部分结果如图 7.11 所示。数据点在代表每个属性的线上,中心点代表"0"值,数值从远离中心点开始增加。外观、咀嚼性、弹性、颗粒大小/形状和整体印象这些不同的特性是容易被注意到的。在这个例子中,MDBM 与 HDFM 混合比例为 40％∶60％的肉饼被添加到 100％ MDBM 的肉饼中来做视觉属性比较。

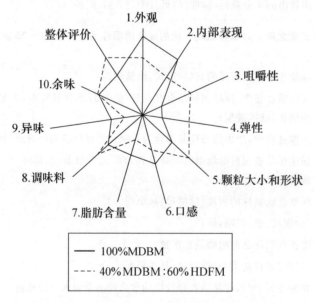

图 7.11　机械去骨禽肉(MDBM)和手工去骨禽肉(HDFM)的感官评价蛛网图

(引自 Lyon,B.G.et al.1978.*J.Food Sci.*,43,1656.)

但在另一项研究中,Lyon 等[41]利用 TPA 来确定混合的和片状切割 MDBM 肉饼中含有 15％或 25％ SPF 之间的不同。由 6 个经培训的评定员组成的小组用七点强度标度尺评定了产品的多汁性。仪器和感官评定得出的硬度、弹性和咀嚼性间存在显著正相关性,这表明 Instron 和评定小组间有良好的一致性。

7.8.3.3　颜色

在禽肉和其制品中,颜色是复杂的并且是产品外观的重要组成之一。测定一个物体颜色的仪器方法基于光源和检测器。物体吸收和反射光波会被仪器或是观察者检测到。只有在被观察人员证实后,仪器探测器给出的结果才有意义。所以,由色差仪得到的数值通常由一个颜色/外观术语来表示。例如,当使用"实验室"颜色坐标系统时,"亮度"关联"L* 值","红度"关联"a* 值","黄度"关联"b* 值"。图 7.12 为一个用于科研和质量保证的典型的色差仪。

图 7.12　用于测定肉鸡胸脯肉肉片颜色数值的色差仪

Fletcher[42] 综述了禽肉颜色、颜色的测定和用于测定颜色的方法,总结了与禽肉有关的瑕疵颜色。这篇有关颜色的综述囊括了原料肉和很多影响肉色的因素,比如性别、年龄、品种、宰前应激、加工过程、烹饪温度和冷冻。目前,影响胸脯肉"粉红"的因素有特别重要的意义。在质量和安全角度上的意义则是假设蒸煮时间/温度不足够。这个问题可导致熟肉制品退货。另一个特殊的缺陷颜色包含亮度(白度)和蛋白质功能性不足之间的关系[43],并且消费者反对同一零售包装袋中的肉块间存在颜色差异[44]。

7.8.4　风味

禽肉风味的分析需要采取方法提取与香味有关的化合物进行分析。味觉常常和基本的酸、甜、苦、咸、鲜有关,而香味则是与食物释放的挥发物质对鼻腔内的感觉器官的刺激有关。分离化合物和检测浓度的设备有气相色谱(GC)、高效液相色谱(HPLC)和被称为"电子鼻"的传感器。

GC 和 HPLC 是一种可以将食品中的提取物分离成单一化合物的方法。尽管单一的或者一类的化合物可以被检测出来,但是它们必须和感觉器官的感官反应有关联。Lyon[45] 建立了由一个经过培训的评定小组确定的用来评估熟鸡肉的感官描述词(表 7.5)。Farmer[46] 列出了 34 种作为禽肉制品风味组成成分的主要化合物。但是,单一的风味物质并不是仅仅存在于某一特定的样品中。例如,作为禽肉制品关键风味成分的 2-乙酰基-吡咯,具有"爆米花"的香味。将某些化合物混合起来创建一个特定芳香的特性指标总是不太顺利。感官评定小组可以分辨出它们之间的区别。

表 7.5　用于描述新鲜和被重新加热过的鸡肉味道和芳香的术语

描述术语	定义
芳香,味觉关联对象	
鸡肉的	熟白鸡肉
肉的	熟黑鸡肉
肉汤的	鸡肉原汤
肝脏、器官的	肝脏、血清或血管
褐变的	烘烤过的,炙过的,或是烤过的鸡肉肉饼(未烤焦、未变黑、未燃烧的)
烧焦的	过分加热或褐变(烤焦的)
硬纸壳的,发霉的	纸板,纸张,模具,或霉变:描述为坚果般的,不新鲜
过热的	再次热的肉,而不是新烹饪的或腐臭的,涂过颜料的
腐臭的,涂过颜料的	氧化的脂肪和亚麻油
主要味道关联对象	
甜	蔗糖,糖
苦	奎宁,咖啡因
舌头上的感觉因素关联对象	
金属	铁或铜离子

来源:引自 Lyon,B.G.1987.*J.Sensory Studies*,2,55.

　　电子鼻是由一系列材料(金属氧化物、导电聚合物)阵列构成的仪器,当挥发性物质经过它时,它会记录电荷或者电阻感应。几种不同材质的传感器会有不同的反应,这样某一给定的样品就有与其对应的模型。该设备的关键是运用多元统计对数据进行分析,它可以检测出模型的区别,也可以形成为以后识别某种样品模型的算法。根据仪器的测定结果,我们可以推测,挥发性物质如何穿过鼻腔中的感觉器官,如何检测成分之间差异以及如何进一步鉴定风味类型。

7.8.5　影响禽肉质量的因素

　　影响禽肉质量的因素有很多,主要因素有去骨时间、成熟、遗传因素以及烹饪方法,并且一些因素比其他因素重要(参见第 2~4 章)。鸡脯肉僵直的条件,包括去骨时间,显著地影响了胴体上具有很大经济价值部位的质地(参见第 4 章)。鸡脯肉去骨的时间涉及死后肌肉的生化变化(pH 的下降,乳酸的增加,ATP 的消耗)和生理(整个微观上的肌纤维的收缩等,肌节长度)变化。这的确是一把双刃剑,取决于终产品中的肉在整个处理过程中的条件。一方面,僵直前肌肉较高的 pH 相当于提高了持水力和乳化能力,这对碎肉或糜类肉制品非常重要。另一方面,同样的高 pH 则会导致熟肉制品产生不良的韧性。Froning 和 Neelakantan[47] 曾经报道了在烤火鸡和肉鸡胸脯肉时,pH 为 5.9 或者更高可作为一个僵直前的判断标准,而在死亡后 30 min 内,pH 就会下降到低于该值。Lyon 等[48] 曾报道,肉鸡和成熟的母鸡在宰后 20 min 内,僵直前的 pH 分别在 6.1 和 6.3,但是该值在 1.5 h 后会低于 5.9。

有许多研究说明了宰后时间、肌肉的生化反应与最终质地之间的关系。Lyon 等[49]的研究表明冷却处理后的鸡肉立即去骨，pH 明显较高（6.22，在僵直发生的较早的阶段），并且熟制的肉产生更大的剪切力（与冷却处理 1、2、4、6、8 或者 24 h 后的肉相比，需要 15.19 kg）。在冷却处理后的第 1 个小时，pH 的下降速度是最快的，但是在冷却处理 4 h 后到去骨前，pH 和剪切力没有明显的变化。Sams 和 Janky[50]认为水和盐水冷却对肉鸡胸脯肉的 pH 和嫩度有影响。他们设置了 1 组"热去骨"的肌肉，这些肌肉是从刚去完毛的胴体上得到的。另外 2 组处理分别是冷却后 1 h 和成熟后 24 h 得到的脯肉。

对于在水中冷却的肌肉来说，"热去骨"组的 pH 和 KSP 值最高，分别为 6.4 和 10.2 kg/g，冷却后 1 h 的肌肉，pH 和 KSP 值居于中间，而成熟后 24 h 组的这 2 个值最低。Dawson 等[51]研究发现，对于肉鸡胸脯肉采用相同的条件处理，即同样的去骨时间和剪切力模型（KSP，kg/g 样品），死后 0.17 h 的 KSP 值最高，最低值出现在 24.33 h 处，分别为 17.8 和 4.1 kg/g。Cavitt 等[20]也给出了相似的结果，MORS 能量值会随着宰后时间的延长而下降（图 7.13）。随着时间的推移，剪切力的不同可能是与去骨过程中死后僵直的程度有关，较高的剪切力一般与死后早期阶段的去骨有关（pH 和 ATP 浓度仍然相对较高）。

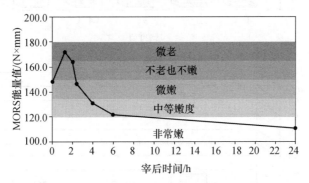

图 7.13　熟制去骨肉鸡胸脯肉肉片在不同宰后时间的 MORS 能量值及其相应的感官评价

(引自 Xiong, R. et al., 2006. *J. Texture Stud.* 37, 179.)

也有报道认为月龄也会影响童子鸡的嫩度，对于不同月龄的鸡在宰后早期就进行去骨，对嫩度也会产生影响。Northcutt 等[52]认为，当去骨的时间较早，童子鸡（42～44 d）比年龄较大的鸡（49～51 d）更嫩。Mehaffey 等[53]也认为，死亡后 2～4 h 去骨的无骨鸡肉片，7 月龄的明显没有 6 周龄的嫩。另外，7 周龄的鸡，死后 4 h 的去骨肉的剪切力值与消费者"不老也不嫩"的感觉相对应[20,21]，6 周龄的肉鸡被认为是"中等嫩度"[20]，这表明，较老的肉鸡嫩度有轻微的下降。由年龄引起的不同可能是因为死后僵直的速率和去骨时间的交互作用不同。Northcutt 等[52]认为不同年龄的肉鸡，在冷却后 4 h 或之后去骨，它们的剪切力没有区别。

文献中关于肉鸡的性别对肉制品嫩度影响的报道是相互矛盾的。Simpson 和 Goodwin[54]与 Farr 等[55]通过试验表明，公鸡肉的剪切力比母鸡肉明显更低。包括 Goodwin 等[56]在内的另一些研究者认为肉鸡的性别不会影响肉的嫩度。Lyon 等[2]认为影响嫩度的因素主要有鸡脯肉冷却后的去骨时间、去骨肉的成熟时间以及肉鸡的性别。不同性别的肉鸡在商业化的条件下饲养，分别屠宰分割后对它们的数据进行分析，发现公鸡与母鸡的胸脯肉的平均重量分别为 163 和 122 g。

在 Lyon 等[2]的试验条件下,鸡脯肉样品的重量不做控制或调整,结果表明,母鸡的鸡脯肉比其他所有的样品嫩。公鸡鸡脯肉的面积或者重量过大,可能导致了剪切力的增大。对于冷却后立即去骨的较大块公鸡肉,可能有随之而来的面积的损失和厚度的增加,这是由于 ATP 水平的提高而导致的肌肉收缩现象。这种鸡脯肉的缩短模型最先是由 Papa 和 Lyon[57]研究发现的。更早的研究显示,样品自身的条件也是试验研究的一部分,因为样品的高度或宽度并没有标准。

为了确定 WB 值减少的实际重要性,Lyon 和 Lyon[27]综合了 24 个未经过培训的感官评定员建立的一个嫩度标度尺上的所有剪切力值。图 7.14 显示了母鸡肉样评定小组感知的嫩

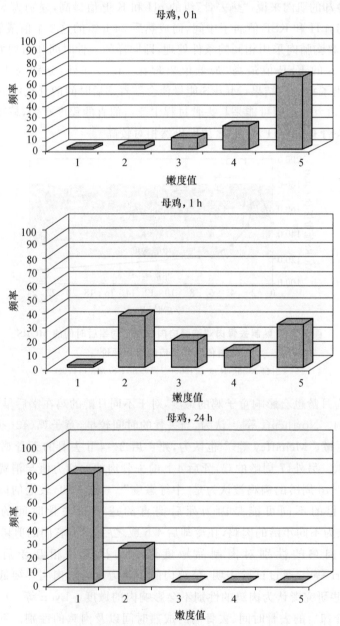

图 7.14　母鸡胸脯肉的嫩度值随宰后时间变化的趋势分布图

(引自 Lyon,C.E.et al.1992.J.Appl.Poult.Res.1,27.)

度所对应的 WB 值的频率分布。因为去骨肉在冷冻前的成熟时间并不重要,所以数据被合称为冷却后去骨时间这个单一值。被定义为"中等嫩度到比较老"(分类 4 和 5)的鸡肉 85% 来自于冷却后立即去骨的母鸡肉。如果鸡肉在骨骼上保留 1 h,这一比例可以下降到 43%。冷却后 24 h 去骨的鸡肉,公鸡肉和母鸡肉都在"中等嫩度到非常嫩"(分类 1 和 2)之间。如果没有感官评定组的感知数据,WB 值的剪切力则少了一些意义,而且这些数据可以用于统计分析,但它的实际意义却有限。

7.9　小　　结

　　随着越来越多的新产品进入消费者市场,禽肉质量这一复杂的问题将会越来越受到关注。学生、科研人员、质量控制和人事管理都必须重视这个复杂的问题,并且要共同合作提供准确完善的信息。感官评定和仪器分析的"联姻"是提供准确答案和控制好产品质量的关键。

参 考 文 献

1. Lyon, B. G. and Lyon, C. E., Research Note: shear value ranges by Instron Warner-Bratzler and single blade Allo-Kramer devices that correlate to sensory tenderness, *Poult. Sci.*, 70, 188, 1991.
2. Lyon, C. E., Lyon, B. G., Papa, C. M., and Robach, M. C., Broiler tenderness: effects of postchill deboning time and fillet holding time, *J. Appl. Poult. Res.*, 1, 27, 1992.
3. Lyon, C. E., Bilgili, S. F., and Dickens, J. A., Effects of chilling time and belt flattening on physical characteristics, yield, and tenderness of broiler breasts, *J. Appl. Poult. Res.*, 6, 39, 1997.
4. Lyon, B. G. and Lyon, C. E., Assessment of three devices used in shear tests of cooked breast meat, *Poult. Sci.*, 77, 1585, 1998.
5. Lyon, B. G. and Lyon, C. E., Effects of water-cooking in heat-sealed bags versus conveyor-belt grilling on yield, moisture, and texture of broiler breast meat, *Poult. Sci.*, 72, 2157, 1993.
6. Dunn, N. A. and Heath, J. L., Effect of microwave energy on poultry tenderness, *J. Food Sci.*, 44, 339, 1979.
7. Lyon, C. E. and Wilson, R. L., Effects of sex, rigor condition, and heating method on yield and objective texture of broiler breast meat, *Poult. Sci.*, 65, 907, 1986.
8. Meilgaard, M. C., Civille, G. V., and Carr, B. T., *Sensory Evaluation Techniques*, 4th ed., CRC Press, Boca Raton, FL, 2007.
9. Stone, H. and Sidel, J. L., *Sensory Evaluation Practices*, 2nd ed., Academic Press, San Diego, CA, 1993.
10. Dickens, J. A., Lyon, B. G., Whittemore, A. D., and Lyon, C. E. The effect of an acetic acid dip on carcass appearance, microbiological quality, and cooked breast meat texture and flavor, *Poult. Sci.*, 73(4), 576, 1994.
11. Janky, D. M., and Salman, H. K. Influence of chill packaging and brine chilling on physical and sensory characteristics of broiler meat, *Poult. Sci.*, 65(10), 1934, 1986.
12. Szczesniak, A. S., Classification of textural characteristics, *J. Food Sci.*, 28, 385, 1963.
13. Szczesniak, A. S., Brandt, M. A., and Friedman, H. H., Development of standard rating scales for mechanical parameters of texture and correlation between the objective and the sensory methods of texture evaluation, *J. Food Sci.*, 28, 397, 1963.
14. Friedman, H. H., Whitney, J. E., and Szczesniak, A. S., The texturometer—a new instrument for objective texture measurement, *J. Food Sci.*, 28, 390, 1963.
15. Civille, C. V. and Liska, I. H., Modification and applications to foods of the general foods sensory texture profile technique, *J. Texture Stud.*, 6, 19–32, 1975.
16. Munoz, A. M. 1986, Development and application of texture reference scales, *J. Sensory Stud.*, 1:55–83.
17. Lyon, B. G. and Lyon, C. E., Texture profile of broiler *Pectoralis major* as influenced by postmortem deboning time and heat method, *Poult. Sci.*, 69, 329, 1990.

18. Lyon, B. G. and Lyon, C. E., Sensory descriptive profile relationships to shear values of deboned poultry, *J. Food Sci.*, 62, 885, 1997.

19. Cavitt, L. C., Youm, G. W., Meullenet, J. F., Owens, C. M., and Xiong, R., Prediction of poultry meat tenderness using razor blade shear, Allo-Kramer shear, and sarcomere length, *J. Food Sci.*, 69(1), SNQ, 11, 2004.

20. Cavitt, L. C., Meullenet, J.-F., Xiong, R., and Owens, C. M., The correlation of Razor Blade shear, Allo-Kramer shear, Warner-Bratzler shear, and sensory tests to changes in tenderness of broiler breast fillets, *J. Muscle Foods*, 16, 223, 2005.

21. Xiong, R., Cavitt, L. C., Meullenet, J.-F., and Owens, C. M., Comparison of Allo-Kramer, Warner-Bratzler and Razor Blade shears for predicting sensory tenderness of broiler breast meat, *J. Texture Stud.*, 37, 179, 2006.

22. Fanatico, A. C., Pillai, P. B., Emmert, J. L., Gbur, E. E., Meullenet, J.-F., and Owens, C. M., Sensory attributes of slow- and fast-growing chicken genotypes raised indoors or with outdoor access, *Poult. Sci.*, 86, 2441, 2007.

23. Lee, Y. S., Owens, C. M., and Meullenet, J.-F., The Meullenet-Owens Razor Shear (MORS) for predicting poultry meat tenderness: Its applications and optimization, *J. Texture Stud.*, 39, 655, 2008.

24. Meullenet, J.-F., Xiong, R., and Findlay, C. 2007. *Multivariate and Probabilistic Analyses of Sensory Science Problems*. Chapter 10: Analysis of just about right data, IFT Press, Blackwell Publishing, Ames, IA.

25. White, E. D., Hanson, H. L., Klose, A. A., and Lineweaver, H. Evaluation of toughness differences in turkeys, *J. Food Sci.*, 29, 673, 1964.

26. Palmer, H. H., Klose, A. A., Smith, S., and Campbell, A. A. Evaluation of toughness differences in chickens in terms of consumer reaction, *Food Technol.*, 18, 898, 1964.

27. Lyon, C. E. and Lyon, B. G., The relationship of objective shear values and sensory tests to changes in tenderness of broiler breast meat, *Poult. Sci.*, 69, 1420, 1990.

28. Saha, A., Lee, Y., Meullenet, J.-F., and Owens, C. M., Consumer acceptance of broiler breast fillets marinated with varying levels of salt, *Poult. Sci.*, 88, 415, 2009.

29. Bourne, M. C., *Food Texture and Viscosity: Concept and Measurement*, Academic Press, New York, 1982.

30. Bratzler, L. J., Determining the tenderness of meat by using the Warner–Bratzler method, *Proc. Second Ann. Reciprocal Meat Conf. National Livestock and Meat Board*, 1949, 117.

31. Kramer, A. K., Guyer, R. B., and Rogers, H., New shear press predicts quality of canned limas, *Food Eng.* (NY), 23, 112, 1951.

32. Xiong, R., Meullenet, J.-F., Cavitt, L. C., and Owens, C. Effect of razor blade penetration depth on correlation of razor blade shear values and sensory texture of broiler major pectoralis muscles, #97–1. 2005 IFT Annual Meeting, New Orleans, LA. Book of Abstracts.

33. Breene, W. M., Application of texture profile analysis to instrumental food texture evaluation, *J. Texture Stud.*, 6, 53, 1975.

34. Meullenet, J.-F., Lyon, B. G., Carpenter, J. A., and Lyon, C. E., Relationship between sensory and instrumental texture profile attributes, *J. Sensory Stud.*, 13(1), 77, 1997.

35. Lyon, B. G. and Lyon, C. E., Assessment of three devices used in shear tests of cooked breast meat, *Poult. Sci.*, 77, 1585, 1998.

36. Smith, D. P., Lyon, C. E., and Fletcher, D. L., Comparison of the Allo-Kramer shear and texture profile methods of broiler breast meat texture analysis, *Poult. Sci.*, 67, 1549, 1988.

37. Simpson, M. D. and Goodwin, T. L., Comparison between shear values and taste panel scores for predicting tenderness of broilers, *Poult. Sci.*, 53, 2042, 1974.

38. Lyon, B. G. and Lyon, C. E., Research Note: shear value ranges by Instron Warner–Bratzler and single-blade Allo–Kramer devices that correspond to sensory tenderness, *Poult. Sci.*, 70, 188, 1991.

39. Lyon, C. E., Lyon, B. G., Townsend, W. E., and Wilson, R. L., Effect of level of structured protein fiber on quality of mechanically deboned chicken meat patties, *J. Food Sci.*, 43, 1524, 1978.

40. Lyon, B. G., Lyon, C. E., and Townsend, W. E., Characteristics of six patty formulas containing different amounts of mechanically deboned broiler meat and hand deboned fowl meat, *J. Food Sci.*, 43, 1656, 1978.

41. Lyon, C. E., Lyon, B. G., Davis, C. E., and Townsend, W. E., Texture profile analysis of patties made from mixed and flake-cut mechanically deboned poultry meat, *Poult. Sci.*, 59, 69, 1980.

42. Fletcher, D. L., Poultry meat colour, *Poultry Meat Science*, CABI Publishing, New York, 1999, 159.

43. Owens, C. M., Hirschler, E. M., McKee, S. R., Martinez-Dawson, R., and Sams, A. R., The characterization and incidence of pale, soft, exudative turkey meat in a commercial plant, *Poult. Sci.,* 79, 553, 2000.
44. Fletcher, D. L., Color variation in commercially packaged broiler breast fillets, *J. Appl. Poult. Res.,* 8, 67, 1999.
45. Lyon, B. G., Development of chicken flavor descriptive attribute terms aided by multivariate statistical procedures, *J. Sensory Stud.,* 2, 55, 1987.
46. Farmer, L. J., Poultry meat flavour, in *Poultry Meat Science,* CABI Publishing, New York, 1999, 127.
47. Froning, G. W. and Neelakantan, S., Emulsifying characteristics of pre-rigor and post-rigor poultry muscle, *Poult. Sci.,* 50, 839, 1971.
48. Lyon, C. E., Hamm, D., Thomson, J. E., and Hudspeth, J. P., The effects of holding time and added salt on pH and functional properties of chicken meat, *Poult. Sci.,* 63, 1952, 1984.
49. Lyon, C. E., Hamm, D., and Thomson, J. E., pH and tenderness of broiler breast meat deboned various times after chilling, *Poult. Sci.,* 64, 307, 1985.
50. Sams, A. R. and Janky, D. M., The influence of brine chilling on tenderness of hot-boned, chill-boned, and age-boned broiler breast fillets, *Poult. Sci.,* 65, 1316, 1986.
51. Dawson, P. L., Janky, D. M., Dukes, M. G., Thompson, L. D., and Woodward, S. A., Effect of post-mortem boning time during simulated commercial processing on the tenderness of broiler breast meat, *Poult. Sci.,* 66, 1331, 1987.
52. Northcutt, J. K., Buhr, R. J., Young, L. L., Lyon, C. E., and Ware, G. O., Influence of age and postchill carcass aging duration on chicken breast fillet quality, *Poult. Sci.,* 80, 808, 2001.
53. Mehaffey, J. M., Pradhan, S. P., Meullenet, J.-F., Emmert, J. L., McKee, S. R., and Owens, C. M., Meat quality evaluation of minimally aged broiler breast fillets from five commercial genetic strains, *Poultry Sci.,* 85, 902, 2006.
54. Simpson, M. D. and Goodwin, T. L., Tenderness of broilers affected by processing plants and seasons of the year, *Poult. Sci.,* 54, 275, 1975.
55. Farr, A. J., Atkins, E. H., Stewart, L. J., and Loe, L. C., The effects of withdrawal periods on tenderness of cooked broiler breast and thigh meats, *Poult. Sci.,* 62, 1419, 1983.
56. Goodwin, T. L., Andrews, L. D., and Webb, J. E., The influence of age, sex, and energy level on tenderness of broilers, *Poult. Sci.,* 48, 548, 1969.
57. Papa, C. M. and Lyon, C. E., Shortening of the *Pectoralis* muscle and meat tenderness of broiler chickens, *Poult. Sci.,* 68, 663, 1989.

第8章

病原微生物:以活禽为载体

Billy M. Hargis, David J. Caldwell, J. Allen Byrd

徐幸莲　王虎虎　译

8.1　引言:研究的意义

　　食源性中毒是全球重要的公共健康问题。1994 年美国农业科学与工程委员会发布的一份题为"食源性病原微生物:风险和后果"的报告中称,美国每年因摄入有毒食品而引起的死亡案例多达 9 000 多起,引发疾病案例多达 6.5～33 百万起。1996 年,在美国部分地区启动了针对 9 种典型的食源性疾病数据搜集的"食源性疾病有效监测网项目(食品网)"[1]。从这个项目启动至今,弯曲杆菌和沙门氏菌一直是引发食源性疾病的头号病菌。1997 年,弯曲杆菌(3 966 起)和沙门氏菌(2 204 起)共占确诊的食源性病例的 76%[2]。在对弯曲杆菌和沙门氏菌感染人群的数据比较中,学生感染弯曲杆菌与沙门氏菌的比例为 10∶1;美国民众感染弯曲杆菌与沙门氏菌的比例为 2∶1[3]。

　　尽管如此,(非定型)沙门氏菌仍然是世界范围内威胁性最大的食源性病菌,据报道,家禽及禽肉制品是沙门氏菌疾病的最大传播媒介[4,5]。在美国国民生产领域、医药费用以及动物制品费用的报告统计中每年因沙门氏菌导致的损失高达 14 亿[6]。最近,FoodNet 统计了美国从 1996 年到 1999 年因沙门氏菌感染的人数。在这 4 年期间,每年美国因非定型沙门氏菌感染的有 140 万病例,导致每年有 16.8 万次问诊,这些非定型沙门氏菌感染直接导致 15 000 个临床病例和 400 人次的死亡[7]。据美国农业经济研究服务部(USDA)统计,2007 年美国在治疗沙门氏菌中毒的花费高达 25 亿美元[8]。显然,只有资金的支持才能对寻找新的有效控制方法起到推动作用,同时政府部门越来越重视沙门氏菌、弯曲杆菌等食源性微生物的安全控制。尽管有很多工作需要去做,但是控制畜禽类病菌感染方面的研究已经在禽类上率先开始了。来自禽肉加工厂的致病菌是大部分产品的污染源头。随着控制目标更加清晰、明确,控制屠宰前病原微生物对减少引发人类食源性疾病起到重要作用。在宰前对沙门氏菌和弯曲杆菌进行控制的相关研究将在下面进行阐述。

8.2　典型的禽肉相关病原微生物的重要性

8.2.1　沙门氏菌和弯曲杆菌

　　正如上述描述的,到目前为止,弯曲杆菌和沙门氏菌是最主要的能够通过食物传播到人体的禽肉类病原菌。实际上,所有禽肉制品中的沙门氏菌和弯曲杆菌均来源于宰前污染。那些未引发临床病症的微生物影响了宰前检查和宰前控制。从我们实验室(Hargis)收集到的但还未公开报道的数据显示,美国由于感染普通的副伤寒沙门氏菌耗费许多资金。这些数据最终

可能进一步对生产者产生经济刺激,从而使其采取有效的措施来减少这些重要的人类食源性
病原菌。

8.2.2　埃希氏大肠杆菌

尽管在禽类屠宰加工厂中大肠杆菌是重要的检测指示菌,大肠菌群是排泄物污染的间接
指标。到目前为止,大部分的大肠杆菌不寄生在家禽中,而主要寄生在鸟类中,同时,大肠杆菌
并不是人类的潜在病原菌[9]。但是,家禽易受高致病性大肠杆菌 O157:H7 的影响,其也会引
发人类的出血性肠炎[10,11]。最需引起注意的是,从禽肉[12]中分离出来的大肠杆菌 O157:H7
会污染火鸡制品[13],从而导致人类食源性腹泻病的暴发。这些报道指出,家禽类易受大肠杆
菌 O157:H7 的污染,同时要加强预防措施,严格限制家禽与一些易受大肠杆菌 O157:H7 污
染的动物(尤其是牛和牛粪)的接触机会,避免让大肠杆菌 O157:H7 污染家禽肉制品。特别
值得担心的是,大肠杆菌 O157:H7 污染家禽类将是对公众食品安全的重大威胁,同时也是对
新食品管理体制的挑战。然而,并没有明显证据表明从禽肉制品中分离出的强毒性的大肠杆
菌能够直接引发人类食源性疾病。尽管法规中将大肠菌群作为粪便污染的指标将继续施行下
去,但是受大肠杆菌污染的禽类胴体并没有直接作为重大食品安全问题来考虑。

8.2.3　葡萄球菌

由于不同的葡萄球菌会引发一系列的宰前疾病问题,葡萄球菌会引起家禽类重大疾病问
题。更重要的是,从家禽类分离的典型的和非典型的葡萄球菌(*Staphylococcus aureus*)能产
生肠毒素而引发人类食源性疾病[14-16]。尽管从活的家禽中分离的葡萄球菌最适合以家禽为寄
主,同时被认为是不会感染人类的,但是如果后期加工产品处理不当[17],这些被分离出来的微
生物很可能会成为肠毒素的制造者[18]。从人体中分离出来的能产生肠毒素的葡萄球菌污染
禽类胴体通常发生在加工过程[19,20]。尽管葡萄球菌经常在家禽的生长过程中引发经济问题,
但是与其他疾病相比,大部分的案例被认作次要案例或是在活的鸟类中引发免疫抑制性状
态[18],进而指出在商用家禽中应采取全面健康安全管理以减少与葡萄球菌相关的疾病。值得
注意的是,葡萄球菌在脊椎动物(包括人类)中普遍存在,有时存在于表皮中甚至存在于有黏性
的细胞膜中。考虑到葡萄球菌的普遍存在性质,因此宰前措施对于控制这些潜在性的微生物
是至关重要的。

8.2.4　李斯特菌

正如第 9 章所介绍的,李斯特菌是一种与家禽制品有关的重要的食源性病菌。李斯特菌
一般能从土壤和粪便中分离出来,它还能感染脊椎动物,有时在家禽中会引发临床疾病(参见
Barnes[21]的研究论文)。尽管禽类制品是潜在的李斯特菌污染来源,但大部分的人类感染病
例的暴发是由于吃了受感染的熟食制品,这些制品被保存在冰柜温度下,这种温度环境会增加
低温微生物的数量,从而加剧污染[22]。

8.3　沙门氏菌和弯曲杆菌宰前措施的可行性

研究证明:识别宰前和宰后的关键控制点(常常引发污染的地方)和采取综合控制的方法
对减少加工禽类制品中病原菌的污染是有效的[23-28]。尽管采取干涉措施来减少沙门氏菌和弯
曲杆菌在焙烤禽肉制品中的污染是重要的且必要的,但是沙门氏菌的许多潜在性污染来源会
限制我们的能力,而没有办法控制活的禽类的病原微生物的污染来源。举个例子,野生鸟类、

猪、啮齿目动物和人类都可能成为沙门氏菌污染焙烤禽肉制品的污染源[29]。由于现代焙烤肉制品的原料来源于各种动物体,沙门氏菌很有可能在屠宰和加工过程中扩大感染范围。根据Lillard[30]的研究,食品安全和监察服务部门(FSIS)进行了一项调查,发现在禽类屠宰加工厂中,进入流水线前的肉制品检测有3%～4%的沙门氏菌阳性,而通过加工流水线后有35%的沙门氏菌阳性。尽管近几年来减少加工厂中的沙门氏菌交叉污染的项目一直在开展,但是宰前的污染也是沙门氏菌污染来源。Sarlin等[31]证明了只有那些低沙门氏菌污染性的禽类或者那些在屠宰前检测为沙门氏菌阴性的禽类在经过一系列加工仍能保持沙门氏菌阴性状态。但是,加工线若处理过被沙门氏菌污染的禽类后,后面没有被沙门氏菌污染的禽类胴体会因交叉污染而感染沙门氏菌(图8.1)。这些数据非常清晰的指出了宰前污染控制的重要性。当控制检测没有沙门氏菌污染的活的家禽作为加工的原料,则将病菌污染带进干净的加工厂的可能性是很低的。换句话说,那些被污染的禽类就是干净的加工厂的沙门氏菌的污染来源。因此,宰前的控制措施对减少禽类食源性病菌的污染起到很大的作用。

表 8.1　在屠宰加工厂一天中最初的 3 个连续的禽肉加工过程中
肉鸡皮肤和胴体上得到的沙门氏菌阳性样品的百分比

家禽	沙门氏菌阳性样品数/总数百分比			
	除羽毛后[a]	去除内脏后[a]	冷冻前[b]	冷冻后[c]
1	0/50(0.00%)[d]	1/50(2.00%)[d]	2/50(4.00%)[d]	3/50(6.00%)[d]
2	5/25(20.00%)[e]	2/25(8.00%)[e]	17/25(68.00%)[d]	17/25(68.00%)[d]
3	1/25(4.00%)[e]	1/25(4.00%)[e]	1/25(4.00%)[e]	17/25(68.00%)[d]

[a] 从胸腹部切除一块皮肤(大约 2 cm×6 cm)。
[b] 整个胴体的漂洗。
[c] 不需要从 1 号禽肉中冷冻前样品点切除的皮肤样品。
[d],[e] 使用独立的序列测验,每一行的数据都存在显著差异($P<0.05$)。

Sarlin[31]的研究表明了采取宰前识别被污染的禽类并将沙门氏菌阴性禽类作为第一禽类投入加工线能在解决减少食源性病菌问题上有很好的效果。一些商业的加工厂透露这种方法非常有用,尤其在一些特殊的情况下,即生产的产品规定要减少沙门氏菌的污染率。

在瑞典的一个例子,工厂采取一切可行的措施来减少各个加工阶段的沙门氏菌感染数量,最后很好地减少了沙门氏菌的感染率,并减少了人类潜在的食源性微生物的来源[32],但是这对于大部分的国家而言需要投入大量的资金。这种方法需要大量的资金投入,购置足够的厂房设备来减少潜在污染物的进入。大规模的检疫隔离、检查进口原料的性质、所有饲料的热处理、严格的生物安全措施和减少沙门氏菌阳性家禽都是必不可少的措施。尽管从生产者和消费者的角度来看这些项目的花费是非常大的,但是由于与食源性疾病引起的花销不相上下,因此关于这些措施的实施和价值还在商讨中。无论如何,瑞典的经验证明了在小规模的基础上将沙门氏菌的数量保持在零,理论上是可行的。幸运的是,在过去的几年里,研究使用经济效益高的控制措施已经取得了较大的成功,这表明没有庞大的人力和资金这些项目也能成功。具体见下文的介绍。

8.4　上消化道及胴体污染

众所周知,盲肠和大肠是沙门氏菌最重要的寄居地。因此,从 20 世纪 70 年代早期开始,在加工厂中,大肠的内容物就作为控制沙门氏菌污染重要的关键点。针对规定性的饲料回收,各种加工设备的再次使用和检查人员对内脏的视觉评估,使工厂将注意力集中在减少和识别内脏破裂上。

最近,关注点已经向禽类饲料作为沙门氏菌或弯曲杆菌的传染源转移。事实上,在禽类中盲肠是最主要的沙门氏菌的寄居地[33-35]。根据以上原因,盲肠和大肠内容物被传统地认为是沙门氏菌的最初来源。在切除内脏的加工设备间,屠宰间地上的废弃物、皮肤和羽毛很容易感染沙门氏菌。尽管盲肠内容物中复活的沙门氏菌的数量多于被污染的嗉囊,但研究表明,在屠宰加工厂被感染了沙门氏菌和弯曲杆菌的饲料会成为胴体的感染源。在加工过程中,从饲料中渗漏到胴体上的沙门氏菌的数量比盲肠内容物渗漏感染的数量多 86 倍[36]。同样重要的是,在加工过程中,嗉囊比盲肠更容易被沙门氏菌[36,37]和弯曲杆菌[38]感染,这个很好的证明了嗉囊和上消化道内容物在加工过程中是主要的胴体污染源。尽管这些数据很清晰的指出了饲料和上消化道内容物是禽类胴体微生物污染的重要来源,但是,没有数据表明摄入受沙门氏菌污染的饲料能够引起屠宰后的胴体污染。事实上,从我们实验室没有公布的研究显示,可察觉到的食物污染和沙门氏菌复壮之间没有联系。对于那些支持可察觉污染的理论的支持者,要提起注意的是那些不可见的消化物或排泄物以及病菌污染是不能直接从视觉上察觉的。进一步地说,由于沙门氏菌是可移动的且能在它们喜好的胴体的任何部位生存[39],单独通过清洗和洗刷来去掉沙门氏菌是很困难的。因此,加工过程中用在产品上的直观的指数数据在本质上对提高食品生物安全是没有用的。

8.5　上部胃肠道的屠宰前污染

Humphrey 等[40]发现,随着饲料回收次数的增加,饲料中再生的肠炎型沙门氏菌类 4 型噬菌体的数量不断增加。在 24 h 内回收的饲料对促进肠炎型沙门氏菌的再生很有利。在被喂食过的禽畜中,16 个饲料样品中只有 2 个为沙门氏菌阳性,然而被喂食回收饲料的 16 个样品中有 11 个是沙门氏菌阳性。为了证实这个结果,我们的实验室也发现无论是在实验室条件下还是在商业化工厂条件下,喂食过回收饲料的沙门氏菌阳性的数量要比对照组增加 2～3 倍[37]。在接下来的研究中,饲料中沙门氏菌复壮现象明显的增多($P < 0.05$),从 9 组商业化禽类中抽取 5 组,这 5 组商业化禽类中在喂食回收饲料前有 7/360(1.9%)的沙门氏菌阳性比例,在喂食回收饲料后的沙门氏菌阳性比例提高到 36/359(10%)。与检查饲料的污染率相比,回收饲料提高了 3～5 倍,但沙门氏菌从盲肠中的再生很少给予重视[37,41]。

本实验室未公布的试验结果表明,环境光照强度严重影响肉鸡的数量,并且肉鸡在模拟禁食期间会啄食垃圾。在这个试验中,4 或 8 个独立的观察者在 30 min 观察期内对啄食垃圾的肉鸡数量进行记录,这些观察者在圈有 100 只鸡的同一围栏边上,每只鸡约占地 1 ft^2(平方英尺)。分别在高光照强度[44～46 英尺烛光(fc),表示每英尺距离内的照度]和低光照强度(0.3～0.5 fc)下对禁食开始以及禁食 4 和 8 h 的啄食垃圾行为进行观察。禁食 6 h 时,降低光照强度使这种行为下降 6.8 倍。我们过去发表过禁食期间对垃圾和排泄物的摄入是导致嗉囊沙门氏菌污染急剧上升的原因,如果这一假设是正确的,那么在禁食期间减少或消除光照强度可能会减少嗉囊污染的频率,进而有可能降低加工过程中的胴体污染。

尽管目前来看增加禁食期间垃圾和排泄物的摄入可能会增加从初始到收禽过程中嗉囊内容物的沙门氏菌污染,Corrider[42]的研究证明,在商业和试验条件下禁食 8 h 内嗉囊 pH 会显著增加,这一现象有助于降低嗉囊的发酵活性和乳酸产生。在此研究中,嗉囊乳酸水平的降低及 pH 的升高与禁食 4 及 8 h 时嗉囊中沙门氏菌数量显著增加有密切联系。此研究表明,除了污染垃圾的摄入会导致沙门氏菌增多外,一些被摄入的细菌在暴露于嗉囊环境后,能降低乳酸浓度,产生低酸环境,因而更有助于沙门氏菌的存活。

最近,Byrd 和他的同事们[38]试验了禁食对弯曲杆菌分离株的影响,这些分离株来自从初始到收禽运输至加工车间的市售肉鸡中的嗉囊。在此研究中,选择 9 个不同的鸡舍里获得的 40 只 7 周龄的肉鸡,对禁食前后嗉囊中的弯曲杆菌分离菌株发生率立即进行检测。将 6 个相同鸡群中收集的肉鸡盲肠与嗉囊样本进行比较。禁食导致 9 个抽样鸡舍中 7 个鸡舍的弯曲杆菌阳性嗉囊样品量显著增加。而且,弯曲杆菌阳性嗉囊总数出现显著增加,从禁食前的 25% 增加到禁食后的 62.4%。类似于禁食对盲肠中沙门氏菌恢复的抑制作用,但是本研究并未发现禁食对盲肠中弯曲杆菌恢复率有影响。

考虑到商业加工过程中嗉囊的潜在高破裂率和漏损率[36],禁食期嗉囊中弯曲杆菌的高恢复率(62.4%)[38]可以表明嗉囊能够作为弯曲杆菌以及沙门氏菌的潜在危害控制点。

8.6　宰前肠道污染控制措施

不喂食会改变幼禽肠道中的微生物区系,减少乳酸菌的数量,降低易变脂肪酸的集中性,增加肠道中的 pH[40,42]。更进一步的,在禁食期期间肠道中的微环境的变化能够增加肠道病原菌的入侵。我们评估了在运输禁食前的 10 h 内添加 0.44% 的乳酸的饮用水对胴体的影响。在这项以农场为依托进行的商业研究中,在运输禁食前的 10 h 和禁食后的 10 h,我们为肉禽提供添加 0.44% 的乳酸的饮用水。收集冷冻前胴体清洗样品检测沙门氏菌和弯曲杆菌。与对照组 (23/50;46%) 相比,肠道沙门氏菌污染经乳酸的处理(2/50;4%)显著地减少了。更重要的是,从冷冻前清洗胴体中分离得到的沙门氏菌减少了将近 10 倍,但是弯曲杆菌经过乳酸处理后只减少 25%[43]。这些研究表明,运输前禁食期间添加一些有机酸在饮用水中能够减少加工过程中饲料和胴体的沙门氏菌污染。在宰前禁食过程将其他更加有效的杀菌剂混入饮用水中,观察其对胴体的影响正在研究。

最近一项选择性的有机酸混合评估表明,具体的混合配方能更加有效地运用在屠宰年龄的家禽上[44]。这个方法的局限性在于产品的风味,因为减少宰前水的饮用会造成产品缩水,以及对合理混合物的使用在食用性动物制品上的可接受性。一个将这些污染菌杀死的重要的考虑因素是采用临界浓度的药物对产品进行消毒。低于浓度阈值,这些有机酸对饲料中的沙门氏菌数量是没有作用的。因此,尝试使用减少浓度的方式来增加水的摄入同时减少费用是一个愚蠢的假设。同时,值得注意的是,那些在加工过程中污染胴体的饲料,没对火鸡造成实质性污染。我们实验室中未报道出来的研究中发现火鸡饲料中含有的沙门氏菌和弯曲杆菌非常少。这可能是因为火鸡饲料的发酵程度比较高,因此,宰前肠道污染控制可能不是火鸡加工的关键控制点。

8.7　废物化学处理

如果酸度降低到 pH 5 以下,这样的条件不利于沙门氏菌和其他潜在性微生物的生长[42]。因此,要对表面进行化学处理来降低 pH 及产品中的胺类物质。这种处理非常经济可行同时对农场工人也是安全的。添加以下化学添加剂可以降低禽肉表面的 pH。这些化学添加剂包括硫酸铝[45,46]、硫酸铁[47]、磷酸盐[48]、硫酸氢钠[49,50]和有机酸[51]。

Moore 和他的同事们[49]评估了针对氨的利用和磷溶性的多种化学处理,发现相对于磷酸盐、硫酸铁、硫酸氢钠和铁酸钙来说,硫酸铝在减少氨水挥发中的效果是最好的。与控制表面相比,所有的化学处理都会显著地减少废弃物的 pH。在控制氨水的利用和磷溶性上硫酸铝都是非常有效的。这些数据表明硫酸铝对环境有保护作用,因为它能减少磷流失到地下水中。但是单单使用它来处理,车间的费用远高于其他化学药剂。在另一个研究中,硫酸氢钠对控制表面的沙门氏菌、梭状芽孢杆菌和巴斯德氏菌非常有效[52]。而且,该产品的使用能有效地减少废弃物中的酸类物质,同时能延长杀虫剂对黑暗甲虫的抑制作用。

我们实验室曾经评估过氢氧化钙对禽类废弃物中的沙门氏菌和弯曲杆菌的影响。这些研究表明在将 2%(质量体积比)的氧化钙注入废弃物中 8 h 后发现,废弃物中的沙门氏菌显著地减少了。在进一步的成熟的试验中发现氢氧化钙(2%)的使用并没有对火鸡幼雏的健康状况造成影响[53]。尽管在商业化氢氧化钙的使用还没有被证实是否有效,但是以上的介绍的研究说明在相对低成本和低环境影响的情况下使用氢氧化钙是非常理想的。

8.8　生物安全的作用

因为那些会感染家禽和人类的各种血清型的副伤寒沙门氏菌没有固定的寄主,所以它们能够侵染各种脊椎动物。很多种类的动物会感染沙门氏菌,包括啮齿目动物、野生鸟类、家禽和人类[29]。沙门氏菌很容易从食物原料中分离出来,尤其是当食物中含有肉、鱼、血或骨头时[54-56]。热处理[26,56]能够减少熟食中各类潜在性病菌的数量,包括沙门氏菌。然而,尽管制造和保持高质量的没有病菌侵染的食物是可以完成的,但是真正的因为饲料污染导致的沙门氏菌侵染的事件还未有报道[57]。此外,严格的全面的生物安全措施对于保证禽类的健康和减少疾病问题的发生是非常关键的[58]。因此,在禽类健康管理中生物安全是一个重要的组成部分。当今动物流行病学关于沙门氏菌侵染禽类和火鸡的认识表明,尽管从原来的禽类通过环境的交叉污染偶然性的传播病菌是被证实的,但是一些主要的血清型的沙门氏菌种会随着繁殖而侵染下一代禽类。尽管生物安全和食物质量的控制在禽类健康项目中是重要的部分,但是作者认为针对沙门氏菌和弯曲杆菌的控制,单纯地依靠以上的因素会导致错误的安全意识,甚至可能无法抓住宰前关键控制点。应更加认真的考虑直系的传播,将繁殖的禽类作为沙门氏菌和弯曲杆菌的污染源加以控制能保证的宰前控制措施项目的顺利进行。在大部分的案例中,商业性禽类和火鸡由于繁殖传播而侵染沙门氏菌的证据是毋庸置疑的。食物的处理和生物安全措施的加强,尽管这些也是非常重要的因素,但是它们不能影响商业禽类污染的频率。然而,当繁殖污染途径和环境污染途径这些因素被很好地控制以后,一些小的污染途径就变成了关键点,例如食物、水、带菌者,它们将在保证无沙门氏菌的禽类控制中变得更加重要。

8.9　生鲜运输考虑因素

将待加工禽类禁食 4 h 或以上后,把它们运输到加工厂。在运送的过程中,禽类一直被关在运输笼子里,很容易污染沙门氏菌和弯曲杆菌[23,59,60]。Stern 等[59]发现,运输过程会增加弯曲杆菌的污染总量,与运输前(12.1%)相比,运输后的染菌率(56%)增加了。而且,在每一个胴体身上被检测到的弯曲杆菌的平均总量从 2.71 $\log_{10}$CFU 上升到 5.15 $\log_{10}$ CFU[59]。类似的,Hoop 和 Ehrsam[60]报道有 32％的未清洗过的运输笼子会从单独的一个加工厂感染弯曲杆菌(*C.jejuni*)。然而,对于所有的加工厂而言,运输也不是都有可能增加弯曲杆菌污染率[25]。

在实验室运输条件下,盲肠中的沙门氏菌阳性数量不断增加,从 23.5％增加到 61.5％。类似的,Jones 等[26]发现 33％未清洗的运输笼子被沙门氏菌污染,尽管被运输的禽类检测为沙门氏菌阴性。在评估项目的总体费用时有效的清洗和防治运输笼子和设备的交叉污染是禽类生物安全的重要组成部分。

运输设备上的食源性病菌是内在和外在污染肉鸡的一个潜在来源。Mead 等[61]评估用氯水清洗过的运输的笼子被沙门氏菌污染状况。这些研究者发现,经过清洗,50％的污染物仍呈阳性[61]。保证运输容器干净是非常重要的,它是保证禽类在进入加工厂前在胴体无污染的最后一步。进入加工厂的禽类感染沙门氏菌的比例从 60％上升到 100％,而感染弯曲杆菌的比例从 80％上升到 100％[62-64]。沙门氏菌很容易吸附在禽类的皮肤上[30],所有的结果表明运输前避免这样的污染比进厂后补救更有效。弯曲杆菌在禽类加工厂中无所不在,这种病菌能从滚烫箱、羽毛、冷冻箱以及加工设备中复壮[63]。并且,禽类屠宰加工厂中加工的链子和箱子都含有弯曲杆菌[65]。

8.10　药 物 处 理

使用治疗性和预防性的抗生素来控制沙门氏菌引来了很多争议。抗菌部门已经将抗生素使用在控制孵化问题和减少沙门氏菌的感染上[66,67]。一些报道称一些抗生素会增加沙门氏菌的侵染区域,原因是抗生素抑制了有益细菌的生长,而这些细菌会制造抑菌物质[68,69]。持续地使用抗生素会增加抵抗药物的细菌的生长[70-72]。然而,一些抗菌处理,包括莫能菌素、维及尼霉素、黄霉素以及细菌素能适度的减少禽类中沙门氏菌的数量(但是不会减少弯曲杆菌的数量),这说明在禽类生产中不使用抗生素可能造成沙门氏菌侵染这个意想不到的后果[73]。Svetoch[74]最近的研究表明,一些特定乳酸菌产生的抗菌素和抗菌肽能有效控制禽类消化道中的沙门氏菌和弯曲杆菌的数量。虽然这些化合物还没有应用到人类药物中,但在不久的将来一定能在商业禽类加工厂中起到很大的作用。

8.11　益生菌和竞争排斥

在益生菌和竞争排斥两个名词的概念经常会混淆。在实际的应用中,这两个词还是有微小的不同的,尽管竞争排斥大部分解释为细胞培养,而益生菌常被定义为乳酸菌,或某些杆菌类[75]。新生的上消化道非常的敏感,很容易被致病菌感染[76]。一个能减少感染的方法是加快建立正常微生物区系。健康成年人大肠内的微生物区系概念在 1973 年首次提出[77]。这些有益微生物的竞争能减少沙门氏菌和弯曲杆菌的侵染[78-87]。

这些有益菌通过竞争生长领域来起到保护作用(图 8.1),制造不同的脂肪酸,减少氧化产物以及竞争营养物质[77,85]。这些物质能形成由许多已知或未知的细菌组合成的培养基。这些培养基能提高额外的保护来减少致病微生物。尽管有一种有益菌产物被美国 FDA 认可在禽类中使用来减少沙门氏菌的污染,但是在美国,这些对动物和人类有益的菌群并没有普遍应用到商业生产中。美国有很多关于商业化的可行的益生菌产品,但不是所有的产品都是有益的,一些产品中的细菌可能无法在禽类的消化道中存活,另一些产品经过了全面的研究分析,能有效地减少食源性病菌的数量。

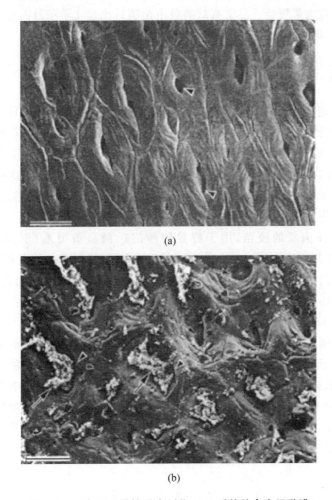

图 8.1　用电子显微镜观察孵化 48 h 后的幼禽盲肠黏膜

a. 正常未处理的幼禽盲肠黏膜,盲肠腺管清晰地呈现,没有大的成团的微生物可见;
b. 商业性益生菌处理过的幼禽的相似部位的盲肠黏膜,主要盲肠腺管有大的成团的微生物,
一些没有微生物的盲肠腺管也清晰可见。

经过商业领域的试验,一些有益细菌培养基在控制禽类肠道中沙门氏菌菌落数量方面有很好的效果[28,84-87]。在实验室条件下,一些有效的产品在保护禽类抵抗病菌上起了很大的作用,如肠道性沙门氏菌(PT13、PT4)、副伤寒沙门氏菌、梭状芽孢杆菌以及大肠杆菌O157:H7[81,88-91]。最近,一种特定的乳酸菌培养基表现出能够减少幼禽[92-95]和加工设备的沙门氏菌污染[84]。在工厂条件下的更深一步的研究[86,96]证实了这种乳酸菌培养基能减少自身带有肠道性病菌的能力[97]。再进一步地改善它的作用,能够得到很好的收益,最终,一些益生菌培养基的广泛使用能被公众接受。

益生菌产品的使用是综合控制项目的一个很重要的组成部分。这个产品的效能依靠体积和剂量。益生菌培养基通常是由对抗生物混合物质的敏感的细菌生物体组成,那些抗生素物质会减弱这些培养基的效果。由于有效的益生菌能够减少肠道中的有害微生物的数量,这些项目能够提供另一种有效的方法来减少抗生素的使用,而在综合宰前食源性病菌控制项目中抗生素的使用会花费大量资金。尽管有效的益生菌项目比起化学项目需要更高精密水平的仪器和熟练的观察者,但是研究数据表明这种方法非常的有效。

8.12　疫苗接种

疫苗接种项目能够减少病菌的传播,通常依靠寄主的免疫系统识别具体的抗原。因为有很多种沙门氏菌血清型,且每一种都有其特定的抗原,传统上很少研究沙门氏菌的疫苗。禽类中弯曲杆菌疫苗还没有面临大量血清型的问题[98]。最近我们实验室中没有公布的一项研究表明一个减弱的沙门氏菌的载体表达出弯曲杆菌抗原性,反复研究表明这种抗原能够减少肠道内的弯曲杆菌大于 6 $\log_{10}$ CFU/g 肠道内容物。这些数据表明成功的黏膜免疫的产生能够有效地减少禽类中弯曲杆菌的数量。

相比于沙门氏杆菌属的疫苗,用于特异的沙门氏菌血清型系(例如 *S. enteritidis*、*S. gallinarum*)已经在某些地方性疾病中得到了广泛的应用,特别是在种畜和食用蛋生产上[99]。这些疫苗在特异沙门氏菌血清型问题严重的区域是急需的。最近的研究表明,肠道型沙门氏菌的油状乳胶疫苗用于种畜会使幼雏中盲肠内容物减少 3 $\log_{10}$ CFU/g[100]和种畜换毛后盲肠内容物减少 2 $\log_{10}$ CFU/g[101]。

基因剔除的活型疫苗可以保证无毒[102,103]。刚孵化的小鸡接种这种弱化的沙门氏菌疫苗表现出血清学上对于同源或异源的沙门氏菌血清型的保护,可能通过一种竞争排除的类似机制[104,105]。当种畜被接种过这种疫苗之后,母系抗体可以解释在鸡蛋和小鸡中也存在同样的疫苗[103,106-109]。这些抗体能减少沙门氏菌菌落和保护产蛋的母鸡直到接种后 11 个月[107]。可是通常用于家禽生产的抗菌剂可能会减少或消灭活性疫苗的效率。但是许多公开的研究结果还是令人欣慰的,在美国,活的沙门氏菌疫苗用于控制副伤寒沙门氏菌至今没有得到广泛的商业认可。

8.13　小　　结

针对食源性病菌的成功的宰前干涉项目必须全面结合不同的关键控制点。数据显示,没有一个单独的关键控制点能够有效地减少病菌的侵染。然而,多种因素联合,重点集中几个关键控制点对于减少病菌的侵染有很好的作用。目前的证据表明,完全成功的宰前控制的一个很重要的因素是保持禽类制品无病菌状态,这种问题取决于家禽生长过程中严格的饲料控制。宰前食源性病菌控制的紧急措施包括有效益生菌产品的使用、宰前有机酸饮用水的处理、酸化或碱化处理。回收饲料的有机酸的处理和环境处理的影响也要重视[87]。再者,选择使用益生菌来减少沙门氏菌和弯曲杆菌的附着和环境的污染有很好的作用效果[78-87]。虽然,将来能否将抗生素普遍地运用到禽类制品中还存在疑问,但是毫无疑问,有效益生菌能很好地控制食源性病菌的侵染,从而促进禽类健康制品的发展。

参 考 文 献

1. United States Department of Agriculture, Food Safety Inspection Service, FSIS/CDC/FDA Sentinel Site Study: The Establishment and Implementation of an Active Surveillance System for Bacterial Foodborne Diseases in the United States, Report to Congress, February 1997.

2. United States Department of Agriculture, Food Safety Inspection Service, Foodnet: An Active Surveillance System for Bacterial Foodborne Diseases in the United States, Report to Congress, April 1998.

3. Tauxe, R. R. V., *Salmonella:* A postmodern pathogen, *J. Food Prot.*, 54, 563, 1991.

4. Bean, N. H. and Griffin, P. M., Food-borne disease outbreaks in the United States, 1973–1987: Pathogens and trends, *J. Food Prot.*, 53, 804, 1990.

5. Persson, U. and Jendteg, S. I., The economic impact of poultry-borne salmonellosis: How much should be spent on prophylaxis? *Int. J. Food Microbiol.*, 15, 207, 1992.

6. Madie, P., *Salmonella* and *Campylobacter* infections in poultry, in *Proc. Solvay Chicken Health Course*, Grunner U. Peterson Massey University, Palmerston North, New Zealand, 1992.

7. Voetsch, A. C., Van Gilder, T. J., Angulo, F. J., Farley, M. M., Shallow, S., Marcus, R., Cieslak, P. R., Deneen, V. C., and Tauxe, R. V., FoodNet estimate of the burden of illness caused by non-typhoidal *Salmonella* infections in the United States, *Clin. Infect. Dis.*, 38, 127, 2004.

8. Mead, P. S., Slutsker, L., Dietz, V., McCaig, L. F., Bresee, J. S., Shapiro, C., Griffin, P. M., and Tauxe, R. V., Food-related illness and death in the United States, *Emerg. Infect. Dis.*, 5, 607, 1999.

9. Barnes, H. J. and Gross, W. B., Colibacillosis, in *Diseases of Poultry*, 10th ed., B. W. Calnek et al., Eds., Iowa State University Press, Ames, IA, 1997, 131.

10. Beery, J. T., Doyle, M. P., and Schoeni, J. L., Colonization of chicken cecae by *Escherichia coli* associated with hemorrhagic colitis, *Appl. Environ. Microbiol.*, 49, 310, 1985.

11. Stavric, S., Buchanan, B., and Gleeson, T. M., Intestinal colonization of young chicks with *Escherichia coli* 0157:H7 and other verotoxin-producing serotypes, *J. Appl. Bacteriol.*, 74, 557, 1993.

12. Doyle, M. O. and Schoeni, J. L., Isolation of *Escherichia coli* 0157:H7 from retail fresh meats and poultry, *Appl. Environ. Microbiol.*, 53, 2394, 1987.

13. Griffin, P. M. and Tauxe, R. V., The epidemiology of infections caused by *Escherichia coli* 0157:H7, other enterohemorrhagic *E. coli*, and the associated hemolytic uremic syndrome, *Epidemiol. Rev.*, 13, 60, 1991.

14. Evans, J. B., Ananaba, G. A., Pate, C. A., and Bergdoll, M. S., Enterotoxin production by atypical *Staphylococcus aureus* from poultry, *J. Appl. Bacteriol.*, 54, 257, 1983.

15. Gibbs, P. A., Patterson, J. T., and Harvey, J., Biochemical characteristics and enterotoxigenicity of *Staphylococcus aureus* strains isolated from poultry, *J. Appl. Bacteriol.*, 44, 57, 1978.

16. Harvey, J., Patterson, J. T., and Gibbs, P. A., Enterotoxigenicity of *Staphylococcus aureus* strains isolated from poultry: Raw poultry carcasses as a potential food-poisoning hazard, *J. Appl. Bacteriol.*, 52, 251, 1982.

17. Deveriese, L. A., Devos, A. H., Beumer, J., and Moes, R., Characterization of staphylococci isolated from poultry, *Poult. Sci.*, 51, 389, 1972.

18. Skeeles, J. K., Staphylococcosis, in *Diseases of Poultry*, 10th ed., B. W. Calnek et al., Eds., Iowa State University Press, Ames, IA, 1997, 247.

19. Adams, B. W. and Mead, G. C., Incidence and properties of *Staphylococcus aureus* associated with turkeys during processing and further-processing operations, *J. Hyg.*, 91, 479, 1983.

20. Notermans, S., Dufrenne, J., and van Leeuwen, W. J., Contamination of broiler chickens by *Staphylococcus aureus* during processing: Incidence and origin, *J. Appl. Bacteriol.*, 52, 275, 1982.

21. Barnes, H. J., Other bacterial diseases, in *Diseases of Poultry*, 10th Ed., B. W. Calnek et al., Eds., Iowa State University Press, Ames, IA, 1997, 289.

22. Marsden, J. L., Industry perspectives on *Listeria monocytogenes* in foods: Raw meat and poultry, dairy, *Food Environ. Sanit.*, 14, 83, 1994.

23. Rigby, C. E. and Pettit, J. R., Changes in the *Salmonella* status of broiler chickens subjected to simulated shipping conditions, *Can. J. Comp. Med.*, 44, 374, 1980.

24. Goren, E., de Jong, W. A., Doornenbal, P., Bolder, N. M., Mulder, R. W. A. W., and Jansen, A., Reduction of *Salmonella* infection of broilers by spray application of intestinal microflora: A longitudinal study, *Vet. Q.*, 10, 249, 1988.

25. Jones, F., Axtell, R. C., Rives, D. V., Scheideler, S. E., Tarver, F. R., Walker, R. L., and Wineland, M. J., A survey of *Campylobacter jejuni* contamination in modern broiler production and processing systems, *J. Food Prot.*, 54, 259, 1991.

26. Jones, F., Axtell, R. C., Rives, D. V., Scheideler, S. E., Tarver, F. R., Walker, R. L., and Wineland, M. J., A survey of *Salmonella* contamination in modern broiler production, *J. Food Prot.*, 54, 502, 1991.

27. Stavric, S. and D'Aoust, J. Y., Undefined and defined bacterial preparations for the competitive exclusion of *Salmonella* in poultry—a review, *J. Food Prot.*, 56, 173, 1993.

28. Blankenship, L. C., Bailey, J. S., Cox, N. A., Stern, N. J., Brewer, R., and Williams, O., Two-step mucosal competitive exclusion flora treatment to diminish salmonellae in commercial broiler chickens, *Poult. Sci.*, 72, 1667, 1993.

29. Krabisch, P. and Dorn, P., The importance of living vectors for the dissemination of *Salmonella* in broiler flock rodents, cats and insects as vectors, *Berl. Muench. Tieraerztl. Wochenschr.*, 93, 232, 1980.

30. Lillard, H. S., Factors affecting persistence of *Salmonella* during the processing of poultry, *J. Food Prot.*, 52, 829, 1989.

31. Sarlin, L. L., Barnhart, E. T., Caldwell, D. J., Moore, R. W., Byrd, J. A., Caldwell, D. Y., Corrier, D. E., DeLoach, J. R., and Hargis, B. M., Evaluation of alternative sampling methods for *Salmonella* critical control point determination at broiler processing, *Poult. Sci.*, 77, 1253, 1998.

32. FAO/WHO: Country report on the Swedish experience relating to the control of *Salmonella* in the national herd, with specific focus on the salmonella policy related to poultry production, and the results regarding *Salmonella* prevalence and human salmonellosis incidence, FAO/WHO Global Forum of Food Safety Regulators, Marrakech, Morocco, 2002.

33. Fanelli, M. J., Sadler, W. W., Franti, C. E., and Brownell, J. R., Localization of salmonellae within the intestinal tract of chickens, *Avian Dis.*, 15, 366, 1971.

34. Snoeyenbos, G. H., Soerjadi, A. S., and Weinack, O. M., Gastrointestinal colonization by *Salmonella* and pathogenic *Escherichia coli* in monozenic and holoxenic chicks and poults, *Avian Dis.*, 26, 566, 1982.

35. Corrier, D. E., Hargis, B. M., Hinton, A., Lindsey, D., Caldwell, D. J., Manning, J., and DeLoach, J. R., Effect of cecal colonization resistance of layer chicks to invasive *Salmonella enteritidis*, *Avian Dis.*, 35, 337, 1991.

36. Hargis, B. M., Caldwell, D. J., Brewer, R. L., Corrier, D. E., and DeLoach, J. R., Evaluation of the chicken crop as a source of *Salmonella* contamination for broiler carcasses, *Poult. Sci.*, 74, 1548, 1995.

37. Corrier, D. E., Byrd, J. A., Hargis, B. M., Hume, M. E., Bailey, R. H., and Stanker, L. H., Presence of *Salmonella* in the crop and ceca of broiler chickens before and after preslaughter feed withdrawal, *Poult. Sci.*, 78, 45, 1999.

38. Byrd, J. A., Corrier, D. E., Hume, M. E., Bailey, R. H., Stanker, L. H., and Hargis, B. M., Effect of feed withdrawal on the incidence of *Campylobacter* in crops of preharvest broiler chickens, *Avian Dis.*, 42, 802, 1998.

39. Lillard, H. S., Effect of surfactant or changes in ionic strength on the attachment of *Salmonella typhimurium* to poultry skin and muscle, *J. Food Sci.*, 53, 727, 1988.

40. Humphrey, T. J., Baskerville, A., Whitehead, A., Rowe, B., and Henley, A., Influence of feeding patterns on the artificial infection of laying hens with *Salmonella enteritidis* phage type 4, *Vet. Rec.*, 132, 407, 1993.

41. Ramirez, G. A., Sarlin, L. L., Caldwell, D. J., Yezak, C. R., Jr., Hume, M. E., Corrier, D. E., Deloach, J. R., and Hargis, B. M., Effect of feed withdrawal on the incidence of *Salmonella* in the crops and ceca of market age broiler chickens, *Poult. Sci.*, 76, 654, 1997.

42. Corrier, D. E., Byrd, J. A., Hargis, B. M., Hume, M. E., Bailey, R. H., and Stanker, L. H., Survival of *Salmonella* in the crop contents of market-age broilers during feed withdrawal, *Avian Dis.*, 43, 453, 1999.

43. Byrd, J. A., Hargis, B. M., Caldwell, D. J., Bailey, R. H., Herron, K. L., McReynolds, J. L., Brewer, R. L., Anderson, R. C., Bischoff, K. M., Callaway, T. R., and Kubena, L. F., Effect of lactic acid administration in the drinking water during preslaughter feed withdrawal on *Salmonella* and *Campylobacter* contamination of broilers, *Poult. Sci.*, 80, 278.

44. Wolfenden, A. D., Vicente, J. L., Higgins, J. P., Andreatti, R., Higgins, S. E., Hargis, B. M., and Tellez, G., Effect of organic acids and probiotics on *Salmonella enteritidis* infection in broiler chickens, *Int. J. Poult. Sci.* 6(6), 403, 2007.

45. Huff, W. E., Moore, P. A., Balog, J. M., Bayyari, G. R., and Rath, N. C., Evaluation of toxicity of alum (aluminum sulfate) in young broiler chickens, *Poult. Sci.*, 75, 1359, 1996.

46. Moore, P. A. and Miller, D. A., Decreasing phosphorus solubility in poultry litter with aluminum, calcium and iron amendments, *J. Environ. Qual.*, 23, 325, 1994.

47. Huff, W. E., Malone, G. W., and Chaloupka, G. W., Effect of litter treatment on broiler performance and certain litter quality parameters, *Poult. Sci.*, 63, 2167, 1984.

48. Reece, F. N., Bate, B. J., and Lott, B. D., Ammonia control in broiler houses, *Poult. Sci.*, 58, 754, 1979.

49. Moore, P. A., Jr., Daniel, T. C., Edwards, D. R., and Miller, D. M., Evaluation of chemical amendments to reduce ammonia volatilization from poultry litter, *Poult. Sci.*, 75, 315, 1996.

50. Terzich, M., Quarles, C., Goodwin, M. A., and Brown, J., Effect of Poultry Litter Treatment (PLT) on death due to ascites in broilers, *Avian Dis.*, 42, 385, 1998.

51. Parkhurst, C. R., Hamilton, P. B., and Baughman, G. R., The use of volatile fatty acids for the control of microorganisms in pine sawdust litter, *Poult. Sci.*, 58, 801, 1974.

52. Terzich, M., The effects of sodium bisulfate on bacteria load of poultry litter and bird performance, in *Proc. 68th Northeastern Conference on Avian Diseases,* Penn State University, June 10–12, 1996.

53. Hargis, B. M., Caldwell, D. J., and Byrd, J. A., unpublished data, 2000.

54. Morris, G. K., McMurray, B. L., Galton, M. M., and Wells, J. G., A study of the dissemination of salmonellosis in a commercial broiler chicken operation, *Am. J. Vet. Res.*, 30, 1413, 1969.

55. MacKenzie, M. A. and Bains, B. S., Dissemination of *Salmonella* serotypes from raw feed ingredients to chicken carcasses, *Poult. Sci.*, 55, 957, 1996.

56. Shrimpton, D. H., The *Salmonella* problem of Britain, *Milling Flour Feed,* January 16–17, 1989.

57. Caldwell, D. J., Hargis, B. M., Corrier, D. E., Williams, J. D., Vidal, L., and DeLoach, J. R., Evaluation of persistence and distribution of *Salmonella* serotype isolation from poultry farms using drag-swab sampling, *Avian Dis.*, 39, 617, 1995.

58. Byrd J. A., Origin and relationship of *Campylobacter* and *Salmonella* contamination of poultry during processing, *Poult. Sci.*, 78 (Suppl. 1), 4, 1999.

59. Stern, N. J., Clavero, M. R. S., Bailey, J. S., Cox, N. A., and Robach, M. C., *Campylobacter* spp. in broilers on the farm and after transport, *Poult. Sci.*, 74, 937, 1995.

60. Hoop, R. and Ehrsam, H., Ein Beitrag zur Epidemiologie von *Campylobacter jejuni* und *Campylobacter coli* in der Hünnermast, *Schweiz. Arch. Tierheilkd.*, 129, 193, 1987.

61. Mead, G. C., Hudson, W. R., and Hinton, M. H., Use of a marker organism in poultry processing to identify sites of cross-contamination and evaluate possible control measures, *Br. Poult. Sci.*, 35, 345, 1994.

62. Acuff, G. R., Vanderzant, C., Hanna, M. O., Ehlers, J. G., Golan, F. A., and Gardner, F. A., Prevalence of *Campylobacter jejuni* in turkey carcass processing and further processing of turkey products, *J. Food Prot.*, 49, 712, 1986.

63. Wempe, J. M., Genigeorgis, C. A., Farver, T. B., and Yusufu, H. I., Prevalence of *Campylobacter jejuni* in two California chicken processing plants, *Appl. Environ. Microbiol.*, 45, 355, 1983.

64. Kotula, K. L. and Pandya, Y., Bacterial contamination of broiler chickens before scalding, *J. Food Prot.*, 58, 1326, 1995.

65. Baker, R. C., Paredes, M. D. C., and Qureshi, R. A., Prevalence of *Campylobacter* in poultry meat in New York State, *Poult. Sci.*, 66, 1766, 1987.

66. Goodnough, M. C. and Johnson, E. A., Control of *Salmonella enteritidis* infections in poultry by polymyxin B and trimethoprim, *Appl. Environ. Microbiol.*, 57, 785, 1991.

67. Muirhead, S., *Feed Additive Compendium*, Miller Publishing, Minneapolis, MN, 1994.

68. Manning, J. G., Hargis, B. M., Hinton, A., Corries, D. E., DeLoach, J. R., and Creger, C. R., Effect of nitrofurazone or novobiocin on *Salmonella enteritidis* cecal colonization and organ invasion in leghorn hens, *Avian Dis.*, 36, 334, 1992.

69. Manning, J. G., Hargis, B. M., Hinton, A., Corrier, D. E., DeLoach, J. R., and Creger, C. R., Effect of selected antibiotics and anticoccidials on *Salmonella enteritidis* cecal colonization and organ invasion in Leghorn chicks, *Avian Dis.*, 38, 256, 1994.

70. Kobland, J. D., Gale, G. O., Gutafson, R. H., and Simkins, K. L., Comparison of therapeutic versus subtherapeutic levels of chlortetracycline in the diet for selection of resistant *Salmonella* in experimentally challenged chickens, *Poult. Sci.*, 66, 1129, 1987.

71. Gast, R. K. and Stephens, J. F., Effect of kanamycin administration to poultry on the proliferation of drug-resistant *Salmonella, Poult. Sci.*, 67, 689, 1988.

72. Gast, R. K., Stephens, J. F., and Foster, D. N., Effect of kanamycin administration to poultry on the proliferation of drug-resistant *Salmonella, Poult. Sci.*, 67, 699, 1988.

73. Cox, N. A., Craven, S. E., Musgrove, M. T., Berrang, M. E., and Stern, N. J., Effect of sub-therapeutic levels of antimicrobials in feed on the intestinal carriage of *Campylobacter* and *Salmonella* in turkeys, *J. Appl. Poult. Res.*, 12, 32, 2003.

74. Svetoch, E. A., Eruslanov, B. V., Perelygin, V. V., Mitsevich, E. V., Mitsevich, I. P., Borzenkov, V. N., Levchuk, V. P., Svetoch, O. E., Kovalev, Y. N., Stepanshin, Y. G., Siragusa, G. R., Seal, B. S., and Stern, N. J., Diverse antimicrobial killing by *Enterococcus faecium* E 50–52 bacteriocin, *J. Agric. Food Chem.*, 56, 6, 1942, 2008.

75. Tellez, G., Higgins, S. E., Donoghue, A. M., and Hargis, B. M., Digestive physiology and the role of microorganisms, *J. Appl. Poult. Res.*, 15, 136, 2006.

76. Jayne-Williams, D. J. and Fuller, R., The influence of intestinal microflora on nutrition, in *Physiology and Biochemistry of Domestic Food*, Bell, D. J. and Freeman, B. M., Eds., Academic Press, London, 1971, 74.

77. Nurmi, E. and Rantala, M., New aspects of *Salmonella* infection in broiler production, *Nature*, 241, 210, 1973.

78. Wierup M., Wahlstrom, H., and Engstrom, B., Experience of a 10-year use of competitive exclusion treatment as part of the *Salmonella* control programme in Sweden, *Int. J. Food Microbiol.*, 15, 287, 1992.

79. Schoeni, J. L. and Wong, C. L., Inhibition of *Campylobacter jejuni* colonization in chicks by defined competitive exclusion bacteria, *Appl. Environ. Microbiol.*, 60, 4, 1191, 1994.

80. Corrier D. E., Nisbet, D. J., Byrd, J. A., II, Hargis, B. M., Keith, N. K., Peterson, M., and DeLoach, J. R., Dosage titration of a characterized competitive exclusion culture to inhibit *Salmonella* colonization in broiler chickens during growout, *J. Food Prot.*, 61, 796, 1998.

81. Nisbet, D. J., Tellez, G. I., Lowery, V. K., Anderson, R. C., Garcia, G., Nava, G., Kogut, M. H., Corrier, D. E., and Stanker, L. H., Effect of a commercial competitive exclusion culture (PREEMPT) on mortality and horizontal transmission of *Salmonella gallinarium* in broiler chickens, *Avian Dis.*, 42, 651, 1998.

82. Higgins, J. P., Higgins, S. E., Vicente, J. L., Wolfenden, A. D., Tellez, G., and Hargis, B. M., Temporal effect of lactic acid bacteria probiotic culture on *Salmonella* in neonatal broilers, *Poult. Sci.*, 86, 1662, 2007.

83. Vicente, J. L., Wolfenden, A. D., Torres-Rodriguez, A., Hernandez, X., Higgins, S. E., Tellez, G., and Hargis, B. M., Effect of a *Lactobacillus* spp-based probiotic and a prebiotic on turkey poult performance with or without *S. enteritidis* challenge, *J. Appl. Poult. Res.*, 16, 361, 2007.

84. Vicente, J. L., Higgins, S. E., Bielke, L., Tellez, G., Donoghue, D., Donoghue, A. M., and Hargis, B. M., Effect of probiotic culture candidates on *Salmonella* prevalence in commercial turkey houses, *J. Appl. Poult. Res.* 16, 471–476, 2007.

85. Corrier, D. E., Nisbet, D. J., Scanlan, C. M., Hollister, A. G., Caldwell, D. J., Thomas, L. A., Hargis, B. M., Tomkins, T., and DeLoach, J. R., Treatment of commercial broiler chickens with a characterized culture of cecal bacteria to reduce salmonellae colonization, *Poult. Sci.*, 74, 1093, 1995.

86. Vicente, J. L., Aviña, L., Torres-Rodriguez, A., Hargis, B., and Tellez, G., Effect of a *Lactobacillus* spp.-based probiotic culture product on broiler chicks performance under commercial conditions, *Int. J. Poult. Sci.*, 6, 3, 154, 2007.

87. Wolfenden, A. D., Vicente, J. L., Bielke, L. R., Pixley, C. M., Higgins, S. E., Donoghue, D. J., Donoghue, A. M., Hargis, B. M., and Tellez, G., Effect of a defined competitive exclusion culture for prophylaxis and reduction of horizontal transmission of *Salmonella enteritidis* in broiler chickens, *Int. J. Poult. Sci.*, 6, 7, 489, 2007.
88. Corrier, D. E., Hinton, A., Jr., Ziprin, R. L., Beier, R. C., and DeLoach, J. R., Effect of dietary lactose on cecal pH, bacteriostatic volatile fatty acids, and *Salmonella typhimurium* colonization of broiler chicks, *Avian Dis.*, 34, 617, 1990.
89. Corrier, D. E., Nisbet, D. J., Scanlan, C. M., Tellez, G., Hargis, B. M., and DeLoach, J. R., Inhibition of *Salmonella enteritidis* cecal and organ colonization in leghorn chicks by a defined culture of cecal bacteria and dietary lactose, *J. Food Prot.*, 56, 377, 1994.
90. Nisbet, D. J., Corrier, D. E., Ricke, S. C., Hume, M. E., Byrd, J. A., and DeLoach, J. R., Cecal propionic acid as a biological indicator of the early establishment of a microbial ecosystem inhibitory to *Salmonella* in chicks, *Anaerobes*, 2, 345, 1996.
91. Byrd, J. A., Nisbet, D. J., Corrier, D. E., and Stanker, L. H., Use of continuous-flow culture system to study the interaction between *Clostridium perfringens* and a mixed microbial competitive exclusion culture (CF3), *Biosci. Microflora*, 16 (Suppl.), 15, 1997.
92. Wolfenden, A. D., Pixley, C. M., Higgins, J. P., Higgins, S. E., Hargis, B. M., Tellez, G., Vicente, J. L., and Torres-Rodriguez, A., Evaluation of spray application of a *Lactobacillus*-based probiotic on *Salmonella enteritidis* colonization in broiler chickens, *Int. J. Poult. Sci.* 6, 7, 493, 2007.
93. Vicente, J. L., Torres-Rodriguez, A., Higgins, S. E., Pixley, C., Tellez, G., Donoghue, A. M., and Hargis, B. M., Effect of a selected *Lactobacillus* spp.-based probiotic on *Salmonella enterica* serovar *enteritidis*-infected broiler chicks, *Avian Dis.*, 52, 1, 143, 2008.
94. Higgins, S. E., Higgins, J. P., Wolfenden, A. D., Henderson, S. N., Torres-Rodriguez, A., Tellez, G., and Hargis, B., Evaluation of a *Lactobacillus*-based probiotic culture for the reduction of *Salmonella enteritidis* in neonatal broiler chicks, *Poult. Sci.*, 87, 27, 2008.
95. Vicente, J. L., Torres-Rodriguez, A., Higgins, S. E., Pixley, C., Tellez, G., Donoghue, A. M., and Hargis, B. M., Effect of a selected *Lactobacillus* spp.-based probiotic on *Salmonella enterica* serovar *enteritidis*-infected broiler chicks, *Avian Dis. Digest*, 3, 1, e26, 2008.
96. Torres-Rodriguez, A., Donoghue, A. M., Donoghue, D., Barton, J. T., Tellez, G., and Hargis, B. M., Performance and condemnation rates analysis of commercial turkey flocks treated with a *Lactobacillus* spp-based probiotic, *Poult. Sci.*, 86, 444, 2007.
97. Higgins, S. E., Torres-Rodriguez, A., Vicente, J. L., Sartor, C. D., Pixley, C. M., Nava, G. M., Tellez, G., Barton, J. T., and Hargis, B. M., Comparison of antibiotics and probiotics in commercial turkey brooding houses, *J. Appl. Poult. Res.*, 114, 345, 2005.
98. Rice, B. E., Rollins, D. M., Mallinson, E. T., Carr, L. J., and Sam, W., *Campylobacter jejuni* in broiler chickens: Colonization and humoral immunity following oral vaccination and experimental infection, *Vaccine*, 15, 1922, 1997.
99. Shivaprasad, H. L., Pullorum disease and fowl typhoid, in *Diseases of Poultry*, 10th ed., B. W. Calnek et al., Eds., Iowa State University Press, Ames, IA, 1997, 82.
100. Inoue, A. Y., Berchieri, A., Jr., Bernardino, A., Paiva, J. B., and Sterzo, E. V., Passive immunity of progeny from broiler breeders vaccinated with oil-emulsion bacterin against *Salmonella enteritidis*, *Avian Dis.* 52:567–571, 2008.
101. Nakamura, N., Nagata, T., Okamura, S., Takehara, K., and Holt, P. S., The effect of killed *Salmonella enteritidis* vaccine prior to induced molt on the shedding of *S. enteritidis* in laying hens, *Avian Dis.*, 48, 183, 2004.
102. Curtiss, R. S. and Kelly, M., *Salmonella typhimurium* deletion mutants lacking adenylate cyclase and cyclic AMP receptor protein are avirulent and immunogenic, *Infect. Immun.*, 55, 3035, 1987.
103. Dueger, E. L., House, J. K., Heithoff, D. M., and Mahan, M. J., *Salmonella* DNA adenine methylase mutants prevent colonization of newly hatched chickens by homologous and heterologous serovars, *Int. J. Food Microbiol.*, 80, 153, 2003.

104. Zhang-Barber, L., Turner, A. K., and Barrow, P. A., Vaccination for control of *Salmonella* in poultry, *Vaccine*, 17, 2538, 1999.

105. Sydenham, M., Gillian, D., Bowe, F., Ahmed, S., Chatfield, S., and Dougan, G., *Salmonella enterica* serovar typhimurium *surA* mutants are attenuated and effective live oral vaccines, *Infect. Immun.*, 68, 1109, 2000.

106. Hassan, J. O. and Curtiss, R., Development and evaluation of an experimental vaccination program using a live-avirulent *Salmonella typhimurium* strain to protect immunized chickens against challenge with homologous and heterologous *Salmonella* serotypes, *Infect. Immun.*, 62, 5519, 1994.

107. Hassan, J. O. and Curtiss, R., Efficacy of live avirulent *Salmonella typhimurium* vaccine in preventing colonization and invasion of laying hens by *Salmonella typhimurium* and *Salmonella enteritidis*, *Avian Dis.*, 41, 783, 1997.

108. Holt, P. S., Gast, R. K., and Kelly-Aehle, S., Use of a live attenuated *Salmonella typhimurium* vaccine to protect hens against *Salmonella enteritidis* infection while undergoing molt, *Avian Dis.*, 47, 656, 2003.

109. Bohez, L., Dewulf, J., Ducatelle, R., Pasmans, F., Haesebrouk, F., and Van Immerseel, F., The effect of oral administration of a homologous *hilA* mutant strain of *Salmonella enteritidis* in broiler chickens, *Vaccine*, 26, 372, 2008.

第 9 章

禽源致病菌:车间环境

Michael A. Davis, Manpreet Singh, Donald E. Conner

徐幸莲　叶可萍　译

9.1　引言:关注食品安全

禽类胴体的微生物污染是从动物活体到零售产品及加工过程的一个自然结果[1,2]。禽类产品的这种污染发生在许多的加工过程当中,包括初加工、深加工、包装和储藏,微生物能在产品中生存直至产品在消费前被完全烹调。进入加工车间的活体包含大量细菌,这些细菌可在整个加工车间传播,还能在加工过程中污染到其他胴体上。存在于禽类活体上的大部分细菌并非致病菌,只是那些与肉腐败有关的腐败菌才是致病菌。然而,禽类可成为许多致病菌的储藏库,如沙门氏菌、空肠弯曲菌、单细胞增生李斯特菌、产气荚膜梭菌和金黄色葡萄球菌。

9.2　禽类在食源性疾病中的作用

就食品安全而言,在许多工业发达的国家(包括澳大利亚、加拿大、英格兰和威尔士),食品中因禽肉引起疾病的比例是非常高的(排第一或第二)[3,4]。在美国,这种情况也是如此,在报道的食源性疾病暴发事件中疑为禽肉引起的占到 8％(排第三)[5]。流行病学研究表明,超过95％的食源性疾病是由产品在离开加工车间后的一些活动造成的[6],这意味着大部分的食源性疾病的发生源于温度的波动、不恰当的处理或预处理。然而,当污染和疾病发生时,调查者趋向于关注原料(生产、加工和处理),迫切要求在产品到达消费者前限制或减少致病菌[7]。这种关注给禽类工业在改善其产品的微生物质量安全方面带来了新的挑战。

9.3　监管问题

9.3.1　禽肉原料

近年来,食品安全已成为世界范围内主要的消费问题,因此它对食品加工者和监管政策有较大的影响。早在 1996 年,美国农业部食品安全检验署(USDA-FSIS)就已经制订了禽肉加工工业方面的新法规。这个名为《PR-HACCP 系统最终规则》[8]的法规,对联邦调查工作者主要有以下 4 个方面要求:

(1)发展和实施卫生标准操作程序(SSOP);

(2)发展和实施一个 HACCP 计划;

(3)沙门氏菌执行标准;

(4)生物型/大肠埃希菌执行标准。

除了以上这些法规,USDA-FSIS 也对禽肉加工者制订了其他法规和执行标准,包括1998

年出台的"零排泄物"执行标准。该准则要求进入冷却器中的胴体必须无可见的排泄物。如果这个过程未满足该标准,那么即使到最后的确认,FSIS 仍可控制其产品,并使其重新返工。1999 年 10 月,USDA-FSIS 发布了最终的准则——《肉及禽肉卫生要求》,该准则还增加了设施卫生执行标准。近来,USDA-FSIS 已建立了三重系统用于继续评估沙门氏菌执行标准。该系统涉及"沙门氏菌倡议",并按以往控制沙门氏菌的工作情况的取样程序来安置车间。USDA-FSIS 设置对未加工产品中沙门氏菌的调度标准如下。

　　每个月 FSIS 在未加工产品中选取约 75 个新样品用于沙门氏菌检测。FSIS 利用递降次序,根据以下标准对未加工产品进行分配取样(即:如果所有样品都不符合条款 1,则按条款 2 实施;如果所有样品也不符合条款 2,则按条款 3 实施)。

　　标准:

　　Ⅰ.所有新车间忽略产品分级。

　　Ⅱ.所有 3 类车间忽略产品分级。

　　3 类车间拥有高度可变的过程用于控制沙门氏菌的数量,这类车间内沙门氏菌的侵染率要高于执行标准或行业基本标准。

　　Ⅲ.所有 2 类车间依赖产品分级。

　　2 类车间拥有可变过程用于控制沙门氏菌的数量,这类车间对沙门氏菌侵染率的要求只有执行标准或基本标准的 51%,表明了这类车间对这种致病菌实行的是中级控制。

　　Ⅳ.所有 1 类车间。

　　1 类车间有一致的过程用于控制沙门氏菌的减少,该车间内沙门氏菌的侵染率不大于执行标准或基本标准的 50%,是对该致病菌最好的控制。

　　因此,这意味着与那些未验证控制的车间相比,这些能与验证工艺控制沙门氏菌一致的车间被检测的频率较低。

9.3.2　深加工和即食禽肉制品

　　在联邦肉及禽肉制品督导机构监管下,如果一种即食产品中包含单细胞增生李斯特菌(对于该菌采用零容忍政策)或与其直接接触的食品表面受致病菌污染,该产品属于次级产品。在对即食产品未采取任何抑菌措施的情况下单细胞增生李斯特菌能污染即食产品并在其中生长。疾病控制与预防中心报道,从 1996 年到 2002 年李斯特菌病的发生率下降了 35%,但其仍然是一个十分严重的食品安全问题,特别是对孕妇、老人及免疫缺陷的成年人。据评估,每年有 2 493 个因为食用单细胞增生李斯特菌污染的食品引发疾病的事件被报道,主要是新生儿、老人及免疫缺陷的年轻人。为加强对单细胞增生李斯特菌的控制,USDA-FSIS 已制定新法规,设法解决生产即食肉及禽肉制品中单细胞增生李斯特菌污染的问题,如 HACCP 系统、SSOP 或其他必备程序。这些项目的建立也必须通过 FSIS 测试来证实这些措施的有效性。这些新法规鼓励建立更多有效控制单细胞增生李斯特菌的措施,并由 FSIS 参与车间产生的与其控制相关的信息。这样能有效的鼓励车间整合技术,在蒸煮和包装后有效杀死或抑制细菌的生长。将来 FSIS 将更倾向于对车间控制进行测试验证,并集中资源提高公共卫生安全。

　　为了确保建立有效控制致病菌的方法,FSIS 将实施随机测试来验证每个建立的控制项目。该测试必须三选其一来控制单核细胞增生李斯特菌。然而,FSIS 将在这些测试中实施最大量的验证试验,这唯一取决于卫生常规。这些测试的选择有以下几个方面。

　　选择 1:对即食食品中单细胞增生李斯特菌采用后致死处理和生长抑制处理。该选择将服从 FSIS 验证后致死处理有效性的试验。卫生是重要的,但其安全建立在致死程度上。

选择 2:对即食食品中的致病菌采用后致死处理或生长抑制处理。该测试将服从 FSIS,且比选择 1 有更频繁的验证活动。

选择 3:只采用卫生措施。该选择将使 FSIS 进行最频繁的验证活动。在该选择里,FSIS 将对易受李斯特菌侵染的高风险的产品加强监视,如热狗、熟食肉制品。

这些法规的建立需要生产者具有较强的责任心,禽肉加工者必须建立合理的和备有文件证明的 SSOP 和 GMP。同样,加工者必须对其所有产品和加工工艺发展制订并实施 HACCP 计划。通过人工监督,USDA-FSIS 证实加工者遵守 SSOP、GMP 和 HACCP 计划,并满足微生物执行标准和其他法规要求。这些项目共同代表着通过科学方法论得到一种必要的方式,来维持禽肉制品在加工过程中的微生物安全。

9.4　禽肉加工品的致病菌

由于未加工的禽肉能滋生细菌,禽肉企业关注某些类型的细菌。禽肉中大多数的细菌对产品有腐败作用,对人类并无致病性。然而,还有一类细菌能导致人类产生疾病(如致病菌)。许多致病菌已经从加工禽肉中分离得到(表 9.1)[9]。在这些分离的细菌中沙门氏菌、空肠弯曲菌、单核细胞增生李斯特菌、产气荚膜梭菌和金黄色葡萄球菌。是加工者主要关注的对象。

9.4.1　沙门氏菌

沙门氏菌是一种嗜温、兼性厌氧的革兰氏阴性菌,属于肠杆菌科。沙门氏菌可引发 3 种人类疾病综合征:伤寒症、副肠热病和肠胃炎。引发伤寒症的伤寒沙门氏菌和引发副肠热病的甲型副伤寒沙门氏菌在世界工业化地域很少见,它们主要通过排泄物途径传播,人类是这类微生物唯一汇集的地方。

相比之下,血清型沙门氏菌则会引发肠胃炎(非典型性的沙门氏菌病)。这种血清型沙门氏菌常见于人类和其他动物的肠道中,禽类被认为是该类沙门氏菌最初的栖息地[10]。到目前为止,已鉴定的沙门氏菌的血清型超过 2 300 种,且都对人类有致病性。在这些已鉴定的血清型中,在肠胃炎沙门氏菌病中最常分离到的是鼠伤寒沙门氏菌、肠炎沙门氏菌和海德堡沙门氏菌,它们在禽类中也很常见。由沙门氏菌引起的人类肠胃炎可轻可重或由轻到重,被描述为低等肠道的制约自身的感染。这种细菌的感染剂量范围为 $10^4 \sim 10^6$ 个细胞。典型的症状会在摄入该细菌 12~36 h 后出现,表现为恶心、呕吐、轻微的脱水、发热、腹泻和其他身体不适。

表 9.1　从加工的生禽肉中分离出的食源性致病菌

产气单胞菌	志贺氏菌
弯曲杆菌	链球菌
产气荚膜梭菌	金黄色葡萄球菌
李斯特菌	小肠结肠炎耶尔森氏菌
血清型沙门氏菌	

来源:引自于 Waldroup,A.L.1996.*W.Poult.Sci*.52,7.

由于血清型沙门氏菌最终来源于排泄物,所以它们能存在于多种环境和食品中。这种广泛分布的可能性解释了沙门氏菌在环境中具有很强的生存能力。该细菌常被活体带到加工车间,并在皮肤和羽毛中生存,也包括胃肠道。因此,除了合适的预防措施,沙门氏菌能存在于最终的产品中。当这些产品未按良好卫生标准处理,或不合适的蒸煮或遭到温度波动,疾病则可能发生。

9.4.2　空肠弯曲菌

空肠弯曲菌是一种嗜温、微需氧的革兰氏阴性螺旋杆菌。空肠弯曲菌、大肠埃希氏菌和红嘴鸥弯曲杆菌(*C. lari*)构成了弯曲杆菌科的耐热群,成为主要的食源性致病菌,其中空肠弯曲菌是最普遍的食源性致病菌。这 3 种致病菌引起的疾病类型与沙门氏菌相似,主要是伴随着其他症状的胃肠炎。根据 CDC 数据[11],在美国空肠弯曲菌是发生腹泻主要的根源。由弯曲杆菌引起的胃肠炎和由沙门氏菌引起的胃肠炎分别名列第一、第二。禽类是空肠弯曲菌最初的寄居地,人类弯曲菌病的最偶然事件归因于禽肉处理不当或不恰当的准备[10]。据推测,空肠弯曲菌不能很好地存活于环境中,但它能通过活体的胃肠道内容物进入加工设备。一旦进入后,它能寄生于皮肤上,从而进入最终生肉产品中[12]。

9.4.3　单核细胞增生李斯特菌

单核细胞增生李斯特菌是一种嗜冷的革兰氏阳性杆菌。其致病性主要针对一些免疫缺陷的人群,孕妇和其胎儿、艾滋病病人、嗜酒者和老人均是易感人群。在这些免疫缺陷的人群中,李斯特菌可侵入脑膜,对生命造成威胁。对免疫系统正常的人群,李斯特菌病只是一般的如禽流感的疾病。该细菌存在于环境污染物中,能够通过土壤或工作人员带入加工区域。由于单核细胞增生李斯特菌是一种嗜冷菌,它能在加工车间阴冷潮湿的地方繁殖生存,也能存活于排水沟和冷藏冷冻设备中。尽管有后续蒸煮过程,但单核细胞增生李斯特菌已成为即食肉制品主要的食品安全问题,USDA 对即食肉制品中的单核细胞增生李斯特菌为"零忍受"。从 1994年到 1998 年,单核细胞增生李斯特菌是 USDA 下令肉及禽肉召回的第一原因[13]。尽管该细菌的污染是在热加工之后发生的,但产品中微生物很少,丰富的营养资源使该菌具有良好的生长优势。因此,加工者必须采取重要的预防措施用于防止热加工后的污染。

9.4.4　产气荚膜梭菌

产气荚膜梭菌是一种厌氧、产芽孢的革兰氏阳性杆菌。该菌引起的疾病通常是毒素传染病。对于这种类型疾病的发生,需要大量食用该细菌(>10^6CFU)。当产气荚膜梭菌附到和移植到宿主的胃肠道时,毒素传染病产生,之后其进入芽孢形成的细胞循环中。在这个循环里,当芽孢转回到芽孢形成阶段时,肠毒素产生。这种肠毒素导致宿主严重腹泻,但一般局限在1~2 d 内。产气荚膜梭菌常见于土壤中,并带至禽类的胃肠道中,从而进入活体的加工环境中。由于该菌是一种产芽孢菌,芽孢能存活在恶劣的环境中,使最终产品受到产气荚膜梭菌的污染。

加工的禽肉制品,特别是那些大炉中蒸煮的产品,产气荚膜梭菌的污染风险最大,受到禽类加工者的高度关注。这种产品很难做到完全的加热,且后续不能快速冷却。如果细菌的芽孢在蒸煮过程中不被破坏,那么它们在冷却过程中会大量繁殖,特别是没有充分的冷却速度来阻止芽孢的形成。处于有氧环境和不恰当的温度环境中的肉制品,这种致病菌将进入生长循环,芽孢每隔 15 min 繁殖一次。因此,蒸煮后的产品必须快速冷却以防止芽孢的形成和产气荚膜梭菌的过度生长。对于蒸煮产品的快速冷却常常涉及产品的稳定性。

9.4.5 金黄色葡萄球菌

金黄色葡萄球菌是一种需氧的革兰氏阳性球菌,其中某些菌株,如凝固酶素阳性的金黄色葡萄球菌,能够在其生长循环中产生肠毒素。人类误食这种毒素常引起轻度胃肠炎,且其严重程度可由轻至重。金黄色葡萄球菌引起的食源性疾病主要是由于摄取毒素而不是细菌本身。引发疾病毒素的量,需要大量的金黄色葡萄球菌($>10^6$ CFU/g)在一定条件下生长才能产生。

虽然金黄色葡萄球菌属于禽肉中的天然菌群,但与禽肉相关的金黄色葡萄球菌有别于与人类相关的菌株。与禽肉相关的菌株好像不牵涉食源性疾病[14]。与食源性疾病相关的属于凝固酶素阳性的金黄色葡萄球菌来自于人类。因此,食品加工人员是加工车间中凝固酶素阳性的金黄色葡萄球菌污染的最初来源。大多数涉及禽肉制品的葡萄球菌中毒,是由于食品加工者对产品的二次污染以及不恰当的储藏温度[14]。

9.5 加工禽肉中致病菌的发生率

Waldroup[9]提供了一份生禽肉中致病菌发生率的优秀综述,该综述在科学文献中被报道。致病菌发生率大范围的报道使 Waldroup 的综述更清晰地表明了致病菌确实在生禽肉中存在。为了提高管理,USDA-FSIS 从约 200 个肉鸡加工车间中获得 1 297 个冷却胴体的擦拭样品[15]。这些样品用于分析 6 种常见食源性致病菌和细菌指示物的存在和数量,调查结果见表 9.2。

与表 9.2 相比,表 9.3 给出 1993—1997 年报道的食源性疾病的暴发、事件及死亡[16],这段时间主要采取基础调查。重要的是,表 9.3 中这些因致病菌导致的暴发、事件和死亡病例并非都归因于禽肉。

表 9.2　USDA-FSIS 对肉鸡微生物基础研究的结果

细菌	发生率 (冲洗液阳性)/%	平均菌落数[a] (肉鸡胴体) /(CFU/cm^2)	平均菌落数[a] (肉鸡胴体)/CFU
空肠弯曲菌	88	4.4	5 300
产气荚膜梭菌	43	1.4	1 700
大肠埃希氏菌 O157:H7	0	NA[c]	NA[c]
单核细胞增生李斯特菌	15	0.02	30
沙门氏菌	20	0.03	38
金黄色葡萄球菌	64	2.6	3 200
生物型大肠埃希氏菌	100	6.6	7 900
嗜温需氧菌	100	400	480 000

来源：引自 United States Department of Agriculture-Food Safety and Inspection Service，9 CFR Part 304 et al.；Pathogen Reduction；Hazard Analysis and Critical Control Point (HACCP) Systems；Final Rule，Fed. Regis.，61 (No. 144)，38806，July 25，1996.

[a]定性方法检测为阳性的样品。

[b]基于假设肉鸡胴体表面 1 200 cm^2 区域。

[c]无合适样品。

表 9.3　1993—1997 年食源性疾病暴发、事件和死亡统计

细菌	暴发		事件		死亡	
	人数/个	百分比/%	人数/个	百分比/%	人数/个	百分比/%
空肠杆菌	25	0.9	539	0.6	1	3.4
产气荚膜梭菌	57	2.1	2 772	3.2	0	0
大肠埃希菌	84	3.1	3 260	3.8	8	27.6
单核细胞增生李斯特菌	3	0.1	100	0.1	2	6.9
金黄色葡萄球菌	42	1.5	1 413	1.6	1	3.4
沙门氏菌	357	13.0	32 610	37.9	13	44.8

来源：引自 Centers for Disease Control. 2000. MMWR Surveillance Summaries 49(SS01)：1-51，March 17.

9.6　加工对大量致病菌的作用

9.6.1　活体的运送运输

　　活体禽类到达加工目的地意味着许多不同类型的细菌进入了加工车间。这些细菌在活禽体内外含量常较高。在活禽加工过程如果缺乏有效的控制措施，到达加工车间的禽类应被认为是致病菌潜在的来源。禽体经过一系列加工，最终形成安全卫生的终产品。因此，禽体每经过一道工序时，其身体上整体的细菌数会有大量的减少。在加工过程中，随着羽毛、四肢、头和内脏的去除，大量的细菌可被去除。然而，对于现代禽肉加工，并非所有的细菌都能被去除，其中有一些在加工过程使得细菌转移到胴体中。细菌转移到胴体上的程度是由特定的加工工艺和厂房的生产条件决定的。虽然活体的运送不被认为是一个车间加工工艺，但交叉污染往往在这个过程中发生。运送的笼子常常受到沙门氏菌污染，甚至在清洗后也会受其污染[17]。笼子中的沙门氏菌能转移到禽类或邻近的笼子上[18]。沙门氏菌污染的笼子会导致活体脚、羽毛和皮肤等外部污染，甚至盲肠和食道盲囊的污染[18,19]。来源于活禽体运输设备的沙门氏菌能在加工过程中交叉污染胴体[18]。影响这种交叉污染方式的因素包括拥挤的安置方式、食粪动物、天气、其他紧张刺激和屠宰前的禁食时间。禽类的禁食时间是离开农场时间、运输时间和产地等待时间的总和。这些因素会影响运输期间沙门氏菌的传播，之后影响致病菌进入加工车间的水平。

9.6.2　烫毛和去毛

　　胴体的烫毛过程是为了便于去除羽毛。将胴体沉浸在热水中，使羽毛毛囊打开，这样更有利于羽毛有效地去除。现今常用于加工车间的烫毛方式有 2 种：硬烫毛和软烫毛。硬烫毛需去除皮肤的外皮（或表皮），而软烫毛不需要去除（参见第 3 章）。烫毛能除去部分污垢、粪便物和其他黏附在羽毛和皮肤上的污染物。然而，烫毛的热水也会引起交叉污染[20]。大部分车间利用逆流烫洗器，使持续的水流从烫洗器清洁的末端流到最脏的前端。用这种逆流烫洗器有利于减少交叉污染细菌的数量。烫毛的热水中能检测分离到产气荚膜梭菌和金黄色葡萄球菌，然而通常分离不到沙门氏菌和空肠杆菌[14]。一般来说，烫毛对零售市场中生禽产品的微生物质量安全的作用不大[21]。

胴体的去毛过程能减少整体细菌的数量,但该过程是禽类工业主要关心的过程,因为现代机械去毛过程会产生交叉污染。去毛过程常常会导致个体胴体中嗜热菌数量的增加[14]。去毛过程尤其会增加金黄色葡萄球菌的数量,因为该细菌能嵌入磨砂浸洗手指的裂缝中。去毛也导致胴体受沙门氏菌、空肠杆菌和大肠埃希氏菌的交叉污染。这可能是由这些细菌从羽毛去除后的羽毛毛囊进入胴体导致的[14]。

9.6.3　掏膛

胴体内脏的去除是另外一个导致交叉污染的途径。禽类肠道中存在许多细菌,其中一些是腐败菌或致病菌。机器的维护和良好的农场管理制度对这一过程非常重要。肠道的韧度和完整性由禁食时间来决定。如果禽类禁食时间太长,肠道的长度和完整性快速降低。在这一工艺环节中禽类大小的一致性也是非常重要的。如果禽类大小差异较大,机器不能协调这种变化,内脏将在这一过程中被切到。如果禽类的内脏在去除过程中被切到或破坏,粪便污染物将对胴体内外产生污染。这点特别重要,因为肠道上附着有致病菌。一旦致病菌脱离了胃肠道的限制,它们会污染机器和工人,而且还会导致交叉污染。处理多个胴体的车间人员必须常洗手,以降低胴体间粪源性致病菌传播的可能性。使持续的氯水水流通过常被粪便和其他胃肠道内容物污染的机器可预防粪源性致病菌的散播。

9.6.4　去除嗉囊

商业化肉鸡胴体出现交叉污染的另一个新出现的工艺点是食道盲囊的去除过程。当肠道特别是盲肠破裂成为交叉污染的主要关注问题,食道盲囊的去除也成为主要的问题。在加工车间,禽类的食道盲囊发生破裂的可能性是盲肠的86倍[22]。这个问题后来变得更加恶劣,主要是因为有人发现,市场上肉鸡的食道盲囊中弯曲杆菌和沙门氏菌比在盲肠中更容易分离到。Byrd 等[23]报道,在359个禽类样品中,286个食道盲囊(62.4%)中存在弯曲杆菌;240个禽类样品中只有9个盲肠样品(3.8%)中存在弯曲杆菌。1995年 Hargis 等[22]研究表明,550只肉鸡中有286只(52%)肉鸡的食道盲囊中存在沙门氏菌,而在500只肉鸡中只有73只(14.6%)肉鸡盲肠中存在沙门氏菌。该发现显示,对于这些重要的致病菌,关注食道盲囊去除这一加工过程能有效帮助减少交叉污染。

9.6.5　清洗

冷却前对胴体的清洗有利于减少胴体内外器官的黏附和去除可能的粪便排泄物。禽类加工者在加工过程中常用的清洗设备包括加工线、内外清洗柜和最终清洗柜上各个点的多个冲洗器。冲洗的水质常含有达到 50 mg/L 的氯和较高的压力。目前尚无有对清洗水压力的相关规定,但该压力必须足够冲洗掉外面的杂质,并且不能破坏表皮或是推动微生物进入表皮毛孔中。利用这种冲洗方式将有利于减少肠道细菌的水平[24],从去毛工艺到冷却线的多次冲洗比冷却前的一次冲洗更加有效[25]。

9.6.6　沉浸冷却

在美国,商业化禽类胴体的冷却常利用沉浸冷却。在这个过程中,胴体沉浸在含有冷水的大池中。冷却池中的水含有氯,并且规定冷却池中活性氯不能超过 50 mg/L。沉浸冷却有利有弊。从有利的方面来看,大多数禽类胴体的表面都被细菌污染,这种表面快速冷却方式能减缓嗜温菌的生长。大多数的沉浸冷却过程都是采用逆流水流,这意味着最干净的水接近冷却池的出口处。对禽类而言,逆流比顺流更能有效地减少胴体中细菌的数量[26]。从不利的方面来看,用于沉浸冷却的大水池易导致交叉污染。致病菌和腐败菌从胴体表皮或其他表面冲洗下来,并附到其他胴体上。Waldroup 等[27,28]发现,冷却后胴体中弯曲杆菌的发生率从冷却前的 86.4% 上升到 90.8%,而沙门氏菌的发生率也上升了 20%。Shackleford[7]验证了禽类加工车间中烫毛和沉浸冷却是交叉污染的主要途径。冷却器中维持氯含量>25 mg/L 能减少细菌繁殖体(包括沙门氏菌)的交叉污染[29-31]。

9.6.7　空气冷却

在美国,蒸汽冷却在大型商业化禽肉加工中并不常见,但这一工艺在欧洲和世界其他地区是相当常见的。这种冷却方式在室温为 2~4℃ 的冷库中进行(参见第 3 章)。胴体在规定间隔时间内喷上薄雾,通过水分蒸发达到冷却效果。在房间中循环使用直到胴体中心达到最适温度(<4.4℃)。有学者对蒸汽冷却对微生物传播的影响进行了研究。Sanchez 等[32]发现气体冷却的胴体比沉浸冷却的胴体含有更多的菌落总数和大肠菌群数。他们还发现气体和沉浸冷却都含有相同数量的嗜冷菌和大肠埃希氏菌属。然而,气体冷却的胴体中沙门氏菌的发生率(33.3%)比胴体沉浸冷却(56.6%)低。这些数据表明交叉污染在气体冷却系统中仍然存在,特别是当胴体喷洒水分时。也有一些数据表明,尽管气体冷却的胴体并未完全沉浸在水中,且常有一些表皮干燥,但胴体表面的某些细菌在干燥过程中可能受到抑制。

9.6.8　冷却后加工和深加工

通过初加工,胴体从生产线上出来时表皮几乎是完整的。通过沉浸和清洗处理,表皮附上一层水膜。这层水膜便于细菌附在胴体上[33-35]。一开始细菌附在水膜上可用水冲掉,这一过程可解释为细菌在胴体冲洗过程中的减少。然而,在胴体从通过屠宰系统进入冷却系统后,细菌牢固地黏附或嵌入禽体表面结构中[12,36]。一旦黏附或嵌入,细菌就更难被除去或杀死[12,37]。这种能力可以描述为致病菌在冷却后胴体上的留存[9,15]。大多数胴体在从冷却系统中出来后将完成其他各个加工环节。胴体将被整个运送、分割、剔骨、成形和煮制。细菌从即将进行深加工胴体转移到接触面、器皿和人,然后成为交叉污染最初的传播媒介。

食品工业的发展趋势是开发延长保质期的方便、冷冻食品,消费者关心食品中的胆固醇、饱和脂肪酸、总能量和食盐含量,这使得食品和禽类加工者改变产品的形态来满足消费者对健康的要求。虽然这些产品已被消费者欣然接受,但禽肉加工产品上的致病菌——单核细胞增生李斯特菌的复苏应归因于加工技术和成分的改变,这些改变可能会提高其在即食食品中的存活率和发生率[38]。热加工程序可有效地抑制或减少单细胞增生李斯特菌的繁殖,其在加工肉制品中高频率存在,在加工设备比如冷柜(低于−1.5℃)中也普遍存在[39],并且单细胞增生李斯特菌在环境中的耐活性使得人类无症状携带者率提高[40]。已有研究表明,即食食品安全的关键问题在于加工后的再次污染,如剥皮和切片处理。即食肉及禽肉制品加工后的二次污染会造成很严重的后果,因为这些产品在食用时不会再进行加热和做更多的处理。

由于超市中从单一成分到多种成分的冷冻食品在逐渐增加,加工步骤也随之增加,这就导致了产品更容易受到食源性致病菌的污染。这些食品的广泛分布会产生更可怕的问题,食品在普通的分销渠道上流通,可能要经历从生产到消费过程中存在的温度波动。因此,冷藏禽肉制品的无抑菌剂的真空包装的运用对食品加工者提出了更严峻的挑战。另外,除了符合有效

注:英文原版书中第 9 章参考文献[38]之后顺序错误,中文版予以改正。

的卫生标准外,禽肉加工者还应该尽可能地建立更多的对付致病菌的栅栏。李斯特菌病常与食用未煮的法兰克福香肠和未熟的肌肉有关,同时一条关于食用火鸡法兰克福香肠导致李斯特菌病的事件也被报道[41]。法兰克福香肠在货架期内具有二次污染和单核细胞增生李斯特菌繁殖风险,如果在食用前对其进行适当的加热,食物中毒的风险降低;但若其未被加热,那么食物中毒的风险增高[42]。

9.7 加工过程中致病菌控制的一般考虑

禽类加工者在加工过程中控制致病菌的两大战略是 GMP 和 HACCP。加工车间必须具备良好的卫生环境和操作条件,使产品在一个安全、卫生和有益健康的环境(比如 GMP)下生产。之前提到,加工车间也必须发展和实施 HACCP 来控制致病菌和其他食品安全危害。虽然 HACCP 是一个独立的项目,但稳固的 GMP 是任何实用的 HACCP 计划的前提条件。因此,两种致病菌控制战略是相互关联的。抑菌处理作为 GMP 或 HACCP 中的一部分,可被用于改善禽肉的微生物安全。

9.8 GMP-HACCP 先决条件

HACCP 正在逐步改善,它需要更健全的卫生体系和食品卫生体制来支撑。也就是说 HACCP 的有效实施需要必要的基础设备。在 1998 年出台的 NACMCF 文件[43]中,关于 HACCP 先决条件的定义及相互之间的关系非常重要:

"食品工业的每个部分必须在它们控制下给食品提供了一些保护措施。这些措施是发展和实施 HACCP 的先决条件……先决条件项目提供一个基本环境和操作条件,这对于生产安全、有益健康的食品是非常有必要的。"

特别要强调的是,这些前提条件并不是 HACCP 计划的一部分,然而它们对于 HACCP 的发展、实施和维持是非常关键的。与 HACCP 相比,先决条件的项目主要围绕整个设施,并且无产品的差异。因此,它们经常交叉影响车间内的许多生产线。而且,这个项目常用于其他目的,而不是食品安全,如产品的质量和工艺控制。先决条件的项目见表 9.4。

表 9.4 一个禽肉加工车间典型的 GMP 或 HACCP 的先决条件

前提设施	加工程序
清洗和卫生系统(SSOP)	个人卫生
入厂材料	害虫控制
设备	产品追溯和召回

因为先决条件项目围绕许多车间的操作和产品,一个先决条件项目实施一种产品或一条生产线往往是不可能的。因此,先决条件项目的管理不同于 HACCP 计划的管理。许多加工者在其质量担保/质量控制(QA/QC)或其他质量项目下管理先决条件项目。但也有例外,即特殊的先决条件是危害控制生产安全产品的关键点。在这种情况下,先决条件项目或其中一部分将被包括在加工者正式的 HACCP 计划中,并按 HACCP 要求管理。

先决条件项目的存在影响 HACCP 计划中的危害分析。加工工艺中每一步的危害识别都需要识别并评估其发生的可能性。充足合适的先决条件项目能提供环境操作条件,如潜在危害可能不太可能发生(低风险),因此这些潜在的危害不需要直接列在 HACCP 计划中。相反,不充足的和不合适的先决条件项目可能导致更多潜在危害发生的可能性,这会导致 HACCP 计划中需要更多控制点。就车间 HACCP 计划的整体影响而言,恰当、正确的先决条件项目会得到一个更简单、更易管理的 HACCP 计划,而一个低效的或不存在的项目将增加关键控制点(CCP)的数量,生产安全食品就需要增加 HACCP 计划的复杂性。

如前所述,设施危害控制是大多数先决条件项目的一个目标。如果未实施控制程序,细菌就会快速增长,并从车间的一个地方转移到另一个地方。细菌能通过水、空气、人类、害虫和污染物传播。除了这些生物危害,如果没有合适的安全防护程序,化学和物理危害也会产生。对于这些危害的安全防护程序,如果未将它们列入先决条件项目中,那么必须将它们放入正式的 HACCP 计划中。

无论项目如何,先决条件项目需要某些要求。每个项目的目标应该彻底地设法解决和控制这些影响食品卫生和产品整体卫生。更理想的是,每个先决条件项目应该基于已有的程序(SOP,见下面的讨论),并赋予责任,服从测量准则和记录,当准则不满足时应规定正确的措施。利用已有的项目,培训有责任的员工和实施程序将更加容易,这对于项目允许更多目标评估的预期目标也是有帮助的。因为许多先决条件项目设施广泛,关于实施和维持项目的责任常交叉在加工车间内的部门中,因此,人员和指示物的管理成为考虑的关键。

9.8.1 建筑和设施

加工车间应根据完好的卫生设计和原则来设置、构建和维护。因为害虫是食源性致病菌的传播媒介,所以必须尽量减少害虫(如啮齿类动物、昆虫、禽类等)的聚集地。这些害虫的聚集地包括死水区、树、靠近加工车间的灌木丛、建筑里的鸟巢和废弃物收集处。设计一个建筑物必须考虑的因素应包括排水系统、景观美化和废弃物管理设计。

设施也应包括整体的设计,要求简单的产品流程和恰当的操作分离。产品应该从高污染区到低污染区,不能逆向操作。隔离区和有效员工人流方式的设计对于车间中预防微生物的迁移是非常重要的。车间整体布局设计需要提供充足的通风设备、采光设备和储藏空间。没有这些准备,维持车间的卫生条件将更加困难。

墙、门、天花板和地板代表了车间内表面,常与接触产品的人员和设备接触,所以它们需要特别的留意。这些地方的表面应该是便于清洗消毒,且不渗水,尽量减少微生物和害虫在这些地方聚集。墙应该坚固,密封防水,无窗户。窗户虽能增加建筑的外观,但对于一个通风和采光较好的车间来说是没有必要的,其反而会成为害虫的进入点。如果需要窗户,玻璃必须不易碎,窗台应有斜度,以防止废弃物积累。加工区域的窗户应该能由员工打开,除非防火规范要求关闭。虽然门是人员和设备高流通区域,但门也需摆放在另外的区域。通常门的设置是为了确保车间内操作的分离,所以在一般情况下它们应该是关闭的。除了满足和墙同样的清洁卫生要求,门还应密封连接并很好地维护。在车间的一些关键区域,门可能有其他的补充设备,如把空气压缩向下喷向的无形门帘或洗脚盆。不应该使用假平顶或吊顶,因为它们会导致细菌和害虫的聚集。关于天花板高架管道或横梁应尽量少。由于热传递的效果,伴随着绝缘和通风设备的天花板和屋顶的构造,在加工车间内常是冷凝范围的最初决定因素。地板代表着内表面,最易让微生物快速累积。和车间其他表面一样,地板应该不渗水,且容易清洗和消毒。同时,地板也应有倾斜度,有利于排水,以防止形成细菌聚积的死水处。

在禽肉和其他食品加工车间,水常是与建筑和设施相关的主要问题。水在加工和清洗操作中广泛使用,因此车间必须有方法获得干净、适合饮用的水源,能维持车间中水的质量。水系统设计和水管装置在车间内防止水污染方面是非常重要的。水系统的设计应防止可饮用水受废弃水和下水道污染物的污染。水管装置及其维护工作也不应缺少这种保护。近年来出现了其他水问题,如饮水标准的可利用性和充足性、储藏、重新利用和废水处理。所有这些问题将影响加工车间的水工程。

9.8.2　清洗和卫生系统

清洗和卫生系统对微生物的控制常引起营养的流失、微生物壁龛和过量用水。特别是与食品接触表面的控制是非常重要的。根据 USDA-FSIS 规定,每个车间必须有合适的 SSOP,并每天遵循操作。除了整体的车间卫生系统,SSOP 对所有与食品表面有所接触的物体,包括设备和器皿都有所要求。除了包含特殊控制的要求,SSOP 应详细说明以下几点:

(1)物料或表面需如何清洗和消毒。

(2)进行清洗消毒的时间和方法。

- 利用何种化学物质;
- 除化学物质外的可用材料;
- 个人责任。

评估车间卫生项目有效性的手段也应被记录下来,包括整体卫生计划和车间内特别区域。USDA 检查程序主要是为证实加工者已遵从 SSOP 服务。如果加工者未遵从 SSOP 对于车间或操作的所有方面要求,那将导致 USDA-FSIS 提出的对车间的“不服从报告”或 NR。

9.8.3　入厂材料

所有的肉制品加工者,包括禽肉加工者,将在工厂里收到大量的用于加工过程的材料。这些材料的部分清单包括原料、配料、包装材料、洗涤剂、消毒剂和加工助剂。所有的入厂材料应该从声誉好的厂家购买,当需要时要求有包括运输证明和安全报告的认证。所有加工操作材料的供应商应具有能证实的食品安全系统,包括合适的 HACCP 计划。因为入厂材料能影响产品的质量和安全,所以加工者应对所有入厂材料建立证明记录。这些证明程序是食品安全先决条件项目中的一个重要部分,但也应考虑实际操作条件。例如,关于无沙门氏菌或空肠杆菌禽肉的计划书就不符合实际。保证书和分析证书形式的文件常为供应商的说明书。一旦收到材料,这些材料必须在卫生的环境中存放,并应对存放的每一等级的入厂材料有一项书面的SOP。材料存放时应注意避免影响产品安全的污染。例如,清洁剂不能与食品配料放在一起。当一种入厂材料被认为已腐烂,那么则应进行环境控制并对其进行合适的处理。

9.8.4　设备

在食品生产中用到的所有设备应该有卫生方面的设计,以使设备不直接造成产品的污染。设备也应由化学性质稳定、无毒且自身易于清洗的材料构成。当新设备安装或旧设备更换时,需要由具有资格的认证的人员进行操作。如果要添加设备到生产区域,应注意在不影响车间的清洗消毒的条件下是否有足够的空间安放,即使不是食品安全问题,但也要注意的是新设备的安装不要违背 USDA-FSIS 或车间规定的防火安全规范。

从某种程度上来说,所有的设备都要求有预防性的维护和维修。虽然设备的维修常不能预测或不能被计划在停歇时间内,但预防性维护应更系统化。这意味着预防性维护应有书面的 SOP,并将记录记在设备维护日程安排表的关键部分。预防性维护能帮助确保加工过程的按计划完成,与设备相关的化学和物理风险(如碎片和润滑剂)将降低到最低。预防性维护项目的典型例子——加工设备和仪器的校准。书面设备预防性维护的计划应包括详尽的设备鉴定、准确的维护程序、日程安排表、记录鉴定和责任人员的工作。

9.8.5　加工程序

加工程序必须主要根据质量控制的目的来严格控制。但在许多例子中,加工控制也直接与产品的安全有关。对一种工艺过程的限制直接影响了产品的安全。关于这个概念的一个很好例子是一种产品的设计受限于配料的使用。配料称重、混合和添加的加工步骤必须正确,以确保最终产品中配料的含量严格控制在规定的范围内。另外一个例子是禽肉的分割或分配操作。如果这些操作未正确进行,那么终产品可能受到物理危害(如骨头或金属)。所以,所有的加工步骤应有一个书面SOP。这种书面程序能传达加工的期望,最终产品也能基于对这些操作的人员培训而产生。除了这些详尽的程序,在一般的车间操作中需存在某些关于产品如何处理的书面预期效果,也包括期望的产品流向。这些问题与产品的时间-温度有关,它们会是导致微生物污染的主要决定性因素。

9.8.6　人员

所有在加工车间的员工要求进行一些形式的培训。车间的培训项目应包括员工在生产安全食品过程中各自责任和作用的培训以及遵守规定要求。所有在车间操作的员工必须接受食品卫生和个人卫生准则的培训。这些培训应该主要涉及个人卫生和操作人员如何避免污染产品。同时也要强调人员遵循卫生条例的责任。一种正式的食品安全培训项目包括建立培训的材料、培训日程安排和每个员工的培训记录。这个员工培训记录应放入员工培训文件中,表示该员工受过这种形式和内容的食品安全教育和培训,也包括评估员工在恰当的技术中的熟练程度。因为禽肉加工车间员工的流动性很大,所以车间管理必须建立稳固的培训方针,确保新员工在允许参加工作前受到关于食品安全的合适培训。

9.8.7　害虫控制

禽肉加工车间害虫控制的目的是防止和排除害虫的侵扰,包括昆虫、鼠和鸟类。因为这些害虫是食源性致病菌的传播媒介,所以完整的害虫管理计划对保证产品的安全性是有必要的。加工车间害虫的控制是通过综合多方面的害虫治理方法完成的。综合害虫治理程序有助于减少化学杀虫剂的使用,从而减少与生产相关的潜在化学危害。这种综合方法需要3种操作:检查、内务操作和控制方法。控制方法实质上通常是物理、机械和化学方法。检查必须按规定的频率进行,所以必须有书面的SOP和记录表格,以记录检验结果。虫害管理中正式检查应当由受过专门训练的人员进行。工厂人员可以在加工过程中进行持续的检查,以追踪害虫。因为内务操作是在工厂的清洁和卫生系统中进行,所以在此过程中必须采取适当的措施,以控制和防止虫害。如果发现隐患,那么有必要采用一些根除或消除的方法。这些是提到的控制方法,应按照规定的方式随时进行。一支训练有素且通过认证的职业灭虫者应负责审查正在使用的清除或消灭害虫程序。当不得不使用化学杀虫剂进行杀虫时,这些杀虫过程必须保持严格的记录。

9.9　产品追溯和召回

由于产品召回涉及一个公司的财政底线而产生不愉快,所以从产品生产到发运,召回产品就成为食品加工中的一部分。没有"魔弹式"的技术可以防止产品被召回的所有可能性。从一开始加工者就需要制订策略来避免召回,但如有需要也应备有召回产品的证明文件的战略。不同的工厂召回策略可能会有所不同,但必须确保所有的策略按照联邦、州和地方的规定有效地收回有问题的产品,并处理得当。

9.10 HACCP

HACCP 是一个系统科学的规划、控制和记录安全产品生产的方法[44,45]。HACCP 在本质上是一种管理工具,是禽肉加工者采用的与禽类生产相关的风险评估和管理。与侧重于健全设施和专注于生产各个领域管理的 GMP 相比,HACCP 是针对特定产品并专门侧重于食品安全。正如前面的章节中所涵盖的,HACCP 包括 7 项原则:

(1)食品安全危害的识别和评估;

(2)建立关键控制点(CCP);

(3)建立关键控制点的关键限值;

(4)建立 CCP 监控程序;

(5)建立纠正措施;

(6)建立核查活动和程序;

(7)建立记录保持程序。

在实践中加工者建立"HACCP 小组",其职责是为生产的每个产品制订和实施一个有效的 HACCP 计划。对每个产品或产品类别编制产品加工步骤简图。在每个加工步骤,确定与该步骤相关的潜在食品安全危害(如致病菌或其他)。一旦确定这些危害,就要评估它们可能会导致疾病的发生及严重程度的可能性。对于可能发生或导致严重疾病的危害,鉴定出能够控制该危害的关键点。按照最新的科学,具体的限值分配到每个 CCP。因为每个 CCP 的限值对产品的安全至关重要,每个点都必须进行系统监测,以确保危害受控。当 CCP 的关键限值不符合时会产生"偏差"。在 HACCP 计划中有描述防止偏离的行动。HACCP 小组的成员必须定期采取一些措施,来核查日常运营的工厂是否遵循书面的 HACCP 计划。对于这种核查,必须进行详细的记录,监控 CCP 是否正常,必要时采取纠正措施,车间人员必须遵循书面计划。

HACCP 方法强调预防性控制对禽肉中病原体控制的策略,而不是被动或检查策略。在制订 HACCP 计划的过程中,加工的每个步骤必须进行评估,并制订和实施一个有效的计划,它是加工者的责任。USDA-FSIS 通过检查人员采取措施,以验证工厂的 HACCP 计划是否实现规定的病原体控制。

9.11 禽肉加工中的抗菌处理

9.11.1 化学处理

加工厂减少禽类胴体致病菌的方法之一是在初级加工过程中普遍应用被视为安全的化学处理。对许多抗菌药物处理的研究表明其对禽类的细菌污染有一定效果。为便于讨论,这些化学品被分为 4 类:氯和氯化合物、磷酸三钠、有机酸和其他。

9.11.1.1 氯和氯化合物

氯是如今禽肉加工中最常见的抗菌成分。May[24]报道,在冷却系统中添加 18~25 mg/L

氯能显著减少细菌的数量。Izat 等[46]报道,在冷却系统中添加 100 mg/L 氯能有效减少沙门氏菌的数量,但在该区域有较强的氯气气味。已确定超过 1 200 mg/L 的氯水平将杀死至少 99%的沙门氏菌,这是由于氯的功效受许多因素的影响,包括初始细菌浓度、水位、有机物含量、温度、pH,以及水中存在的微量元素。氯的效果随浓度增加而增加。但是,产品变色可能随浓度增加而发生变化,有时还会在产品上附上气味和异味。值得关注的是,使用氯及其衍生物可能会导致氯和蛋白质结合生成有机氯。氯与氨基酸的反应能使 pH 从 3 增至 9。氯还可能腐蚀金属设备,浓度高时对员工健康造成威胁。

二氧化氯比典型的消毒剂次氯酸钠具有更稳定的形式,可用于减少致病菌。二氧化氯也被证明在有机物存在的广泛 pH 范围下比传统氯传递方法更有效抑菌。二氧化氯是对人的氨基酸不起化学作用的杀菌剂,所以因有机氯的产生造成异味的几率会减少。已被证明用 3 mg/L 二氧化氯处理的胴体沙门氏菌的发病率从 14.3%减少到 2.1%,5 mg/L 二氧化氯处理的从 14.3%减少至 1.0%。Villareal 等[47]将缓释二氧化氯(SRCD)添加到冲洗火鸡的冷却水中,减少沙门氏菌污染胴体的发生率。浸在 1% SRCD 溶液中的冷却胴体的加工过程能抑制火鸡胴体上沙门氏菌的复苏。1% SRCD 冲洗和冷却的处理过程中消除所有来自火鸡胴体的沙门氏菌。在一个单独的试验中,含二氧化氯的车间氯系统处理的冷却后火鸡,沙门氏菌污染胴体的发生率从去内脏后的平均 70%降至 25%。

Sanova 食品质量体系(Sanova Food Quality System®)是 Ecolab 公司对微生物控制的应用,是由 USDA 于 1998 年 1 月批准在家禽加工食品安全控制中应用,并于 1998 年 6 月应用于连续上线加工处理。之后的加工者在应用 Sanova 时回避了目前美国农业部对胴体中存在可见排泄物将被脱离加工生产线重新人工处理的规定,这既费时又费钱。Sanova 系统是一种自动化系统,通过将亚氯酸钠与柠檬酸的混合物喷到禽类胴体来杀灭大肠杆菌、沙门氏菌、李斯特菌、空肠杆菌和其他细菌。这个方案应用于在冷却系统前的新鲜和清洗过后未通过专有应用程序的禽类上。

9.11.1.2 磷酸三钠(TSP)

TSP(Na_3PO_4)是由 USDA 于 1992 年 10 月在家禽加工操作中批准使用的 GRAS 食品添加剂。最近,TSP 已被批准用于粪便污染胴体的连续在线后处理,如 Sanova 系统。这项批准使禽类加工者对 TSP 减少或抑制禽类胴体中致病菌效果的研究表现出极大的兴趣。TSP 能影响到禽类胴体的表皮,从而使细菌更容易从胴体表面清洗下来。Lillard[48]报道,将整个胴体表面用高 pH 和 TSP 处理,其表皮样品接种沙门氏菌后菌落的计数较低。Somers 等[49]研究室温和 10℃下 TSP 对空肠弯曲菌、大肠杆菌 O157:H7、单细胞增生李斯特菌和鼠伤寒沙门氏菌细胞的悬浮液和生物膜的效果,结果显示,在 2 种温度下大肠杆菌 O157:H7 对 TSP 处理最敏感,其后是空肠弯曲菌、鼠伤寒沙门氏菌和单核细胞增生李斯特菌。Hollender 等[50]研究了 TSP 对肉鸡胴体感官属性的影响,结果表明,外观、风味和质地的打分与对照样品相比无显著差异,然而,水的 pH 升高会引起潜在问题,因此,使用 TSP 可能需要增加冷却和废水管理装置。

9.11.1.3 有机酸

有机酸,如乳酸和醋酸生产成本低廉,具有 GRAS 地位,且自然产生,环保。Izat 等[46]发现在冷水中加入 0.5%～1.0%乳酸能减少沙门氏菌的侵染率。酸处理往往是在细菌牢固地

附着在肉或表皮前最有效的处理方法。Cudjoe 和 Kapperud[51]报道，在接种后 24 h 喷洒 1%
和 2%的乳酸处理并不能显著降低空肠弯曲杆菌的数量；然而，在接种后 10 min 用 2%乳酸处
理能在 24 h 之内消除所有的空肠弯曲杆菌。通常情况下，有机酸的杀菌作用随浓度和/或温
度的增加而增加。然而，在非常高的浓度下胴体会产生发白的不利影响。研究人员利用有机
酸的混合物也进行了相关研究。Rubin[52]报告，乳酸和乙酸对鼠伤寒沙门氏菌的抑制具有略
微的协同作用。Adams 和 Hau[53]发现乳酸和乙酸之间有明显的协同效应。

也有研究涉及使用表面活性剂结合有机酸。表面活性剂或经皮吸收的化合物，能增加协
助作用传递酸到禽类皮肤。此传递有助于松弛细菌在表皮上的嵌入或包埋。Tamblyn 和
Conner[37]报道称，当月桂酸（SPAN-20）加入 0.5%柠檬酸、乳酸、苹果酸或酒石酸中用于模拟
清洗剂或冷却剂时，这些活性酸能显著地抑制鼠伤寒沙门氏菌的牢固附着。进一步研究时表
明，十二烷基硫酸钠与有机酸加 SPAN-20 结合使用会具有相同的效果。研究表明，处理环境
中表面活性剂结合有机酸的使用有效地降低了肉鸡胴体的沙门氏菌、空肠弯曲杆菌和单核细
胞增生李斯特菌的水平，也有助于减少这些致病菌向未污染胴体的传播[12,54]。

9.11.1.4　其他化学处理

其他抗菌处理也在不断地进行研究。许多处理对加工者来说可能不成功或比较昂贵。然
而，USDA-FSIS 持续更新新技术清单，这些新技术已被批准并可供禽类加工者使用，这些技术
的网页链接是 http://www.fsis.usda.gov/Regulation & Policies/New Technologies/
index.asp[55]。

臭氧是一种强大的氧化剂和杀菌剂。自 1906 年以来，臭氧已被用作消毒剂来去除颜色、
气味和浊度，并用于减少欧洲的污水处理厂的有机负荷。Sheldon 和 Brown[56]评估了禽类冷
却水和肉鸡胴体中臭氧的效果。在这项研究中，残留的臭氧能杀死从胴体洗下的 99%的微生
物，化学需氧量减少 30%，处理水的透光率显著增加。此外，无显著胴体颜色的损失、脂质氧
化或因接触臭氧产生异味。当臭氧用于禽类冷却水处理或废水处理时，在允许使用这种化学
物质前也有一些因素需要考虑，包括设备需求、毒性、腐蚀性、在一个单元操作中的气体控制、
最佳臭氧比例、气体传输效率和政府规章等。

硫酸氢钠（SBS）是一种被批准应用于某些食品中的 GRAS 化合物。Yang 等[57]研究了预
冷前鸡胴体内外清洗剂中 SBS 对鼠伤寒沙门氏菌的抑制效果。在这项研究中，经 5% SBS 喷
洒的胴体的菌落总数和鼠伤寒沙门氏菌的侵染率减少了 1.66 $\log_{10}$ CFU/胴体。应当指出的
是，无论是 SBS 的浓度还是喷射压力都会影响 SBS 的抑菌活性[58]，视觉观察显示，处理后的
胴体表面会轻微变色。

山梨酸钾常用作防霉剂，但这种化合物也具有抗菌性能。山梨酸盐作为食品添加剂使用
时具有 GRAS 地位。使用不同浓度的山梨酸钾浸泡可降低禽肉制品中活菌总数和抑制禽类
产品中沙门氏菌的生长曲线。浸过山梨酸钾的产品，并以 100%的二氧化碳包装处理已证明
能有效地控制细菌[59]。

通过研究另一种能有效抑制潜在致病菌生长的化学处理剂是过氧化氢（H_2O_2）。已证明
这种化学物质能有效减少细菌数量。然而，该种化合物处理的冷却胴体往往会产生表皮的臃
肿。也有人指出，过氧化氢的使用会引起处理胴体表皮出现由于皮下气体和水的沉积而引起
的皮下橡胶状和漂白状现象[46,60]。

西吡氯铵（1-十六烷基氯化，CPC），是一个 pH 中性、在漱口水中批准使用的以防止牙菌

斑的季氨化合物。作为阳离子表面活性剂,CPC 杀死细菌的机制,涉及基本十六烷基吡啶离子和细菌的酸根相互作用,形成弱离子化合物来抑制细菌的代谢。在禽肉加工试验中,CPC 的使用并不会造成皮肤肿胀或变色,也不腐蚀设备。0.5% 浓度 CPC 处理后,胴体细菌总数和沙门氏菌的数量分别减少了 2.16 和 2.01 $\log_{10}$ CFU[57]。

环戊氯噻嗪环™是一个卤氧的无机化合物。有研究比较加入 31 mmol/L 的环戊氯噻嗪环和 20 mg/L 的氯到胴体冷却水中的效果。胴体表面菌落总数从氯处理的 8 100 CFU/mL 减少到了环戊氯噻嗪环处理的 2 700 CFU/mL。此外,在氯处理和环戊氯噻嗪环处理的胴体中空肠弯曲杆菌和沙门氏菌数量分别从 260 和 73 CFU/mL,减少到 <3 和 <2 CFU/mL。在这项研究中,经环戊氯噻嗪环处理的表皮有轻微紧缩[61]。

9.11.2　物理处理

除了化学处理之外,加工者在禽肉加工过程中控制致病菌的方法还有物理处理。一个最简单的物理处理方法是温度控制,这是许多禽肉产品中病原体控制或消除的主要手段。除了温度控制,对生鲜或冷藏禽肉的电离辐射(辐照)申请已获批准。辐照有可能成为消除或显著降低原料禽肉中致病菌的一种手段。

9.11.2.1　温度控制

因为与大多数禽肉相关的细菌以二分裂方式繁殖,每个生长周期中细菌数量倍增。在最佳的温度和其他环境条件下,细菌生长的滞后期变短,接着进入快速增长的指数阶段。在这种情况下,细菌数量可以在短短 15 min 内增加 1 倍。高于或低于最佳生长温度,增长速度将放缓。在一些偏离最佳温度的点,其增长速度取决于细菌的类型,微生物将无法再繁殖。因此,食品安全的一个基本原理就是细菌繁殖速度取决于温度,温度可以成为控制食品中细菌的一个有效工具。

禽肉产品中腐败和致病菌可根据最佳的生长温度范围分类(表 9.5)[62,63]。因此,禽肉产品的储藏温度主要影响细菌的生长和主要细菌的类型。禽肉中的主要腐败菌是嗜冷菌,最初与禽类有关的主要食源性致病菌是嗜温菌。冷冻条件除了延缓微生物腐败,还可以有效防止禽肉产品中病原体数量的增加。一个特殊的例子是鼠伤寒沙门氏菌,它在冷藏温度下仍具有增殖能力,但生长缓慢。

表 9.5　生长受温度影响的细菌种群　　　　　　　　　　　　　　　　℃

细菌菌群	允许生长的温度范围		
	最低温度	最佳温度	最高温度
嗜冷菌	−15~5	5~30	20~40
嗜温菌	−5~8	20~30	30~43
嗜热菌	5~8	25~43	40~50

来源:引自 Ayres,J.C.et al.1980.*Microbiology of Foods*,W.H.Freeman,San Francisco; and Banwart,G.J.1989.*Basic Food Microbiology*,Van Nostrand Reinhold,New York.

因为大多数备受关注的致病菌在 5~50℃ 增殖,这个温度范围常被称为危险区。为了防止细菌的增殖,根据 USDA 的指导方针,禽肉产品在加工后应尽快放入 4 或 4℃ 以下。处理后的原料产品必须储藏在 4 或 4℃ 以下。当温度需要发生变化时(如切割和剔骨、蒸煮和冷却过程等),产品温度应尽快地通过危险区范围。在切割和去骨操作中,产品保持在 4℃ 或以下是不切实际的,该产品温度不应该超过 10℃,操作时间应尽量减少。低于危险区范围的存储温度不能杀死细菌,只能防止细菌的生长和繁殖。当产品随后放在危险区温度范围内时,细菌数量会快速增加,从而增加食源性疾病风险。

在即食禽类产品的生产中,细菌营养细胞被期望能在烹调过程中全部被杀灭。USDA-FSIS 要求即食禽肉产品的加工者应满足细菌营养细胞致死的执行标准,确保这些产品不存在营养致病菌。要在一个合理的安全范围内设计和验证热加工工艺来满足这些要求,以消除营养性致病菌。这种过程被称为安全港,能减少 $5\sim7$ $\log_{10}$ CFU/mL 的沙门氏菌及其他致病菌。虽然有许多因素可以影响高温杀死细菌的速度,但一般情况下产品内部温度至少达到 71.1℃ 才能提供强杀伤力,确保无孢子形成的致病菌全部消除,如沙门氏菌、空肠弯曲杆菌、鼠伤寒沙门氏菌和金黄色葡萄球菌[64]。产气荚膜梭菌的孢子通常不能被这种热处理消除,已被证明这个生物体的孢子在 80℃ 下暴露 10 min 仍能存活。

因为产气荚膜梭菌和其他细菌的孢子能存活于特殊的烹饪过程中,产品在烹饪后必须迅速冷却,这被称为产品的稳定性。USDA 要求生产者完全煮熟即食产品来满足稳定性执行标准,以确保产气荚膜梭菌的孢子不会产生和生长。煮熟后一般安全港产品稳定性指导方针包括产品温度在 $54.4\sim26.6$℃ 之间不超过 1.5 h,或在 $26.6\sim4.4$℃ 之间不超过 5 h。如果加工者确认他们能阻止产气荚膜梭菌孢子的生长,那么其他冷却循环是可以接受的。

9.11.2.2 辐照

辐照是一个食品暴露于电离辐射能量(γ 射线或 X 射线)来延长产品的保质期,防止腐败和致病菌侵染的过程。1990 年,美国食品和药物管理局(FDA)批准在禽肉中的辐照水平在 $1.5\sim3$ kGy。这种辐射水平将减少或消除致病菌,如沙门氏菌、大肠杆菌 O157:H7、空肠弯曲杆菌和鼠伤寒沙门氏菌[65,66]。1992 年,USDA-FSIS 批准使用新鲜或冷冻包装的未煮熟禽肉的辐照设施[67]。

对于大多数辐照的禽肉,产品的包装和运输都应用 USDA 批准的低剂量照射的辐照设施。产品仍然保留原包装,以减少二次污染或交叉污染的危险,直至消费者使用。辐照过程大大减少了产品中的细菌,但由于剂量低并不能完全消除产品中的细菌。冷藏储存通过这个过程延长货架期,但对冷库的需求没有因电离辐射而被取代。

食物吸收的能量是由工厂的质量控制人员和 USDA 检查员进行精心控制和监督的,从而实现理想的食品保鲜效果,同时保持安全、质量和卫生的产品。值得注意是,辐照食品产品和包装不能具有放射性。批准用于辐照食品的设施与操作消毒医疗设备设施非常相似,这些设施并不像核反应堆。车间中不能有爆炸性材料,它们可能会导致放射性物质的广泛传播。

对于辐照设施,辐射源(钴-60、铯-137 或电子束产生器)被安置在受保护的安全环境中。包装的禽肉通过输送机上的托盘传输到辐射源处,暴露在 γ 射线中。辐照剂量是辐射源的强度和照射时间的共同作用。因此,辐射剂量通常由电脑室控制。

食品辐照有时被称为"冷"过程,因为食品达到其效果时温度未发生明显变化。还有一点,辐照后禽肉物理感官上未发生很大变化。电离辐射处理会导致产品轻微的营养、化学和物理变化,而这种变化比冷冻、罐头或烹饪造成的变化要小得多[68]。在 USDA 和 FDA 批准的对禽肉辐照剂量下是不会因高剂量辐照而产生异味的。在辐照过程中,产品保持较低的温度有助于保持辐照禽肉的质量和全面营养。

对禽肉及禽肉产品完全采用辐照作为抗菌处理的关键问题是消费者的接受程度。一般来说,消费者并不了解食品辐照。然而,与食品辐照相比,他们普遍更能接受防腐剂和杀虫剂。关于辐射,传统消费者的态度可通过教育产生积极影响,特别是消费者与了解辐照的人接触时影响最有效。在观看一个介绍辐照的 10 min 视频后,有兴趣购买辐照食品的加利福尼亚和印第安纳消费者从 57%增加到 82%[68]。当辐照被更广泛地接受时,这种技术用于提高微生物安全的禽肉制品可能成为一种普遍的做法。

9.11.2.3 微生物检测

如前面所述,致病菌的控制需要遵守 GMP,遵守有效的 HACCP 体系,同时可能使用一些特定的抗菌剂。这些程序的需求和有效性通过微生物信息来评估。因此,微生物检测并不是一个本身的控制措施,而是一个加工者总体减少致病菌策略的重要组成部分。微生物检测包括产品和加工环境的评估。产品检测允许评估整体微生物的负荷,致病菌的发病率,加工程序对致病菌负荷的影响,遵守监管标准或准则等。通过这些微生物评估,加工者可更可靠地确定和评估其产品和流程中的微生物危害,以及验证用于致病菌控制的措施。环境测试被用来评估用于微生物控制的卫生和其他设施项目设计的有效性。

基于分析微生物的不同目的,有一些具体的可用取样计划和方法。样本大小和位置是关键问题。因为 100%分析一个既定的生产或加工整个环境是不可能的,只能选取具有代表性样本并对其进行分析。抽样计划是建立在概率统计和置信的基础上来解释结果的。此外,一部分样本实际上是经认可的分析程序的分析单元,其必须代表整体的样本。肉鸡和火鸡加工者常用整个胴体冲洗样品作为样本,典型的如使用擦拭样本,而生产碎肉或切分肉的加工者则使用确定的样本量来代表。定性和定量方法用于家禽加工样品的分析。定性方法提供了一个就存在的特定类型细菌"是/否"答案的样品,而定量的方法提供了一个特定类型细菌存在于样品的估计数量。与所有的微生物检测一样,当评估一个产品或环境样品微生物存在时应遵循定义的程序。

在 USDA-FSIS 对禽肉产品执行标准和法规的建立下,在加工安全畜禽产品上采取微生物检测显得更加重要。目前,完整产品和碎肉产品必须满足沙门氏菌执行标准,胴体必须符合生物型大肠杆菌的法规,且煮熟的禽肉产品必须满足致死性、稳定性和鼠伤寒沙门氏菌执行标准。沙门氏菌执行标准是 USDA-FSIS 用于确定一个加工者的 HACCP 计划的有效性的一个手段。大肠杆菌法规是用于屠宰操作中控制排泄物污染(致病菌的初始来源)的指标。致死性、稳定性和鼠伤寒沙门氏菌执行标准用于建立加工过程中有效生产安全产品的蒸煮、冷却和后处理过程。

为了保持遵守目前的监管要求和确保生产安全产品,禽肉加工者必须建立一个持续的微生物检测程序。检测程序应被整合到车间正常运作中,可检测到这种趋势,如以一种适时的方式采取预防措施。自然界的微生物检测程序将成为一个加工者的整体食品安全目标的作用。这些目标应反映消费者的需求以及法规的遵守。

9.12 小 结

到达加工车间的活禽类中存在大量的微生物。这些微生物大多数是无害的,但禽类常附着一些对人类有致病性的细菌。通常,这些细菌的致病率较低,只有当产品未按安全方式处理时才会对消费者构成威胁。无论如何，加工者的目标是生产致病菌尽可能少的产品，这代表基于产品类型的安全性的可接受水平。一个对食品安全的综合措施包括遵守 GMP、HACCP，使用特定抗菌处理和微生物检测程序，遵循该方法生产的最终产品对消费大众是安全的。

参 考 文 献

1. Anderson, M. E., Marshall, R. T., Stringer, W. C., and Naumann, H. D., Efficacies of three sanitizers under six conditions of application to surfaces of beef, *J. Food Sci.*, 42, 326, 1977.
2. Dickson, J. S. and Anderson, M. E., Microbiologcal decontamination of food animal carcasses by washing and sanitizing systems: a review, *J. Food Prot.*, 55, 133, 1992.
3. Todd, E. C., Foodborne disease in six countries—a comparison, *J. Food Prot.*, 41, 559, 1978.
4. Todd, E. C., Poultry-associated foodborne disease—its occurrence, cost, sources and prevention, *J. Food Prot.*, 43, 129, 1980.
5. Bean, N. H. and Griffin, P. M., Foodborne disease outbreaks in the United States, 1973–1987: pathogens, vehicles, and trends, *J. Food Prot.*, 53, 804, 1990.
6. Bean, N. H., Griffin, P. M., Goulding, J. S., and Ivey, C. B., Foodborne disease outbreaks, 5-year summary, 1983–1987, *J. Food Prot.*, 53, 711, 1990.
7. Shackelford, A. D., Modification of processing methods to control *Salmonella* in poultry, *Poult. Sci.*, 67, 933, 1988.
8. United States Department of Agriculture–Food Safety and Inspection Service, 9 CFR Part 304 et al.: Pathogen Reduction; Hazard Analysis and Critical Control Point (HACCP) Systems; Final Rule, *Fed. Regis.* 61(no. 144): 38806. July 25, 1996.
9. Waldroup, A. L., Contamination of raw poultry with pathogens, *W. Poult. Sci.*, 52, 7, 1996.
10. Bryan, F. L. and Doyle, M. P., Health risks and consequences of *Salmonella* and *Campylobacter jejuni* in raw poultry, *J. Food Prot.*, 58, 326, 1995.
11. CDC (Centers for Disease Control), *Food Net: 1998 Preliminary Data*, 1999.
12. Benefield, R. D., Pathogen Reduction Strategies for Elimination of Foodborne Pathogens on Poultry During Processing, M.S. thesis, Auburn University, Auburn, AL, 1997.
13. McCormick, K., Han, I. Y., Acton, J. C., Sheldon, B. W., and Dawson, P. L., D- and z-Values for *Listeria monocytogenes* and *Salmonella typhimurium* in packaged low-fat ready-to-eat turkey bologna subjected to surface pasteurization treatment, *Poult. Sci.*, 82: 1337, 2003.
14. National Advisory Committee on Microbiological Criteria for Foods, Generic HACCP application in broiler slaughter and processing, *J. Food Prot.*, 60, 579, 1997.
15. Food Safety and Inspection Service, *Nationwide Broiler Chicken Microbiological Baseline Data Collection Program July 1994–June 1995*, USDA, Washington, D.C., 1996.
16. CDC (Centers for Disease Control), Surveillance for foodborne disease outbreaks—United States, 1993–1997. *MMWR Surveillance Summaries* 49(SS01); 1–51, March 17, 2000.
17. Rigby, C. E., Pettit, J. R., Baker, M. F., Bentley, A. H., Salomons, M. O., and Lior, H., Flock infections and transport as sources of *Salmonella* in broiler chickens and carcasses, *Can. J. Comp. Med.*, 44, 328, 1980.
18. Wakefield, C. B., Control and Consequences of Salmonella Contamination of Broiler Litter and Livehaul Equipment, M.S. thesis, Auburn University, Auburn, AL, 1999.
19. Rigby, C. E. and Pettit, J. R., Changes in the *Salmonella* status of broiler chickens subjected to simulated shipping conditions, *Can. J. Comp. Med.*, 44, 374, 1980.
20. Mulder, R. W. A. W., Dorresteijm, L. W. J., and van der Broek, J., Cross-contamination during the scalding and plucking of broilers, *Br. Poult. Sci.*, 19, 61, 1978.
21. Bailey, J. S., Thomson, J. E., and Cox, N.A., Contamination of poultry during processing, in *The Microbiology of Poultry Meat Products*, Cunningham, F.E. and Cox, N.A., Eds., Academic Press, Orlando, FL, 1987, 193.
22. Hargis, B. M., Caldwell, D. J., Brewer, R. L., Corrier, D. E., and DeLoach, J. R., Evaluation of the chicken crop as a source of *Salmonella* contamination for broiler carcasses, *Poult. Sci.*, 74, 1548, 1995.

23. Byrd, J. A., Corrier, D. E., Hume, M. E., Bailey, R. H., Stanker, L. H., and Hargis, B. M., Incidence of *Campylobacter* in crops of preharvest market-age broiler chickens, *Poult. Sci.*, 77, 1303, 1998.

24. May, K. N., Changes in microbial numbers during final washing and chilling of commercially slaughtered broilers, *Poult. Sci.*, 53, 1282, 1974.

25. Notermans, S., Terbijhe, R., Jr., and van Schotghorst, M., Removing faecal contamination of boilers by spray cleaning during evisceration, *Br. Poult. Sci.*, 21, 115, 1980.

26. Brant, A. W., Gable, J. W., Hamann, J. A., Wabeck, C. J., and Walters, R. E., *USDA Agriculture Handbook 581: Guidelines for Establishing and Operating Broiler Processing Plants*, Washington, D.C., 1982.

27. Waldroup, A. L., Rathgeber, B. M., and Forsythe, R. H., Effects of six modifications on the incidence and levels of spoilage and pathogenic organisms on commercially process post-chill broilers, *J. Appl. Poult. Res.*, 1, 226, 1992.

28. Waldroup, A. L., Rathgeber, B. M., Hierholzer, R. E., Smoot, L., Martin, L. M., Bilgili, S. F., Fletcher, D. L., Chen, T. C., and Wabeck, C. J., Effects of reprocessing on microbiological quality of commercial prechill broiler carcasses, *J. Appl. Poult. Res.*, 2, 111, 1993.

29. Lillard, H. S., Effect of broiler carcasses and water of treating chiller water with chlorine or chlorine dioxide, *Poult. Sci.*, 59, 1761, 1980.

30. Dye, M. and Mead, G. C., The effect of chlorine on the viability of clostridial spores, *J. Food Technol.*, 7, 173, 1972.

31. Patterson, J. T., Bacterial flora of chicken carcasses treated with high concentrations of chlorine, *J. Appl. Bacteriol.*, 31, 544, 1968.

32. Sanchez, M., Brashears, M., and McKee, S., Microbial quality comparison of commercially processed air-chilled and immersion chilled broilers, *Poult. Sci.*, 78(Suppl. 1), 68, 1999.

33. Lillard, H. S., Bacterial cell characteristics and conditions influencing their adhesion to poultry skin, *J. Food Prot.*, 48, 803, 1985.

34. Thomas, C. J. and McMeekin, T. A., Attachment of *Salmonella* spp. to chicken muscle surfaces, *Appl. Environ. Microbiol.*, 42, 130, 1981.

35. Notermans, S. and Kampelmacher, E. H., Attachment of some bacterial strains to the skin of broiler chickens, *Br. Poult. Sci.*, 15, 573, 1974.

36. Conner, D. E. and Bilgili, S. F., Skin Attachment model (SAM) for improved laboratory evaluation of potential carcass disinfectants for their efficacy against *Salmonella* attached to broiler skin, *J. Food Prot.*, 57, 684, 1994.

37. Tamblyn, K. C. and Conner, D. E., Bactericidal activity of organic acids in combination with transdermal compounds against *Salmonella typhimurium* attached to broiler skin, *Food Microbiol.*, 14, 477, 1997.

38. Borchert, L. L., Technology Forum: *Listeria monocytogenes* interventions for ready-to-eat meat products, American Meat Institute, Washington, D.C., 2001.

39. Ryser, E. T. and Marth, E. H., *Listeria, Listeriosis and Food Safety*, Marcel Dekker, New York, 1999.

40. Food Safety and Inspection Service, *Listeria Guidelines for Industry*, USDA, Washington, D.C., 1999.

41. Zaika, L. L, Palumbo, S. L., Smith, J. L., Corral, F. D., Bhaduri, S., Jones, C. O., and Kim, A. H., Destruction of *Listeria monocytogenes* during frankfurter processing, *J. Food Prot.* 53(1), 18, 1990.

42. Glass, K. A., Granberg, D. A., Smith, A. L., McNamara, A. M., Hardin, M., Mattias, J., Ladwig, K., and Johnson, E. A., Inhibition of *Listeria monocytogenes* by sodium diacetate and sodium lactate on wieners and cooked bratwurst, *J. Food Prot.*, 65(1), 116, 2001.

43. National Advisory Committee for Microbiological Criteria for Food, Hazard analysis and critical control point principles and application guidelines, *J. Food Prot.*, 61, 762, 1998.

44. Stevenson, K. E. and Bernard, D. T., *HACCP: A Systematic Approach to Food Safety*, The Food Processors Institute, Washington, D.C., 1999.

45. Pierson, M. D. and Corlett, D. A., *HAACP Principles and Applications*, Chapman & Hall, New York, 1992.

46. Izat A. L., Colbert, M., Adams, M. H., Reiber, M. A., and Waldroup, P.W., Production and processing studies to reduce the incidence of *Salmonella* on commercial broilers, *J. Food Prot.*, 52, 670, 1989.

47. Villarreal, M. E., Baker, R. C., and Regenstein, J. M., The incidence of *Salmonella* on poultry carcasses following the use of slow release chlorine dioxide (Alcide), *J. Food Prot.*, 53, 465, 1990.

48. Lillard, H. S., Effect of trisodium phosphate on Salmonellae attached to chicken skin, *J. Food Prot.*, 57, 465, 1994.

49. Somers, E. B., Schoeni, J. L., and Wong, A. C. L., Effect of trisodium phosphate on biofilm and planktonic cells of *Campylobacter jejuni, Escherichia,* O157: H7, *Listeria, monocytogenes* and *Salmonella typhimurium, Int. J. Food Microbiol.*, 22, 269, 1994.

50. Hollender R., Bender, F. G., Jenkins, R. K., and Black, C. L., Consumer evaluation of chicken treated with a trisodium phosphate application during processing, *Poult Sci.*, 72, 755, 1993.

51. Cudjoe, K. S. and Kapperud, G., The effect of lactic acid sprays on *Campylobacter jejuni* inoculated onto poultry carcasses, *Acta. Vet. Scand.*, 32 (4), 491, 1991.

52. Rubin, H. E., Toxicological model for a two-acid system, *Appl. Environ. Microbiol.*, 36, 623, 1978.

53. Adams, M. R. and Hall, C. J., Growth inhibition of foodborne pathogens by lactic and acetic acids and their mixtures, *Int. Food Sci. Technol.*, 23, 287, 1988.

54. Conner, D. E. and Benefield, R. D., Antibacterial activity of organic acid-surfactant treatments against foodborne pathogens on processed broiler chickens: evaluation in a pilot scale commercial processing plant, in *Proc. XIV Eur. Symp. Quality Poultry Meat*, Vol. 1, Cavalchini, L. G. and Baroli, D., Eds., Bologna, Italy, September 19–23, 1999.

55. United States Department of Agriculture/Food Safety and Inspection Services. New Technology Updates. http://www.fsis.usda.gov/Regulations_&_Policies/New_Technologies/index.asp. Accessed May 2009.

56. Sheldon, B. W. and Brown, A. L., Efficacy of ozone as a disinfectant for poultry carcasses and chill water, *J. Food Sci.*, 51, 305, 1986.

57. Yang, Z. P., Li, Y. B., and Slavik, M., Use of antimicrobial spray applied with an inside–outside birdwasher to reduce bacterial contamination on prechilled chicken carcasses, *J. Food Prot.*, 61, 82, 1998.

58. Li, Y. B., Slavik, M. F., Waker, J. T., and Xiong, H., Pre-chill spray of chicken carcasses to reduce *Salmonella tryphimurium, J. Food Sci.*, 62, 605, 1997.

59. Robach, M. C. and Ivey, F. J., Antimicrobial efficacy of potassium sorbate dip on freshly processed poultry, *J. Food Sci.*, 41, 284, 1978.

60. Lillard, H. S. and Thomson, J. E., Efficacy of hydrogen peroxide as a bactericide in poultry chiller water, *J. Food Sci.*, 48, 125, 1983.

61. Wabeck, C. J., Methods to reduce microorganisms on poultry, *Broiler Ind.*, 34, 1994.

62. Ayres, J. C., Mundt, J. O., and Sandine, W. E., *Microbiology of Foods,* W. H. Freeman, San Francisco, 1980.

63. Banwart, G. J., *Basic Food Microbiology*, Van Nostrand Reinhold, New York, 1989.

64. Food Safety and Inspection Service, *Appendix A: Compliance Guidelines for Meeting Lethality Performance Standards for Certain Meat and Poultry Products,* USDA, Washington, D.C., 1999.

65. Giddings, G. G. and Marcotte, M., Poultry irradiation: for hygiene/safety and market-life enhancement, *Food Rev. Int.*, 7(3), 259, 1991.

66. Thayer, D. W., Use of irradiation to kill enteric pathogens on meat and poultry, *J. Food Safety*, 15, 181, 1995.

67. USDA, *FSIS Backgrounder: Poultry Irradiation and Preventing Foodborne Illness,* Food Safety Service, USDA, Washington, D.C., 1992.

68. Bruhn, C. M., Schutz, H. G., and Sommer, R., Attitude change toward food irradiation among conventional and alternative consumers, *Food Technol.*, 40(12), 86, 1986.

第 10 章

禽肉腐败菌

Scott M. Russell

徐幸莲　张秋勤　译

10.1　引　　言

美国的大部分禽类产品来自东南部,然而这类禽肉有很大比例被全国消费。而且,有部分此类产品的货架期在产品运至终点站的过程中缩短。美国每年加工超过 80 亿只鸡或 300 亿 lb 的肉,其中有 80% 作为鲜肉销售。估计因腐败导致的损失量有 2%~4%,每年经济损失达 3 亿~6 亿美元。因此,腐败是禽类工业的一个重要问题。

导致腐败的主要原因有:①过长分配和储藏时间;②不合适的储藏温度;③高初始细菌数量。如果鲜禽产品在冷藏温度下储藏过长时间,就会因细菌在此条件下大量的生长繁殖而产生腐败,这种情况可以通过合理的库存循环得到改善。应该首先销售货架上存放时间最长的产品,距离生产商较远的销售点所销售的产品在运输过程中应该处于接近冰点(−3.3℃)但不足以使肌肉组织结冰的温度。

不合适的储藏温度或温度波动最有可能引起腐败。温度失控可能发生在分配、储藏、零售环节,或者消费者对产品的处理环节。生产商唯一能够确定产品是否温度失控的方法就是管控温度或者评估整个分配系统的细菌数量。

同时,肉鸡胴体的初始菌数对鲜肉产品的货架期具有直接影响。禽肉的初始细菌数量一般是工序、生产规范、车间和加工卫生的职责。

10.2　生长温度分类

鲜禽的温度被认为是禽类工业关注的重要问题,因为它是影响腐败菌和致病菌生长最为重要的因素。Olson[1] 的研究指出,在考虑温度和微生物生长的关系时,有 2 件事情必须考虑:微生物的生长温度以及微生物暴露在此温度下的时间。所有的活细胞对温度变化的反应是多样的,而细菌,毫无例外也是活细胞。细菌代谢、物理特性或者形态都会有所不同,增殖速率可能升高或降低,这完全依赖于温度与暴露时间的特殊结合。

所有的细菌只能在限定的温度范围内增殖。Olson[1] 的研究指出,在此范围内,低于最低生长温度时细菌停止生长,在最适生长温度时细菌具有最大生长速率,高于最高生长温度时则细菌停止生长。不同菌种不仅仅在增殖的温度范围上有差别,同时其最低、最适、最高生长温度也不同。决定菌种最适生长条件的 2 个标准是形成时间和最大细胞量[2]。形成时间表示细胞分裂速度,最大细胞量涉及细胞死亡和细胞产生 2 个方面。

Olson[1] 列出的细菌中将嗜冷菌列入低温菌类,而 Mueller[3]、Zobell 和 Conn[4] 以及 Ingraham[5]反对将其列入低温菌,因为既然一些引起腐败的细菌在低温下存活和繁殖,这些细菌则具有冰点以上的最适生长条件。Ayres 等[6]研究指出,低温菌的最适繁殖温度在 5～15℃。早前,Mueller[3]研究指出,嗜冷菌是嗜温菌的一种,相比其他细菌能够在相对较低的温度下繁殖。

表 10.1 列出了目前根据生长温度对细菌进行的分类。一些菌种因为它们的温度范围太广而不能被归为某一类[6]。还有一些细菌,例如单增李斯特菌在冷藏温度和室温下均能够良好生长。因此,在根据它们的最低、最适、最高生长温度来对微生物进行区分时,这些细菌则是例外。

表 10.1　最低、最高和最适生长温度　　　　　　　　　　℃

	最低生长温度	最高生长温度	最适生长温度
低温菌	$\leqslant 0$	5～15	±20
低温嗜温菌,嗜冷菌	±10～±18	20～27	32～43
嗜温菌	8	35～43	43～45
嗜热菌	20～25	37	?

来源:引自 Ayres,J.C.et al.1980.*Microbiology of Foods*,W.H.Freeman,San Francisco.

10.3　影响鲜禽货架期的因素

10.3.1　温度

目前影响嗜冷菌生长以及鲜禽货架期最主要的因素就是温度。Pooni 和 Mead[7]研究指出禽类产品受加工、储藏、分配和零售中温度变化的影响,Ayres[8]评估了储藏温度对鲜禽货架期的影响。作者的研究指出市售去内脏的分割鲜肉的在 10.6、4.4 和 0℃储藏温度下的平均货架期分别是 2～3、6～8 和 15～18 d。Barnes[9]认为火鸡胴体在 22、0、2 和 5℃下分别在储藏38、22.6、13.9 和 7.2 d 后出现异味。Daud 等[10]研究指出肉鸡胴体若保持在最适条件,5℃储藏条件下的货架期是 7 d,温度达到 10℃时其腐败速率加倍,15℃时腐败速率达到 5℃时的 3倍。因此,随着储藏温度的降低,在这类研究中胴体的货架期随之延长。

此外,Baker 等[11]研究指出,储藏温度和时间与货架期具有联系,因为在 1.7 和 7.2℃储藏的即烹(RTC)肉鸡胴体储藏时间超过 7 d 后,其好氧菌数增加量比相应胴体储藏较短时间的菌数增加量大得多。这项研究表明如果储藏时间过长,胴体最终都会腐败,即使是合适的冷藏条件,并且在尽可能低的温度下储藏胴体能够使货架期得到显著增加。

10.3.2　冰法储藏

对冰法储藏鸡肉的微生物学影响所进行的研究看似有些矛盾。Lockhead 和Landerkin[12]观察到鸡肉胴体−1.1℃冷藏条件下与相同温度下被冰或冰水包裹的鸡肉同样并未发生腐败变质。对比这一结果,Naden 和 Jackson[13]指出用冰包裹禽肉具有明显优势,包括:①维持更长的鲜肉质量;②防止胴体变干;③胴体在货架上更具有吸引力。Baker 等[14]确定冰法储藏 9 d 的 RTC 禽肉中菌数与 1.7℃储藏 5 d 或者 7.2℃储藏 4 d 条件下的禽肉中菌数相似,表明冰法储藏可以更有效的延长货架期。然而,其他一些研究表明在碎冰中储藏的胴体与−0.6℃机械冷藏的胴体货架期相同[14]。通过这 4 个独立的研究可以很有趣的发现,它们获得了全部3个可能的结论(冷藏是最好的,冰是最好的,二者毫无差别)。这可能是因为不同调查者应用不同参数来判断腐败,例如气味或者黏滑感的产生。

10.3.3 去内脏

在美国,尽管购买的大部分禽肉是去内脏肉或者分割肉,但另外一个影响鲜禽货架期的因素就是胴体是否已经去内脏。Lockhead和Landerkin[12]发现在相似条件下去内脏鸡肉胴体比纽约全鸡(未去内脏)更快产生腐败气味。其他一些研究指出在1.7和7.2℃储藏4 d后RTC禽肉上的菌数比纽约全鸡要高[11]。这些作者将去内脏后的禽肉腐败率和腐败菌的增加归咎于胴体腹部区域易于污染以及用于清洗胴体的水可能是传播腐败菌的媒介[11]。仍然销售纽约全鸡的乡下可能对这些结果感兴趣。

10.3.4 初始细菌数量

加工后的初始细菌数量会立即对货架期产生影响。Brown[15]证明初始细菌数量的增加会伴随货架期的急剧下降。发生这一影响是因为当初始细菌数量很高时,细菌数量达到产生腐败效应所需数量的时间会更短。

10.3.5 胸肉颜色影响腐败速率

Allen等[16]的研究表明鸡胸肉切片的颜色(使用C.I.E.测定L^*、a^*、b^*),肉pH和切片的货架期之间有联系。较暗的胸肉切片具有显著较高的pH(较暗切片的pH为6.08~6.22,较亮切片的pH为5.76~5.86)。储藏7 d时较暗切片比较亮切片具有显著较高的嗜冷菌落数和更高的主观性气味值。作者得出结论,较暗的鸡胸肉切片比较亮的胸肉切片具有较短的货架期,并且较短的货架期可能是因为pH的差异。

10.3.6 其他因素

Spencer等[14]鉴定了可能影响货架期的大量因素,并指出烫毛水温和冷却水中的氯是十分重要的。模拟商业条件下,53.3℃烫毛后的劈半胴体平均货架期比60℃烫毛后的劈半胴体长1 d(烫毛时间均为40 s)。劈半胴体在53.3℃烫毛后于含有残留氯10 mg/L的冰水中冷却2 h,其货架期为15.2 d,而经不含氯的冰水冷却的对照组货架期为12.8 d;储藏在−0.6℃下的劈半胴体货架期为18 d,而储藏在3.3℃下的劈半胴体货架期为10 d[14]。这些数据表明烫毛水温、氯的应用以及储藏温度对货架期有影响。

10.4 储藏温度对肉鸡胴体中细菌增代时间的影响

10.4.1 低温储藏

由于鲜肉处于低温条件,因而大部分菌种不再具有最适生长条件。Ayres等[8]研究指出,储藏在0℃的禽肉其细菌总数在储藏的前几天呈下降趋势。分析这种下降的原因有以下几点:①温度不适宜产色细菌和嗜温菌的生长繁殖;②嗜冷菌没有足够的时间进入对数生长期。

嗜冷菌能够在冷藏温度下生存并引起食物腐败,然而这些细菌在此温度下的繁殖速率受到极大限制。大部分嗜温菌种在低于5℃的冷藏温度下不能繁殖[17]。Oslon和Jezeski[18]研究指出,嗜温菌和嗜冷菌在培养温度逐渐低于最适生长温度范围时增代时间并没有增加。例如,低温会限制大肠杆菌(一般在肉鸡胴体中发现的嗜温菌)的繁殖,不仅仅是细菌的复制时间更长,迟滞期也会更长[9]。Barnes[9]研究,指出大肠杆菌在−2、1、5、10和15℃的增代时间分别是 0、0、0、20、6、2.8 和 1.4 h。Elliott 和 Michener[19]研究指出,嗜温菌在低于 0℃的储藏温度下增代时间可能超过 100 h。

10.4.2　提高储藏温度

在"轻度失控温度"(约 10℃)下,嗜冷菌比嗜温菌的增代时间要短得多[20]。而在约 18℃时嗜冷菌和嗜温菌繁殖速率基本相同。当储藏温度大于 18℃时嗜温菌的繁殖速率远大于嗜冷菌[20]。

10.4.3　禽肉腐败菌在不同储藏温度下的生长模型

Dominguez 等[21]研究和设计了一项数学模型来预测鲜禽肉中假单胞菌在有氧条件下不同温度时的生长。有 37 种假单胞菌的生长速率被用于过去的 6 个报道中。这些报道的目的、方法和数据列出方式不仅千差万别,而且使用的样品要么来自自然条件下的污染禽肉,要么来自实验室条件下从禽肉中分离的假单胞菌。报道的假单胞菌生长速率被用于开发生长速率与储藏或培养温度相关的模型。Ratkowsky 等[22]开发出一个平方根方程来对数据进行模型处理。模型后来被用于预测培养 20 种假单胞菌和 20 种总好氧菌的生长,可以获得 0～25℃范围内 10 个不同温度下鲜禽肉的超过 600 种细菌浓度的生长速率。Baranyi 等[23]的预测方法被用于分析模型的性能。假单胞菌的试验数据显示其仅与预测值相差 4.8%,偏差为+3.6%。这一差值表明模型预测值十分接近实际值,正偏差因素表明模型预测略高于实际生长速率,这样才能够预测食品安全。作者总结得出,有氧条件下某些假单胞菌的指导性或验证性模型可以为传统微生物技术提供快速有效地方法来评估储藏温度对产品货架期的影响。而这些作者开发的模型可以用于确定 0～25℃范围内有氧条件下初始假单胞菌浓度和储藏温度对禽肉货架期的影响。

10.5　腐败禽肉中的细菌

新鲜鸡肉或其他肉品中的腐败菌检测可以追溯到 19 世纪。Forster[24]研究指出,大部分食品暴露在含有腐败菌的空气、土壤和水中。该文作者认为,低温储藏作为一种保存食物的方法,在预测此温度范围内腐败菌的行为方面是十分重要的[24]。Glage(Ayres[25]曾报道)是首先从储藏在低温高湿条件下的肉表面分离出腐败菌的研究者之一。该作者将这类细菌命名为 *Aromobakterien*,Glage 总共获得了 7 种腐败菌,其中一种为优势菌。他指出这类细菌为椭圆形或圆形,并且一般为链状。Glage 还指出 *Aromobakterien* 在 2℃下生长良好,但在 37℃下生长缓慢,其最适生长温度在 10～12℃。

1933 年,Haines[26]从冷藏温度下的切片肉中分离出的细菌类似于 Glage 的 *Aromobakterien*。不同于假单胞菌属和变形杆菌属,这类在 0～4℃储藏的切片肉上发现的细菌极有可能属于无色菌属。其他一些研究也表明在加工后鲜牛肉上发现的并能在 1℃生长的细菌 95%为无色菌属,还有一些为假单胞菌属和微球菌属[27]。作者发现,在冷藏期间,无色菌属和假单胞菌属数量能够增加,而微球菌属数量则出现显著下降。

Haines[28]、Empey 和 Scott[29]以及 Lockhead 和 Landerkin[12]的大量研究指出无色菌属是鲜肉和禽肉中的主要腐败菌。然而,Ayres 等[8]、Kirsch 等[30]以及 Wolin 等[31]所进行的研究与之前的研究相反。这些作者认为主要腐败菌是假单胞菌属,而不是无色菌属。这 3 组研究者将它们的结果与之前研究的差别归咎于第 6 版《伯杰氏细菌鉴定手册》[32]所使用的命名法与 Haines、Empey 和 Scott 以及 Lockhead 和 Landerkin 所使用的第 3 版[33]命名法的区别。

1958 年,Brown 和 Weidemann[34]对 Empey 和 Scott[29]分离出的 129 种低温肉类腐败菌的分类进行重新评估,并得出大部分菌种为假单胞菌的结论。Empey 和 Scott[29]之前对以假单胞菌为主的肉类腐败菌的分类主要基于水溶性绿色素的产生。Brown 和 Weidemann[34]已经确定最初基于产色素假单胞菌的分类中有 21 种未产生任何色素。Ayres 等[8]应用第 6 版《伯杰氏细菌鉴定手册》作为分类指导,指出从腐败黏滑胴体上采集的菌种与假单胞菌属有密切联系,命名如下:*ochracea*、*geniculata*、*mephitica*、*putrefaciens*、*sinuosa*、*segnis*、*fragi*、*multistriata*、*pellucida*、*rathonis*、*desmolytica*(*um*)和 *pictorum*。作者指出,由于《伯杰氏细菌鉴定手册》第 3 版[33]和第 6 版[32]间的变化,一些本来属于无色菌属的菌种因其有极生鞭毛的特性应该被重新归类于假单胞菌属[8],Kirsch 等[30]在其他研究中也获得了相同的结果。

1950 年,Ayres 等[8]研究指出腐败假单胞菌(*P. putrefaciens*)是肉及禽类中常见的腐败菌,具有侧生和极生的鞭毛。他们认为这类细菌不应被归为假单胞菌属。腐败假单胞菌能够形成褐色的菌落,并具有不同于其他假单胞菌属的蛋白质水解和产硫化氢的(H_2S)能力。

后来,Halleck 等[35]发现在 $1.1 \sim 3.3$℃下储藏前 2 周的鲜肉和 $4.4 \sim 6.7$℃下储藏前 2 周的肉样中,无色的无色菌-假单胞菌类约占细菌总数的 85%,这些作者认为腐败假单胞菌约占储藏末期肉中细菌种类的 80%;然而,在储藏初期,腐败假单胞菌还不到鲜肉细菌总数的 5%。

Barnes 和 Impey[36]认为,从腐败鸡肉中分离鉴定出的 3 种最常见细菌为假单胞菌属、不动杆菌属和腐败假单胞菌。腐败禽肉中的主要假单胞菌可分为 2 类:荧光或有色菌株以及无色菌株。

对于 Barnes 和 Impey[36]指出的腐败假单胞菌被认为是鲜禽肉中的主要腐败菌的观点已经被修改。腐败假单胞菌最初被归为腐败交替单胞菌(*Alteromonas putrefaciens*)[37]。后来从交替单胞菌改为无色杆菌,在第 7 版《伯杰氏细菌鉴定手册》中又从无色菌属改为假单胞菌属[38]。MacDonell 和 Colwell[37]将腐败假单胞菌列入新的属并命名为腐败希瓦氏菌(*Shewanella putrefaciens*)。直到 20 世纪 60 年代中期,Thornley[39]才提出不动杆菌也是无色菌属的一部分。

近年,Russell 等[40]进行了一项研究,对导致腐败鸡肉胴体产生异味的细菌进行鉴定,分析产生的异味,并对美国不同地区生产的胴体进行调查以确定所发现的腐败菌是否具有一致性,他们指出从腐败胴体分离出的细菌都会在鸡的皮肤媒介产生异味,不考虑所获得鸡的地理位置,主要菌种为腐败希瓦氏菌 A、B 和 D,以及假单胞菌属[腐败菌 A、B、D 和草莓假单胞菌(*P.fragi*)]。这些细菌会产生类似于"硫黄"、"抹布"、"氨"、"湿狗"、"臭鼬"、"臭袜子"、"臭鱼"、"无法描述的臭味"等的异味,又或者类似于"罐装谷物"的愉悦气味。因此,腐败菌产生的气味千差万别。而气味必须与腐败的禽肉联系起来,例如"抹布"或者"硫黄"的气味一般是由分离出的腐败希瓦氏菌和假单胞菌属产生的[40]。

Arnaut-Rollier 等[41]从屠宰车间采集了 2 个不同养殖场的 9 只肉鸡,对腐败鸡肉上假单胞菌的特性进行了进一步研究。采集在有氧环境下储藏温度(3 ± 0.5)℃的肉鸡胴体在 0、3 及 8 d 时的微生物样品。作者以每只肉鸡 40 个培养基来描述其微生物情况,这样就可以评估冷藏期间皮肤表面的嗜冷菌菌相变化。他们鉴定出的大部分细菌属于假单胞菌属。采用 Shewan 法对 4 组假单胞菌进行区分。在禽肉上,第 2 组假单胞菌占主导地位,其次是第 4 组;

第 1 组和第 3 组菌相对数量较少。第 2 组的非荧光假单胞菌在腐败变得明显时成为主要腐败菌（第 8 天）。包括 36 个参考菌种在内，对选择的 180 种代表性菌种进行基于简单数学参数的数据分析[41]，结果表明，假单胞菌在腐败变得明显时成为主要腐败菌。非荧光性菌种鉴定主要为草莓假单胞菌，其他菌种属于荧光假单胞菌（*P. fluorescens*）变种 A、B、C 和 F，*P. lundensis* 以及 7 个种群（未鉴定）。目前已经基本找到储藏期间鲜禽上出现的主要微生物。

在另外一项研究中，Arnaut-Rollier 等[42]对禽肉上分离出的假单胞菌进行了数字分类。在该研究中，从鲜肉和冷藏禽肉皮肤中分离出假单胞菌，应用数字分类技术对分离菌种和 36 个参考菌种进行表型描述。Jaccard 聚类表明假单胞菌的 4 个主要菌种为草莓假单胞菌和 *P. lundensis*，这类菌种属于荧光假单胞菌的变种，鉴定出的菌种与荧光假单胞菌变种具有高度相似性，其中变种 A 最具代表性。荧光假单胞菌变种 A、B、C，还有未鉴定菌种的蛋白质水解性质表明它们可能在影响感官方面具有一定作用。在 *P. lundensis* 菌群中发现有一组异常的 *P. lundensis* 菌种。对类 *P. lundensis* 菌种以及与荧光假单胞菌亚种 A、B 的类似菌种的分类情况需要进行进一步的基因型研究。

白色斑点腐败：由于无骨肉，去皮胸肉或大腿肉上出现的白色斑点，部分禽肉加工商有过产品的召回经历。通常这些斑点在产品达到预期货架期前很早就会出现，并可能出现类似于硫黄、酸或者腐臭的异味。这一问题会导致严重的恐慌，因为企业不清楚为什么会突然出现这种情况，它与普通的产品腐败有什么区别，车间内有什么因素导致会这样的问题，如何解决这一问题。

Russell[43]研究指出首要问题是鉴定导致这一问题的微生物。最有效的方法就是在腐败肉上挑取斑点，涂在显微镜玻片上，观察玻片上主要微生物的形态。如果微生物呈杆状且表面无小凸起，就有可能是乳酸菌。还可通过革兰氏染色进行二次检验，因为乳酸菌是革兰氏阳性菌。另外，乳酸菌由于产酸而散发出酸腐败味。如果微生物形态较大且有芽孢（细胞表面有小凸起），就有可能是酵母菌细胞。确定引起问题的是细菌还是酵母是十分重要的，因为它们引起问题的原因和解决方法完全不同，这要取决于主要因素。

如果微生物检验显示微生物为革兰氏阳性杆菌，则可以通过将白点涂布于 MRS 琼脂来确定是否为乳酸菌。如果细菌在 MRS 琼脂上生长，就有可能是乳酸菌。如果微生物显示有明显的芽孢，那么应将白点涂布于酵母或霉菌琼脂。

研究证实垃圾上使用酸化剂可以降低"一般的"降落微生物数量并能够提高耐酸菌"乳酸菌"和酵母的数量。在使用酸化剂的垃圾和排泄物内发现极高的乳酸菌数。这在降低内脏感染和垃圾的沙门氏菌污染方面具有促进作用，但也有可能导致过早腐败。乳酸菌也会存在于车间并形成一层生物膜，这种情况发生在使用干冰的区域，以及存在鸡汁或鸡血来源的区域。有时，干冰被用于浸泡过程中禽肉的冷却，无氧环境可以抑制普通腐败菌的生长，但不会抑制乳酸菌的生长。这在对禽肉部分进行富含 CO_2 或真空覆膜包装时极为重要。而且，由于鸡舍内的酸性垃圾导致排泄物具有很高的乳酸菌水平，包装过程中的无氧环境，以及车间内乳酸菌形成的生物膜都会导致禽类产品的提前腐败。

一般禽类食物中含有酵母菌。通常在谷物上附着并在制粒的过程中被杀死。然而，虽然酸化垃圾会抑制细菌的生长，但对耐酸的酵母菌生长则具有促进作用。酵母菌还可能通过通风系统进入车间。被谷类植物围绕的加工车间特别容易受到污染。一些加工车间的气流经过垃圾捣碎机，如果捣碎机被用于运输水果，那么就会含有大量的酵母菌，并可能通过空气转移到产品。因此,生鸡肉决不能和水果储藏在同一冷库,因为酵母菌可能从水果转移到肉上,导致提前腐败。就像乳酸菌,利用 CO_2 和真空包装来改变肉品环境会使酵母成为导致肉品腐败的微生物,而不是常见的腐败菌(如假单胞菌)。导致这些白点成为特殊问题的原因是人们希望腐败味的发生;然而,消费者并不希望白色斑点的出现,并会讨厌这些产品。他们一般会把这些鸡称为"长毛的"。这样会对生产商产生极坏的影响,这种情况必须立刻得到声明[43]。

10.6　鸡肉胴体上嗜冷菌的来源

加工后胴体上发现的嗜冷菌来源于活禽的羽毛和足部,加工车间的供应水、冷却池以及加工设备[44]。这些腐败菌在活禽的肠部通常不会被发现。Schefferle[45]在禽类的羽毛中发现大量的不动杆菌属(1×10^8 CFU/g),并猜测它们可能来源于深层垃圾。其他一些嗜冷菌如 *Cytophaga* 和 *Flavobacterium* 一般在冷却池中被发现,但很少在胴体上被发现[36]。屠宰后鸡胴体上的嗜冷菌一般是不动杆菌属和有色假单胞菌。尽管一些无色假单胞菌种会使腐败禽类产生异味,但它们在初始阶段的胴体上很难被发现,并且腐败假单胞菌(*P. putrefaciens*)[腐败希瓦氏菌(*S. putrefaciens*)]也很少找到[36]。

Hinton 等[46]进行了 4 项试验来检验商业加工和冷藏对肉鸡胴体上腐败菌的影响。对商业加工车间的经预烫毛、去毛、净膛和冷却后的胴体进行采样,细菌菌相中的嗜冷菌在含铁琼脂、假单胞菌琼脂和 STAA 琼脂上分别计数。对 4℃储藏的加工胴体在 7、10、14 d 时测定其腐败菌数量。对细菌进行分离鉴定,依据分离菌种的脂肪酸概述建立的系统树图来确定它们的亲缘性。研究表明,尽管一些加工工序通过选择性细菌增加了胴体污染水平,加工后的胴体表面腐败菌数量远低于刚进入生产线的胴体。不动杆菌属和气单胞菌属是生产线上胴体分离出的主要细菌。冷藏期胴体表面的细菌数量有显著的增加,假单胞菌属是胴体表面的主要细菌。依据分离菌种的脂肪酸概述建立的系统树图表明胴体和腐败菌间的细菌交叉污染在所有加工工序中都有发生,一些细菌能够在加工过程中存活并在冷藏期胴体表面发生增殖。而且,同一车间不同生产时间的加工胴体间也会发生交叉污染。研究表明,尽管随着生产线的延伸,禽肉加工可以降低胴体表面的低温腐败菌,但加工过程中的交叉污染仍然处于显著水平,并且加工过程存活下的细菌在冷藏阶段会大量繁殖。

总之,由于加工设备表面和加工车间地面上的高湿度和食品残留,导致嗜冷菌可以在上面存活。另外,加工车间的低温环境对抑制这些微生物的生长具有轻微的辅助作用。因此,要降低腐败菌对鲜肉产品的污染,对加工设备和地面进行一定的清洗和卫生处理是十分必要的。在调查降低鲜肉和禽肉产品货架期的车间时,或许最普通的原因就是清洁人员并没有对车间设备表面和地面进行一定的清洗和卫生处理,应用高压、热水,以及合理的稀释消毒液处理对消除嗜冷菌都具有积极作用,这在保持充足的货架期方面是十分必要的。

10.7　高温对腐败菌菌相的影响

储藏温度升高几乎不会改变导致生鲜鸡肉产生异味和黏滑感的细菌菌相。但会使储藏期鸡肉胴体上的腐败菌数量发生极大的变化[47]。加工后鸡肉胴体上的主要菌种为嗜温菌,例如微球菌、革兰氏阳性杆菌和黄杆菌属。然而,如果胴体处在失控温度,例如 10℃,则不动杆菌、假单胞菌和肠杆菌就会增殖。15℃条件下的胴体,由于不动杆菌和肠杆菌比假单胞菌的最适生长温度要高,因而成为主要的腐败菌[47]。

在另外一项研究中,Regez 等[48]测定了储藏在 0、4、10、15 和 20℃下新鲜禽肉的菌数。0℃产品的菌落总数在 19 d 内增加了 4 个对数值,达到 1×10^8 CFU/cm²。热杀索丝菌(Brochothrix thermosphacta)数量比菌落总数小 1～2 个对数值,并在储藏期呈上升趋势。肠杆菌只在前 12 d 呈缓慢上升趋势。4℃产品的菌落总数增加主要是由于热杀索丝菌和肠杆菌数量的增加。这类细菌的数量比菌落总数约小 1 个对数值。5℃时的产品腐败主要是由假单胞菌引起。10℃的胴体在 4 d 内就会迅速发生腐败。肠杆菌数量比菌落总数小 1～2 个对数值,但是比热杀索丝菌数量高得多。15℃产品中所有的细菌都会生长,包括肠杆菌,并在 2 d 内进入对数期。肠杆菌数量比菌落总数小 0.5 的对数值。然而,热杀索丝菌数量在随后的 3 d 内迅速增长,并达到 1×10^5 CFU/cm²。20℃产品的细菌会在数小时内快速进入对数生长期。24 h后菌落总数和肠杆菌数量增加超过 4 个对数值,而热杀索丝菌数量的增长出现显著下降[48]。

10.8　引起腐败的细菌数量

禽肉表面的低温腐败菌数量达到 1×10^5 CFU/cm² 时才会使产品出现异味以及可察觉的感官缺陷。Lockhead 和 Landerkin[12]在去内脏禽肉胴体上的细菌浓度达到 $2.5\times10^6\sim1\times10^8$ CFU/cm² 时并没有发现导致其产生异味的细菌。其他一些研究[8]发现细菌浓度达到 1×10^8 CFU/cm² 时产品才会出现异味和黏滑。Elliott 和 Michener[49]发现细菌浓度达到 1.6×10^5 CFU/cm² 时产品就会产生异味。研究指出,菌数达到更高($3.2\times10^7\sim1\times10^9$ CFU/cm²)时才会出现黏滑感。

另外一项针对切片火腿的研究中,Kraft 和 Ayres[50]发现切片火腿表面细菌浓度达到 2×10^6 CFU/cm² 时会出现异味。作者认为开始腐败并出现异味的细菌浓度为 1×10^6 CFU/cm²;而当细菌浓度达到 1×10^7 CFU/cm² 时,这种情况更容易被识别。Dainty 和 Mackey[51]在最近的研究中指出产品在有氧条件下菌数达到 $1\times10^7\sim1\times10^8$ CFU/cm² 时会出现蛋白质水解和黏滑现象。

10.9　导致腐败的因素

腐败是由于冷藏温度下禽肉表面嗜冷菌的生长繁殖所产生的次级代谢产物和胞外酶不断富集引起的。细菌利用禽肉表面营养所产生的次级代谢产物会以异味或黏滑的形态表现。由于可利用资源的不同,腐败菌的次级代谢产物也是多样的。细菌较少时会利用葡萄糖作为其主要能量来源。葡萄糖代谢的副产物一般没有异味,也不会产生腐败。然而当菌数逐渐增多葡萄糖的利用率逐渐下降时,细菌就会开始利用基质,例如蛋白质,并会产生较多有异味的终产物[7]。其他一些研究指出当葡萄糖或葡萄糖酸盐被用尽时细菌开始对皮肤和肌肉组织进行蛋白质水解[52,53]。Pooni 和 Mead[7]指出产品开始的异味并不是由于皮肤和肌肉的蛋白质水解,就像过去提到的,而是由于微生物对低相对分子质量营养化合物如皮肤和肌肉中氨基酸等的利用。

Venugopal[54]研究指出,肌肉(肉或鱼)表面生长的细菌会产生多种胞外酶来降解肌肉组织。Tarrant 等[55]及 Porzio 和 Pearson[56]应用 SDS-PAGE 技术证明这些酶能够将肌纤维蛋白质降解为重酶解肌纤维蛋白,轻酶解肌纤维蛋白和酶解肌纤维蛋白。Schmitt 和 Schmidt-lorenz[57]

证明 4℃储藏的肉鸡胴体中低相对分子质量多肽（<50 000 u）和游离氨基酸都有所增加。

近年，Nychas 和 Tassou[58]指出，腐败的发生与基质的逐渐耗尽有关。温度越高储藏末期样品中的葡萄糖浓度下降的越快。研究证明 L-乳糖浓度也具有相似的情况。由于蛋白质水解导致储藏的整个阶段游离氨基酸浓度持续升高。De Castro 等[59]证明由于多肽产生和蛋白质不断水解，可通过测定游离氨基酸浓度来确定牛肉的微生物质量。

10.10　异味和发黏的机理

研究人员对腐败的特点进行了多年的研究。Glage（Ayres[25]也曾报道）发现腐败菌最初会在肉表面形成一个灰色的薄膜，然后变为黄色。当这些细菌繁殖时，伴随它们的生长会产生芳香气味。最终，肉表面会出现点状菌落并逐渐变大，进而形成一层黏膜。细菌最初会在胴体表面的湿凹处出现，例如胴体胸部和前腿间的折弯处，当冷胴体暴露在温暖潮湿的空气中时这些细菌就会随着水珠流动而发生扩散[25]。

Ayres 等[8]在分割鸡肉上发现可以描述为"脏抹布"气味的类酯味。在大部分情况下，异味会促进黏滑感的形成，并被认为是开始腐败的标志。在出现异味后，胴体分割肉表面和皮肤上会出现一些小的、半透明的、潮湿的菌落。一开始这些菌落类似于小液滴，然后逐渐变大，成为白色或奶油色，并联合成为黏滑的薄膜。在腐败的最终阶段，肉样开始出现刺激性氨味和"脏抹布"味[8]，可能主要是因为蛋白质降解和氨以及类氨化合物的生成。

黏滑感的产生还因为禽肉表面细菌的蛋白质水解能力逐渐增强。大量研究指出假单胞菌是导致肉类降解并产生黏滑感的原因[52,57,60,61]。

10.11　冷藏温度下的腐败菌代谢适应机制

冷藏条件（<5℃）下，嗜冷菌能够在生鲜胴体上繁殖并产生腐败，然而，胴体上的初始主要腐败菌即嗜温菌的数量不再增加甚至下降[17,47]。这一现象可以解释为冷藏条件下这些细菌的某些代谢发生了变化。

10.11.1　冷藏对细胞脂质的影响

当环境温度低于某一点时某些菌种会停止繁殖，这是因为环境温度的下降使细菌对营养的吸收也随之下降[62]。而且，随着环境温度的下降，细菌细胞膜上的脂质含量会开始上升。Graughran（Well 等[62]也曾报道）指出当主要嗜温菌暴露于较低温度时，细胞脂质的含量会逐渐增加，而且脂质的饱和脂肪含量也会增加。细胞膜中脂质的增加使细胞对营养的吸收受到抑制。Eklund[63]研究指出，亚麻短杆菌（*Brevibacterium linens*）25℃培养时含有 7.2% 脂肪，并具有最适生长状态；而在 4℃ 时含有 16.7% 脂肪，并且繁殖缓慢。另外，细菌在 4℃ 比在 9.4 或 22℃ 时会产生更多的脂肪。有趣的是，2 种典型嗜冷菌在 4℃ 下并没有表现出这种因为温度变化而引起的差异[62]。

10.11.2　冷藏对脂肪酶生成量的影响

研究表明，当细菌暴露在低温环境时嗜冷菌的脂肪酶生成量会增加。Nashif 和 Nelson[64]指出草莓假单胞菌在 8～15℃培养时其脂肪酶生成量非常高；而当温度高于 30℃ 时几乎不产生脂肪酶。还有一些研究指出，荧光假单胞菌在 5～20℃培养时其脂肪酶生成量也非常高，而在 30℃ 时几乎不产生脂肪酶[65]。

10.11.3　冷藏对蛋白质水解能力的影响

对细菌在低温环境下的蛋白质水解能力也进行了研究。Peterson 和 Gunderson[66] 研究指出,低温环境下荧光假单胞菌的蛋白质水解酶生成量相对较高。此外,De Castro 等[59] 研究通过测定游离氨基酸的生成量来确定氨基酸肽的生成量和蛋白质的持续降解能力,如此可以评价肉品表面的腐败程度并鉴定肉品质量。

10.11.4　冷藏对碳水化合物代谢的影响

环境温度的降低使嗜温菌对碳水化合物的利用率下降,而嗜冷菌可以继续利用碳水化合物作为其能量来源。Brown[15]、Ingraham 和 Bailey[67]、Sultzer[68] 研究指出,低温环境下,嗜冷菌对碳水化合物氧化速率的下降要小于嗜温菌。嗜温菌和嗜冷菌间的温度协同差异通过以下分解代谢过程确定:葡萄糖氧化、醋酸纤维素氧化以及残余细胞的甲酸盐氧化[67]。低温环境下嗜冷菌保持的碳水化合物的高代谢率也可以解释较高温度下嗜温菌的代谢过程。

10.12　细菌的"自我调节"

冷藏温度下对嗜冷菌的培养可以验证低温对细胞生长能力的促进作用。Hess[69] 发现 5℃ 培养的嗜冷菌(荧光假单胞菌)产生的菌株在 0 和 −3℃ 比 20℃ 培养的嗜冷菌所产生的菌株更具活性。Chistyakov 和 Noskova[70] 能够从 −2℃ 环境中成功获取大量菌株并可以在 0∼ −8℃ 条件下生长 2 年。Ingraham 和 Bailey[67]、Wells 等[62] 指出这种"自我调节过程"可能是细胞调整的结果。这种"自我调节"对于理解细菌如何对低温作出反应是十分重要的,例如冷冻。

10.13　冷冻对嗜冷菌菌相的影响

MacFadyen 和 Rowland[71] 对细菌在冷冻和解冻时的特殊生存能力做出总结,说明如下:

"在这种新条件下很难将生存问题概念化,不是生存或死亡,也不是选择一个专业术语来描述它。这是针对生存问题进行一个新的从未有过的陈述——一个真正的生命暂停状态。"

冷冻对细菌生长繁殖能力的影响研究可以追溯到 19 世纪后期,Burden-Sanderson[72] 研究指出冷冻对所有的细菌都不会造成伤害。从鱼中分离的细菌在冻藏温度下可以繁殖,例如 0℃[21]。Fischer[73] 分离出的 14 种细菌可以在 0℃ 繁殖。还有研究人员从香肠和鱼肠道中分离出的细菌也可以在 0℃ 繁殖[3]。已经广泛分离出能够在 0℃ 繁殖的微生物,而它们的生长特性都在 0℃ 或以上,并且生长速率缓慢[3]。Bedford[74] 鉴定出无色菌属能够在 −7.5℃ 繁殖。其他一些研究表明 −10℃ 是细菌能够繁殖的最低温度[75]。

10.14　储藏期间细菌的存活

Berry 和 Magoon[75] 观察到在特殊条件下,温和性冻藏(−4∼−2℃)与 −20℃ 冻藏相比,前者几乎不会对细菌产生影响。通过快速冷冻时细胞内外的液体都会结冰的事实可以解释以上情况。然而,当细胞冷冻速率较慢时,细胞内外的渗透压梯度会发生变化,进而导致细胞破损[76]。将多种细菌在 −190℃ 储存 6 个月,MacFadyen 和 Rowland[71] 发现微生物的活性没有任何变化。在 −190℃ 时生命的各项机能都会停止。作者认为细胞内的代谢也会由于热度和湿度的消失而停止[71]。

　　尽管细菌在冷冻时处于"生命暂停"期,还有一部分微生物在冷冻过程中被杀死或者受到亚致死性伤害。冷冻储藏过程中,肉品表面会有1%~100%的微生物存活下来,平均为50%,这要看食物的类型[77]。Straka和Stokes[78]观察到由于冷冻处理导致细菌生长需要的一些营养物质无法得到,因此防止了细菌的增殖。

　　研究表明,冷冻和解冻可能会提高存活细菌的生长速率。Hartsell[79]研究指出,冷冻和解冻过程中的大肠杆菌比没有经过冷冻处理的大肠杆菌生长的更快,为什么在冷冻过程中存活下的细菌可能生长的更快?有一个原因是冷冻引起的组织损坏可能会导致营养流失并增加湿度,这样的组织更有利于微生物的生长[80]。

　　由于冷冻导致肉品表面的细菌生长速率下降,因此冷冻肉鸡看起来会是一个延长货架期的好方法。然而,近年消费者对冷冻禽肉表现出厌恶的态度。这主要是因为从很早以前到20世纪中期,禽肉经常会在即将腐败的时候才开始冷冻。人们购买禽肉产品时发现,解冻后的产品是劣质品或者很快就会腐败。Pennington[81]对此表示关注并指出:"冷冻禽肉一般等同于因为快要腐败而冷冻的胴体。因此,消费者买到的是劣质品,损害的是禽类工业的声誉。"因此,冷冻禽肉在美国并没有被广泛接受。

10.15　冷冻对货架期的影响

　　冷冻对鲜禽肉类货架期的影响已经有了广泛的研究。Spencer等[82]研究指出,冷冻2个月后解冻的胴体与未冷冻对照组具有相同的货架期;Spencer等[83]和Newell等[84]做了相似的研究,表明冷冻和解冻对肉鸡胴体的货架期没有影响。Elliot和Straka[85]研究表明-18℃储藏168 d的鸡肉在解冻后与未冷冻对照组具有同样的腐败速率。

10.16　消除禽肉中的低温腐败菌

　　之前的研究表明部分腐败菌可以抵抗普通的商用化学消毒剂。Stone和Zottola[86]指出,草莓假单胞菌能够牢固的吸附在无污的钢制品上并在前后经过2 500 mg/L的碱性去污剂清洗7 min、500 mg/L酸性去污剂清洗3 min,以及100 mg/L的次氯酸钠清洗3 min后仍能存活;Wirtanen和Mattila-Sandholm[87]证明添加0.1%的次氯酸钠能够有效降低24、48、72和144 h肉汤中的荧光假单胞菌数量,而添加0.1%次氯酸钠的牛奶在48 h后荧光假单胞菌数量上升了。

　　Hingst等[88]证明恶臭假单胞菌(*Pseudomonas putida*)和荧光假单胞菌对四氨基化合物具有高度抗性。在pH 7.29~8.80范围内50或200 mg/L的四氨基化合物对绿脓假单胞菌(*Pseudomonas aerugenosa*)不具有抑制作用[89]。Ouattara等[90]发现0.1%和0.2%的乙酸、0.1%和0.2%的丙酸、0.3%的乳酸以及0.2%和0.3%的柠檬酸在24 h内对荧光假单胞菌的生长具有抑制作用,然后细菌仍可以在食品杀菌剂存在的情况下增殖。乳酸浓度小于0.3%以及柠檬酸浓度小于0.1%时对荧光假单胞菌不具有抑制作用。Mountney和OMalley[91]发现有机酸中乳酸在最低有效浓度0.275%时可以作为延长新鲜禽肉货架期的一种方法。另外,荧光假单胞菌与肠炎沙门氏菌(*Salmonella enteritidis*)和鼠伤寒沙门氏菌(*Salmonella typhimurium*)相比,需要在食品杀菌剂1,3-二氯甲烷-2,2,5,5-四甲基咪唑烷-4-甲基和3-氯-

4,4-二甲基-2-噁唑烷酮[92]中更长时间才会对荧光假单胞菌产生抑制作用。

其他研究中,Rio 等[93]指出由欧盟议会和国会组成的欧理会颁布的一项法规(No.853/2004)即允许对禽肉表面进行抗菌处理以消除污染。作者研究了鸡腿分别经 12% 磷酸三钠(TSP)、1 200 mg/L 次氯酸钠(ASC)、2% 柠檬酸(CA)、220 mg/L 过氧酸(PA)以及水浸过后,其微生物、pH 和感官特性。对净膛后的样品进行以上处理,并设置对照组,在(3±1)℃ 条件下储藏 0、1、3、5 d 后对样品进行检测。经水浸过的样品与对照组具有相似的微生物特性。研究表明,储藏期间所有的化合物都能够降低样品中的微生物指标,其中 TSP、ASC 和 CA 的减菌活性最强[93]。

对比储藏期间对照组外所有化学处理组的微生物下降情况(平均值±标准差,单位均为 $\log_{10}$ CFU/g),嗜温好氧菌数量范围为 0.53±0.83(PA)~1.98±0.62(TSP),嗜冷菌为 0.11±0.89(PA)~1.27±1.02(CA),肠杆菌为 1.34±1.40(PA)~2.15±1.20(CA),大肠杆菌为 1.18±1.24(PA)~1.98±1.16(CA),微球菌为 0.66±0.99(PA)~1.86±1.80(TSP),肠球菌为 0.54±0.74(TSP)~2.17±1.37(CA),热杀索丝菌($B. thermosphacta$)为 0.72±0.66(TSP)~2.08±1.60(CA),假单胞菌为 0.78±1.02(PA)~1.99±0.96(TSP),乳酸菌为 0.21±0.61(PA)~1.23±0.60(TSP),霉菌和酵母为 1.14±0.89(PA)~1.45±0.61(ASC)。储藏期间对照组与 PA 组以及水处理组具有相似的 pH,ASC 处理组在第 1 天的 pH 小于对照组。整个储藏期间 TSP 处理组的 pH 最高,CA 处理组最低。乐观评估(九点结构测定方法,非训练人员组成)表明,在第 0、1 天处理组和对照组具有相似的颜色、气味以及可接受度[93];从第 3 天开始,对照组、PA 组和水处理组的感官值小于 TSP、ASC 和 CA 组。以上研究表明处理组可以提高鸡肉的微生物品质且不会影响感官品质。

Russell[94]对以下 3 项研究进行了评估:①模式化烫毛系统中酸性硫酸铜基商用杀菌剂对致病菌、指示剂以及腐败菌的影响;②这类杀菌剂应用到烫毛或后续去毛过程中的肉鸡胴体上时对降低总好氧菌(有氧平板菌数,APC)、大肠杆菌和沙门氏菌污染的影响;③杀菌剂在延长肉鸡胴体货架期方面的影响。鼠伤寒沙门氏菌($S. typhimurium$),单核细胞增生李斯特菌($Listeria monocytogenes$)、金黄色葡萄球菌($Staphylococcus aureus$)、荧光假单胞菌($P. fluorescens$)和腐败希瓦氏菌($S. putrefaciens$)经含有杀菌剂的 54℃ 烫毛水处理 2 min 后全部消失。大肠杆菌经烫毛水处理后下降了 4.9 个对数值。这些数据表明杀菌剂有效作用于烫毛工序。应用到商业工厂车间时,样品中的 APC 和大肠杆菌数量显著下降,APC 和大肠杆菌平均下降 3.80 和 3.05 个对数值,沙门氏菌平均下降 30%。经应用杀菌剂的烫毛、打毛及后续去毛处理的胴体,储藏期样品中的 APC 显著下降 1.19 个对数值。经应用杀菌剂的烫毛、打毛和去毛工处理的胴体,除第 2 天和第 10 天外,样品中大肠杆菌均出现下降。储藏期间对照组的平均值均高于试验组,但并没有达到显著水平。而储藏期间没有对沙门氏菌起到持续抑制的作用。在货架期的研究中,在储藏的 14 d 中处理组胴体的气味值从第 8 天开始出现显著下降。杀菌剂对腐败菌的抑制率在第 10 天达到 99.99%,第 12 天达到 99.8%。作者总结出这种影响可以使禽肉的货架期延长 4 d。

大部分研究集中在常规的化学杀菌剂,而一些新式杀菌剂也得到了广泛的应用。目前,关于四氨基化合物、磷酸三钠(TSP)、过氧化氢以及迪森(Timsen)杀菌剂对与禽肉有关的特殊腐败菌影响的研究数据还很少。Hwang 和 Beuchat[95]研究指出,经 1% TSP 和 1% LA 清洗过的肉鸡皮肤中嗜冷菌出现显著下降。近年,Russell[96]研究并确定了商用和新式(在禽类加工的应用未获批准)杀菌剂对腐败禽肉的影响。作者发现在极低的迪森杀菌剂(10 mg/L)下未发现除恶臭假单胞菌以外的假单胞菌($Pseudomonas$ spp.),并表现出显著的抑制作用。腐败希瓦氏菌($S.$ $putrefaciens$)也得到了显著的抑制,但在 100 mg/L 的迪森杀菌剂下却能够增殖。Russell[96]的结论是低浓度的迪森杀菌剂在消除腐败菌方面比商用四甲基化合物更加有效。

辐照作为一种延长禽肉货架期的方法,已经被研究了多年。Balamatsia 等[97]研究了伽马射线(0.5、1 和 2 kGy)对有氧 4℃储藏的新鲜去皮鸡胸肉货架期的影响,对 21 d 鸡肉样品的微生物、化学和感官变化进行测定。作者发现辐照能够降低细菌数(如好氧菌总数、热杀索丝菌数量、乳酸菌数量),最高辐照剂量(2 kGy)时这种影响更加明显。假单胞菌、酵母和霉菌以及肠杆菌对所有剂量的伽马射线极度敏感并能够被全部消除。21 d 冷藏期内,有氧包装的鸡肉样品其辐照组和对照组的硫代巴比妥酸(TBA)值(腐败化学指示剂)基本都很低[每千克鸡肉中的丙二醛(MDA)含量小于 1 mg]。储藏期内有氧包装鸡肉的三甲氨基氮(TMA-N)和总挥发性盐基氮(TVB-N)组成的挥发性胺类出现急剧上升,终值分别达到 20.3 和 58.5 mg N/100 g 肌肉。21 d 的冷藏期内,辐照处理的有氧包装鸡肉其 TMA-N 和 TVB-N 值均出现显著下降,分别为 2.2~3.6 和 30.5~37.1 mg N/100 g 肌肉。生物胺方面,辐照组和对照组鸡肉样品中只有腐胺和尸胺的浓度达到显著水平,而储藏期内只有对照组样品中有组胺生成。基于感官评定,有氧包装的新鲜鸡肉切片经低剂量辐照(0.5 和 1.0 kGy)处理后货架期延长 4~5 d,而经高剂量辐照(2.0 kGy)处理后的鸡肉切片与对照组相比,其货架期延长 15 d 以上。

Chouliara 等[98]进行的研究表明伽马辐照(2 和 4 kGy)和气调包装(MAP;30% CO_2/70% N_2,70% CO_2/30% N_2)都能够延长冷藏条件下新鲜鸡肉的货架期。对鸡肉样品中的微生物指标(APC、假单胞菌、LAB、酵母、热杀索丝菌和肠杆菌)、理化性质(pH、TBA 以及肉色)和感官品质(风味、口感)进行测定。经 MAP(70% CO_2/30% N_2)和较高剂量(4 kGy)辐照的处理组货架期延长更为明显。25 d 的储藏期内所有处理组的 TBA 值都小于 1 mg MDA/kg 鸡肉,pH 在 6.4(第 0 天)~5.9(第 25 天)间变化。肉色(L^*、a^*、b^* 值)不受 MAP 处理影响。辐照导致 a^* 值(红值)出现小幅增长。感官评定表明,4 kGy 和 MAP(70% CO_2/30% N_2)的处理组与空气包装样品相比,前者货架期延长 12 d,达到最长货架期[97]。

10.17　检测禽肉产品上的腐败菌数量

10.17.1　嗜冷菌的传统微生物计数法

Elliott 和 Michener[49]认为细菌总数经常被用于卫生评价和冷藏规范的应用。仅通过产品上的细菌总数来确定导致菌数超标的因素并将其作为指导是不可能的。其他一些研究人员强调进行培养时在接近产品腐败的温度下培育培养基是很重要的。这样可以获得真实的腐败期微生物变化以及导致腐败的细菌种类[85]。要确定嗜冷菌种,培养温度必须足够低以排除肉品表面嗜温菌的繁殖。Ayres[99]研究指出,嗜温菌在 0 和 4.4℃下不能繁殖。Senyk 等[100]发现,1.7、4.4、7.2 和 10.0℃储藏的生牛奶样品 48 h 后嗜温菌分别增长 0.12、0.13、0.40 和 1.12 个对数值。嗜温菌在牛奶温度高于 4.4℃时能够繁殖的更快[100]。Barnes[9]研究指出嗜温菌如大肠杆菌在储藏温度低于 5℃时不能生长。另外,数据表明嗜温菌既能够繁殖又能够干扰嗜冷菌的温度是 4~7.2℃。因此,如果有氧平板在低于 4℃下计数,那么菌落总数中不含

有嗜温菌。Gilliland 等[101]在《食品微生物检测方法纲要》中推荐嗜冷菌培养计数的培养期为
10 d,培养温度(7±1)℃。7℃时嗜温菌因不能够快速繁殖而不会干扰嗜冷菌的生长。由于这
一过程需要进行 10 d,对嗜冷菌进行评估之前大部分鲜肉或禽肉已经被购买消费,导致这一方
法很少用于工业生产。

10.17.2　微生物快速鉴定方法

很少方法可以用于快速鉴定禽肉中的嗜冷菌。有一种涉及电化学的方法被广泛用于快速
鉴定嗜冷菌。从 19 世纪开始电化学方法就被用于测定细菌的生长[102]。Parsons(Strauss
等[103]也曾报道)证明电导率在测定多种环境下梭菌属产氨方面是一项十分有用的工具。
1938 年 Allison 等[104]应用电导率测定了细菌的蛋白质水解能力。20 世纪 70 年代中期,Ur 和
Brown[105]通过控制阻抗对微生物进行了鉴定。Cady 等[106]在培养基上培养出不同微生物后,
调查了多种微生物引起阻抗变化的能力。

阻抗可以定义为电导材料上变化电流的反向流动。随着细菌的繁殖,反向电流变大,大分
子变小,越来越多的流动代谢物改变培养基的阻抗。这些代谢物会增加培养基的导电能力进
而降低培养基的阻抗。当微生物数量达到约 10^7 CFU/mL 时,可以通过灵敏的阻抗测定工具
检测到培养基的阻抗变化。这种测出电流变化所需的时间叫做阻抗检测时间(DT)[107]。

与嗜冷菌培养需要 10 d 相比,DT 可以在很短的时间(<24 h)内获得。然而,阻抗微生物
技术和嗜冷菌培养之间有几个最基本的区别[107]。在培养嗜冷菌时,所有的细菌都能够达到
可见的计数生物量[108],而阻抗技术依赖于对次级代谢产物的测定[107]。阻抗技术是基于样品
中快速生长细菌所产生的次级代谢产物的不断积累。根据培养基的不同,特定的细菌在繁殖
时代谢途径也不同,因此影响因素包括培养基、时间以及温度,这些都会成为鉴定中的关键参
数。当细菌繁殖并利用不同的培养基基质时,一些代谢终产物会产生较强的阻抗信号[107]。
因此,细菌生长用的基质决定它们产生的次级产物,在进行阻抗鉴定时基质是一项十分重要的
参考因素。

10.17.3　电化学方法

Bishop 等[108]研究指出在,18 和 21℃时,牛奶货架期和阻抗数值间具有高相关系数($R^2 =$
0.87 和 0.88)。Ogden[109]观察到稀释有鱼肉样品的脑、心脏浸剂肉汤 20℃培养时的电导率与
产 H_2S 细菌菌数具有良好的相关性($R^2 = 0.92 \sim 0.97$)。而根据 Firstenberg-Eden 和 Tricari-
co[20]的研究,只有培养温度在 18~21℃应用选择性培养基时才可以通过电化学方法对新鲜鸡
肉样品中的嗜温菌(不含假单胞菌)进行分类。

为了快速预测鲜鱼的货架期,Jorgenson 等[110]在 25℃下应用电导技术对氧化三甲胺氮培
养基(TMAO)内的样品进行分析。通过这一方法,应用电导和传统革兰氏染色法鉴定出的产
H_2S 细菌与鲜鱼的货架期具有很高的相关性($R^2 = 0.96$)。而在 25℃培养温度下,嗜温菌和不
产 H_2S 细菌的增殖会干扰鲜禽样品的电导分析。

Bishop 等[108]描述了一种基于阻抗的分析方法,可以快速确定牛奶的潜在货架期。在 18
或 21℃对平板计数培养基中的牛奶样品进行预培养。预培养结束后,在 18 或 21℃对含有改
性平板计数培养基(MPCA)中的样品进行培养。Firstenberg-Eden 和 Tricarico[20]在过去的研
究中指出,18 和 21℃下大肠杆菌的增代时间比假单胞菌的增代时间要短。含有多种微生物的
样品中嗜温菌占初始菌相的 92%[47],例如在 18 或 21℃下可以在生鲜肉鸡胴体中检测出嗜温

菌,但却检测不出嗜冷菌。Bishop 和 White[112]研究指出,18 和 21℃下牛奶货架期与获得的阻抗数值间具有高度相关性($R^2=0.87$ 和 0.88)。然而,在 18 和 21℃下,只有在选择性培养条件下才能在阻抗分析中检测出鸡肉上的嗜温菌而不是嗜冷菌。

10.18　低温腐败菌的选择性培养

在选择培养基来进行阻抗测定时,还需要注意到一些微生物在给定的培养基上繁殖,产生一个检测时间,在将用于生长的必需营养物质耗尽后,则停止生长。随后另外一组细菌会利用剩余的营养物质并开始繁殖,从而形成双峰的阻抗曲线[113]。这一阻抗曲线代表的培养时间引起的阻抗变化和阻抗曲线的检测时间之间的关系,则很难对此进行分析。

在应用一组选择性培养基和温度时,细菌或细菌群能够快速繁殖并达到 DT 的临界值水平 10^6。阻抗微生物学的这一特征使其成为一项有用的工具,在混合样品中,可以根据特定细菌或菌群快于其他竞争性微生物的生长进行选择并鉴定。例如,如果混合样品中含有 100 000 个假单胞菌和 1 个棒状菌,并在 30℃对其进行培养。那么这个棒状菌就是细菌的 DT[113]。30℃时假单胞菌的增代时间是棒状菌的 4 倍,棒状菌能够快速繁殖并在假单胞菌之前达到 10^6。因此,选择性培养基在鉴定混合样品中生长快于其他菌种的细菌时十分有用。

Russell[114]发明了一种方法可以在 24 h 内利用电容微生物学从鲜肉鸡中选择性鉴定出荧光假单胞菌。将全胴体浸入 25℃含有呋喃咀啶(4 μg/mL)、羧苄青霉素(120 μg/mL)和二氯苯氧氯酚(25 μg/mL)的脑、心脏浸剂肉汤后,对其进行电容分析。结果发现,培养基上荧光假单胞菌的生长比其他竞争性菌种快得多,并因此命名为荧光假单胞菌选择性培养基。25℃下,应用电容微生物学,在此选择性培养基上可以很好地鉴定出肉鸡胴体上的荧光假单胞菌。不考虑荧光假单胞菌的初始浓度,对所有样品的荧光假单胞菌鉴定可以在 22.4 h 内完成。

在第 2 项研究中,Russell[115]应用标准方法和电容法对荧光假单胞菌进行鉴定,来确定其是否可以预测新鲜肉鸡的潜在货架期。对于每只胴体,嗜冷菌平板计数(PPC)、荧光假单胞菌平板计数(PFPC)应用加入琼脂的选择性培养基,荧光假单胞菌检测时间(PFDT)使用电容法,并进行目标风味评估(ODOR)。3℃下储藏 3 d 后的菌群 PPC、PFPC 和 ODOR 均出现显著上升,在此后的储藏期内均为这种情况。Log_{10}荧光假单胞菌检测时间(LPDT)出现显著下降,表明从 0~12 d 的储藏期内细菌数量显著上升。PPC 和储藏天数(DAY)、PFPC 和 DAY、LPDT 和 DAY、ODOR 和 DAY、PPC 和 ODOR、PFPC 和 ODOR、LPDT 和 ODOR、LPDT 和 PPC 以及 LPDT 和 PFPC 间有显著相关性。作者得出结论,对加工当日新鲜鸡肉上的荧光假单胞菌进行鉴定具有重要作用,因为:①加工当日决定了新鲜鸡肉的潜在货架期;②可以确定加工过程中的消毒和卫生情况;③可以确定处在失控温度下的胴体。

10.19　小　　结

总的来说,鲜禽冷藏限制了禽肉中嗜冷菌引起的禽肉腐败。然而,温度失控和其他情况的发生可能因嗜温菌而使情况复杂化。在影响禽肉发生腐败的众多因素中,温度可能是最重要的。由于冷藏温度下细菌的生长速率缓慢,经典微生物培养学在评估分配前和分配中的产品时不是很有效。然而,针对培养过程中的微生物鉴定,已经基于电参数变化发明了更快速有效的方法。

参 考 文 献

1. Olson, J. C., Jr., Psychrophiles, mesophiles, thermophiles, and thermodurics—What are we talking about? *Milk Plant Mon.*, 36, 32, 1947.
2. Greene, V. W. and Jezeski, J. J., Influence of temperature on the development of several psychrophilic bacteria of dairy origin, *Appl. Microbiol.*, 2, 110, 1954
3. Müller, M., Über das Wachstum und die Lebenstätigkeit von Bakterien sowie den Ablauf fermentativer Prozesse bei niederer Temperaturen unter spezieller Berücksichtigung des Fleisches als Nahrungsmittel, *Arch. Hyg.*, 47, 127, 1903.
4. Zobell, C. E. and Conn, J. E., Studies on the thermal sensitivity of marine bacteria, *J. Bacteriol.*, 40, 223, 1940.
5. Ingraham, J. L., Growth of psychrophilic bacteria, *J. Bacteriol.*, 76, 75, 1958.
6. Ayres, J. C., Mundt, J. O., and Sandine, W. E., *Microbiology of Foods*, W. H. Freeman, San Francisco, 1980, 55.
7. Pooni, G. S. and Mead, G. C., Prospective use of temperature function integration for predicting the shelf-life of non-frozen poultry-meat products, *Food Microbiol.*, 1, 67, 1984.
8. Ayres, J. C., Ogilvy, W. S., and Stewart, G. F., Post mortem changes in stored meats. I. Microorganisms associated with development of slime on eviscerated cut-up poultry, *Food Technol.*, 4, 199, 1950.
9. Barnes, E. M., Microbiological problems of poultry at refrigerator temperatures—A review, *J. Sci. Food Agric.*, 27, 777, 1976.
10. Daud, H. B., McMeekin, T. A., and Olley, J., Temperature function integration and the development and metabolism of poultry spoilage bacteria, *Appl. Environ. Microbiol.*, 36, 650, 1978.
11. Baker, R. C., Naylor, H. B., Pfund, M. C., Einset, E., and Staempfli, W., Keeping quality of ready-to-cook and dressed poultry, *Poult. Sci.*, 35, 398, 1956.
12. Lockhead, A. G. and Landerkin, G. B., Bacterial studies of dressed poultry. I. Preliminary investigations of bacterial action at chill temperatures, *Sci. Agric.*, 15, 765, 1935.
13. Naden, K. D. and Jackson, Jr., G. A., Some economic aspects of retailing chicken meat, *Calif. Agric. Exp. Stn. Bull.*, 734, 107, 1953.
14. Spencer, J. V., Ziegler, F., and Stadelman, W. J., Recent studies of factors affecting the shelf-life of chicken meat, *Wash. Agric. Exp. Stnt. Inst. Agric. Sci. Stn. Cir.*, number 254, 1954.
15. Brown, A. D., Some general properties of a psychrophilic pseudomonad: The effects of temperature on some of these properties and the utilization of glucose by this organism and *Pseudomonas aeruginosa*, *J. Gen. Microbiol.*, 17, 640, 1957.
16. Allen, C. D., Russell, S. M., and Fletcher, D. L., The relationship of broiler breast meat color and pH to shelf-life and odor development, *Poult. Sci.*, 76, 1042, 1997.
17. Russell, S. M., Fletcher, D. L., and Cox, N. A., A model for determining differential growth at 18 and 42°C of bacteria removed from broiler chicken carcasses, *J. Food Prot.*, 55, 167, 1992.
18. Olsen, R. H. and Jezeski, J. J., Some effects of carbon source, aeration, and temperature on growth of a psychrophilic strain of *Pseudomonas fluorescens*, *J. Bacteriol.*, 86, 429, 1963.
19. Elliott, R. P. and Michener, H. D., Factors affecting the growth of psychrophilic micro-organisms in foods: A review, *Technical Bulletin No. 1320*, Agricultural Research Service, USDA, Washington, D.C., 1965.
20. Firstenberg-Eden, R. and Tricarico, M. K., Impedimetric determination of total, mesophilic and psychrotrophic counts in raw milk, *J. Food Sci.*, 48, 1750, 1983.
21. Dominguez, S. A. and Schaffner, D. W., Development and validation of a mathematical model to describe the growth of *Pseudomonas* spp. in raw poultry stored under aerobic conditions, *Int. J. Food Microbiol.*, 120(3), 287, 2007.
22. Ratkowsky, D. A., Olley, J., McMeekin, T. A., and Ball, A., Relationship between temperature and growth rate of bacterial cultures, *J. Appl. Bacteriol.* 149, 1, 1982.

23. Baranyi, J., Pin, C., and Ross, T., Validating and comparing predictive models, *Int. J. Food Microbiol.*, 48, 159, 1999.

24. Forster, J., Ueber einige Eigenschaften leuchtender Bakterien, *Cent. Bakteriol.*, 2, 337, 1887.

25. Ayres, J. C., Temperature relationships and some other characteristics of the microbial flora developing on refrigerated beef, *Food Res.*, 25(6), 1, 1960.

26. Haines, R. B., The bacterial flora developing on stored lean meat, especially with regard to "slimy" meat, *J. Hyg.*, 33, 175, 1933.

27. Empey, W. A. and Vickery, J. R., The use of carbon dioxide in the storage of chilled beef, *Aust. Commonw. Counc. Sci. Ind. Res. J.*, 6, 233, 1933.

28. Haines, R. B., Microbiology in the preservation of animal tissues, Dept. Sci. Ind. Research Food Invest. Board (Gr. Brit.) Special Report No 45, Her Majesty's Stationery Office, London, 1937.

29. Empey, W. A. and Scott, W. J., Investigations on chilled beef. I. Microbial contamination acquired in the meatworks, *Aust. Commonw. Coun. Sci. Ind. Res. Bull.*, 126, 1939.

30. Kirsch, R. H., Berry, F. E., Baldwin, G. L., and Foster, E. M., The bacteriology of refrigerated ground beef, *Food Res.*, 17, 495, 1952.

31. Wolin, E. F., Evans, J. B., and Niven, C. F., The microbiology of fresh and irradiated beef, *Food Res.*, 22, 268, 1957.

32. Breed, R. S., Murray, E. G. D., and Smith, N. R., *Bergey's Manual of Determinative Bacteriology*, 6th ed., Williams & Wilkins, Baltimore, MD, 1948, 1094.

33. Bergey, D. H., *Bergey's Manual of Determinative Bacteriology*, 3rd ed., Williams & Wilkins, Baltimore, MD, 1930, 589.

34. Brown, A. D. and Weidemann, J. F., The taxonomy of the psychrophilic meat-spoilage bacteria: A reassessment, *J. Appl. Bacteriol.*, 21, 11, 1958.

35. Halleck, F. E., Ball, C. O., and Stier, E. F., Factors affecting quality of prepackaged meat. IV. Microbiological studies. A. Cultural studies on bacterial flora of fresh meat; classification by genera, *Food Technol.*, 12, 197, 1957.

36. Barnes., E. M. and Impey, C. S., Psychrophilic spoilage bacteria of poultry, *J. Appl. Bacteriol.*, 31, 97, 1968.

37. MacDonell, M. T. and Colwell, R. R., Phylogeny of the Vibrionaceae and recommendation for two new genera, *Listonella* and *Shewanella*, *Syst. Appl. Microbiol.*, 6, 171, 1985.

38. Breed, R. S., Murray, E. G. D., and Smith, N. R., *Bergey's Manual of Determinative Bacteriology*, 7th ed., Williams & Wilkins, Baltimore, MD, 1957, 1094.

39. Thornley, M. J., Computation of similarities between strains of *Pseudomonas* and *Achromobacter* isolated from chicken meat, *J. Appl. Bacteriol.*, 23, 395, 1960.

40. Russell, S. M., Fletcher, D. L., and Cox, N. A., Spoilage bacteria of fresh broiler chicken carcasses, *Poult. Sci.*, 74, 2041, 1995.

41. Arnaut-Rollier, I., de Zutter, L., and van Hoof, J., Identities of the *Pseudomonas* spp. in flora from chilled chicken, *Int. J. Food Microbiol.*, 48(2), 87, 1999.

42. Arnaut-Rollier, I., L. Vauterin, P. de Vos, D. L. Massart, L. A. Devriese, L. de Zutter, and van Hoof, J., A numerical taxonomic study of the *Pseudomonas* flora isolated from poultry meat, *J. Appl. Microbiol.*, 87(1), 15, 1999.

43. Russell, S. M., Premature spoilage of breast fillets due to white spots. *Poultry USA Magazine*, April, 28, 2006.

44. Barnes, E. M., Bacteriological problems in broiler preparations and storage, *R. Soc. Health J.*, 80, 145, 1960.

45. Schefferle, H. E., The microbiology of built up poultry litter, *J. Appl. Bacteriol.*, 28, 403, 1965.

46. Hinton, A., Jr., Cason, J. A., and Ingram, K. D., Tracking spoilage bacteria in commercial poultry processing and refrigerated storage of poultry carcasses, *Int. J. Food Microbiol.*, 91(2), 55, 2004.

47. Barnes, E. M. and Thornley, M. J., The spoilage flora of eviscerated chickens stored at different temperatures, *J. Food Technol.*, 1, 113, 1966.

48. Regez, P., Gallo, L., Schmitt, R. E., and Schmidt-Lorenz, W. Microbial spoilage of refrigerated fresh broilers. III. Effect of storage temperature on the microbial association of poultry carcasses, *Lebensm.-Wiss. Technol.*, 21, 229, 1988.

49. Elliott, R. P. and Michener, H. D., Microbiological standards and handling codes for chilled and frozen foods. A review, *Appl. Microbiol.*, 9, 452, 1961.

50. Kraft, A. A. and Ayres, J. C., Post-mortem changes in stored meats. IV. Effect of packing materials on keeping quality of self-service meats, *Food Technol.*, 6, 8, 1952.
51. Dainty, R. H. and Mackey, B. M., The relationship between the phenotypic properties of bacteria from chill-stored meat and spoilage processes, *Ecosystems: Microbes: Food*, Board, R. G., Jones, D., Kroll, R. G., and Pettipher, G. L., Eds., S. A. B. Symposium Series Number 21, Blackwell Scientific, Oxford, U.K., 1992, 103S.
52. Nychas, G.-J. E., Dillon, V. M., and Board, R. G., Glucose, the key substrate in the microbiological changes occurring in meat and certain meat products, *Biotechnol. Appl. Biochem.*, 10, 203, 1988.
53. Lampropoulou, K., Drosinos, E. H., and Nychas, G.-J. E., The effect of glucose supplementation on the spoilage microflora and chemical composition of minced beef stored aerobically or under a modified atmosphere at 4°C, *Int. J. Food Microbiol.*, 30, 281, 1996.
54. Venugopal, V., Extracellular proteases of contaminant bacteria in fish spoilage: A review, *J. Food Prot.*, 53, 341, 1990.
55. Tarrant, P. J. V., Jenkins, N., Pearson, A. M., and Dutson, T. R., Proteolytic enzyme preparation from *Pseudomonas fragi*. Its action on pig muscle, *Appl. Microbiol.*, 25, 996, 1973.
56. Porzio, M. A. and Pearson, A. M., Degradation of myofibrils and formation of premeromyosin by a neutral protease produced by *Pseudomonas fragi*, *Food Chem.*, 5, 195, 1980.
57. Schmitt, R. E. and Schmidt-Lorenz, W., Degradation of amino acids and protein changes during microbial spoilage of chilled unpacked and packed chicken carcasses, *Lebensm. Wiss. Technol.*, 25, 11, 1992.
58. Nychas, G.-J. E. and Tassou, C. C., Spoilage processes and proteolysis in chicken as detected by HPLC, *J. Sci. Food Agric.*, 74, 199, 1997.
59. De Castro, B. P., Asensio, M. A., Sanz, B., and Ordonez, J. A., A method to assess the bacterial content of refrigerated meat, *Appl. Environ. Microbiol.*, 54, 1462, 1988.
60. Gill, C. O. and Newton, K. G., The ecology of bacterial spoilage of fresh meat at chill temperatures, *Meat Sci.*, 2, 207, 1978.
61. Schmitt, R. E. and Schmidt-Lorenz, W., Formation of ammonia and amines during microbial spoilage of refrigerated broilers, *Lebensm. Wiss. Technol.*, 25, 6, 1992.
62. Wells, F. E., Hartsell, S. E., and Stadelman, W. J., Growth of psychrophiles. I. Lipid changes in relation to growth-temperature reductions, *J. Food Sci.*, 28, 140, 1963.
63. Eklund, M. W., Biosynthetic responses of poultry meat organisms under stress. Ph.D. thesis, Purdue University, Lafayette, IN, 1962, 128.
64. Nashif, S. A. and Nelson, F. E., The lipase of *Pseudomonas fragi*. II. Factors affecting lipase production, *J. Dairy Sci.*, 36, 471, 1953.
65. Alford, J. A. and Elliott, L. E., Lipolytic activity of microorganisms at low and intermediate temperatures. I. Action of *Pseudomonas fluorescens* on lard, *Food Res.*, 25, 296, 1960.
66. Peterson, A. C. and Gunderson, M. F., Some characteristics of proteolytic enzymes from *Pseudomonas fluorescens*, *Appl. Microbiol.*, 8, 98, 1960.
67. Ingraham, J. L. and Bailey, G. F., Comparative study of effect of temperature on metabolism of psychrophilic and mesophilic bacteria, *J. Bacteriol.*, 77, 609, 1959.
68. Sultzer, B. M., Oxidative activity of psychrophilic and mesophilic bacteria on saturated fatty acids, *J. Bacteriol.*, 82, 492, 1961.
69. Hess, E., Cultural characteristics of marine bacteria in relation to low temperatures and freezing, *Contrib. Can. Biol. Fish.*, 8, 459, 1934.
70. Chistyakov, F. M. and Noskova, G., The adaptations of micro-organisms to low temperatures, *Ninth Int. Congr. Refrig. Proc.*, 2, 4.230, 1955.
71. MacFadyen, A. and Rowland, S., On the suspension of life at low temperatures, *Ann. Bot.*, 16, 589, 1902.
72. Burdon-Sanderson, The origin and distribution of microzymes (bacteria) in water, and the circumstances which determine their existence in the tissues and liquids of the living body, *Q. J. Microbiol. Sci.* n.s., 11, 323, 1871.
73. Fischer, B., Bakterienwachstum bei 0°C. sowie über das Photographieren von Kulturen leuchtender Bakterien in ihrem eigenen Lichte, *Zent. Bakteriol.*, 4, 89, 1888.
74. Bedford, R. H., Marine bacteria of the Northern Pacific Ocean. The temperature range of growth, *Contrib. Can. Biol. Fish.*, 8, 433, 1933.

75. Berry, J. A. and Magoon, C. A., Growth of microorganisms at and below 0°C, *Phytopathology*, 24, 780, 1934.

76. Mazur, P., Freezing of living cells: Mechanisms and implications, *Am. J. Physiol.*, 247, C125, 1984.

77. Elliott, R. P. and Michener, H. D., Review of the microbiology of frozen foods. Conference on Frozen Food Quality, USDA, ARS-74-21, Washington, D.C., 1960, 40.

78. Straka, R. P. and Stokes, J. L., Metabolic injury to bacteria at low temperatures, *J. Bacteriol.*, 78, 181, 1959.

79. Hartsell, S. E., The growth initiation of bacteria in defrosted eggs, *Food Res.*, 16, 97, 1951.

80. Sair, L. and Cook, W. H., Effect of precooling and rate of freezing on the quality of dressed poultry, *Can. J. Res.*, D16, 139, 1938.

81. Pennington, M. E., Studies of poultry from the farm to the consumer, USDA, *Bureau of Chemistry, Circular No. 64*, Washington, D.C., Government Printing Office, 1910.

82. Spencer, J. V., Sauter, E. A., and Stadelman, W. J., Shelf life of frozen poultry meat after thawing, *Poult. Sci.*, 34, 1222, 1955.

83. Spencer, J. V., Sauter, E. A., and Stadelman, W. J., Effect of freezing, thawing, and storing broilers on spoilage, flavor, and bone darkening, *Poult. Sci.*, 40, 918, 1961.

84. Newell, G. W., Gwin, J. M., and Jull, M. A., The effect of certain holding conditions on the quality of dressed poultry, *Poult. Sci.*, 27, 251, 1948.

85. Elliott, R. P. and Straka, R. P., Rate of microbial deterioration of chicken meat at 2°C after freezing and thawing, *Poult. Sci.*, 43, 81, 1964.

86. Stone, L. S. and Zottola, E. A., Effect of cleaning and sanitizing on the attachment of *Pseudomonas fragi* to stainless steel, *J. Food Sci.*, 50, 951, 1985.

87. Wirtanen, G. and Mattila-Sandholm, T., Effect of the growth phase of foodborne biofilms on their resistance to a chlorine sanitizer. Part II, *Lebensm. Wiss. Technol.*, 25, 50, 1992.

88. Hingst, V., Klippel, K. M., and Sonntag, H. G., Investigations concerning the epidemiology of microbial resistance to biocides, *Zentralbl. Hyg. Umweltmed.*, 197, 232, 1995.

89. Mosley, E. B., Elliker, P. R., and Hays, H., Destruction of food spoilage, indicator and pathogenic organisms by various germicides in solution and on a stainless steel surface, *J. Milk Food Technol.*, 39, 830, 1976.

90. Ouattara, B., Simard, R. E., Holley, R. A., Piette, G. J.-P., and Bégin, A., Inhibitory effect of organic acids upon meat spoilage bacteria, *J. Food Prot.*, 60, 246, 1997.

91. Mountney, G. J. and O'Malley, J., Acids as poultry meat preservatives, *Poult. Sci.*, 44, 582, 1965.

92. Lauten, S. D., Sarvis, H., Wheatley, W. B., Williams, D. E., Mora, E. C., and Worley, S. D., Efficacies of novel *N*-halamine disinfectants against *Salmonella* and *Pseudomonas* species, *Appl. Environ. Microbiol.*, 58, 1240, 1992.

93. Rio, E. del, Panizo-Moran, M., Prieto, M., Alonso-Calleja, C., and Capita, R., Effect of various chemical decontamination treatments on natural microflora and sensory characteristics of poultry, *Int. J. Food Microbiol.*, 115, 268, 2007.

94. Russell, S. M., The effect of an acidic, copper sulfate-based commercial sanitizer on indicator, pathogenic, and spoilage bacteria associated with broiler chicken carcasses when applied at various intervention points during poultry processing, *Poult. Sci.*, 87, 1435, 2008.

95. Hwang, C.-A. and Beuchat, L. R., Efficacy of selected chemicals for killing pathogenic and spoilage microorganisms on chicken skin, *J. Food Prot.*, 58, 19, 1995.

96. Russell, S. M., Chemical sanitizing agents and spoilage bacteria on fresh broiler carcasses, *J. Appl. Poult. Res.*, 7(3), 273, 1998.

97. Balamatsia, C. C., Rogga, K., Badeka, A., Kontominas, M. G., and Savvaidis, I. N., Effect of low-dose radiation on microbiological, chemical, and sensory characteristics of chicken meat stored aerobically at 4°C, *J. Food Prot.*, 69, 1126, 2006.

98. Chouliara, E., Badeka, A., Savvaidis, I., and Kontominas, M. G., Combined effect of irradiation and modified atmosphere packaging on shelf-life extension of chicken breast meat: Microbiological, chemical and sensory changes, *Z. Lebensm. Unters. Forschung*, 226, 877, 2008.

99. Ayres, J. C., Some bacterial aspects of spoilage of self-service meats, *Iowa State J. Sci.*, 26, 31, 1951.

100. Senyk, G. F., Goodall, C., Kozlowski, S. M., and Bandler, D. K., Selection of tests for monitoring the bacteriological quality of refrigerated raw milk samples, *J. Dairy Sci.*, 71, 613, 1988.

101. Gilliland, S. E., Michener, H. D., and Kraft, A. A., Psychrotrophic microorganisms, *Compendium of Methods for the Microbiological Examination of Foods*, American Public Health Association, Washington, D.C., 1984, 136.

102. Stewart, G. N., The changes produced by the growth of bacteria in the molecular concentration and electrical conductivity of culture media, *J. Exp. Med.*, 4, 235, 1899.

103. Strauss, W. M., Malaney, G. W., and Tanner, R. D., The impedance method for monitoring total coliforms in wastewaters, *Folia Microbiol.*, 29, 162, 1984.

104. Allison, J. B., Anderson, J. A., and Cole, W. H., The method of electrical conductivity in studies on bacterial metabolism, *J. Bacteriol.*, 36, 571, 1938.

105. Ur, A. and Brown, D. F. J., Impedance monitoring of bacterial activity, *J. Med. Microbiol.*, 8, 19, 1975.

106. Cady, P., Dufour, S. W., Shaw, J., and Kraeger, S. J., Electrical impedance measurements: Rapid method for detecting and monitoring microorganisms, *J. Clin. Microbiol.*, 7, 265, 1978.

107. Firstenberg-Eden, R., Electrical impedance method for determining microbial quality of foods, *Rapid Methods and Automation in Microbiology and Immunology*, K. O. Habermehl, Ed., Springer-Verlag, Berlin, 1985, 679.

108. Bishop, J. R., White, C. H., and Firstenberg-Eden, R., Rapid impedimetric method for determining the potential shelf-life of pasteurized whole milk, *J. Food Prot.*, 47, 471, 1984.

109. Ogden, I. D., Use of conductance methods to predict bacterial counts in fish, *J. Appl. Bacteriol.*, 61, 263, 1986.

110. Jørgenson, B. R., Gibson, D. M., and Huss, H. H., Microbiological quality and shelf-life prediction of chilled fish, *Int. J. Food Microbiol.*, 6, 295, 1988.

111. Gram, L., Trolle, G., and Huss, H. H., Detection of specific spoilage bacteria from fish stored at low (0°C) and high (20°C) temperatures, *Int. J. Food Microbiol.*, 4, 65, 1987.

112. Bishop, J. R. and White, C. H., Estimation of the potential shelf-life of pasteurized fluid milk utilizing bacterial numbers and metabolites, *J. Food Prot.*, 48, 663, 1985.

113. Firstenberg-Eden, R. and Eden, G., *Impedance Microbiology*, Research Studies Press, Letchworth, Hertfordshire, U.K., 1984, 48.

114. Russell, S. M., A rapid method for enumeration of *Pseudomonas fluorescens* from broiler chicken carcasses, *J. Food Prot.*, 60(4), 385, 1997.

115. Russell, S. M., Rapid prediction of the potential shelf-life of broiler chicken carcasses under commercial conditions, *J. Appl. Poult. Res.*, 6(2), 163, 1997.

第 11 章

肌肉蛋白质在禽肉制品加工中的
功能特性

Denise M. Smith

孙京新　康壮丽　译

11.1　引　　言

蛋白质在禽肉制品中发挥各种作用。许多禽肉制品所具有的典型特征取决于加工工程中能否很好地控制其蛋白质的功能特性。禽肉制品的出品率、品质以及感官指标在很大程度上是由肌肉蛋白质的功能特性决定的。

蛋白质的功能特性是指蛋白质的物理或化学特性，这些特性决定着它们在食品加工、储藏、消费过程中究竟发挥怎样的作用[1]。蛋白质的功能特性与消费者对食品的品质和感官特性的感受密切相关。为了有效地利用新配料、开发新产品、改良现有产品、减少废物排放以及控制生产能耗，有必要了解蛋白质的功能特性。从对禽肉制品具有重要性的角度考虑，蛋白质的功能特性可大致分为 3 类：①蛋白质-水的相互作用；②蛋白质-脂肪的相互作用；③蛋白质-蛋白质的相互作用。

功能特性的重要性会随着产品类型、肉的来源、非肉成分的种类和含量、加工机械的类型、加工条件以及加工阶段的变化而变化。肌肉蛋白质的功能特性会受配方中其他成分和具体加工条件的影响。图 11.1 大概说明了这些因素之间的相互关系。蛋白质的功能特性是由其分子特性和生化特性决定的。因此，产品配方或加工过程的任何变化都需要确定其对肌肉-蛋白质结构改变的影响。改变配方可使产品 pH、盐浓度、蛋白质浓度以及其他因素发生变化，这些都会影响禽肉蛋白质的生化特性，进而影响其功能特性。改变加工条件，特别是改变产品温度或绞碎程度的加工条件，也能影响肌肉蛋白质的生化特性。所有改变蛋白质结构的变化都会最终影响产品品质。

在加工中，对某一特殊功能特性的需要常常因具体情况而定。溶解性、保水性和保油性是生鲜禽肉制品加工中所需要的主要功能特性，而保水性、保油性和凝胶性等对烹调肉制品加工则是重要的。蛋白质常常需要具有多种功能特性，也就是说，在加工过程中人们期望每一种蛋白质能同时或相继呈现出不止一种功能特性。

本章将先简述肌肉的超微结构和主要蛋白质组成，接着讨论蛋白质在碎肉制品和成型肉制品中的作用，然后详述肌肉蛋白质的主要功能特性，最后介绍一下模型体系在蛋白质功能特性研究中的作用。

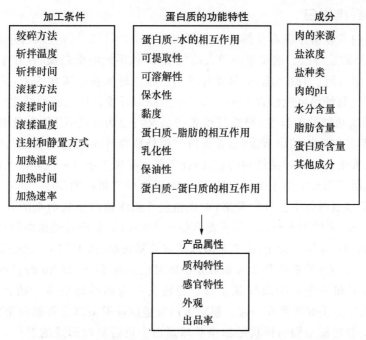

图 11.1　加工条件和成分对肌肉蛋白质功能特性及最终禽肉制品品质特性影响的示意图

11.2　肌肉蛋白质

禽肉中含有 20%～23%的蛋白质。根据蛋白质的溶解性,主要可分为 3 类:肌原纤维蛋白、肌浆蛋白、基质蛋白(表 11.1)。

表 11.1　家禽骨骼肌的蛋白质构成

1. 肌原纤维蛋白(占全部蛋白质的 55%)
 a. 收缩蛋白
  例如:肌球蛋白、肌动蛋白
 b. 调节蛋白
  例如:原肌球蛋白、肌钙蛋白
 c. 细胞骨架蛋白
  例如:肌联蛋白、伴肌动蛋白
2. 肌浆蛋白(占全部蛋白质的 35%)
 a. 糖酵解酶
 b. 线粒体/氧化酶
 c. 溶酶体酶
 d. 肌红蛋白和其他的血红素蛋白
3. 基质蛋白(占全部蛋白质的 3%～5%)
 a. 胶原蛋白
 b. 弹性蛋白
 c. 网状蛋白

11.2.1 肌原纤维蛋白

肌原纤维蛋白或盐溶蛋白占全部骨骼肌蛋白质的 50%～56%，且不溶于水，但是大部分溶于浓度大于 1% 的盐溶液。这类蛋白质大约包括 20 种不同的蛋白质，存在于任一完整肌肉的构成单位——肌纤维（即肌细胞）的肌原纤维内。肌原纤维被肌浆包围着，其延伸使得肌细胞呈纤维状。单个肌纤维可能包含 1 000～2 000 个肌原纤维。任一肌原纤维中重复收缩的单元称为肌节。根据功能的差异性，肌原纤维蛋白质又可分为 3 类：①负责肌肉收缩的收缩蛋白；②参与调节和控制收缩的调节蛋白；③支持和维持肌原纤维结构完整性的细胞骨架蛋白。想要获得更多的关于骨骼肌超微结构的信息，读者可以参考关于这一主题的文献资料[1-5]。

肌球蛋白是肌节粗丝中的主要蛋白质，占全部肌原纤维蛋白的 50%～55%。在生理离子强度和 pH 下，肌球蛋白分子会自发聚集，形成粗丝。肌球蛋白呈长而细的分子结构，杆状尾部尺寸长约 150 nm，宽约 1.5 nm，球形头部直径约为 8 nm。禽肉骨骼肌的肌球蛋白是一种相对分子质量约为 520 ku 的大分子，由 6 条多肽链或亚基构成（图 11.2）。这些亚基包括 2 条相对分子质量约为 222 ku 的重链和 2 对相对分子质量范围在 17～23 ku 的轻链。每一条重链都有一个球形头部和一个纤维或杆状尾部。轻链又称为碱性轻链或二硫代双硝基苯甲酸（DTNB）轻链，与球形头部联系在一起。肌球蛋白重链的球形头部含有肌动蛋白的结合位点。在生理条件下，α-双螺旋结构的杆状尾部是肌球蛋白中负责肌丝形成的部位。肌球蛋白的头部和纤维状尾部具有独特的生化特性和功能特性。鸡肉骨骼肌肌球蛋白包含 43 个巯基且无二硫键。肌球蛋白的等电点（pI）约为 5.3，即溶液所带静电荷为 0 的 pH（此溶液中分子所带的正电荷和负电荷量相等）。

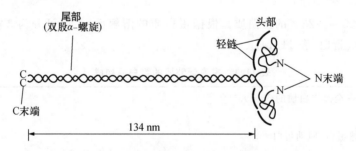

图 11.2 肌球蛋白分子的示意图

肌动蛋白是肌原纤维蛋白中含量第二丰富的蛋白质，占 20%～25%。G-肌动蛋白是一种相对分子质量约为 42 ku 的球蛋白，等电点约为 4.8。肌节的细丝由肌动蛋白与调节蛋白（肌钙蛋白和原肌球蛋白）构成。当肌肉收缩时，肌球蛋白能够可逆地与细丝中的肌动蛋白结合。而当肌肉僵直后，肌球蛋白的球形头部或第一亚片段区（S1）将不可逆地与肌动蛋白结合形成一种称为肌动球蛋白的复合体。僵直后肌肉肌球蛋白和肌动蛋白之间的相互交联会影响其肉质嫩度。

收缩蛋白（肌球蛋白和肌动蛋白）对肌肉蛋白质的功能特性有很大影响。肌肉僵直前的肌球蛋白以及僵直后的肌动球蛋白通常被认为对加工肉制品的多种功能特性有贡献，并已进行了广泛研究[3,6,7]。因为僵直后肌肉中的肌动蛋白通常会与肌球蛋白形成复合体，因此在禽碎肉制品和成型制品中，肌动蛋白可影响肌球蛋白的功能特性。肌球蛋白和肌动蛋白的比例，以及游离肌球蛋白与肌动球蛋白的比例，都会影响禽肉制品的功能特性。肌浆蛋白和基质蛋白也可影响肌原纤维蛋白的功能特性。

11.2.2　肌浆蛋白和基质蛋白

肌浆蛋白存在于肌肉细胞膜内的肌质中,占全部肌肉蛋白质的 30%～35%,易溶于水或低离子强度的溶液,主要含有氧化酶、肌红蛋白、其他血红素、负责糖酵解的糖酵解酶以及溶酶体酶等。肌红蛋白是一种主要与肉色有关的蛋白质,但一般而言,这类蛋白质对肉蛋白质的功能特性影响不大。

基质蛋白通常指的是结缔组织蛋白质,围绕在肌纤维和完整肌肉上起维系和支持肌肉结构的作用。整块肌肉周围的结缔组织称为肌外膜,肌纤维束周围的结缔组织称为肌束膜,而单一肌纤维周围的结缔组织称为肌内膜。家禽骨骼肌中基质蛋白质含量占全部蛋白质的 3%～6%。基质蛋白主要含有胶原蛋白,另外包括少量的弹性蛋白和网状蛋白;此类蛋白质均不溶于水和盐溶液。随着动物年龄的增大,肉的嫩度常常会降低,这是因为胶原蛋白一方面交联性增强,另一方面还会发生其他变化[8]。

基质蛋白在家禽表皮中含量也十分丰富。在禽制品配方中,表皮是胶原蛋白的主要来源。尽管表皮常被当成脂肪来源,但它确实富含胶原蛋白。当禽制品配方中胶原蛋白含量过高时,可能会影响肌原纤维蛋白的功能特性。胶原蛋白会引起碎肉制品收缩,尤其当高温加热时收缩更严重,也会妨碍成型肉制品中肉块的黏合。许多研究者希望通过不同方法改善胶原蛋白的功能特性,但令人失望的是,迄今为止所有方法中的大部分都不成功或不经济。因此,禽肉加工制品配方中表皮的添加量必须严格控制在临界水平以下。

11.3　蛋白质在碎肉制品中的作用

禽类碎肉制品是通过将肉、水、盐、磷酸盐以及其他组分磨碎或剁碎形成糊状肉糜,然后灌入肠衣内成型再加热而成。更多的关于实际加工过程的细节将在第 12 章介绍。

肉糜是个非常复杂的体系,包含可溶性肌肉蛋白、肌纤维、肌原纤维片段、脂肪细胞、脂肪滴、水、盐、磷酸盐以及其他组成成分。碎肉制品,像法兰克福香肠、波洛尼亚香肠以及其他香肠,含 17%～20% 的蛋白质,0%～20% 的脂肪,60%～80% 的水;这种配方要求其中少量的蛋白质去包住较大量的水和脂肪。因此,在此类肉制品中添加 1.5%～2% 的盐以保证肌纤维蛋白的提取和溶解,才能满足上述要求。

粉碎,有时被称为剁碎或斩拌,是通过破坏肌纤维膜(肌细胞膜)和结缔组织的维系网络以达到机械破碎肌肉组织的作用。当添加盐时,肌纤维膨胀,肌原纤维破碎成小片段,肌原纤维蛋白被提取出来呈溶解状态,这就形成了保持水分和稳定脂肪的黏稠肉糜。经过加热,肉糜中被提取出来呈溶解状态的肌肉蛋白质形成的交联凝胶网络会包住水和脂肪,并形成加热碎肉制品典型的质地结构。

11.4　蛋白质在成型肉制品中的作用

成型禽肉制品是由键合或黏合在一起的大小肉块制成的,常见的这类产品有火鸡胸肉卷和冷切鸡肉块(其加工过程详见第 12 章)。成型制品与碎肉制品的加工过程相似,但也存在区别,主要是成型制品在加工过程中大部分变化发生在肉块表面。添加盐进行滚揉、按摩或混合,可破坏肌细胞的完整性,从肉块表面提取肌原纤维蛋白。在加工过程中,肉块表面会有一种发黏的肌原纤维蛋白质汁液流出,蒸煮时可形成凝胶而使肉块胶黏。肌原纤维中的肌球蛋白被认为是影响流出的蛋白质汁液黏合强度的主要因素,当胶原蛋白存在于肉块表面时,就会影响肉块黏合。

11.5　蛋白质-水的相互作用

通常来说,蛋白质所有的功能特性都受蛋白质-水相互作用的影响。然而,在生鲜禽肉制品中,有 3 个非常重要的功能特性与蛋白质-水相互作用有关,它们分别是:①蛋白质可提取性和可溶解性;②保水性;③黏度。

蛋白质可提取性是指在加工过程中,从最初肌原纤维结构中释放或解离出来的蛋白质数量。在适宜的条件下,提取的肌肉蛋白质是可溶解的。可溶解性主要取决于疏水性氨基酸和亲水性氨基酸在蛋白质表面的分布以及蛋白质-水相互作用的热动力学。肌肉蛋白质的可提取性和可溶解性受 pH、盐浓度、盐的类型和温度的影响。

保水性是指当某一蛋白质体系受加热、离心、加压等外力作用时,保持其原有水分与吸收外加水分的能力。这些水可能通过化学键与蛋白质结合,也可能通过毛细血管作用、物理作用包埋在此蛋白质体系中。在最初的高度组织化的肌原纤维结构中,水与蛋白质化学结合,也可通过物理作用存在于肌原纤维的肌丝空间中。蛋白质结合水的能力也受到 pH、盐浓度、盐的类型和温度的影响。

黏度被流变学家定义为原料流动时的阻力,其对于加热之前生鲜制品的稳定性有很大的影响。在绞碎过程中,随肌纤维吸水膨胀,肉糜黏度不断增加。提取得到的蛋白质(如肌球蛋白)呈大分子纤维状且高度可溶,即使在很低浓度下也可增加肉糜黏度。肉糜黏度必须足够高,使生鲜制品稳定;同时,也得适当低,以便于在工厂内容易用泵输送和加工。

11.5.1　盐和 pH 对蛋白质-水相互作用的影响

盐浓度对火鸡肌肉匀浆保水性的影响如图 11.3 所示。随盐(NaCl)浓度从 0.3(1.8%)~0.6 mol/L(3.4%)增加时,胸肉和腿肉的保水性也急剧增加。盐的添加能降低蛋白质分子间的静电作用,从而提高蛋白质的可提取性、溶解性和保水性。肉中添加盐后,斩拌或滚揉会使肌肉组织结构分散,从而使肌纤维吸水膨胀,导致肉糜黏度增大。此外,肌原纤维蛋白的溶解和提取也会使肌节有序的粗丝和细丝结构破坏。单个肌原纤维从肌纤维中释放出来,变成小片段。提取的蛋白质,尤其是肌球蛋白,也能结合水分并能增加肉糜的黏度,这有助于稳定分散的脂肪颗粒。由于这些原因,大多数禽肉制品配方中添加 1.5%~2.0% 的盐。尽管高浓度的盐能够提高保水性,但产品太重的咸味会令人不愉快。

禽肉肉糜的 pH 也会对肌肉中蛋白质的可提取性、溶解性和保水性产生很大影响[9]。图 11.4 显示了 pH 对火鸡肉糜保水性的影响。在肌球蛋白和肌动蛋白的等电点(pH 5.0 附近)处保水性最低。在等电点处蛋白质不带静电荷,易于形成聚合体。随着 pH 偏离等电点,鸡肉匀浆的保水性增加。比如,pH 增加,蛋白质带的负电荷就增多,较多的负电荷会增加肌丝蛋白质之间的排斥作用力,这有助于肌原纤维膨胀吸水。

图 11.5 显示了 pH 对火鸡肉糜中蛋白质提取量的影响。在接近肌原纤维蛋白的等电点处,蛋白质的可提取性和溶解性很低。随着 pH 增大,蛋白质带的负电荷增多,肌原纤维蛋白的可提取性和溶解性提高。在禽肉制品加工中经常添入碱性磷酸盐,通常能提高禽肉肉糜 0.1~0.4 个 pH 单位,以增强肌肉中蛋白质的保水性。

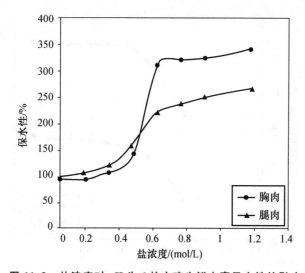

图 11.3　盐浓度对 pH 为 6 的火鸡生鲜肉糜保水性的影响
（引自 Richardson,R.I. and Jones, J.M.1987.*Int.J.Food Sci.Techol.*22,683.）

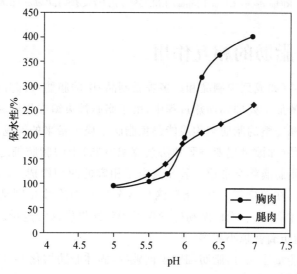

图 11.4　pH 对含 0.5 mol/L NaCl 的火鸡生鲜肉糜保水性的影响
（引自 Richardson,R.I. and Jones, J.M.1987.*Int.J.Food Sci.Techol.*22,683.）

11.5.2　加工因素对蛋白质保水性的影响

在加工过程中,必须严格控制碎肉制品斩拌以及成型制品滚揉的时间和温度。如前所述,斩拌和滚揉用来破碎肌原纤维结构,并溶解和提取肌原纤维蛋白质。但是过度斩拌和滚揉会使温度升高或剪切过度,导致蛋白质变性。因此,应优化斩拌和滚揉时间,以避免蛋白质变性,最大程度地提取蛋白质。当天然的蛋白质结构处于不稳定或部分解折叠时,变性就会发生。变性肌肉蛋白质往往形成保水性和成膜性差的不溶性聚合体(详见本章后面内容),并且过度斩拌和滚揉也可能会导致肌纤维结构过度破碎和肉糜黏度降低,最终影响加热后制品凝胶网络的特性。

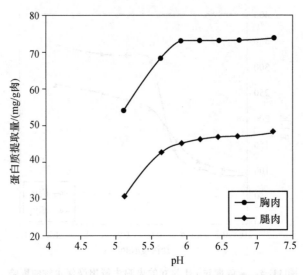

图 11.5　pH 对含 0.5 mol/L NaCl 的火鸡生鲜肉糜蛋白质提取量的影响

注:在本研究中保水性定义为离心时生鲜肉糜保持外加水分的能力。

(引自 Richardson,R.I. and Jones, J.M.1987.*Int.J.Food Sci.Techol*.22,683.)

11.6　蛋白质-脂肪的相互作用

粗斩拌的碎肉制品(如成型肉制品和许多香肠制品)中的脂肪大部分被保留在完好的脂肪细胞中。在这些制品的加工处理和加热过程中,由于脂肪被束缚在细胞膜中,脂肪损失通常不是问题。肉糜的黏度和完整的脂肪细胞膜能避免脂肪不稳定带来的问题。

细斩拌的碎肉制品(如波洛尼亚香肠和法兰克福香肠)中的脂肪细胞结构破坏,像乳浊液中见到的那样典型的脂肪滴将会形成。乳浊液由不相容的两相组成,其中一相呈小的脂肪滴分散在另一连续相中。在碎肉制品中,脂肪滴形成分散相而连续相则是由水、蛋白质和盐组成。乳浊液需要能量才能形成,而肉糜粉碎操作过程就能提供这种能量。通常,能量注入得越多,肉糜不连续相中脂肪滴就越小越多。

当高温和足够的能量注入时,脂肪细胞膜被破碎,固体脂肪熔化并且乳化成小液滴。多数禽肉脂肪在13℃左右时熔化,但是,因其所含的脂类物质种类多样,禽肉脂肪通常直到温度达到33℃时才能完全熔化。液态脂肪的脂肪滴呈球状,而半固态或结晶态脂肪则呈不规则形状。液态脂肪滴极不稳定,当静置时极易聚集。聚集是指小脂肪滴结合形成不稳定的大脂肪滴的过程。脂肪聚集是极不利的,因为它会给碎肉制品带来一些质量缺陷。如果温度能保持足够低,脂肪滴的脂肪部分结晶,这样就能够减少其聚集发生。

在绞碎程度很高的碎肉制品中,液态脂肪滴必须稳定才能承受静置、泵送、蒸煮等加工环节的外力作用。这可通过2种方式完成:第一,肉糜的高黏性可阻止脂肪聚集;第二,一层包围在脂肪滴表面的蛋白膜可减小脂肪和水(分别是分散相和连续相)之间的表面张力,从而使液滴稳定。

蛋白膜是由溶解并提取的肌原纤维蛋白质构成的。在乳化过程中,溶解并提取的肌原纤维蛋白质必须要先扩散到油滴表面才被吸附其上。变性蛋白质通常以大的、不溶性的聚合体存在,而不像小的可溶性蛋白质那样容易扩散开来。一旦蛋白质扩散到油滴表面,其分子结构就会解折叠并重排,致使分子的极性区域趋向水而非极性或疏水区域趋向油滴,从而使自由能降低。此外,蛋白质必须要有足够含量才能使蛋白质分子间相互作用而在油滴表面形成连续稳定的膜。这就需要有充足的已提取蛋白质用以保证脂肪滴表面覆盖蛋白膜。绞碎程度很高的肉糜制品不稳定,是因为很小液滴具有很大的表面积,需要更大量溶解并提取的蛋白质来形成稳定的膜。肌球蛋白是包围脂肪滴的表面膜的主要成分,因此在静置和蒸煮初期对稳定脂肪滴起着关键作用。电子显微镜观察生肉肉糜中脂肪液滴表面的蛋白膜,图 11.6 为绞碎程度很高的禽肉糜中脂肪滴表面形成的蛋白膜的电镜图。

图 11.6　绞碎程度很高的禽肉糜中脂肪滴表面形成的蛋白膜的电镜图

f. 脂肪滴;P. 周围蛋白物质;i. 脂肪滴和蛋白肉糜的界面;m. 基质;

e. 蛋白膜的外界面;im. 蛋白膜的内界面。

(引自 Gordon,A. and Barbut,A.1990.*Food Struct*.9,77.)

11.7　蛋白质-蛋白质的相互作用

　　加热过程中蛋白质之间的相互作用会形成蛋白质凝胶结构。当肌肉蛋白质受热时,其分子解开且聚合形成一个连续、稳固的交联网络结构,蛋白质凝胶就会形成。这种连续的蛋白质凝胶网络的形成能够对禽肉制品的质构和感官特性以及热加工产品出品率产生很大影响。在碎肉制品和成型制品热加工过程中,肌原纤维蛋白发生凝胶化,这正是其表现出来的最重要的功能特性。然而,结缔组织和肌浆蛋白可能会破坏肌原纤维蛋白形成较强凝胶的能力。

　　肌原纤维蛋白形成热不可逆凝胶,即受热时蛋白质之间形成的交联键或化学键在冷却或者再受热时是不会发生显著变化的。图 11.7 为肌原纤维蛋白热不可逆凝胶形成步骤示意图。首先,当加热达到临界温度,肌肉蛋白质结构就会解折叠或者变性。然后,这些打开的分子聚合成小块,并逐渐形成一种黏性增大的溶液。最后,这些聚合体迅速交联成连续的凝胶结构,此时为凝胶点。氢键、静电作用、疏水作用和二硫键等的联合作用导致肌肉蛋白质凝胶形成。

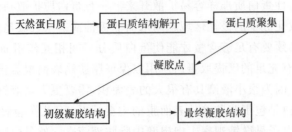

图 11.7 热诱导蛋白质凝胶形成的必要步骤示意图

在冷却的时候,相对重要的化学键发生轻微的改变从而导致最终凝胶的形成。

禽肉糜凝胶的微观结构如图 11.8 所示。经化学键合或物理性束缚,蛋白质凝胶在其网络结构中会保住大量水分。在加热的肉糜中,蛋白质凝胶结构会物理性地限制脂肪聚集。受热时,脂肪滴周围的界面蛋白膜与连续蛋白质凝胶发生交联。

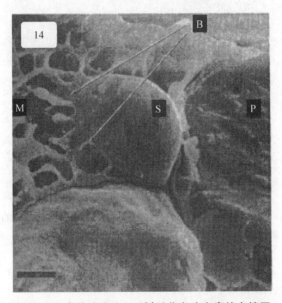

图 11.8 食盐浓度为 2.5％时蒸煮鸡肉糜的电镜图

M. 蛋白质凝胶网络;S. 蛋白膜包裹的脂肪滴;B. 蛋白膜包裹的脂肪滴和凝胶网络之间的连接区域。

(引自 Gordon,A. and Barbut,A.1990.*Food Struct*.9,77.)

不同类型凝胶网络结构的形成依赖于溶液 pH 和盐浓度,这些凝胶网络能够使肉糜产生各不相同的质构特性和保水性能。一般说来,pH 6.0～6.5 将最大程度地提高碎肉制品的质构硬度和获得理想的弹性。当降低 pH 接近肌肉蛋白质等电点时,凝胶常常具有柔软的质构和较差的保水性,这是因为蛋白质处于不溶状态且高度聚合。

一般来讲,禽肉肌原纤维蛋白在 4℃开始变性,在 55℃达到凝胶点。凝胶的硬度和保水性逐渐增加,一直到加热温度达到 65～70℃,如图 11.9 所示。加热超过 70℃通常削弱碎肉制品的品质,这是由于凝胶网络里的蛋白质大量聚合,导致产品严重脱水或失水。加热超过 70℃时基质蛋白如胶原蛋白的凝胶也会造成发生脱水或失水。加热速率也会影响凝胶网络形成的类型以及随后蒸煮禽肉制品的品质。通常认为,较缓慢的加热速率可形成更有序的、更强保水性的凝胶结构。因此,相比于高脂香肠,低脂香肠如法兰克福香肠采用缓慢加热速率可形成一个保水性强的蛋白质凝胶网络。

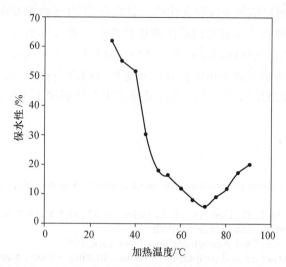

图 11.9　加热温度对碎肉制品保水(外加水)性的影响

11.8　蛋白质功能特性研究中的模型体系

　　许多不同的模型体系已经应用到禽肉蛋白质的功能特性研究中。最简单的应用体系就是纯肌肉匀浆。然而,由于不同成分及潜在的相互作用,这就很难确定这种复杂体系中影响其功能特性的确切因素。限制配料数量已被用来简化模型体系,使复杂度降低。研究者们已使用由分离蛋白质组成的模型体系来试图探究禽肉制品蛋白质的功能特性,这种模型体系可分别包括肌原纤维、肌原纤维蛋白、盐溶蛋白、肌动蛋白,甚至肌球蛋白。生化学家已对肌球蛋白进行了广泛研究,然而这些研究工作大部分是在特定 pH 和盐浓度条件下完成的,而禽肉制品通常不具备这些条件。

　　在模型体系中,因样品制备过程不同可能导致某一特定分离组分的蛋白质组成发生改变,因此很难比较研究人员的研究结果。例如,所谓的盐溶蛋白就是由 15 或更多种蛋白质组成,当加热时它们之间会发生相互作用。众所周知,盐溶蛋白的组分构成可因提取条件和原材料而发生改变,因此,在盐溶蛋白中总肌球蛋白的不同数量或肌动蛋白与肌球蛋白的不同比率可能会影响最终的结果。由于这些限制,仔细选择一种可行的模型体系是非常必要的。对于产品开发,最好是直接用实际产品或选择一种与产品尽可能相似的体系。对于基础研究,最好是从简单的体系开始研究,例如纯肌球蛋白,然后再去研究更复杂的体系,从而验证在简单体系中发现的规律能否同样适用于添加其他成分的复杂体系。

11.9　小　　结

　　肌肉蛋白质由肌原纤维蛋白、肌浆蛋白和基质蛋白组成。肌原纤维蛋白是禽肉制品表现出功能特性的主要因素。然而,肌原纤维蛋白的功能特性也受肌浆蛋白和基质蛋白的影响。肌原纤维蛋白中的肌球蛋白通常被认为是最具功能性的肌肉蛋白质。

禽肉制品的重要功能特性可概括分为蛋白质-水的相互作用、蛋白质-脂肪的相互作用和蛋白质-蛋白质的相互作用。蛋白质-水的相互作用包括可溶解性、可提取性、保水性和黏度。蛋白质-脂肪的相互作用包括保油性和乳化性。蛋白质-蛋白质的相互作用包括凝胶性。随着禽肉制品种类的增加,改良和控制蛋白质的功能特性变得越来越重要。了解肌肉蛋白质的功能特性能够更好地弄清禽类碎肉制品和成型制品在制备和加热时发生的变化。如果能够控制蛋白质的功能特性,就可很好地利用较便宜的和非传统的肉类资源,改良现有产品,也可更有效地利用非肉成分。蛋白质的功能特性还可同样应用于控制加工工艺,降低能耗以及减少废物排放。

参 考 文 献

1. Kinsella, J. E., Functional properties of proteins in foods: A survey, *Crit. Rev. Food Sci. Nutr.*, 7, 219, 1976.
2. Forrest, J. C., Aberle, E. D., Hedrick, H. B., Judge, M. D., and Merkel, R. A., *Principles of Meat Science*, W. H. Freeman, San Francisco, 1975.
3. Bechtel, P. J., *Muscle as Food*, Academic Press, New York, 1986.
4. McCormick, R., Structure and properties of tissues, in *Muscle Foods: Meat, Poultry, and Seafood Technology*, Kinsman, D. M., Kotula, A. W., and Breidenstein, B. C., Eds., Chapman & Hall, New York, 1994, 106.
5. Foededing, E. A., Lanier, T. C., and Haltin, H. O., *Characteristics of Edible Muscle Tissue*, Fennema, O. R., Ed., Marcel Dekker, New York, 1996, 880.
6. Damodaran, S., Amino acids, peptides and proteins, in *Food Chemistry*, Fennema, O. R., Ed., Marcel Dekker, New York, 1996, 322.
7. Smyth, A. B., O'Neill, E., and Smith, D. M., Functional properties of muscle proteins in processed poultry products, in *Poultry Meat Science*, Richardson, R. I. and Mead, G. C., Eds., CABI Publishing, Wallingford, Oxon, U.K., 1999, 337.
8. Bailey, A. J. and Light, N. D., *Connective Tissue in Meat and Meat Products*, Elsevier Applied Science, London, 1989.
9. Richardson, R. I. and Jones, J. M., The effects of salt concentration and pH upon water-binding, water-holding and protein extractability of turkey meat, *Int. J. Food Sci. Technol.*, 22, 683, 1987.
10. Gordon, A. and Barbut, A., The role of the interfacial protein film in meat batter stabilization, *Food Struct.*, 9, 77, 1990.

第 12 章

重组和乳化肉制品

Jimmy T. Keeton, Wesley N. Osburn

王　鹏　徐雯雅　译

12.1 引　言

由于禽类肉制品消费需求的增加,1989 年美国人均消费鸡肉 59.3 lb,1999 年增长到 76.9 lb,2007 年持续增长到 86 lb[1]。这样明显的消费增长的原因是新颖的、方便的、丰富的禽肉制品的出现,这些增值的深加工肉制品遍布食品零售店和快餐连锁店。禽类肉制品同其他肉制品相比,优势在于动物饱和脂肪酸的减少,增加了消费者的购买选择,并降低了产品价格。禽类肉制品包括套餐、风味冷切,面包肉饼和馅饼,切片熟食,三明治类午餐肉,各式低脂腌制、蒸煮肉制品,如火鸡火腿、火鸡培根、法兰克福香肠和波尼亚香肠。快餐连锁店的快速扩张,超市购买成品及在外就餐替代家庭加工和就餐以及人们对健康生活的持续追求,会使得禽肉深加工产业将得到持续发展。

12.2 产　品　分　类

12.2.1 成型(切片成型、重组)肉制品

切片成型肉制品是由碎肉或乳化的肌原纤维蛋白作为大块肉的黏结剂和冷冻卤水混合而构成的。重组肉制品是典型的由经过绞碎、刨片、切片、斩拌和乳化的小肉颗粒组成的肉制品。肉粒和冷冻卤水混合,添加适当的黏结物质,加工成为具有一定大小和形状的产品。切片肉制品和重组肉制品相比,其主要使用大块肌肉或更具有肌肉的质构,因这 2 类产品相似,工艺相似,将在本章同时讨论。产品类型包括禽肉(火鸡)卷、圆块,烤禽肉,禽肉肉饼、馅饼,热狗肠类,火鸡火腿和培根。产品有的使用糊状物和面包屑包裹,预熟制并进行包装,因此此类产品买后可在微波设备、热油炸制设备、蒸汽或一般炉子重新加热后食用。禽肉卷和火鸡火腿类肉制品有一个统一的标准(SI),必须分别符合美联邦法律法规(CFR)[2] §381.159 和 §381.171。例如,火鸡火腿类标注腿肉"肉块和重组"的肉块不低于 0.5 in(1.27 cm),低于 0.5 in(1.27 cm)时将标注"碎肉和重组"或"斩拌和重组"。

切片成型肉制品使用的整肉或肉块要充分预冷(−2.2∼1.6℃),然后修整去脂肪,使用含有碱性磷酸盐和有防腐活性物质(乳酸盐、双乙酸盐、柠檬酸盐)的食盐卤水注射或腌制。如是腌制品,可添加亚硝酸钠和 D-异抗坏血酸钠。当肉制品凝固时,功能性蛋白质包被在肉粒表面,形成相互交织的网络结构,使产品具有类似肌肉质构的结构。冷凝胶的形成不需要肌原纤维蛋白加热凝固,这类物质有海藻酸钠(会和钙盐交联)及谷氨酰胺转氨酶。使用酶作为黏结剂时,加工时间减少,产品温度在冰点左右以降低酶活,表面水分减少有利于蛋白质分子之间

聚合反应的进行。

重组肉制品有以下优点:①无骨;②利于成型;③蒸煮损失低;④高利用率,几乎没有浪费;⑤有利于卤水和腌制液的扩散;⑥可以使用整块肌肉,否则减少利用率;⑦容易蒸煮、切片和上市[3]。也有以下缺点:①不利于提高低档禽肉的质量;②要求大量设备,加工技术,模具或肠衣,严格控制卫生,以防卫生不合格;③货架期不如整肉和腌渍制品长;④深加工要求大量的人力和财力。

12.2.2 乳化(碎肉)肉制品

乳化肉(碎肉)制品如法兰克福香肠、波尼亚香肠或热狗肠是典型的使用冷却或冷冻机械分离禽肉(MSP;也被描述为机械去骨禽肉、鸡肉或火鸡肉)制作而成的,具体内容将在第 14 章介绍。此类肉制品比红肉制品有更好的价格优势,添加的脂肪大约为 USDA-FSIS 规定的最大添加量 30% 的 1/2,而且加工方便。USDA-FSIS 规定红肉肉制品中的机械去骨鸡肉(MSC)或火鸡肉(MST)不超过 15%,而且要适当标签标注,而禽肉肉制品可以使用 100% 的 MSC 或 MST,符合 CFR[2] §381.173 和 §381.174 的要求即可。

红肉碎肉制品(CFR[2] §381.180 进行了定义)要求脂肪最大添加量为 30%。成品水分的添加量不超过 4 倍蛋白质含量+10%,水分和脂肪的总添加量不超过 40%(可以使用任何水平的水分和脂肪添加量,如 5% 脂肪+35% 水=40%)。黏结剂如大豆浓缩蛋白和大豆分离蛋白的允许添加量分别为 3.5% 和 2%(干基重,DSW),并在标签上标注。与此相对比,禽类肉制品没有这些限制,在设计配方时肉的种类和含量方面有更大的灵活性。如果产品中含有超过 50% 的禽肉,标签上可标注禽肉制品。

乳化禽肉香肠是将均质禽肉肌肉块、禽类脂肪、MSC 或 MST 使用斩拌机或乳化机进行混合,同时添加冰水、食盐、腌制剂、碱性磷酸盐、葡萄糖、固体玉米糖浆、变性淀粉、牛奶或乳清蛋白、香辛料、D-异抗坏血酸钠和其他添加剂,斩拌终点温度大约在 10℃。禽皮可以和变性淀粉、牛奶蛋白、大豆蛋白或其他黏结剂形成乳化液。乳化皮和肌肉按照配方的要求调整比例,以改变脂肪含量。通过乳化减小颗粒直径以形成平滑的质构。肉糜温度不超过 12.7℃,可以防止加热出油。使用纤维素肠衣(法兰克福香肠)、动物肠衣或防潮的玻璃纸肠衣(波尼亚香肠)进行真空灌装香肠,使用多步加热系统蒸煮成熟。使用烟熏时有 4 种方式:①烟熏液喷洒肠衣外表;②使用烟熏炉喷淋;③将烟熏液加入产品中;④使用硬木天然烟熏。如果亚硝酸盐大于 100 mg/kg,产品中心温度不低于 68.3℃,亚硝酸盐小于 100 mg/kg 时,产品中心温度不低于 71.1℃。

12.3 原 料

12.3.1 重组(切片成型、重组)肉制品和乳化肉制品

重组和乳化肉制品的原料是骨骼肌,例如去骨胸肉、小腿肉、大腿肉、鸡腿下段、MSC 或 MST(带皮或去皮)。这些原料可以是冷鲜肉,也可以是冻肉,但必须是高品质肉(低储藏损失、无异色、异味、微生物合格)。

12.3.1.1 原料标准和验收

标准化可以最大程度地保证原料的质量、组成和价格。它们是产品质量的保证,通过抽样和检测能够保证原料符合工厂保证或产品要求。要监测每个供应商供应原料的净重和成

分——脂肪、水分、蛋白质含量,并建立信用档案。

抽样必须随机选择,鲜肉或冻肉可以在一个或几个点取样,通过粉碎形成混合样品,其他抽样方法有随机扇形抽样。样品经过混合、粉碎增加均匀度,子样数量,检测脂肪含量和其他的主要参数。依据规定,一批样品必须有不低于 10% 的量被检测,但在实际检测中,仅有 1% 的量被检测。然而,统计学上抽样量应该用以下公式[4]计算:

$$n = (3s/E)^2$$

其中:

n＝取样数量;

$3s$＝同批样品中估计的 3 倍标准偏差;

E＝同批样品中允许测量值和真实值之间最大误差。

例如,一个工厂从不同的供应商采购冷冻 MSC,脂肪含量在 12%～18% 之间,如果允许脂肪含量的测量值和真实值之间最大误差是 ±1%,1 000 lb 需要抽样多少个 1 lb 的样品?

计算:

$$s = 极差/6 = [18-12]/6 = 6/6 = 1$$
$$3s = 3×1 = 3$$
$$E = +1\%$$
$$n = (3/1)^2 = (3)^2 = 9 \text{ 个样品}$$

因此,1 000 lb 的原料应该随机取 1 lb 的样品为 9 个,样品必须随机采样,并且样品混合均匀,保证样品化学分析的统一性。

12.3.1.2　原料储存条件

1. 温度

分割肉和鲜肉低于 4.4℃,冷冻肉低于 -17.8℃。样品温度为箱子或货柜(1 000 lb 或更大的容器)中心温度,如果禽肉使用货柜盛放,取出中心的样品,检测样品的中心温度。原料温度大于 7.2℃ 的原因是加工过程中冷却不充分或运输过程中温度不稳定。在这种情况下,高的收货温度潜在的影响成品的货架期,加速腐败和潜在的卫生风险,要求实时记录冷库温度,并对运输过程中的温度进行监控。

2. 表观/色泽/异味

褐变、发灰或混合色泽的肌肉意味着超过储存期,温度不稳定,或原始菌落过高,局部变绿,表面发黏,腐败变质,发酸,产生霉味,其他的异味或香气特征的变化标志产品表面腐败。由原料、润滑剂、化学物质、清洁剂引起的污染事故,也有可能导致肌肉和碎肉的变色。这些物质可能包括化学消毒剂(氯气、碘、铵离子)、亚硫酸盐(持久的红色)、微生物色素(橘黄、棕色、黑色、绿色)、白垩味,冻肉表面发干意味着冻结烧(冷冻脱水)。过多的滴水损失说明表面盛放货物的箱子或货柜条件比较恶劣或产品已经解冻。有质量缺陷的肉如 PSE 肉、DFD 肉降低产品成品率和质量[5]。相类似的情况,包装不好的产品,脂肪氧化可以使产品在储存期间腐败和产生哈喇味,特别是一些经过二次加热的肉制品。

3. 掺假物质

掺假是指使用非法、不可食用或不卫生的原料,这些原料可能包含诱导组织死亡变异的染料、不同品种肉类的交叉污染、外来物质(手套、玻璃、木头、塑料、金属、骨头、刀片、金属钩,纸片等)、化学物质、动物粪便、昆虫或其他污染物。利用视觉和物理方法检验原料,有利于鉴定产品中掺假物的含量和种类。使用统计学的方法设计抽样计划评估产品掺假情况,将减少食品危害发生的风险。

4. 冷藏/冷冻

去内脏的胴体应立即冷却,禽类和火鸡分别在 4 和 8 h 内冷却至中心温度低于 4.4℃[6]。肌肉在货柜或箱子中冷藏 24～36 h,温度为−2.2～2.8℃。保存时间超过 36 h 的碎肉必须装入盒子中速冻以保持质量。高湿度(约 85%)的冷藏间或速冻间有利于减少肌肉的收缩和水分损失,但高冷冻风速增加水分的蒸发。

去内脏后生产的肌肉,MSC 或 MST 应立即装入塑料袋或涂蜡的容器中速冻。一般来说,产品温度越低,接触的大气中的氧越少,氧化程度越少,保质期越长。在−10℃以下,由于细胞水分子的结晶,大多数微生物停止生长,酶活减弱。但是一些反应在−80℃仍能进行。大部分商业冷藏在−28.9～−17.8℃,采用冷空气速冻或速冻装置(IQF)的方法速冻,高冷冻风速[小于−28.9℃,2 500 ft (762 m)/min]可以快速带走热量。使用二氧化碳粉末或干冰(−78.3～62.2℃)在速冻时,以颗粒的形式分布在肌肉、MSC 或 MST 与容器之间能够加速冷冻过程。如果使用封闭的区域,如冷冻拖车里存放,必须小心二氧化碳的升华导致的窒息。如果在搅拌或斩拌过程中使用干冰,应该使用良好的通风系统,以免二氧化碳过多替换周围环境中的氧气。

在许多冷冻应用中,原料和产品的包装必须隔绝空气,保护表面防止冻干。禽肉在−28.9～−17.8℃可以保存 6～10 个月(表 12.1)。对温度最低的要求在−11.2～−10℃之间,这个温度区间是冰水相和细胞间冰晶体的相转换的区间。在此区间速冻,形成冰晶体最大,解冻损失增加。

表 12.1 不同冷藏温度下不同类型的肌肉推荐最长保存时间

种类	保存月数			
	−12℃	−18℃	−24℃	−30℃
牛肉	4	6	12	12
羊肉	3	6	12	12
猪肉(新鲜)	2	4	6	8
禽肉	2	4	8	10

5. 解冻和再结冰

合适的解冻方法可以减少解冻损失和肌肉、MSC 或 MST 中微生物的繁殖。包装后进行解冻可以保住水分,减少滴水损失。原料肉一般在 0～2.8℃的解冻间解冻 2～3 d,直到中心温度到−3.3～−2.2℃。无金属固定或包装的产品可以采用微波解冻隧道的方法快速解冻,而后在冷藏室平衡 8 h,使加工前内外温度一致。再冻结会引起蛋白质变性,风味物质和多汁性减少,滴水损失增加,有很多潜在的风险,如微生物繁殖,增加产品危害风险,因此是不被推荐的。

应该记录原料肉接收日期、编码、检验、加工过程和温度、加工记录等数字记录要用批号的方式保留。认真监控冷冻肉和冷鲜肉的储存过程,遵循先进先出的原则。

12.3.2　原料的功能特性

12.3.2.1　保水性

保水性是禽肉加工过程中的重要因素,决定着产品的成品率、多汁性、色泽和质构[7]。保水性是原料肉在各种加工阶段如绞肉、斩拌和加热过程中保持水分的能力。生产人员的重点是保护原料肉自身的水分和外来添加的水分。肌肉中含有 3 种状态的水分,即结合水、不易流动的水、自由水。结合水是和肌原纤维蛋白中的氨基酸侧链紧密结合的水分,在传统加工过程中不会改变(绞肉、斩拌和加热)。不易流动的水是处于中间状态的水,依靠水分子间的相互作用而稳定,当水分子远离氨基酸侧链时,相互作用力变小。自由水是第 3 种状态的水,依靠毛细管力和表面张力稳定。

为了增加肌肉的保水性,肌原纤维蛋白,特别是肌动蛋白和肌球蛋白之间的空间必须增加,肌原纤维蛋白是由含有正电荷和负电荷的肽链构成的三维结构。在肉类体系中增加正电荷或负电荷,如添加食盐和碱性磷酸盐可以增加蛋白质间的空间。蛋白质结构被打开,更多的水分因为具有偶极性而被吸收或连接在蛋白质侧链上。

肌肉的 pH 决定着肌原纤维蛋白正电荷和负电荷的数目。肌肉蛋白质的等电点(pI)是指正电荷和负电荷数目相当时的 pH,及总的电荷数位零。例如禽肉的 pI 在 pH 为 5.1~5.2 时。在 pI 时,肌原纤维蛋白之间的空间最小。低的保水性有造成以下原因:①空间减少,部分水分被挤出;②有非常少的电荷与水分子结合。PSE 肉产生的原因就是肌肉的 pH 等于或接近肌原纤维蛋白 pI。肌肉的 pH 在等电点以上进一步增加时,肌原纤维蛋白的负电荷增加,蛋白质之间的相互排斥作用增强,蛋白质之间的空间增大,更多的水分被结合,保水性增加。

宰后禽肉的通常 pH 为 6.0~6.2,为了增加肉的保水性,食盐和碱性磷酸盐通常被使用。食盐溶解于水中后分解为钠离子和氯离子。钠离子可以增大肌纤维之间的间隙,但氯离子的效果更好些,因为氯离子的电负性更强。食盐(约 2%)的使用可降低肌肉蛋白的酸性范围,使 pI 至 4.2~4.5 之间。这意味着与通常肌肉(pH 6.0~6.2)相比,食盐处理后的肉保水性会大为增加。

碱性磷酸盐能够提高 pH 和解离尸僵过程中形成的肌动球蛋白,增加保水性。添加碱性磷酸盐增加肌肉蛋白质中的负电荷,发生电荷转换和肌原纤维溶胀,增加蛋白质的溶解性(分解肌动球蛋白),肌原纤维蛋白表面连接更多的磷酸根离子,这可以创造更大的空间保存水分,提高保水性。

综上所述,增加禽肉肉制品保水性的过程就是通过添加食盐和碱性磷酸盐改变肌原纤维蛋白的离子强度,提高 pH,使其远离 pI。这些变化增加肌原纤维蛋白之间的空间(溶胀)和交联更多的水,明显的提高保水性。

12.3.2.2　乳化脂肪

原料肉的第 2 种功能是乳化脂肪。加工良好(良好的斩拌、绞制或乳化)的碎肉体系被称为肉糊、乳化物或胶质悬浮液。这些术语被用来描述肌原纤维蛋白、脂肪和水分之间的相互关系。此类型的产品有法兰克福香肠、波尼亚香肠及各类午餐肉制品。

传统的乳化定义是非均质的 2 种互不相溶的液体,在乳化剂的作用下,一种液体以小液滴的形式分散于另一种液体中,如均质牛奶、色拉酱和蛋黄酱。加工精细的肉类乳化制品和经典的水包油乳化液的特性是不同的,但能够表现出类乳化液的性质。基本上,肉类乳化液也分为二相:由脂肪球组成的不连续相(分散相)和由水、瘦肉(肌原纤维蛋白)、结缔组织等组成的连续相。蛋白质中的肌动蛋白和肌球蛋白在水和脂肪之间作为乳化剂形成蛋白膜,其有独特的性质,具有亲水性和疏水性,有能力包被和固定分散的脂肪球形成乳化液[7]。

制作乳化液的基本方法是在有水和食盐的情况下将瘦肉斩碎(瘦肉颗粒变小)。肌原纤维蛋白溶解于盐水中形成蛋白膜,与其他类型的蛋白质共同作用,将脂肪颗粒和其他蛋白分子包被(包埋)在乳化液中。瘦肉粉碎使瘦肉组织、结缔组织和脂肪颗粒变小。在粉碎过程中添加水和食盐能够展开蛋白质结构,暴露疏水和亲水位点,产生界面蛋白膜包被脂肪颗粒和增加的水分。

在连续相中,系水力的大小与添加的食盐、肌肉组织的破坏和蛋白质的溶胀有关。盐溶性蛋白稳定脂肪的能力称为乳化能力。随着粉碎的进行,脂肪细胞被破坏,肉糜温度增加,产生更多不稳定的脂肪和脂肪滴,引起肉糜乳化脂肪稳定性变小。

肉糜中脂肪稳定性与斩拌终点温度及添加脂肪的熔点密切相关。不同肉类中因不饱和脂肪酸的含量不同其熔点不同,禽肉含有大量的不饱和脂肪酸,其熔点比猪或牛脂肪低。在初始粉碎阶段添加食盐能够增加肌原纤维蛋白质的提取和溶解,有利于界面蛋白膜的形成、脂肪颗粒的包被、游离脂肪酸的稳定,并决定着原料肉的乳化能力。

肉糜乳化物一旦形成,应立即灌装如肠衣或模具中,加热成熟。肌原纤维蛋白加热形成凝胶矩阵固定和保持分散的脂肪和水分的能力称为乳化稳定性。

12.3.2.3 蛋白凝胶

蛋白凝胶是原料肉的第3种功能。它是蛋白质结构受热变化形成的,在加热过程中蛋白质经历各种变化,包括蛋白质的展开和重新折叠、分子间交联、肌原纤维蛋白侧链交联、胶原蛋白的溶解。在加热过程中,肌原纤维蛋白形成三维网络结构。可以从物理(毛细管)和化学(电荷密度)角度稳定水分,减少熔化脂肪的渗出[7]。

适当的食盐溶解肌原纤维蛋白时,它接近天然的构象展示出很好的凝胶性能。肌原纤维蛋白中肌球蛋白的含量在55%～60%,是受热形成凝胶的主要成分。肌球蛋白有2条重链和4条轻链组成,在酶的作用下,裂解为2个部分,即由头部和一部分尾部构成的重酶解肌球蛋白和尾部的轻酶解肌球蛋白,这2个部分的变性温度不同。

肌球蛋白受热形成凝胶是一个有序的过程,在30～50℃之间肌球蛋白头部发生聚集;在50～70℃之间引起肌球蛋白螺旋状尾部结构变化,形成尾-尾交联,进一步聚集。随着温度增加,氢键减少,但冷却后可形成良好的凝胶[7]。

胶原蛋白受热蛋白质构象发生转换形成凝胶。温度升高的速率,加热时间,水分含量和较高的终点温度影响胶原蛋白的转变。在40℃时,肌原纤维蛋白质有最小的韧性而结缔组织有最强的韧性;在60℃时,胶原蛋白快速收缩,肌肉的剪切力变小;在70℃时,肌原纤维纵向收缩,胶原蛋白失去其螺旋结构并溶解;在74℃时,肌原纤维蛋白硬度最大,但是在75～80℃之间胶原蛋白熔化,失去螺旋结构并形成凝胶。

12.3.2.4 影响功能的因素

禽类肌肉、MSC或MST最主要的功能特性是保水性、产品的内聚力(即产品具有整块肌肉的质构或质感)、均匀的蛋白质乳化基质。这些特性决定于肌原纤维蛋白连接水和保水的能力,水分和蛋白质的比例,肌肉中肌浆蛋白、基质蛋白和肌原纤维蛋白的组成。禽类精肉含有

19％～23％的蛋白质,无皮 MSC 或 MST 含有 14％～16％的蛋白质,而带皮的含有 11％～12％蛋白质。原料肉含有高于 16％的蛋白质就可以有非常好的保水性和黏结性。然而,蛋白质的种类(肌浆蛋白、基质蛋白和肌原纤维蛋白)、物理条件(新鲜、冷冻、PSE、DFD)和蛋白质的组成成分是影响功能的主要因素。

香肠配方使用结合系数间接测量肌原纤维或盐溶性蛋白和水相互连接的数量,可以使用无单位的数量表示:0～1.0、0～30.0、0～100、0～1 000。与数据无关,结合系数是以尸僵前牛肉为基础,给予最高的结合系数值(1.0、30、100 或 1 000)[8,9]。整块禽肉或火鸡肉的结合系数为 90(尸僵前牛肉为 100),MSC 或 MST 仅仅 50～60。结合系数、色泽(碎肉中肌红蛋白的含量 0.5～4 mg/g)及胶原蛋白(碎肉中胶原蛋白含量 2％)参数与组成成分(水分、粗脂肪、蛋白质总量)、工艺限制(脂肪含量、水分含量、最小结合力、色价和胶原蛋白含量等)和低价格产品如法兰克福香肠和波尼亚香肠的价格限制相关。怎样使用最低成本分析(LCA)可以查阅 Pearson 和 Gillett[3]、Romans[4]、Labudde[9]、ROL[10]文献。

水分和蛋白质的比例(M∶P)关系到保水性和结合能力。一般来说,原料肉 M∶P＜3.6∶1 有非常好的结合能力,而 M∶P＞4.0∶1 结合能力较差。也有例外,如果胶原蛋白的含量较高,尽管蛋白质含量很高,结合能力也会非常差。稳定的肉糜中蛋白质的组成为肌原纤维蛋白大于总蛋白质的 45％(高离子强度或食盐浓度),肌浆蛋白最大含量在 30％(低离子强度或水溶解),不溶性蛋白或结缔组织小于 25％。如果原料是冻品、PSE 肉,pH 过低就必须及时调整原料。胶原蛋白限制颗粒间的结合能力,但在 60～70℃时有高的保水性并形成凝胶。

有 2 个重要的因素影响肌肉组织的保水性和结合能力,即尸僵时最低 pH(肌原纤维蛋白的静电荷)和肌肉组织的收缩程度(空间)[11]。pH 为 5.1,肌原纤维蛋白电荷为零时,持水性最弱。添加辅料和肌肉加工趋向于通过提高 pH 来提高保水性。然而,一旦肌肉表现出 PSE 肉特性,因变性的蛋白质对 pH 的提高就没有反应,WHC 很难提高。在深加工或腌制过程中添加食盐(2％～3％)能增加蛋白质的溶解和溶胀,增加保水保油能力。在使用搅拌机或搅拌器搅拌、真空滚揉、按摩的过程中添加食盐和碱性磷酸盐能够提高 pH,提高肌原纤维蛋白的溶出和溶解量。

禽类脂肪的物理化学性质影响着乳化香肠的加工特性和稳定性。在肉糜的加工乳化阶段,肉糜的温度和斩拌时间要严格控制,避免脂肪球熔化。表 12.2 列出不同种类的脂肪在乳化产品中熔化的温度范围。

表 12.2　不同种类的脂肪在乳化产品中熔化的温度范围　　　　　℃

种类/脂肪来源	熔点	斩拌终点温度
禽类/腹脂	27～43	11～13
猪/背膘	30～40	14～17
板油	43～48	
牛/皮下脂肪	32～43	20～23
肾脂	40～50	
羊/皮下脂肪	32～46	20～23
肾脂	43～51	

12.4　辅　　料

12.4.1　保存和腌制

禽肉制品中使用辅料的作用如下：①控制成本；②增加货架期；③增强肉粒之间的连接，生产出与肌肉类似的产品；④增加保水能力，提高成品率；⑤提高多汁性和肉质性；⑥改变质构特性；⑦替代动物脂肪（低脂膳食）。

在美国能够使用提高食品品质的辅料清单在 CFR[2] 的第 9 标题下的 §424.21 和 USDA-FSIS[12] 指导 7120 中完整的标注出来。在深加工肉制品的常见辅料包括：①食盐和碱性磷酸盐（三聚磷酸钠）；②甜味剂如葡萄糖、固体玉米糖浆、木糖醇；③亚硝酸钠或亚硝酸钾（腌制）及混合使用的 D-异抗坏血酸钠/钾或维生素 C；④乳酸钠/钾；⑤醋酸钠和双乙酸钠；⑥烟熏液；⑦抗氧化剂，如 BHT、BHA、PG、维生素 E、鼠尾草提取物、香辛料提取物；⑧调味品，香精香料。

12.4.1.1　食盐和碱性磷酸盐（三聚磷酸钠/钾）

食盐（氯化钠或氯化钠与氯化钾混合物）是最基本的腌制和防腐原料，易溶于水或肌肉中的水形成卤水[13]，有如下作用：①产生风味物质；②降低水分活度，增强离子强度，提供氯离子延缓微生物繁殖；③溶解肌原纤维蛋白，增强肉粒的黏结性；④在风干制品中高浓度食盐用于脱水；⑤与亚硝酸钠混合使用，抑制肉毒梭菌的生长和肉毒素的产生。由于自身咸度的限制，USDA-FSIS 对其使用量没有规定。重组和乳化禽肉制品中食盐的含量一般在 1.5%～3% 之间。由于粗盐的污染物（金属、嗜盐菌等）可能产生不良气味，加工过程中发生反应，加速氧化和减少货架期等，在生产中一般使用纯食盐。在腌制卤水中，不使用加碘盐。如果使用氯化钠与氯化钾混合物，为了减少金属味，氯化钾浓度要小于 0.75%。

碱性磷酸盐（三聚磷酸钠/钾经常应用）和碱性磷酸盐混合物在禽肉和卤水中使用有如下作用：①增加肌原纤维的保水性，多汁性和产品成品率；②与食盐共同作用，提取更多的肌原纤维蛋白，加热时有利于肉块间的黏结；③保护腌制品的色泽；④增强肉制品风味；⑤螯合金属离子，抗氧化；⑥减少真空包装产品的储存损失。三聚磷酸钠、六偏磷酸钠、焦聚磷酸钠可以混合使用，但总量不能超过 0.5%。使用钾盐替代钠盐，能够减少产品中钠的含量。添加碱性磷酸盐在 0.5% 时，产生"滑溜"和"肥皂状"的现象，在小型快速成熟的产品中降低产品形成色泽的速度，瘦肉会产生橡胶状的质构。因此，一般添加量在 0.3%～0.4% 之间。有时，产品表面会形成二磷酸盐晶体。

碱性磷酸盐在卤水中有很强的腐蚀性，应在不锈钢或塑料容器中盛放。焦磷酸盐、磷酸二钠、六偏磷酸钠、焦磷酸钠在 pH 7.0 时形成最好的香肠，而三聚磷酸钠和六偏磷酸钠用于卤水中是因为它们能被肉中的磷酸激酶缓慢分解为磷酸二钠。焦磷酸四钠是很好的黏结剂，但其 pH 较高（pH 为 11）。碱性磷酸盐很难溶于水中，通常在加工初期加热，它们首先加入到盐水中，通过高的剪切力促进其溶解。混合均匀后，卤水先冷却，在注射前保持温度在 0℃。

12.4.1.2　腌制盐

腌制盐（含 6.25% 亚硝酸钠/钾）是食盐晶体（93.75%）和发色剂及护色剂的混合物，也可能是其他白色晶体如食盐或白砂糖的混合物。在禽类肉制品中主要用于火鸡火腿、火鸡培根、法兰克福香肠、波尼亚香肠。亚硝酸盐有如下作用：①与肌红蛋白反应，产生粉红色和腌制风味；②抑制肉毒梭菌及其他微生物的生长；③减少脂质氧化。在美国，硝酸盐不允许应用在禽肉制品中,只能使用亚硝酸盐。亚硝酸盐使用量被控制,严格依据法律法规使用。

不同类型的产品亚硝酸盐使用量不同。例如,在火鸡火腿和热狗肠类产品中亚硝酸盐的残留量不得超过 200 mg/kg;香肠中亚硝酸盐的残留量不得超过 156 mg/kg;培根中残留量不得超过 120 mg/kg,并使用 550 mg/kg 的 D-异抗坏血酸钠或维生素 C 抑制产品中致癌物亚硝胺的生成;有些产品如鸡肉卷因未腌制,产品为白色,而经过腌制的火鸡培根和火鸡鸡肉卷也有与腌猪肉相似的色泽。

12.4.1.3　甜味剂——葡萄糖、蔗糖、固体玉米糖浆、山梨醇

甜味剂如蔗糖和葡萄糖应用于禽肉制品、腌制液、卤水中可以增加产品风味,增加保水性,减少咸味,增加褐变和减少成本。在发酵肉制品中,添加葡萄糖(0.5%～1.0%)作为发酵剂的营养素,并可转化为乳酸,增加干发酵香肠的风味。

蔗糖与其他糖类相比有较高的甜度和能量,加热时会产生焦糖化现象。因为在烹调过程中发生褐变和产生风味物质,经常应用于鲜香肠和碎肉法兰克福香肠中,在烤肉中不能使用。蔗糖和葡萄糖的阈值分别是 0.5% 和 0.6%,但是大多数消费者接受含有 1% 蔗糖的火腿类肉制品。在注射卤水和腌制液时,可以在 100 kg 卤水中添加 2.2～3.33 kg 蔗糖,但规定上限是 100 kg 卤水中添加 17.77 kg 蔗糖,主要依据注射的量。

葡萄糖(玉米糖浆)的甜度是蔗糖的 70%～80%,是一种还原糖和经常使用的甜味剂。葡萄糖作为甜味剂在发酵香肠中优先使用,因为葡萄糖能被细菌快速利用。

玉米糖浆是生产玉米蔗糖的副产品,是由破碎的淀粉形成的,主要成分是蔗糖、葡萄糖、麦芽糖、糊精和多聚糖,甜度是蔗糖的 40%～50%,在高温烹调过程中能发生焦化和褐变。玉米糖浆作为甜味剂在销售时以葡萄糖当量(DE)或葡萄糖含量为标准。大多数香肠使用 40～50 DE 的玉米糖浆,添加量为 2%。

山梨醇是无褐变的多羟基醇,多以 D-山梨醇的形式存在浆果中,甜度是蔗糖的 60%,用于去皮法兰克福香肠中以易于脱皮,延缓烤制肉制品(法兰克福香肠)的焦糖化和变褐,山梨醇的最高添加量为 2%。

12.4.1.4　烟熏液

烟熏液是一种水相烟熏风味剂,含有酸类、酚类和碳酰类物质。酸类物质在香肠表皮与亚硝酸盐反应,提高肉制品的酸性风味;酚类物质是主要的风味物质,具有抗氧化、防腐和护色的功能;羰基物质是主要的呈色物质,产生风味及和蛋白质交联。烟熏液的使用量在 0.1%～0.4% 之间,0.25% 就可以产生良好的烟熏风味。

12.4.1.5　抗氧化剂

脂溶性抗氧化剂如 BHA、BHT、PG、TBHQ 能减少禽肉制品中脂肪的氧化,添加量不得超过脂肪总量的 0.01%(单独添加)和 0.02%(复合添加)。维生素 E 不得超过肉制品脂肪总量的 0.02%(单独添加)和 0.03%(复合添加)。柠檬酸、维生素 C 和磷酸能够螯合血红素离子,提高抗氧化性。香料提取物如鼠尾草、大蒜都具有天然抗氧化活性,能作为抗氧化剂抑制氧化酸败。

12.4.2　增强肉类蛋白质功能的辅料

12.4.2.1　食盐——氯化钠和氯化钾

盐溶性蛋白(SSP)是肌肉组织中具有保水保油能力的主要物质。在使用搅拌机/滚揉机

和真空按摩机加工的过程中,在肌肉组织中添加食盐(1.5%～3%)和水分,能够加速肉块表面的盐溶性蛋白提取。把加工好的肉块灌装如肠衣或模具中并蒸煮,蛋白质发生凝聚,将产品黏合在一起,产生类似完整肌肉质构的产品。几乎所有的深加工肉制品都要添加一定量的食盐。

通常把0.75%的氯化钾添加到60%：40%氯化钠：氯化钾中用于减少肉制品中的钠含量。过多的氯化钾会产生苦味和金属味,产品成型前要反复测试。

12.4.2.2 碱性磷酸盐

碱性磷酸盐的使用主要是提高保水性、抗氧化性,增强色泽和提高风味;和盐共同作用,促进盐溶性蛋白分解和溶出;提高pH,增加保水性。碱性磷酸盐有保持畜肉制品和禽肉制品蒸煮后粉红色的作用,这有利于腌制肉制品,不利于非腌制肉制品,特别是高pH的重组禽肉卷。总而言之,磷酸盐能够应用在禽肉制品,一般添加量在0.3%～0.4%之间,可以避免产生"滑溜"和"肥皂状"的口感。

12.4.2.3 谷氨酰胺转氨酶

谷氨酰胺转氨酶是可以使肌肉蛋白质相互交联的一种酶,能使禽肉、畜肉、鱼肉发生连接。直接添加谷氨酰胺转氨酶在肌肉的表面,通过蛋白质间的交联能够产生固体的肉块,生产出类似完整肌肉的产品。一般情况下,谷氨酰胺转氨酶的激活依靠钙离子,不依靠钙离子的谷氨酰胺转氨酶已经发现,是由 *Streptoverticillum mobaraense*[14,15]产生的。此种不依靠钙离子的谷氨酰胺转氨酶能够使多种产品(重组肉制品、香肠、注射肉制品、奶酪、速冻点心)形成冷凝胶制品。谷氨酰胺转氨酶粉末可以直接应用于肌肉表面,也可以溶解于腌制液(0.65%～1.5%)中、注射卤水中和直接添加到香肠中。交联反应发生在加入后30 min内,在冷藏条件下可以持续数小时。因此,谷氨酰胺转氨酶与食盐、碱性磷酸盐及其他腌制剂用于多种产品中提高质构特性和产品凝聚力。

12.4.2.4 海藻酸盐

海藻酸盐从紫藻中提取出来的,用作凝胶增强剂,控制储存损失和改变质构。Means 和 Schmidt[16]使用海藻酸盐结合鲜肉在没有使用食盐、碱性磷酸盐、切片前无需冷冻处理的情况下形成重组牛排。海藻酸盐可以形成热凝胶,这种胶在冷藏条件和室温下形成冷凝胶。作为黏结剂,0.4%的海藻酸钠可以使禽类胸肉和畜肉黏结在一起。添加0.4%胶囊型乳酸钙,搅拌3～5 min至均匀,灌装如模具或肠衣加热形成凝胶或冷藏7～10 h形成冷凝胶,这个产品可以切片后烤制和蒸煮。海藻酸盐在高压的加工条件下(罐藏)仍具有独特的黏结性。

12.4.3 保水和增质的原辅料

12.4.3.1 蛋白质

1. 大豆蛋白粉、大豆浓缩蛋白和大豆分离蛋白

大豆蛋白是应用最多的非肉蛋白,按照蛋白质在干基中含量(50%、70%、90%)可以分为大豆蛋白粉、大豆浓缩蛋白和大豆分离蛋白。功能性大豆浓缩蛋白和大豆分离蛋白具有营养价值,作为黏结剂可以控制储存损失,增加卤水的注射率,降低成本,给予制品类似肌肉的外表和质构[17]。大豆浓缩蛋白在禽类碎肉制品最高添加量为11%,而大豆分离蛋白的使用水平为1%和2%(DWB)。这类产品有低的风味,加热后形成和肌肉组织类似的外表、质构和色泽。高档产品推荐使用添加风味物质如水解蛋白,以免稀释肉的风味。大豆分离蛋白应用在腌制

和注射等要求分散的产品中,大豆浓缩蛋白应用在填充、重组和香肠制品中。

2. 牛奶蛋白——乳清和酪蛋白

脱脂奶粉、酪蛋白酸钠、乳清浓缩蛋白和分离蛋白是具有营养价值的牛奶蛋白,可作为乳化剂和保水剂。添加牛奶蛋白产品有平滑的质构,良好的风味和保水保油性。在溶液中酪蛋白酸钠有很高的黏度,不能像大豆蛋白一样形成凝胶。因此,不能显示出很好的黏结性能,由于其有强的保水性,能够增加肉制品如火腿的硬度[18]。0.5%和2%的乳清蛋白使用在香肠中能够替代部分原料肉(DWB)。

3. 水解植物和动物蛋白

水解蛋白是大豆、蔬菜、明胶、牛奶蛋白水解后得到的产物。水解蛋白是有短链蛋白、肽类和游离氨基酸组成,可以增强畜肉和禽肉的风味。虽然黏结性差,但有一定的保水保油能力。使用添加量为 1%~2% DWB。

4. 明胶

明胶是一种便宜、普遍使用的保水剂和凝胶物质,几乎不具有营养价值。在罐装肉制品如火腿、烤肉、法兰克福香肠、维也纳香肠、猪肉罐头中,明胶主要用来减少蒸煮过程中汁液损失和提供良好的导热媒介。明胶可以用在乳化和胶冻肉制品中,使用范围是 3%~15%,但一般使用 0.5%~3%。

12.4.3.2　碳水化合物

1. 淀粉

淀粉因为价格低和来源广泛,是使用最广泛的一类碳水化合物。淀粉可以吸收自身重量2~4 倍的水,提供冻融稳定性,作为脂肪替代物和形成良好的质构。大部分淀粉来源于土豆、玉米、小麦、木薯和大米。因为天然淀粉糊化形成凝胶,平滑的质构和高的保水性需要很高的温度,变性或预糊化淀粉可以在很低的温度,即 60~75℃就可以糊化。预糊化淀粉能够快速的增加肉体系的黏度,应用于粗绞和乳化香肠中,但在卤水注射产品中应该较少,添加量为1%~3.5%,最高到 18%,依据规定和实际添加量。

2. 胶体(胶)

卡拉胶是一种源自红藻中的亲水胶体,能吸收水分,产生硬的凝胶质构。它会提高出品率,减少储存损失,提高保水性及产品的切片性能,增强多汁性和减少冻融对产品的影响。卡拉胶可以溶解于卤水中,用于注射畜肉和禽肉产品,或直接添加在混合、搅拌和滚揉过程中。大多数情况,卡拉胶用量小于 1%,必须加热才能使其溶解。如果应用于卤水中,首先溶解磷酸盐,其次溶解食盐、蔗糖和卡拉胶。使用高质量的卡拉胶可以避免过早的形成凝胶,减少注射点卡拉胶的凝固。

魔芋胶是一种粉状物质,来源于魔芋植物的根块,吸水溶胀并具有很高的黏度,可以化学变性形成凝胶,在高温度下有很强的稳定性。魔芋胶在肉制品中作为保水剂和改善质构的物质的使用量很少,和大豆蛋白或变性淀粉一起使用。

很少使用一种非肉辅料提高畜肉和禽肉产品功能特性,经常混合使用大豆蛋白、淀粉、胶体,给予禽肉制品类似肉的质构。

12.5　水

水是深加工肉制品使用的主要原料,主要功能是溶解和/或携带辅料。水的质量是非常重要的,影响到原辅料的功能和产品的出品率,但常常被忽视。水的硬度在肉制品加工过程中非常重要。硬水定义为含有高的矿物质,主要是钙离子、镁离子等金属离子和其他可溶性物质如硫化物和碳酸盐类物质。硬水减少原料的功能特性和深加工肉制品的出品率,因为硬水和原料结合和改变电荷数量,特别是磷酸盐,减少原料的保水能力。了解水源的硬度水平可以更好优化深加工肉制品的配方,例如使用硬水时,需要添加非常高数量的磷酸盐(在规定之内)以获得合适的功能。

12.5.1　抗菌剂和抗氧化剂

12.5.1.1　乳酸钠/钾

乳酸钠/钾(销售的产品为60%的溶液)可以添加到禽肉产品中,有以下作用:①延长货架期;②控制病原菌的生长;③增强腌制风味;④提高质构和减少水分损失。乳酸钠用于整肉制品、重组禽肉制品、碎肉馅饼和粗绞香肠及乳化香肠。美国规定在蒸煮肉和禽肉制品中最大使用量为2.9%纯乳酸钠或4.8%的60%乳酸钠溶液。4%纯乳酸钠表现出对非腌制鸡肉卷和法兰克福香肠中李斯特菌的抑制作用。使用乳酸钠后,氯化钠使用量将减少20%,否则肉制品将过咸。

12.5.1.2　醋酸钠/钾和双乙酸钠/钾

已经证明,在肉和禽肉制品中添加配方总量0.25%的醋酸和双乙酸有非常好的抗菌作用。它们也可以作为酸度调节剂、风味剂使用在腌制液、卤水和干辅料中,在低温和低pH时对抑制李斯特菌非常有效。

12.5.2　香辛料

香辛料是抽取于不同种类的植物和中草药中的芳香物质。例如,下列香辛料来源于不同的植物:丁香,来源于花蕾;肉豆蔻和胡椒,来源于果实;肉豆蔻干皮,来源于假种皮(包被种子的皮);小豆蔻、香菜、芥末,来源于芳香植物的种子;肉桂,来源于树皮;鼠尾草、百里香、墨角兰,来源于干叶;洋葱、大蒜,来源于鳞茎;姜,来源于地下茎。天然香辛料可以整块或粉碎使用,香精油的含量和种类决定风味。粉碎破坏细胞结构,释放精油,因此,新鲜粉碎香辛料风味更浓。粉碎颗粒的大小影响风味的释放——颗粒小,释放速度快。粉碎香辛料的筛子有No.20和No.60两种规格。香辛料不但对风味有影响,对色泽也有作用,红辣椒产生红的色泽,姜黄产生黄色。

香辛料的芳香特征源自自身的油性树脂和香精油,例如胡椒碱是来自胡椒的油性树脂(5%～12%)。从香辛料中提取香精油一般采用蒸汽蒸馏的方法。以下这些物质贡献香气和风味,包括烃类、萜类和倍半萜烯类物质,酒精、酯类、醛类和酮类物质是芳香物质的溶剂,其他的成分是不易挥发的物质,如蜡和石蜡。

油性树脂是溶于有机溶剂(丙酮、乙醇、异丙醇、二氯乙烯、己烷、石油醚等)的黏稠树脂,包括易挥发和不易挥发的成分,比香精油成分复杂,含有天然抗氧化剂、游离酶和霉菌,风味稳定和强劲。油性树脂通过添加乳化剂(司盘80)和单甘油酯制成油性树脂水溶液。干粉分散香辛料以食盐、葡萄糖、面粉、酵母粉作为携带剂,而油性树脂多采用食用淀粉、阿拉伯胶、糊精-麦芽糖复合剂、明胶、固体脂肪和油包被。

天然可溶性香辛料(油性树脂和挥发精油)经常在加工制品和罐装肉制品使用,防止产品变黑,减少卫生风险。天然香辛料(完整、破碎、粉碎)广泛添加于香肠中(新鲜、干、半干),而且加杀菌防止细菌的繁殖(表12.3)。为了很好的使用这些香辛料,需要参考专业手册,如《美国药典》(《U.S. Dispensatory》)或与肉制品配方相关书籍。

表 12.3　肉品工业常用香辛料

黑胡椒	多香果	罗勒	丁香
小豆蔻	香叶	姜	茴香
肉豆蔻	芥末	红辣椒	甘椒
辣椒粉	孜然	墨角兰	百里香
芹菜籽	鼠尾草	八角	肉桂
辣椒	洋葱	大蒜	芝麻

12.5.3　肠衣

肠衣是使香肠和其他类似产品成型的有足够韧性和强度的容器,灌装肉糜后能够经得住热加工。切片前肠衣可去或不去,金属模能够给予肉制品很好的形状,但切片时必须去掉。将肉糜装入容器的过程叫灌装,经常使用真空灌装机进行灌装,能够除去空气,形成不带气孔、均匀致密的结构。肠衣可分为天然肠衣(肠和胃)和人工肠衣(再生胶原肠衣、纤维素肠衣和塑料肠衣),可食用和不可食用。

12.5.3.1　天然肠衣

天然肠衣是经过加工除去肠内外的各种不需要的组织后,剩下的一层坚韧半透明的黏膜下层[19]。能够通透熏烟和水分,在加热过程中能够控制水分的蒸发,防止肠衣发硬。肠衣存放方法为:①干盐存放,使用前用水冲洗;②半固体或冲洗前包装;③套管包装[20]。适宜的存放温度为 4.5~10℃。毛细血管分布在整个肠体的脂肪中,提供血液。如果肠体使用刀片切除,肠衣将有像头发状的表面,一般情况下蒸煮后会消失。

猪肠衣以胃、小肠(约 18 m,20 yd)、大肠(2.3 m,2.5 yd)、大肠末端(肠头,1.8 m,2 yd)为原料制作而成。销售时以 91 m 或更短为一束,每根 1~2 m,按直径分为 35 mm 以上和 35 mm 以下。各种规格的肠衣及其填充能力的信息可以从华盛顿国际天然肠衣协会网站(http//www.insca.org)获得。猪肠衣经常使用在新鲜和蒸煮香肠、意大利香肠、大型法兰福香肠等上。猪肠头肠用来制作肝肠、夏肠等。

羊肠衣口径小,质量高,是直径范围为 16~28 mm 的高质量肠衣。它们由胃、小肠(约 27 m,30 yd)、大肠(肠头约 0.9 m,1 yd)为原料制作而成。大多情况下,用于高档香肠,如法兰克福香肠等。

牛肠衣来源于整个肠道,经常使用的有 3 种:牛肠头(约 1.8 m,2 yd),圆肠衣(约 32 m,35 yd),中型肠衣(约 8 m,9 yd)。圆肠衣的名字因为其形状像环形(直径 35~46 mm),使用在环形香肠,如波尼亚香肠、环形肝肠、血肠等。中型肠衣(直径 45~65 mm)使用在波尼亚香肠、发酵和半发酵香肠、色拉米等。膀胱可以载重 2.5~6.5 kg,由于其为橄榄形状,多用于绞碎香肠和(生熏)摩泰台拉香肚(用牛肉、猪肉、猪油加大蒜和胡椒调味做馅)。

12.5.3.2　重组胶原蛋白肠衣

重组胶原蛋白肠衣比天然肠衣精致,且具有尺寸一致、低微生物含量、产品均匀等优点。以牛皮中的真皮为原料经过碱提取,酸溶胀,模具成型,而后碱浴中进行尺寸和形状固定,中和胶原,然后干燥制成套缩肠衣。此种肠衣可食,直径在 22~30 mm 之间,多用于鲜香肠和法兰克福香肠。大口径肠衣多用乙醛交联以提高强度,这种肠衣食用前需去除。

12.5.3.3　纤维素肠衣

纤维素肠衣是用棉绒、高档 α 纤维素、木质纤维制成。纤维素经过化学处理形成黏稠的溶液,通过不同规格的喷嘴,在酸性环境中形成多聚纤维素。食品级甘油、丙二醇、矿物油、表面活性剂、色素、烟雾和水可以用于肠衣基质中,保持灌装后肠体的柔韧性。纤维素肠衣是不可食用的,功能和胶原蛋白肠衣相似。每根肠衣的长度为 12～49 m,灌装速度为 76～91 m/min,产品在包装前应剥去肠衣。

12.5.3.4　人造肠衣

人造肠衣是以纸张为基础,经过挤塑的重组纤维素制成的容器。这种不可食用的容器结实耐用,适合直径较大的产品(0.8～2.4 cm,2～6 in),如波尼亚香肠、禽肉卷、发酵香肠和火鸡火腿。很多肠衣都复合上防水防漏气的塑料层,减少产品中水分的释放和外来空气的进入。这种肠衣非常适用于蒸煮肉制品,如法兰克福香肠、肝肠和禽肉卷。此种肠衣在切片、分段、包装前需要去掉。

12.5.3.5　塑料肠衣

塑料肠衣不透水分和烟雾,但部分透氧气,适用于真空灌装的棒状肉制品,如新鲜香肠和火鸡碎肉包装。以金属卡口来密封产品的两端。在食品零售店中这类肉制品以 0.45、0.9、2.3、4.5 kg 的规格销售,或者消费者自行分切。因为这种包装氧气含量少,其冷藏货架期比使用托盘包装的肉制品要长。

12.6　加 工 工 艺

12.6.1　重组肉制品

重组肉制品由整块肌肉或碎肉加工后灌肉肠衣或模具,形成一定规格和形状的整块产品,适合分割和切片。肌肉组织或均质碎肉与腌制液混合或注射腌制液(1.5%～2%的氯化钠或≤0.5%的碱性磷酸盐),在加工过程中有利于盐溶性蛋白的提取,肉块形成有黏性的表面,在加热时为基质提供天然的黏结剂。含肉量达到 33% 且均质均匀,颗粒与颗粒之间就能形成非常好的连接,形成类似肌肉的结构和保持多汁性。非肉黏结剂肉大豆分离蛋白、水解蛋白、淀粉、卡拉胶溶于注射液,注射入产品中形成品质良好的肉制品。腌制或注射后,用于真空灌装的肉糜成分要冷却,有利于各种原料相互作用,灌装入模具或肠衣后,充分加热到中心温度为 71.1～73.8℃。表 12.4 和表 12.5 是调味无骨鸡肉卷和腌制火鸡火腿的工艺流程图。

表 12.4　调味无骨鸡肉卷(非腌制)

原料肉

新鲜、冷却的上等无骨鸡胸肉(0～2℃)

嫩化

整块肉切割式嫩化至约 0.635 cm(0.25 in)

⇩

腌制

冷却的腌制液(−3～−2℃)和嫩化后的肉块或均匀的碎肉使用搅拌机搅拌均匀(15～30 min,15～20 r/min,腌制液添加 15%)

续表 12.4

或

多针注射

注射溶解香料的冷却腌制液（－3～2℃），15％～20％注射率（孔开于一侧的针头，10 针头/in²，30～40 lb 压力）

真空滚揉

按要求添加香料或香辛料，滚揉 45 min 到 1.5 h，低温腌制 12 h

成型

真空灌装，使用预烟熏或防水的纤维素肠衣

蒸煮流程

烟熏炉加工——不同加热阶段控制湿度，蒸煮至中心温度 71～74℃

水浴加工——逐渐增加温度，保持水温高于中心温度 6℃，至中心温度 71～74℃

冷却

烟熏炉蒸煮——淋浴冷却温度低于 38℃，放置在冷却支架上冷风冷却（－12℃，高风速），

冷却到 0℃，分段和切片时温度在－3～－2℃

水浴蒸煮——放出冷却水，产品放置在冷却支架上冷风冷却（－12℃，高风速），冷却到 0℃，

分段和切片时温度在－3～－2℃

切片/分段/包装

去肠衣，加工车间和产品保持低温，清洁卫生，严禁接触，随时检测微生物数量

运输前保藏

装箱，打日期代码，追溯目录，HACCP 验证记录（冷藏温度为 0℃；冻藏温度为－18℃）

注意事项

嫩化工序使得结缔组织被破坏，增加了肉的表面积，有利于盐水吸收

腌制液配方——成品

1.5％～2％食盐

0.4％碱性磷酸盐

0.5％葡萄糖

3.0％乳酸钾

香精和香辛料按要求添加

表 12.5　腌制火鸡火腿（无骨腿肉）

原料肉

新鲜、冷却的上等无骨鸡胸肉（0～2）℃

嫩化/绞碎

切割式嫩化至约 0.635 cm（0.25 in），嫩化；刨片 1.9 cm（0.75 in）

或粗绞 1.27 cm（0.5 in），碎肉搅拌均匀（在配方中的用量≤33％）

腌制

续表 12.5

冷却的腌制液（-3～-2℃）和嫩化后的肉块或均匀的碎肉使用搅拌机搅拌均匀

（15～30 min,15～20 r/min,腌制液添加 15％）

或

多针注射

注射溶解香料的冷却腌制液（-3～-2℃）,15％～20％注射率

（孔开于一侧的针头,10 针头/in^2,30～40 lb 压力）

⇩

真空滚揉

按要求添加香料或香辛料,滚揉 45 min 到 1.5 h,低温腌制 12 h

或

按摩

低温按摩,注射产品 12～18 h,4～5 r/min

⇩

成型

真空灌装,使用常规或烟熏纤维素肠衣

⇩

蒸煮加工

烟熏炉加工——不同加热阶段控制湿度,烟熏液或自然烟熏,蒸煮至中心温度 68～74℃

⇩

冷却

烟熏炉蒸煮——淋浴冷却温度低于 38℃,放置在冷却支架上冷风冷却（-12℃,高风速）,

冷却到 0℃,分段和切片时温度在 -3～-2℃

⇩

切片/分段/包装

去肠衣,加工车间和产品保持低温,清洁卫生,严禁接触,随时检测微生物数量

⇩

运输保藏

装箱,打日期代码,追溯目录,HACCP 验证记录（冷藏温度为 0℃;冻藏温度为 -18℃）

注意事项

切断和绞碎相连接的组织,使大块肌肉嫩化,增加肌肉腌制时的表面积

腌制液配方——成品

2.2％～2.5％食盐

0.4％碱性磷酸盐

1.0％葡萄糖

3.0％乳酸钾

200 mg/kg 亚硝酸钠

550 mg/kg *D*-异抗坏血酸钠

香精和香辛料按需要添加

12.6.2　工艺缺陷

表 12.6 列举了一些工艺缺陷。

表 12.6 肉制品加工过程中普遍存在的问题

产品缺陷	原因	备注
气味、风味问题		
酸败	内源酶水解脂肪,然后氧化;促进氧化因素紫外线照射、氧气、温度升高、促氧化剂、食盐、臭氧、蒸煮;真空包装是混入空气,货架期太长;存放时光照时间长;不正确使用抗氧化剂或使用不足	食盐中含有金属离子;蒸煮引起酸败,产生异味
腐败变质	真空包装产品由乳酸菌产生的酸味,表明产品变质;非真空包装产品有好氧菌产生的臭味	
色泽问题:非腌制产品		
粉红色	蒸煮时间不足肉制品残留亚硝酸盐:设备的污染、配方含量、加工环境、蒸煮产生的水溶性氮的氧化物	可能引发潜在的风险和食源性疾病;加工前清洁设备厂房;开始时使用高温干燥
色泽问题:腌制产品	腌制时亚硝酸盐发色不充分	卤水腌制后加工速度快
内部未腌透	PSE 肉;腌制时色素被光线和氧气氧化或温度升高;高pH;高温蒸煮后无氧气存放	肌红蛋白变性导致颜色呈浅粉色或灰色。氧化因素包括真空包装漏气、强光(紫外线)、储藏温度过高、细菌
产品内部有绿块	亚硝酸盐使用过量或分散不均匀;腌制时间短或温度过低造成腌制不彻底	
火鸡火腿变褐	肉中色素氧化	低湿度、高温下脱水
色泽苍白、内部褐色	腌制不彻底;低温下腌制效率低;腌制或储存温度高,微生物繁殖,分解色素	
彩虹圈:外表光泽不自然,贝壳外表色泽	肌肉的纤维和条纹对白光的衍射;细菌繁殖	
粉红色或绿色褪色	嗜盐菌的代谢产物;盐分过低,细菌繁殖	
干培根发黑	细菌转化蔗糖,蔗糖质量差,加热时间过长	添加更多的蔗糖或使用其他甜味剂
注射问题		
注射不到位	使用高压泵克服注射液分布不均匀;过度注射	
瘀血问题:肌肉针孔瘀血、大块肌肉中的小血点	电击和放血之间时间过长或电压过高造成毛细血管破裂;使用霉变的饲料	
瘀血面积大	吊挂时血管破裂	
加工后的问题:切片时产品破裂,如蒸煮香肠	腌制时肌肉状态不合适;盐溶性蛋白提取不充分;肉或腌制液过酸;过度蒸煮;灌装时过紧	

12.6.3 乳化肉制品——香肠

12.6.3.1 预混合

禽肉预混合能够增加蛋白质的提取，所以很多产品都在使用。禽肉（新鲜或速冻）使用 0.32～0.48 cm 孔板绞碎，肥肉单独使用 0.95～1.27 cm 孔板绞碎，而后在后续加工中进行混合，碎肉存放不要超过 24～48 h。绞碎后的禽肉放入搅拌机或混合机（图 12.1），取样进行脂肪及含水量测定，加入适量的食盐和亚硝酸盐，如果是非腌制产品，只需要添加食盐。45.5 kg 禽肉需要添加 1.8～2.7 kg 食盐、7 g 亚硝酸盐、25 g D-异抗坏血酸钠、0.4% 碱性磷酸盐进行混合，0～2.2℃ 存放不超过 72 h。如果混合肉糜需要冷冻后加工，冷冻温度在 −3.3～2.2℃，不需解冻，按照配方添加。每个存放容器中必须编号，从而和样品进行化学分析对应，以便对混合肉糜进行校正。

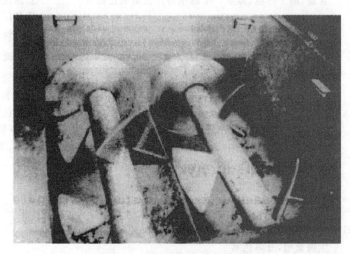

图 12.1 搅拌机内部的搅拌桨叶

12.6.3.2 乳化理论

肉糜（法兰克福和波尼亚香肠）是复杂的乳化液，脂肪颗粒是不连续相，肌原纤维蛋白（盐溶性）作为连续相包被脂肪滴。在水中形成复杂的悬浮基质，加热过程中蛋白质（肌原纤维蛋白、肌浆蛋白、结缔组织）、脂肪滴、非肉辅料形成牢固的凝胶基质。虽然实际加工是连续进行的，乳化过程仍可以分为 3 个阶段。

12.6.3.3 加工阶段

1. 蛋白质的提取和溶胀

肉糜或乳化液由斩拌瘦肉（主要是肌原纤维蛋白）形成，例如将鸡胸肉或无皮 MSC 加入斩拌机（图 12.2），最好真空斩拌，加入 4%～6% 的食盐和腌制原料，添加大约 1/2 的冰水保持温度在 0℃，斩拌直到肌肉斩拌均匀，肉糜温度低于 4.4℃。在此过程中，由于离子强度的增加，肌浆蛋白和肌原纤维蛋白发生溶解，有利于吸收水分。添加碱性磷酸盐提高肉糜 pH，使肌原纤维蛋白进一步溶胀。添加酸性磷酸盐效果相反，肉糜变得松散更容易灌装。短时间的静置（<5 min）就能够提高肌原纤维蛋白的提取量和保水能力。由于胶原蛋白的三重螺旋结

构,其不能真正的溶解,不能作为乳化剂,因此,低保水能力的原料使用量不能超过总量的15%或使用高结缔组织的碎肉时不超过25%。

图 12.2　真空圆形斩拌机,刀片在圆形壁的背面

2. 脂肪包被(乳化液形成)

盐溶性蛋白提取完成后,添加剩余的冰水,将脂肪组织和其他添加剂进行斩拌,终点温度依据脂肪的种类在10~12.8℃之间。斩拌过程中,肌原纤维蛋白发生构象变化,疏水基团连接脂肪滴,亲水基团连接水分子,蛋白质分子可以包被在脂肪颗粒周围并分散形成水-蛋白质复合相。肌原纤维蛋白被吸收包被于脂肪颗粒周围,失去保水能力。脂肪被蛋白质包被,乳化液形成,蒸煮过程中使其稳定。水固定在乳化基质中或与蛋白质侧链正电荷结合。蛋白质进入脂肪-水界面,更多的蛋白质将被用于乳化液或保持水分。亚细胞脂肪颗粒仍旧保持着可塑性的状态,能够形成稳定的乳化液。如果温度升高到脂肪熔点以上,脂肪颗粒液化不能被包被。因此,控制温度是形成稳定的乳化液的关键因素。

禽肉肉糜终点温度在10~11.7℃之间,猪肉肉糜终点温度在15.6~17.8℃之间,牛肉肉糜终点温度在21.1~22.2℃之间。如果使用混合脂肪,斩拌终点温度不要超过脂肪的熔点最低温度。如果斩拌后使用乳化机,能够提高乳化液对温度的耐受性,但是过度斩拌或温度过高会造成乳化液崩溃(即脂肪相和液相分离)。非常硬的脂肪颗粒如牛肾脂肪不能形成高质量的乳化液,产品有颗粒感。

3. 热诱导凝胶的形成

过度的加工和过长的静置时间会减少乳化稳定性,因此,肉糜应尽快灌装和加热成熟。加热至中心温度68.3~73.9℃,使肌原纤维蛋白变性或交联形成肉凝胶,将脂肪和水镶嵌在固体基质中。蛋白质凝固温度在57.2~60℃开始,持续到90℃。法兰克福香肠表皮就是蛋白质变性形成的。胶原蛋白在64.4℃时收缩为原来长度的1/3,持续在水中加热将形成凝胶。在稳定的乳化体系中,凝胶保持一些水分。程序性分段加热是典型的加热方法,直至达到要求的终点温度。产品经淋浴降温到37.8℃以下,去皮和包装前,过夜冷却至低于4.4℃。加热到75℃或更高会引起更多的纤维收缩,使水分损失,脂肪熔化。法兰克福及波尼亚香肠加工流程图如表12.7所示。

表 12.7　禽肉法兰克福香肠或波尼亚香肠(无骨鸡胸肉、腿肉、下腿肉、机械分离肉、碎肉)

加工工艺

原料

选择新鲜或适当冷却的无骨鸡胸肉、下腿肉、机械分离肉、碎肉或混合肉(−3～−2℃)

成分分析/设计配方

分析禽肉水分、蛋白质、脂肪含量(AOAC 方法)

设计配方,选择复合规定成分且成本最低的配方(脂肪含量 15％或 0.5％)

绞肉

瘦肉用直径为 0.32 cm(0.125 in)的孔板(MSP 不需要)

斩拌/均质

①预混合或瘦肉添加食盐、碱性磷酸盐、腌制剂(亚硝酸盐/抗坏血酸)以及 1/2 的冰水用于降温(真空 80％)

②乳化肉糊,温度低于 4.5℃,如果需要,可以使用干冰降温,间歇 5 min,有利于蛋白质提取

③加入肥膘、添加剂、香精、香料、1/2 的冰水,乳化均匀(真空 60％),温度低于 10℃

乳化

使用乳化机保证乳化液均匀,终点温度低于 13℃

灌装成型

真空灌装香肠使用可剥皮的胶原蛋白肠衣(24～30 mm)或波尼亚香肠防水纤维素肠衣

加热成熟

烟熏炉加工——控制不同加工阶段的湿度,低脂产品湿度高,采用烟熏液或自然烟熏,终点中心温度为 68～74℃

冷却

淋浴冷却温度低于 38℃,放置在冷却支架上冷风冷却(−12℃),冷却到 0℃,分段和切片时温度在 −3～−2℃

剥皮/切片/包装

去肠衣,室温和产品冷却,高卫生水平,严禁接触产品,随时检测微生物数量

运输保藏

装箱子,打印日期代码,追溯目录,HACCP 验证记录(冷藏温度为 0℃,冻藏温度为−18℃)

注意事项

腌制液配方——成品

2.2％～2.5％食盐

0.4％碱性磷酸盐

1.0％葡萄糖

3.0％乳酸钾

2.0％～3.0％变性淀粉

200 mg/kg 亚硝酸钠

550 mg/kg *D*-异抗坏血酸钠

香精和香辛料按要求添加

12.6.4　加工缺陷（乳化肉制品）

乳化肉制品的加工缺陷见表 12.8。

12.7　小　　　结

重组和乳化禽肉制品能够向消费者提供丰富的、高价值的肉制品。在不改变传统产品结构和营养价值的基础上，对其进行改造，可以生产出新型的禽肉产品。方便、美味、安全将更加重要，并推动肉制品向满足消费者需求的方向发展。

表 12.8　香肠和肉制品的缺陷

产品缺陷	原因	备注
脂肪帽和胶冻	乳化液将崩溃或不稳定；灌装混入空气；如果乳化液处于不稳定的临界点，混入的空气将被凝胶包被；肉含量少，例如胶原蛋白过多和非盐溶性蛋白含量少	水中蒸煮香肠产生的胶冻比蒸汽蒸煮多；胶原蛋白含量应低于总蛋白的 33%，在小直径腌制/蒸煮香肠中，低于 25%；如果胶原蛋白含量高，斩拌温度低于 10～13℃
	高的脂肪、胶原蛋白含量；加热过快，蒸煮终点温度过高	加热过程中，蛋白质凝聚和收缩，脂肪分散，因此表面积增加，聚集到产品顶部
脂肪溶解、结团、析出	乳化体系崩溃	
	胶原蛋白含量过高；冻肉使用比例过大	如果冻肉储藏在 −4～2℃（26～28℉），会形成大的冰晶，破坏细胞和蛋白质变性，减少保水能力和乳化稳定性
	冷冻脂肪比例高	
	可食用副产品使用量大	
	剩余料添加量大	限制废料添加量在 5%～10%
	乳化时间过长，颗粒过小	过度斩拌，盐溶性蛋白溶出量不足，脂肪球无法包被；较细的乳化液使用盐溶性蛋白的量比肉粒和粗绞乳乳化液多
	乳化过程升温过快；灌装前，乳化液在压力下存放时间长；在机内存放时间过久；大斩拌机到灌装的距离太远；灌装过程中乳化液通过加工设备时间太久；不正确的灌装方法，使空气混入	
靠近烟熏炉支架	加热温度过高；加热室温升过快	加热过程中，蛋白质凝聚的产品出油和收缩，脂肪球展开，因此，在蛋白质基质中脂肪分散
表面有油迹	加热温度过高；采用蒸汽加热 2～5 min 时，最后形成时湿度过大	
表面有较小油迹	乳化液中脂肪球包被效果差	通过减少烟熏炉的湿度可以解决

续表12.8

产品缺陷	原因	备注
肝肠出油和形成胶冻	加热水的温度过高;蒸煮前,乳化液温度高于21℃(70℉);斩拌时间长,温度高	
肝肠有黑圈	水煮肝肠在放入烟熏炉前过冷	
维也纳香肠不易去肠衣	第一阶段烟熏时表面蛋白质凝聚不当;冷却时维也纳香肠过干,如风速高	脱水造成去皮难;出汗有利于去皮
肠衣发酸发黏肠衣溶解或破碎	天然肠衣放入静水中	
肝肠爆肠	蒸煮过度,灌装过紧	蒸煮时肝肠膨胀
大口径香肠爆肠	升温过快,过夜冷藏造成内部温度比外部温度低;修剪造成小孔	升温快,外部凝固收缩,内部水分含量达;肠衣干,产品易在加工终点破裂;肠衣湿,加工过程中破裂
发酵香肠肠衣发硬	干燥速冻快	干燥过快,容易起褶和收缩
产品上浮(如法兰克福香肠)	乳化时混入空气	乳化时进入空气可能进入真空包装,引起表面气泡
蒸煮严重缩水	脂肪添加量大;软脂肪如禽脂肪或猪脂肪斩拌过度,添加水分过量,可能是降温需要;乳化液保水性差;水分含量大或室温储存的面包屑湿度大;PSE禽肉或猪肉,混合不均匀	软脂肪比背膘收缩率大
威尼斯香肠胀气	发酵菌产生二氧化碳;漏气	有包装污染引起的表面胀气;产品可能有酸的风味;一般胀气是不安全的
胀气、发干	乳酸菌繁殖;酵母菌繁殖产生二氧化碳	避免气体产生,乳酸菌发酵剂可以使用
霉烂、防风草奶酪的异味	细菌生长;食盐物效果;卫生质量差;存放环境差	
腌制风味不足鸡毛风味;发馊和异味	腌制不完全;腌制不均匀	这种现象没有引起关注,除非引起褪色
香味平淡,酸败产生哈喇味	PSE禽肉或猪肉;内源性酶水解脂肪,接着氧化;促氧化如光线、温度升高、促氧化剂、食盐、臭氧	哈喇味伴随着酸败和鱼腥味
	食盐含有金属离子,促氧化;储存期过久并有空气渗透储存时光照时间太长;细菌酶解	使用磷酸盐螯合金属离子
色泽淡,褪色	亚硝酸盐效果不好	表面色泽快速褪掉,颜色从粉红色到苍白再到绿色
	内部未腌透;PSE禽肉或猪肉;腌制色素被光线和氧气氧化,温度加速褪色	减少影响因素,如添加抗坏血酸;减少PSE肉添加量;腌制过程中至少保留70%腌制形成的色素
	真空包装漏气	提高真空质量
	强光	使用可食性包装,减少与光线接触的时间
	储存温度高;细菌氧化色素	

续表12.8

产品缺陷	原因	备注
乳化肉制品色泽不正	肠体中有空气；灌装错误；灌装设备损坏；肠衣操作不归；灌装时气体进入	灰点是大型乳化肉制品普遍存在的现象
大型乳化肉制品褪色	淋浴冷却时间过长	
褪色或灌装时有污点	绞肉时温度高	
小型乳化肉制品有光斑	烟熏棒大小不合适,在香肠连接之处互相影响发烟	可能出现在顶部或侧面
色泽亮,风味清淡	PSE 猪肉	除了质地干燥外,此类产品在加工时还会有 3%～5%的收缩
大型乳化肉制品中心褪色	加热成熟不充分	中心温度为 68℃（155℉）时,减少褪色
表面有白色盐晶体	过量添加乳清粉或奶粉,析出乳糖晶体	
绿色斑点	酸性介质加速产生绿色斑点；过量使用亚硝酸盐和亚硝酸盐分散不均匀	
大型乳化肉制品有绿心	与表面发绿的细菌相同,加工前污染	绿心产生于切片暴露于空气几个小时后；切片时没有 注：由于细菌耐热,在绿心中呈存活状态,所以能够污染整个生产线
	原料肉质量差；加热成熟前存放时间较长或污染严重；不合适的储存温度	
	加热不充分；烟熏炉存在死角	中心温度为 72℃（162℉）可以减少细菌繁殖
	烟熏炉超负荷使用	
发黏	高细菌含量,如乳酸菌,酵母	白色或黄色是微生物本身而非代谢产物
	使用受污染的水源	真空包装袋中,这些细菌产生白色、奶状液体
	加工设备受到污染	
	不合适的储存温度	
	漏气或真空度低	
肠体发霉或发干	表面发霉,酵母使表面水分含量增加,干燥太慢	除了发霉外,外表变软
威尼斯香肠发霉	氧气不足；水分含量高；包装漏气	

来源：引自于 Meat Packers Council of Canda 的研究资料,Islington,加拿大 Ontario 省；Texas Food Research 的 Terrell 所著 Sausage and Cured Meat Operations；An Instrution Manual。经过了上述版权单位的允许。

参 考 文 献

1. United States Department of Agriculture (USDA)—Economic Research Service, Food Availability: Spreadsheets; Poultry. Mtpoulsu.xls, accessed 2/24/2009. http://www.ers.usda.gov/data/foodconsumption/FoodAvailSpreadsheets.htm#mtpoulsu.
2. United States Department of Agriculture (USDA), Code of Federal Regulations (e-CFR), Animal and Animal Products, Title 9, Part 300 to 599, February 23, 2009, Parts 319.180, 381.159, 381.171, 381.173, 381.174, 424.21, Office of Federal Register, National Archives and Records Administration. Accessed 2/24/2009.
3. Pearson, A. M. and Gillett, T. A., *Processed Meat*, 3rd ed., Chapman & Hall, New York, 1996.
4. Romans, J. R., Costello, W. J., Carslon, C. W., Greaser, M. L., and Jones, K. W., *The Meat We Eat*, 13th ed., Interstate Publishers, Danville, IL, 1994.
5. Lawrie, R.A. and Ledward, D., *Lawrie's Meat Science*, 6th ed., Woodhead Publishing, Abington, Cambridge, U.K., 2006.
6. Addis, P. B., Poultry muscle as food, in *Muscle as Food*, Bechtel, P. J., Ed., Academic Press, New York, 1986, chap. 9.
6a. Hedrick, H. B., Aberle, E. D., Forrest, J. C., Judge, M. D., and Merkel, R. A., *Principles of Meat Science*, 3rd ed., Kendall/Hunt Publishing, Dubuque, IA, 1989.
7. Acton, J. C. and Dick, R. L., Functional properties of raw materials, *Meat Industry*, February 1985, pp. 32–36.
8. Saffle, R. L., Meat emulsions, *Adv. Food Res.*, 16, 105, 1968.
9. LaBudde, R. A., Least Cost Formulator, Least Cost Formulations, Ltd., Virginia Beach, VA, 1993. Accessed 2/24/2009. http://lcfltd.com/.
10. ROI, ROI Formulation System, Resource Optimization, Inc., Knoxville, TN, 1999. Accessed 2/24/2009. http://www.resourceopt.com/.
11. Aberle, E. D., Forrest, J. C., Gerrard, D. E., Mills, E. W., Hedrick, H. B., Judge, M. D., and Merkel, R. A., *Principles of Meat Science*, 4th ed., Kendall/Hunt Publishing, Dubuque, IA, 2001.
12. United States Department of Agriculture, Food Safety and Inspection Service (USDA-FSIS), *Safe and Suitable Ingredients Used in the Production of Meat and Poultry Products*, Directive 7120.1 Amendment 17. 1/7/2009.
13. Claus, J. R., Colby, J.-W., and Flick, G. J., Processed meats/poultry/seafood, in *Muscle Food: Meat, Poultry and Seafood Technology*, Kinsman, D. M., Kotula, A. W., and Breidenstein, B. C., Eds., Chapman & Hall, New York, 1994, chap. 5.
14. Ando, H., Adachi, M., Umeda, K., Matsuura, A., Nonaka, M., Uchio, R., Tanaka, H., and Motoki, M., Purification characteristics of a novel transglutaminase derived from microorganisms, *Agric. Biol. Chem.*, 53, 2613, 1989.
15. Washizu, K., Ando, K., Koikeda, S., Hirose, S., Matsuura, A., Takagi, H., Motoki, M., and Takeuchi, K., Molecular cloning of the gene for microbial transglutaminase from *Streptoverticillium* and its expression in *Streptomyces lividans, Biosci. Biotechnol. Biochem.*, 58, 82, 1994.
16. Means, W. J. and Schmidt, G. R., Algin/calcium gel as a raw and cooked binder in structured beef steaks, *J. Food Sci.*, 51, 60, 1986.
17. Hand, L. W., Purge Controllers, Protein Technologies International, St. Louis, MO, 1999.
18. Van den Hoven, M., Functionality of dairy ingredients in meat products, *Food Technol.*, October, 72, 1987.
19. Rust, R. E., Advances in meat research, in *Edible Meat By-Products*, Pearson, A. M. and Dutson, T. R., Eds., Elsevier, London, 1988, Vol. 5, 261–274.
20. International Natural Sausage Casing Association, *Natural Sausage Casing*, International Natural Sausage Casing Association, Washington, D.C., 1997.

第 13 章

裹涂禽肉制品

Casey M. Owens

孙京新　康壮丽　译

13.1　引　言

　　过去的几十年里,鸡肉和火鸡肉的消费量急剧地增长,这主要得益于禽肉产业的市场化和创新。"增值加工"这一术语是指在给加工商增加利润的同时,也给消费者带来方便和多样化选择的产品。伴随着越来越多即烹(RTC)和即食(RTE)制品的开发,禽肉产业也越来越适应消费者的需求。消费者需要易于调理食品,裹涂制品就属于这一类。20 世纪 80 年代早期,鸡块的成功开发为食品工业开拓了一个全新的市场。现如今,这些裹涂或裹糠制品,包括鸡块、鸡柳和鸡胸肉,是常见的最受消费者欢迎的方便禽肉制品,在全国几乎任意一个快餐店和百货店均有销售。本章将介绍鸡块这样的成型碎肉制品以及各种裹涂(如裹糊和面包糠)制品的加工工艺。

13.2　制品成型

13.2.1　原料肉

　　肉块和肉饼可由各种不同的肉源来制作,通常是由大块肉修整后的碎肉结合不同地区消费者的喜好而制成[1]。例如,在美国,消费者青睐于白肉,因而其价值就高;而在诸如亚太等其他地区,消费者更偏爱于红肉,认为其具有更高的价值[1]。

　　在美国,鸡块最常用的原料是鸡胸肉和鸡皮[1]。用鸡胸肉是因其质地松软,颜色较浅,但腿肉、鸡架肉、肋肉等也可用作原料。在肉块和肉饼的加工中,机械剔骨鸡肉或火鸡肉(MSC 或 MST)也可作为一种肉源。用红肉和机械剔骨鸡肉作为原料,可降低生产成本;又因其脂肪含量较高,可改善产品的风味。当红肉和白肉混合使用时,通常情况下,白肉与红肉的比例为 70∶30[1]。由于红肉和机械剔骨鸡肉中脂肪和铁含量较高,因此,用这 2 种肉作为原料时,带来的问题是制品容易发生氧化酸败。另外,红肉和鸡皮的应用对质构不利,比如红肉会使制品质构变软,这可通过外加诸如大豆分离蛋白等来改善[1]。红肉的使用还可加深产品的颜色。消费者更喜欢颜色浅的肉块和肉饼(图 13.1),为克服红肉带来的颜色方面的问题,加工商可通过添加如大豆分离蛋白和酪蛋白酸钠等成分来加以改善[1],并必须按照美国农业部的标准来给产品贴上标签进行标注。表 13.1 提供了诸如肉块和肉饼等禽肉制品的肉含量标准[2]。

图 13.1 颜色和质地存在明显差异的肉块切面图

表 13.1 一些禽肉制品中的禽肉含量标准   %

制品标签用词	白肉含量	红肉含量
天然制品	50~65	50~35
白肉制品	100	0
红肉制品	0	100
白而红肉制品	51~65	49~35
红而白肉制品	35~49	6 551
大部分白肉制品	≥66	≤34
大部分红肉制品	≤34	≥66

来源：引自 United States Department of Agriculture, Code of Federal Regulations, Title 9, Sec.381.156, 1999.

13.2.2 辅料

在肉块和肉饼的制作过程中，因各种原因而加入许多不同的辅料，以达到各种各样的效果。其中最重要的外加辅料之一就是食盐。在肉块的生产中，食盐具有 2 个主要功能：一是增添风味，二是有助于提取肌原纤维蛋白（参见第 11 章），后者对肉块成型过程中肉粒的黏合是必要的步骤。食盐的添加浓度一般小于 2%，而实际生产时最终制品中食盐的含量通常不足 1%。另一种外加成分是磷酸钠，也用于蛋白质提取。磷酸盐还可以起到防止氧化酸败的作用。磷酸盐在成品中只能占 0.5%[3]。此外，它可通过提高 pH 和解离肌肉蛋白质来提供更多的水结合部位[3]，从而提高制品的保水性。水也常被加到产品中以提高出品率，同时有助于产品加工过程中各成分的充分混合。其他成分如淀粉、大豆蛋白等也常被用作黏合剂、增稠剂和填充剂而添加。大豆分离蛋白还可以防止氧化酸败，提高制品的保水性，改善肉的色泽[1]。此外，根据产品的不同种类和规格，也可适量加入各种各样的香料和调味料。

13.2.3 配方设计

在肉块和肉饼的制作过程中，第 1 步是设计或开发产品的配方（图 13.2），这主要根据消

费者的需求、市场状况、生产技术以及产品创新性。应
准确称取适量的肉和其他成分以备用,这对保持产品质
量的一致性是十分重要的。

13.2.4　粉碎

　　第 2 步就是肉的粉碎,以此来增加其表面积,利于
蛋白质的有效提取[1,3]。肌肉被包在由结缔组织构成
的肌外膜内。当这层组织完整无损时,蛋白质的提取是
很难进行的。因此,使用斩拌机或绞碎机对原料肉进行
斩拌或绞碎可以破坏肌外膜层,肉的表面积变大,从而
有利于蛋白质的提取。如果没有蛋白质提取这一关键
的步骤,加热时小肉块就不会黏结,导致产品不具有均
匀一致的组织结构(图 13.1)。在粉碎过程中,常加入
食盐和三聚磷酸钠(STP)等成分,这有助于肌原纤维蛋
白的提取[3],但需要强调的是,这些成分必须在肉适当
粉碎后加入,目的是使食盐和三聚磷酸钠与肉表面充分
接触以助于蛋白质的提取。加水则可溶解食盐和三聚
磷酸钠,从而使蛋白质的提取达到最大。水有时会以冰

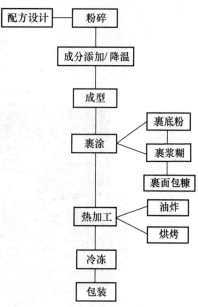

图 13.2　裹涂禽肉块和/或肉饼
加工工艺流程图

块的形式加入,这可使肉保持在较低的温度条件下。如果肉的温度升得太高,蛋白质就会变性,
这会导致产品的黏结力变差。同样,也要注意不要过度斩拌或混合,否则也会引起蛋白质变性。

13.2.5　降温

　　在粉碎过程中,必须降低配方中肉的温度,以助于随后的产品成型。如果肉温不足够低,
肉糜会太软,成型时就不能得到预期的形状。成型的肉块若不易脱模,会导致产品形状不规则
且易碎。此外,成型肉块也会发生肉糜黏性问题,这是因为,在 −2.2℃ 以上时,肉表面是湿润
的。如果肉温太低,成型制品会破碎,造成肉块或肉饼有质量缺陷。因此,配方中肉的温度要
降至 −3.3∼−2.2℃,这可通过在斩拌过程中加冰块或直接使用冻肉来达到。加工商一般将
冻肉和冷却肉混合使用。干冰也可被用于成型机料斗中来降低产品温度,但这种方法成本较
高。在热加工时,由于气体挥发,会导致裹面包糠表面产生孔洞。

13.2.6　成型

　　原料肉经过斩拌、混合及冷却后,接下来就是准备成型。加工商可利用成型设备进行产品
的成型(图 13.3)。肉混合物被放在料斗中,再由此转至成型设备;接着,把肉压入模具中,形
成所想要的产品形状。一旦肉充满模具内,底部模板滑出,上部压冲装置(图 13.4)会把成型
肉推送到传送带(图 13.5 和图 13.6)上;而后底部模板再滑回,进行再次充填,反复循环。产
品成型结束后,会经过传送带送到下一道工序——裹涂。

　　利用成型设备,可以加工各种形状的产品。对于肉块和肉饼,最常见的,也是采用最广的
形状是圆形和椭圆形。最近,肉块又出现了多种多样的新形状,包括恐龙、星星、卡通人物、环
形以及棒状等(图 13.7);而且,除了最普通的圆形肉饼,模拟整块胸肉的胸状肉饼可以利用胸
形模具来制作(图 13.8)。这些新的形状在市场上备受欢迎。新技术还促使了三维形状的出
现,例如,表面凹凸不平的球状标志或动物的面部表情,消费者对这种图案也很有兴趣。

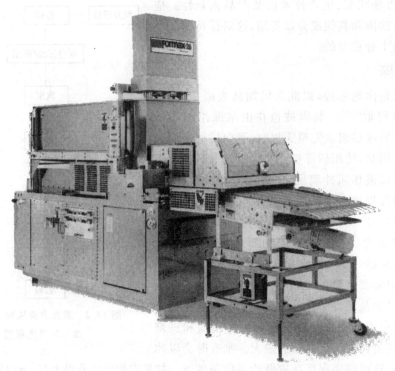

图 13.3 Formax® F-26® 成型机

（由 Formax, Inc. 提供，Mokena, IL.）

图 13.4 Formax® 成型机模具及模板

（由 Formax, Inc. 提供，Mokena, IL.）

图 13.5　带有 Port-Fill® 装置的 Formax® F-26® 传送带

（由 Formax，Inc.提供，Mokena，IL.）

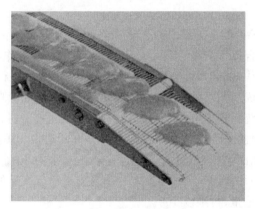

图 13.6　带有 Poultry-Plus® 装置的 Formax® F-6® 传送带

（由 Formax，Inc.提供，Mokena，IL.）

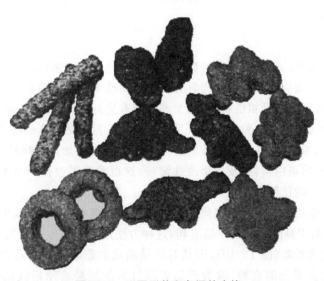

图 13.7　不同形状和色调的肉块

图 13.8　2 种不同形状的成型鸡胸肉肉饼

13.3　裹　　涂

制作肉块和肉饼的下一步是裹涂。一个裹涂系统包括裹底粉、上浆裹糊、裹面包糠 3 部分[4],此 3 部分可不同组合以生产裹涂制品。比如,一种产品的制作可包括 3 部分,而另一种产品的制作可能仅仅需要一部分即可完成。一般来说,成型制品往往用到上浆裹糊和裹面包糠这二步裹涂系统;而非成型制品如裹面包糠鸡柳或鸡腿堡的制作则一般用到裹底粉、上浆裹糊、裹面包糠三步裹涂系统。根据所需要的最终制品,肉块生产有时也只用上浆裹糊这一步裹涂系统即可。已有关于限制一种产品允许的裹涂百分率的法规。美国农业部规定,裹涂制品的涂层(包括底粉、浆糊和面包糠)重量若不超过终产品总重的 30%,可在标签上标以"裹糠"制品,否则就该标以"带馅炸面团"[4,5]。裹涂百分率是指裹涂后产品的重量减去裹涂前产品的重量,除以裹涂前产品的重量,再乘以 100。

有些裹涂系统很特别,像蓝带这样的制品裹涂层较厚,就需要该层有很强的黏性,否则就可能造成涂层内物质外漏。其他浆糊和面包糠可有助于控制鲜售制品(如生鲜或蒸煮的但未冷冻的)的水分迁移[6]。

13.3.1　底粉

底粉常用于裹涂制品以改善浆糊的黏着力。底粉是指肉和浆糊的界面层。裹底粉这一工序对像完整分割的大胸柳或大腿肉这样具有湿性或油性表面的制品有着重要的作用。底粉可保持表面水分,使表面呈干燥粗糙状态,利于裹糊时有更好的黏着力,形成想要的质地,可更好地承载风味。底粉通常是由面粉、饼干粉(呈微细粒状的),或是二者的混合物组成;食盐、调味料和香辛料,通常以粉末和/或乳化精油的形式加入其中来增加产品风味;有时底粉中加入蛋白质(小麦谷蛋白和鸡蛋白蛋白)及食用改性淀粉,这也是为了改善产品黏着性。底粉在裹涂层的组成中只占很小的比例。

产品裹底粉最常用的方法是用滚筒式或管式裹面包糠机,产品在其中被充分翻滚而裹粉(图 13.9)。然而,由于翻滚可能对产品不利,这种方法最适合于整块肌肉或大块分割肉产品。另外一种方法是用撒粉器(图 13.10),因其对产品造成的影响小而更适合于成型产品。裹底粉的最后一步是除去多余的底粉,因为产品表面过多的底粉会给后续的裹浆糊工序带来问题[7]。多余的底粉可被吹走,或通过振动筛除去。

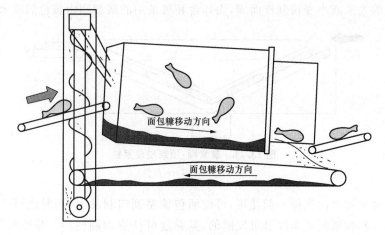

图 13.9　滚筒式裹面包糠机

（由 JBT Food Tech.提供）

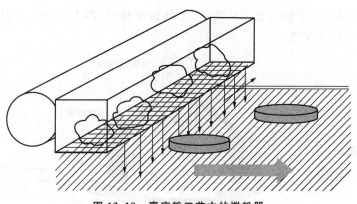

图 13.10　裹底粉工艺中的撒粉器

（由 JBT Food Tech.提供）

13.3.2　浆糊

在裹涂过程中,浆糊起着十分重要的作用,其连接底粉和裹糠,对产品的质地、外观和风味有着重要的影响。产品中所用的浆糊可分为 2 类:酵母发酵的和不发酵的[7,8],生产中可根据不同产品的规格要求而选择。浆糊可用于裹涂或黏合,其由多种成分混合而成,包括小麦粉、玉米粉、淀粉、蛋白质、香辛料以及调味料(粉末或乳化精油状)、发酵成分、稳定剂(如胶体)、焦糖色和着色剂。

一般来说,用酵母发酵的(或天妇罗)浆糊来裹涂。如果仅裹浆糊而不再裹面包糠,那到此就是整个裹涂系统的最后一步。裹浆糊对产品的外层起到保护作用[8]。天妇罗浆糊是加了酵母发酵的,这意味着,在加热时浆糊会膨起,使得产品看起来很蓬松,组织像蛋糕一样松软[8]。低酵母发酵的裹涂浆糊(如炸鱼和薯条用的浆糊)则可使产品具有凸起的外观和响脆的质感。通常使用高黏性的天妇罗浆糊,这样可保证产品被很好地裹涂,但必须采用特殊的加工设备。通过"静态"系统施加浆糊,可使浆糊的气泄量达到最少[7]。如果搅拌或抽气过度的话,浆糊将会失去其内部束缚的气体,加热时就不再膨起[7]。裹浆糊时,肉块及其他成型制品被传递到裹浆糊机中,随传送带前行并完全浸入穿过浆糊池(图 13.11),完成充分的裹涂。一些天妇罗浆糊由颜色较白的大米或小麦粉制作而成,而炸鱼和薯条用的浆糊则由黄色的玉米粉制作而成。

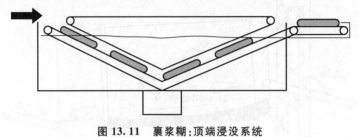

图 13.11　裹浆糊:顶端浸没系统

(由 JBT Food Tech.提供)

黏性浆糊通常结合面包糠一起使用,可使面包糠粘到肉制品上,同时也可增加产品风味,改善产品质构。黏性浆糊是未经酵母发酵的,其黏度可任意调制使用。黏性浆糊可通过顶端浸没系统来施加,产品随传送带前行并完全浸入和穿过浆糊池,此过程类似于天妇罗"静态"系统,但此系统中的浆糊是可循环利用的。另一种称为溢流系统的裹浆糊方法更适合于低到中黏度的浆糊[7],此系统中浆糊流过产品之后,也可循环利用(图 13.12)。产品若要裹涂得好,需要通过一个很小的浆糊池。

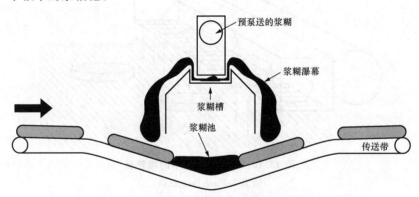

预泵送的浆糊

浆糊瀑幕

浆糊槽

浆糊池

传送带

图 13.12　裹浆糊:溢流系统

(由 JBT Food Tech.提供)

13.3.3　面包糠种类

在裹涂系统中,可使用不同种类的面包糠[4]。主要的 4 种面包糠是指:美式面包糠(ABCs)、日式面包糠(JBCs)、饼干粉和面粉面包糠,它们的尺寸、形状、质地、颜色及风味各不相同[7, 8]。这些面包糠可单独使用,也可混合使用。

美式面包糠有点呈圆形,与家庭自制面包糠类似。这种面包糠常具有深浅不一的外观,主要是因为含有经酵母发酵面团而制成的面包的内部和表面面包糠。除此之外,有时还要加入着色剂。美式面包糠的颗粒大小各有差别,但其十分耐用,质地松脆,且价格适中。

日式面包糠是由经电流焙烤的无皮面包制成的,因此其具有轻而中空、白而修长、质地响脆的特点。因为这种面包糠是由无壳面包制成的,所以颜色比较一致;不论细的或粗的颗粒均可用。基于其独特的形状,在生产过程中必须使用特殊的裹糠设备以使对其的损坏降到最低[7]。

饼干粉是一种细的、扁的、致密的面包糠,由面粉和水制成,需经制片、烘焙、干燥和磨碎等工序,使裹涂制品具有短粗的外观。这种饼干粉在美国非常流行,且成本较低。饼干粉从细到粗各种规格均有,可作为底粉(细的)或面包糠(粗的)用。

面粉面包糠传统上就使用,如今也非常普遍,因其可使产品呈现出一种片状的、类似私家风格的外观。这种面包糠常常与香辛料、调味品及其他成分混合使用,用于形成诸多不同的表面质地。比如,当裹浆糊后,撒面粉面包糠就会形成糠球(相当于"晶种"),产生独特的私家风格的外观。

对于上述任何一种面包糠,为了使终产品呈现出所需要的颜色,可添加焦糖色和着色剂。香辛料(完整、粗破碎或磨细)也可加入到面包糠配方中。然而,由于这些配料会在油炸锅里挥发,所以它们主要是为外观效果而不是为风味而加入的。用于改善风味的配料用于裹涂系统的内层(即肉、底粉、浆糊)才最有效。其他颗粒配料如椰子肉的添加也可增加视觉效果。

13.3.4　面包糠特性

一些面包糠特性会影响终产品的外观和质地。裹糠率专指产品裹面包糠的量。浆糊的厚度和面包糠颗粒的大小会影响产品的裹糠率[8]。与薄而黏性低的浆糊相比,厚而黏性高的浆糊会裹上更多的面包糠。相比细面包糠,粗面包糠会有更好的裹糠率;然而,当选择合适的面包糠尺寸时,必须权衡考虑。面包糠粒的大小会影响产品上裹面包糠的覆盖面。细面包糠会将产品覆盖均匀,而粗面包糠(虽可提高裹糠率)则并非如此。面包糠也会影响终产品的外观。细面包糠嫩滑,而粗面包糠则不规则且不均匀;一些中等粒度的面包糠用于裹涂则外观一致。最后,面包糠也会影响产品的质地。细面包糠质地柔软,而粗面包糠易脆、易碎[8];中等粒度的面包糠则提供一种介于两者之间的质地。

13.3.5　面包糠应用

面包糠通过一个循环系统来应用。对大多数裹面包糠机来说,产品需经过一个运动的面包糠床,以保证其底面裹上面包糠(图 13.13)。裹浆糊的产品流经幕状洒落的面包糠,这样,产品的上表面也会被很好地裹涂。压力辊子位于离传送带稍远的下方,给裹涂产品施以压力,可使面包糠很好地"包埋"进浆糊中。之后,多余的面包糠被吹走,裹涂好的产品则进入热加工阶段。日式面包糠的应用过程与此类似,但需经一个较复杂的筛选过程,以使粒度不等的面包糠均匀分布在产品表面(图 13.14);不仅如此,日式面包糠是筛滤到产品上而不是产品流经幕状洒落的面包糠。

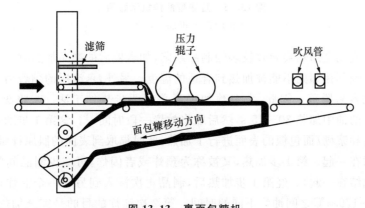

图 13.13　裹面包糠机

(由 JBT Food Tech.提供)

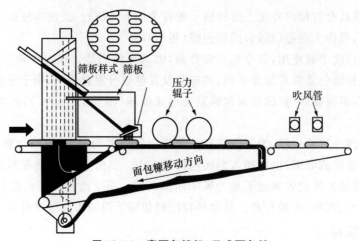

图 13.14　裹面包糠机：日式面包糠

（由 JBT Food Tech.提供）

13.4　热　加　工

　　制品裹涂后，就进入热加工阶段。成型制品一般要充分加热，具体是采用油炸还是焙烤应根据其规格要求而定。油炸可能是最普遍的一种热加工方法，然而，随着越来越多的消费者关注自己的饮食习惯，焙烤制品也变得流行起来。热加工过程会使制品变成金黄色，也可能会因所用面包糠的不同而有其他颜色。油炸时，传送带承载着制品浸入热油池中加热（图 13.15）。加工商可用 2 种方法来加热制品：完全加热和预油炸。可一次性完全加热或部分加热（以半成品销售），也可两者结合使用（如先预油炸再完全加热）。

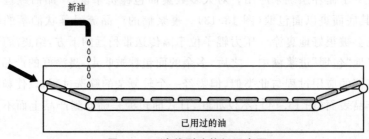

图 13.15　直线型油炸机示意图

（由 JBT Food Tech.提供）

　　一次性加热或完全加热会导致较多的制品缺陷，如裹糠后的制品加热时会黏在一起，这会使裹糠制品尤其是其相邻处不能被加热到合适的温度。另外，裹涂层的黏着力会大打折扣，产品表面面包糠就容易脱落。因此，大多数加工商采用两步热加工法。先将裹糠后的制品置179.4～198.8℃的油中加热 30～45 s，然后取出放置一段时间[7]。这第 1 步加热过程"固定了裹涂层"，即对肉和浆糊/面包糠的表面进行了加热，此时提取到表面的肌原纤维蛋白与浆糊中的蛋白质就交联在一起。第 1 步加热，又被称为预炸或者闪炸，可减少制品间的相互接触（即避免制品加热黏结在一起）。经第 1 步加热后，制品再次浸入到另外一个油炸机中，根据不同情况，在 165.5～179.4℃之间油炸不同的时间。第 2 次油炸的目的是完全加热制品。只进行预炸的制品可进行冷冻和包装。当完全加热后，提取到肉块表面的肌原纤维蛋白就交联起来，形成均匀一致而黏合力好的制品(图 13.16)。加工商使用一次性加热系统带来的缺点是加热(油炸)会使水分失去,从而降低制品得率。

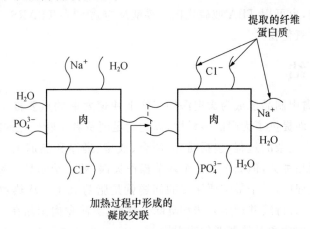

图 13.16　加热过程中提取的纤维蛋白质及其凝胶交联示意图

　　油炸之外的另一种加热方法是焙烤。这种方法会有助于降低制品的脂肪含量。裹涂后的制品经焙烤而不是置油中完全加热。对焙烤法而言,当前面临的挑战是,如何加工出像油炸法那样既质地响脆又色泽金黄的裹涂制品。目前成分的组合、加热条件和设备(时间、温度、气流、湿度)等方面均已取得了创新性的进展,并正向更高的目标迈进。焙烤制品常常先经预油炸,然后再焙烤。预油炸会固定裹涂层,促使颜色开始形成,赋予风味,从而使焙烤制品具有一些油炸制品的特性。

13.5　冷冻和包装

　　热加工过程完成后,裹涂制品经传送带送入冷冻机进行冻结,而后经包装并入库以备发货销售。由于出库前已进行热加工和冷冻,所以裹涂制品一般不会发生因细菌增殖而影响其货架期的问题。相反,脱水和脂类氧化(酸败)则是影响其货架期的主要因素。使用完好、耐冷的防潮包装可大大减轻脱水,而使用含抗氧化剂(如维生素 E)的新鲜煎炸油和气调包装(MAP)(详见第 6 章)则可减轻酸败。

　　脂类氧化是指脂和油的化学降解过程,导致形成异味和臭味,因此也称为酸败。一般来说,不饱和脂肪酸的双键易受到像过氧化物这样的活性氧攻击(图 13.17),然后双键断裂,形

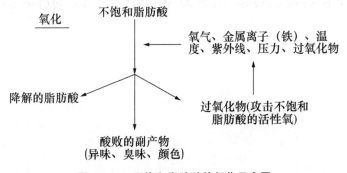

图 13.17　不饱和脂肪酸的氧化示意图

成大量带有异味和臭味的降解产物。紫外线、温度、压力、金属离子等因子会催化过氧化物的形成,因此避免或排除这些因子(包括氧气和不饱和脂肪酸)可减慢酸败的发生。脂类氧化可用感官评定法来测定,也可用 TBA 或硫代巴比妥酸反应物[9,10](TBARS)法检测降解产物,或用过氧化值法测定过氧化物[11,12]。

13.6 小 结

近几十年,裹涂禽肉制品已成为禽肉深加工产业快速发展的重要推动力量。这些制品在形状、质地、外观等方面提供了无限的多样性,以此满足消费者不断变化的需求。这些肉块、肉饼、肉棒的加工是一个复杂的过程,包括粉碎、混合、成型、裹涂和热加工。任一个工序的改变都可能创造出新的制品种类,但如果某一个环节操作失误,就会给制品带来新的问题。在这些制品的生产和销售过程中,一个最需要注意的问题就是脂肪氧化。从热加工开始到整个冷冻储藏过程,脂肪氧化一直持续并产生异味和臭味。然而,裹涂禽肉制品在当今市场中的大量销售证明了这些制品的成功和对消费者的吸引力。

参 考 文 献

1. Bowers, P., Golden nuggets pan out globally, *Poultry*, 1994.
2. United States Department of Agriculture, Code of Federal Regulations, Title 9, Sec. 381.156, 1999.
3. Pearson, A. M., and Tauber, F. W., *Processed Meats*, 2nd ed., Van Nostrand Reinhold, New York, 1984, 46.
4. Cunningham, F. E., Developments in enrobed products, *Processing of Poultry*, Mead, G. C., Elsevier Science, U.K., 1989, 325.
5. United States Department of Agriculture, Code of Federal Regulations, Title 9, Sec. 381.166, 1999.
6. Mandara, R. and Hoogenkamp, H., *The Role of Processed Products in the Poultry Meat Industry*, Richardson, R. I., and Mead, G. C., Eds., CABI Publishing, New York, 1999, 397.
7. Stein, FMC FoodTech, *The Processor's Guide to Coating and Cooking*, Sandusky, OH, p. 2.
8. Newly Weds Foods, *Customized Taste Technology in Batters from Newly Weds Foods*, Chicago, IL, 1998.
9. Tarladgis, B. G., Watts, B., M., Younathan, M. T., and Dugan, L. R., A distillation method for the quantitative determination of malonaldehyde in rancid foods, *J. Am. Oil Chem. Soc.*, 37, 1, 1960.
10. Rhee, K. S., Minimization of further lipid peroxidation in the distillation 2-thiobarbituric acid test of fish and meat, *Food Sci.*, 43, 1776, 1978.
11. Nawar, W. W., Lipids, *Food chemistry*, 3rd ed., Fennema, O. R., Ed., Marcel Dekker, New York, 1996, 276.
12. Official and tentative methods of the American Oil Chemists Society, Peroxide value, Cd8-53; oxirane test, Cd9-57; iodine value Cd1-25; AOM, CD 12–57, *J. Am. Oil Chem. Soc.*, 1980.

第 14 章

禽肉的机械分离及其应用

Glenn W. Froning, Shelly R. McKee

刘登勇　邵俊花　译

14.1　引　　言

　　20 世纪 50 年代末至 60 年代初,畜禽屠宰加工业开始发生明显变化,市场上出现了越来越多的分割肉和禽肉深加工制品。随着禽肉消费的普及和消费量的增加,市场上机械分割肉的种类也在逐渐增加,出现了诸如骨架、背肉、脖子、鸡腿、翅膀等机械分割产品。机械分割过程中,通过磨碎原材料(骨架、脖子等)结合高压筛作用,将肉从骨骼组织中剔除。大部分的骨骼和软骨组织因具有不同的抗剪切能力而被分离出来。

　　机械分离提供了一种获得功能蛋白的方法,可用来制备多种多样的深加工肉制品。机械分离禽肉(1995 年以前也被报道为机械去骨禽肉)已被广泛应用于禽肉深加工制品中,如博洛尼亚香肠、萨拉米肠、法兰克福肠、火鸡卷、重组肉制品和混合汤。这种低成本肉源使禽肉产品在市场上更具成本效益。

　　机械分离的禽肉产率为 55%～70%[1],特定部位肉、骨的比例对产率影响很大。1994 年,美国农业部指出,约 1 亿 lb 家禽原料能够生产大概 700 万 lb 的机械分离禽肉[2]。这些机械分离禽肉用于生产约 400 万 lb 的香肠(博洛尼亚香肠、萨拉米等)和 300 万 lb 的肉块和馅饼。另外,也有些机械分离禽肉与其他种类的肉(如牛肉和猪肉)混合制成各种各样的香肠类制品。

14.2　相 关 法 规

　　机械分离禽肉的应用由美国农业部食品安全监督服务局(FSIS)归口管理[3],而食品药品监督管理局(FDA)则主要监管鱼类及其制品。

14.2.1　标签法规的变化

　　1969 年,FSIS 率先建立了机械分离禽肉的相关法规,有关机械分离禽肉标签的法规发生了明显的变化。1996 年之前,机械分离禽肉只是通称为"机械去骨禽肉"或"碎禽肉",标签只需注明"鸡"或"火鸡"。但只看标签,并不能分辨出是机械去骨还是手工去骨。

　　和其他家畜肉(主要是牛肉和猪肉)相比,禽肉的标签要求较低。机械分离畜产品必须标明是机械分离产品(MS[种类]),还要注明是牛肉、猪肉或羊肉。红肉香肠制造商声称禽肉工业拥有一个不公平的市场优势,那就是标签规定的差异,这项指控引发了一场法律诉讼[4]。FSIS 针对此诉讼,对禽肉法规进行了重新评估。FSIS 指出,机械分离禽肉的硬度和形状与其他机械分离的畜产品不存在差别,而手工去骨禽肉即使经过粉碎机加工,机械分离禽肉的最终质地和形状仍与其不同。因此,FSIS 修订了有关机械分离禽肉的规定,于 1996 年 11 月生效。

修订的禽肉产品检验法规要求机械去骨禽肉在标签上标注"机械分离（禽肉）"，而没有机械去骨的标为"碎鸡肉或火鸡肉"。然而，这种标签的要求取决于起始原料，如果原料是骨架、整修过或大部分的肉已被剔除的部分，则标签应标明是机械分离禽肉。但如果原料仍有大部分肉相连或是整个蛋鸡、公鸡和成熟的种母鸡，则标签上仍可以标为"碎鸡肉"。

14.2.2 成熟禽肉在婴儿食品中的应用

另外一个显著变化是允许婴儿食品中使用成熟家禽肉。以前的大部分规定都是基于美国农业部关于机械分离禽肉健康和安全性的审查报告而制定的。当时就有关于机械分离成熟家禽肉类中高含量氟（源于骨骼）的担忧。因此，过去的法规禁止在婴儿、少年、幼儿食品中使用机械分离的成熟禽肉，并且在其他禽类产品中的用量限制为 15%。最近，美国农业部重新评估了 1979 年的健康报告[5]，指出机械分离禽肉中的氟含量不是一个健康隐患。这一态度的转变是由于牙科、内科、婴儿食品公司研究讨论的结果，他们一致认为过度消费包括机械分离鸡肉在内的禽肉制品而引起的氟含量的增加（氟的毒性）是可以忽略不计的。因此，1996 年取消了禁止在婴儿食品中使用成熟禽肉的规定。

14.2.3 肾脏和生殖器官的切除

目前，机械分离成熟禽肉唯一的局限性是在机械分离之前必须从胴体上去除肾脏和生殖器官。确切地说，修订的新法规要求成熟家禽在屠宰过程中取出内脏的同时去除肾脏和生殖器官。正常上市的日龄内加工的幼禽（肉仔鸡），其体内未成熟的生殖器官在所有禽类制品中都无需去除。而成熟禽类肾脏中含有长期累积的重金属如镉，可能具有健康或安全隐患。相反，与成熟母鸡相比，所加工的幼禽（6～8 周龄肉仔鸡，19～21 周龄火鸡）的肾脏不含有高含量的重金属。若机械分离禽肉是生产肉制品（如热狗）的重要原料部分，则无论禽类的年龄是多少，肾脏都必须去除。生产中，一般用于机械分离的禽类均会去除肾脏。

14.2.4 骨和钙的含量

由于采用机械分离，骨是机械分离禽肉中需要测量和限制的组分，骨固形物含量限定在 1% 以内，相当于以火鸡或成熟的家禽为原料的肉制品中钙含量不大于 0.235%，而以一般月龄（6～8 周龄）家禽为原料的肉制品中钙含量不大于 0.175%。成熟的家禽有较多的脆骨，火鸡有较大的骨头，所以此类机械分离肉中残留骨头的钙含量稍高。残骨颗粒大小也受到限制，98% 的骨颗粒最大尺寸不大于 1.5 mm，无骨颗粒最大尺寸大于 2.0 mm。对骨颗粒大小的限制，可以减少骨颗粒物理危害的可能性，并且能够限制在机械分离过程中混入到分离禽肉中骨物质的数量。

14.2.5 机械分离禽肉在产品中使用的限制

禽类肉制品中，机械分离禽肉的使用量受特定产品标准的限制。例如，在法兰克福香肠的标准中，机械分离禽肉限定为最终产品组分的 15%。根据认证标准对产品的要求，其他禽肉产品可能有不同的限制。

14.2.6 胆固醇、蛋白质和脂肪

FSIS 认为，机械分离禽肉的胆固醇水平并不是需要关注的问题，因为机械分离禽肉主要作为深加工产品的原料使用，而深加工产品的胆固醇水平必须标注。因此，建议人们通过产品标签，来限制饮食中胆固醇的摄入量。

蛋白质和脂肪的含量取决于机械分离禽肉的认证标准。机械分离禽肉脂肪含量不大于25％和蛋白质含量不少于14％。机械分离禽肉可能比手工去骨禽肉含有的胶原蛋白略高,对蛋白质的质量影响不大。此外,Froning[6]报道,机械分离禽肉的蛋白质效率与优质蛋白质酪蛋白相当,机械分离禽肉的最低蛋白质效率比为2.5。来自新型的"先进复原肉/骨分离系统"的产品可被标记为"肉"(如鸡、火鸡、牛肉等),也有以最小蛋白质效率比衡量的特定的蛋白质品质标准。

14.3 设 备

目前,最常使用的机械分离禽肉过程首先是原料斩切,然后通过高压筛分离骨、肌肉、腱(图14.1)。机械分离机有2种基本类型。一种类型迫使肉从外部容器通过圆孔储槽的孔口,把骨留在储槽外面。另一种类型是将肉从外部通过圆筒筛,把骨渣留在内部[6]。剔骨机器可以每小时处理500～20 000 lb产品的任何部位,这取决于机器设备的规模和能力。所有的家禽、鱼、红肉的自动机械去骨设备必须经农业部批准。

图 14.1 禽肉机械分离设备(蜂巢式)

与设备有关的许多因素会影响最终产品的质量。例如,产率受产品通过压力筛的压力大小的影响。当压力增加时,分离过程会变得逐渐低效,会让更多的骨、筋和其他非肉类残留在最终产品中。处理器决定了机器最佳的设置,从而实现高产量和较好的产品质量。设备的维护是影响产品质量的另一个因素。保持切割面边缘锋利极大地影响最终产品的质地和硬度。设备维护保养差,可能会导致产品质地黏腻。质地也可以通过调整隔板或筛大小改变,大孔径筛会导致产品质地粗糙。

产品的温度是影响最终产品质量的另一个因素。大部分设备都可以加工冷藏肉类,不能加工冷冻肉类。不能用机械去骨设备加工冷冻肉类的原因是,当冷冻肉通过圆孔进行粉碎时,不能区分骨和肉密度之间的差异。此外,累积的高压也可能导致颈部和头部移动。肉在−3℃发生冻结,所以冷冻肉在放入机械去骨设备之前,温度应该达到−2℃或略高些。

新型分离设备是指"先进的回收分离系统",能够机械分离可以在标签上印有"鸡肉"或"火鸡"的肉,而不是"机械分离禽肉"(图 14.2)。先进复原骨-肉分离系统不粉碎或磨碎骨头,从而降低终产品的钙含量。该系统采用活塞推动产品经过分离筛。由于产品中脊髓污染的潜在性和牛海绵状脑病(BSE)的威胁,先进复原系统不允许在牛肉中使用。

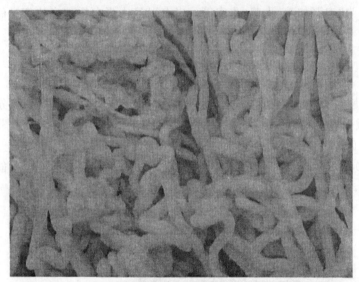

图 14.2 改进型分离工艺生产的可标记为"绞碎鸡肉"的产品

14.4 机械分离的家禽种类

随着深加工火鸡和鸡肉产品的发展,更多的部位可以进行机械分离。目前,肉鸡一般先进行切碎和手工去骨,在切碎或手工去骨之后,骨架、背部、脖子、腿、翅膀通常采用机械分离,以应用于不同的深加工肉类产品中(图 14.3)。火鸡现在也以分离肉的形式进行销售,一般而言,火鸡经过手工去骨后进一步进行加工,手工去骨以后的胴体骨架、鸡腿、背部和脖子也进行机械分离。

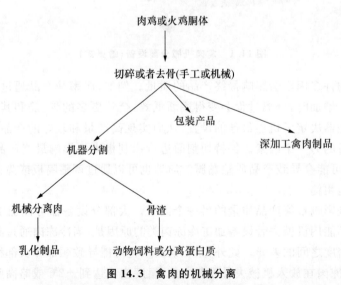

图 14.3 禽肉的机械分离

对整个胴体进行机械分离并没有统一的操作。Froning 和 Johnson[7] 在预先粉碎胴体以后,再从整个胴体上机械分离淘汰家禽的肉。此外,工业中有时将淘汰鸡预煮,然后对煮熟的肉手工去骨,以应用在汤或其他深加工禽肉制品中。熟的禽肉手工去骨后,其余部分进行机械分离。

机械分离后的骨渣往往在动物饲料中使用。科学家们发现,骨渣作为饲料原料具有优越的潜力,或者可能被用来制造分离蛋白质[8-10]。随着环境问题的加剧,骨渣的利用也变得非常重要。

14.5　组　　分

当禽肉被机械分离时,相当大的剪切作用会导致明显的肌肉细胞结构破坏,破坏程度主要受所用筛网尺寸的影响。Schnell 等[10] 发现分离器中使用的筛网尺寸小会减小肌原纤维的尺寸。断裂出现在 Z 带或 M 带。此外,分离过程中,骨髓从破碎的骨中释放出来,有助于增加分离肉中脂类和血红素的含量。脂类和血红素碎片会进一步降低分离肉中的蛋白质的含量。

表 14.1 所示为各种来源的机械分离禽肉的相近组分[7, 11-16]。如表所示,组分之间有相当大的差异。影响组分的因素包括骨肉比、禽类年龄、皮层含量、切割方法、去骨设备和品种。低日龄的禽类一般含有较多的影响组分组成的骨髓来源的脂类和血红素。皮层含量可能会大大增加最终分离肉的脂肪含量,而表皮来源的胶原蛋白主要存在于骨渣中[17]。然而,如果对煮熟的胴体或部位进行机械分离,胶原蛋白很可能凝胶化,从而增加机械分离肉的胶原蛋白含量。去骨设备会对产量和各组分含量产生很大的影响,使用高产量的设备,一方面,会大幅增加机械分离肉中的脂肪和灰分含量;另一方面,高产量设备也可能会提高物料的温度,导致蛋白质变性,影响产品的功能性。

表 14.1　不同来源机械分离禽肉的各组分含量　　　　　%

来源	蛋白质	水分	脂肪	参考文献
鸡背和鸡脖	9.3~14.5	63.4~66.6	14.4~27.2	Froning[11] Grunden 等[12] Essary[13]
鸡背	13.2	62.4	21.1	Froning[11]
去皮鸡脖	15.3	76.7	7.9	MacNiel 等[14]
火鸡骨架	12.8~15.5	70.6~73.7	12.7~14.4	Froning[11] Grunden 等[12] Essary[13]
淘汰蛋鸡	13.9~14.2	60.1~65.1	18.3~26.2	Grunden 等[12] Froning 和 Johnson[7]
煮熟的淘汰蛋鸡	18.3	63.2	16.5	Babji 等[16]

机械分离禽肉的蛋白质品质已经受到了重视。一些科学家们研究发现,机械分离和手工去骨禽肉的蛋白质品质相当[14, 16, 18, 19]。

机械分离禽肉的脂肪酸和胆固醇含量值得关注。Moerck 和 Ball[20] 发现肉仔鸡肉和其他的肉类相比,骨髓中含有较高的磷脂和胆固醇。但是,机械分离和手工去骨的鸡肉骨髓的脂肪酸组成相似。

随着禽肉分离机械的问世,骨含量的问题受到密切关注。手工去骨和机械分离禽肉的骨颗粒相比[21],手工去骨比机械分离的骨颗粒大。机械分离禽肉中的骨颗粒以粉状存在,不会对消费者产生任何危害。如今,钙含量以骨当量的形式受到密切监测。

对机械分离禽肉中可能会影响健康和安全的几种矿物质进行了调查。Murphy 等[22]对砷、氟、⁹⁰锶、镉、硒、铁、镍、铜、铅、锌进行了分析,发现机械分离禽肉中的这几种矿物质没有表现出健康危害。如前所述,这可能是由于在生产过程中去除了机体的一些部位(如肾脏)。

14.6 功 能 特 性

由于越来越多的机械分离禽肉用于深加工的肉制品中,功能特性已成为一个重要的考虑因素。由于很多机械分离禽肉用于乳化产品,机械分离过程对盐溶性蛋白和脂肪含量的影响也会影响到肌肉的功能特性。机械分离的火鸡肉含有较少的盐溶性蛋白[23],进一步研究发现,与机械分离火鸡肉相比,手工去骨火鸡肉具有更好的乳化能力,而机械分离火鸡肉的保水能力更高。Mayfield 等[24]指出,含12%蛋白质的机械分离禽肉能制成具有更大黏度的乳化肉糜,并且乳化稳定性优于含有11%蛋白质的机械分离禽肉。另外,不同来源的机械去骨禽肉可能具有不同的乳化特性和保水能力。

皮层含量影响机械分离禽肉的功能特性[26, 27]。由于表皮脂肪含量较高,因此皮层含量高会降低机械分离禽肉的乳化稳定性和乳化能力。然而,Schnell 等[27]认为皮层含量高会增加香肠的嫩度。

目前,对机械分离禽肉的质构也有一些研究。Acton[28]将机械分离鸡肉通过4 mm 小孔的碎肉机(没有剪切刀片),肉丝于100℃加热1、3、5、7.5 和10 min,结果表明加热时间延长和皮层含量增加均会增强抗剪强度。尽管加热造成提取蛋白质的损失,但改善了挤压肉丝的乳化稳定性。Lampila 等[29]通过挤压和热处理将机械分离火鸡肉组织化,并提出了其在重组肉制品中的应用。

通过离心改进机械分离禽肉已有研究[7, 30]。离心可以降低脂肪含量,提高保水能力和乳化能力,目前已有商业规模的离心分离机可用。

一些添加剂能够影响机械分离禽肉的功能特性。Froning 和 Janky[31]报道,预混合盐可以提高机械分离禽肉的乳化稳定性。Schnell 等[27]发现,添加3%的酪蛋白酸钠或0.5%Kena(多聚磷酸盐)可以提高机械分离鸡肉制备的法兰克福香肠乳浊液的黏度。Froning[32]研究发现,去骨前用6%多聚磷酸盐冷藏处理蛋鸡能提高乳化稳定性和乳化能力。McMahon 和 Dawson[23]报道,0.5%聚磷酸盐和3%氯化钠混合使用能改善机械分离火鸡肉的蛋白质提取率、保水性和乳化能力。

机械分离禽肉和结构化大豆蛋白结合使用能改善其质地[33-35]。不过,也有人观察到添加了大豆蛋白的机械分离禽肉的乳化稳定性下降[36]。

14.7 肉色和血红素

禽肉的机械分离过程中,骨髓中的血红素会释放到肉中,影响最终肉的颜色。Froning 和

Johnson[7]发现,机械分离禽肉会比手工去骨禽肉增加约 3 倍的血红素蛋白质。这一增长主要由骨髓中的血红蛋白引起。血红蛋白更容易引起颜色异常的问题,因为它更容易氧化,更容易在加工和储存过程中发生热变性。据报道,含机械分离禽肉的深加工禽肉制品有异常棕色、绿色和灰色的缺陷。分离过程中,禽肉暴露在空气中,可能会加速血红素色素氧化。

组分和加工的变化会影响机械分离禽肉的颜色特性。Froning 等[26]研究了去骨前皮层含量对机械分离禽肉颜色的影响,发现皮层含量高会提高亮度,降低红度,这些颜色的变化是由于增加的表皮脂肪稀释了血红素色素。

研究人员试图通过离心改变机械分离禽肉的颜色特征[7,30]。Froning 和 Johnson[7]发现,离心能增加机械分离禽肉的红度,而 Dhillon 和 Maurer[30]则报道离心会使红度降低。这种结论差异可以部分解释为:Froning 和 Johnson 的试验原料为机械分离的蛋鸡肉,Dhillon 和 Maurer 使用的是机械分离鸡肉和火鸡肉。

研究表明,低温可用来快速冷却机械分离禽肉。使用干冰可使肉色发红、发暗,且在随后的储藏过程中会继续加深[37-40]。干冰冷却明显加快了机械分离禽肉储藏过程中血红素的氧化速度。

工艺和配方也可能影响机械分离肉产品的颜色。Dhillon 和 Maurer[41]发现 50/50 机械分离禽肉(鸡或火鸡)和牛肉的混合物生产的夏季香肠具有较高的颜色评分。Froning 等[15]发现,与 100％牛肉法兰克福香肠相比,添加 15％的机械分离火鸡肉,红度降低,在储藏期间的褪色率略高,然而这种变化消费者感受不到。现在,机械分离的禽肉通常与其他种类肉相结合用于乳化肉制品。

14.8　风味稳定性

机械分离过程对细胞的破坏作用非常大,血红蛋白和脂类物质易从骨髓中释放出来。另外,如果不加以控制,分离过程中产生的热量可能会加速脂质过氧化。因此,必须制订特别严格的质量保证计划,以减少在加工和储存过程中风味的氧化问题。如今生产销售的机械分离禽肉比 20～25 年前的更好,这主要是由于改进了设备以及更好地提高了机械分离禽肉处理水平的相关因素。

一些研究强调通过提高机械分离禽肉的储藏稳定性来提高其风味稳定性。Dimick 等[42]报道,机械分离肉在 3℃条件下储藏 6 d 时的脂质氧化程度最轻。机械分离火鸡肉在 3℃储藏最不稳定。Froning 等[15]发现,机械分离火鸡肉在 24℃保存 90 d,TBA 值较高,异味较大。另外,Dhillon 和 Maurer[30,41]报道,机械分离禽肉生产的夏季香肠储藏 6 个月仍可高度接受。Johnson 等[43]报道,机械分离火鸡肉在储藏至 10 周时,脂质氧化程度较轻。Janky 和 Froning[44]发现机械分离火鸡肉的脂质和血红素组分相互作用,储藏温度从 30℃降到 10℃,血红素氧化降低。血红素和脂质氧化存在强烈的相互作用,特别是在 10～15℃,这种强的相互作用会促进机械分离火鸡肉冷藏过程中的油脂氧化,血红素是肉制品中脂质氧化的强催化剂。机械分离过程中,接触氧气、升温、高压和金属可能会促进脂质氧化。

作为控制机械分离禽肉脂质氧化的一个潜在手段,抗氧化剂已经得到诸多研究。Froning[32]用浓度为 6％的多聚磷酸盐溶液对淘汰蛋鸡预冷以后再进行机械分离处理,在－29℃ *

译者注:英文原版书 * 处误为－229℃,中文版予以改正。

储藏 2 个月以后仍然具有较低的 TBA 值,这可能是因为磷酸盐能够螯合金属离子的缘故。MacNeil 等[45]报道,在模拟机械分离的禽肉中,迷迭香提取物、聚磷酸盐和 BHA 柠檬酸是有效的抗氧化剂。Moerck 和 Ball[46]添加脂肪重 0.01% 的 Tenox Ⅱ,延长脂质氧化的诱导期,4℃存放后 TBA 值低于 1.0。

14.9　水洗或类似鱼糜加工

鱼肉加工业在机械分离鱼肉中应用水洗加工来生产一种蛋白质原料,即鱼糜。此过程中去除异味物质和可溶性肌浆蛋白(主要是血红蛋白和肌红蛋白),同时浓缩肌原纤维蛋白[47, 48]。由于其优良的黏结性、凝胶特性和亮度,鱼糜制品被广泛应用于各种鱼肉类似物。随着鱼糜制品的成功应用,将这一加工手段应用于机械分离禽肉的可能性引起了人们的广泛关注。水溶液水洗机械分离禽肉,能够去除血红素色素和脂肪,同时浓缩肌原纤维蛋白[49-54]。

各种水洗介质已用于水洗机械分离禽肉。一般来说,机械分离禽肉一个部分要用 3 种洗涤液。Yang 和 Froning[52]将自来水、0.1 mol/L 的氯化钠、磷酸钠(离子强度＝0.1)或 0.5% 碳酸氢钠作为洗涤溶液,研究水洗 pH 以及搅拌时间的影响。结果表明,随着搅拌时间和 pH 的增加,更多的血红素色素和可溶性蛋白被去除;pH 7～8,搅拌 20 min,能获得最佳浓度的肌原纤维蛋白。

洗涤肉的最终组分表明,脂肪含量大大降低,而洗涤过程中总蛋白质和胶原蛋白含量增加(表 14.2),后来 Yang 和 Froning[54]开发了一个筛选过程,以减少洗涤肉胶原蛋白含量。该过程也大大地减轻和降低了红度。事实上,洗涤肉外观与白肉相似。

表 14.2　不同方案水洗的生/熟机械分离鸡肉的水分、脂肪、蛋白质和胶原蛋白含量

水洗方案	水分/%	蛋白质/%	脂肪/%	胶原/(mg/g 干物质)
生肉				
不水洗	68.1[d]	46.6[a]	14.5[b]	67.8
自来水	84.4[a]	74.2[b]	1.2[c]	109.3
0.1 mol/L NaCl	85.8[c]	74.8[b]	1.1[c]	116.6
磷酸钠缓冲液	87.8[b]	70.1[c]	1.3[c]	156.6
0.5% NaHCO₃	88.7[b]	71.2[c]	0.8[c]	142.6
熟肉				
不水洗	75.5[a]	45.6[a]	9.9[a]	68.6
自来水	83.7[c]	59.4[c]	1.6[b]	109.3
0.1 mol/L NaCl	84.3[a,c]	68.6[b]	0.5[c]	102.9
磷酸钠缓冲液	86.1[b,c]	69.8[b]	0.6[c]	111.4
0.5% NaHCO₃	86.7[b]	67.9[c]	0.7[c]	131.2

a～c 同一列数据不同上标者,表示差异显著($P<0.05$)。

洗涤机械分离禽肉的最大优势之一或许是其特殊的质构特性。Yang 和 Froning[53]发现,与未洗涤的对照组相比,洗涤的机械分离鸡肉质地改善(表 14.3)。通过洗涤,硬度、胶着性、

弹性和咀嚼性均显著增加。熟的洗涤机械分离肉在扫描电子显微镜下可见肉的凝胶有致密的纤维蛋白网。

虽然鱼肉加工业在市售鱼糜类鱼肉类似物方面取得很了大成功，但禽肉工业还没有利用这项技术。值得关注的是，耗水量和脂肪的去除都可能成为环境问题。不过，水可能会使用反渗透超滤等技术回收。脂肪利用率需要加以解决。洗涤过程中另一个值得关注的是报道过的脂质过氧化的增加[55]。

表 14.3　经自来水、磷酸钠缓冲液、NaHCO₃ 溶液或 NaCl 溶液清洗的机械去骨鸡肉的 TPA 值

水洗方案	硬度/kg	黏聚性	胶着性/kg	弹性/mm	咀嚼性/kg
不水洗	1.5ᵃ	0.74	1.1ᵃ	8.9ᵇ	9.6ᵃ
自来水	2.5ᶜ	0.70	1.8ᶜ	9.0ᵇ	15.8ᶜ
0.1 mol/L NaCl	2.5ᶜ	0.70	1.8ᶜ	9.3ᶜ	16.4ᶜ
磷酸钠缓冲液	2.0ᵇ	0.71	1.4ᵇ	9.4ᶜ	12.9ᵇ
0.5% NaHCO₃	1.7ᵃ	0.75	1.3ᵇ	9.3ᶜ	12.3ᵇ

ᵃ~ᶜ同一列数据不同上标者，表示差异显著（$P<0.05$）。

14.10　家禽产品中的应用

机械分离禽肉已被广泛应用于乳化和重组肉制品，包括法兰克福肠、博洛尼亚肠、早餐肠、鸡块、烤肉等（图 14.4）。有些产品是几个不同种类肉的混合物。它的使用需要良好的质量保证准则，以避免酸败。去骨部分应该是新鲜的，并在接近冰点的温度（2～21℃）进行。机械分离禽肉必须在分离后 1（未冻结）或 90 d（冷冻储藏）内投入加工。

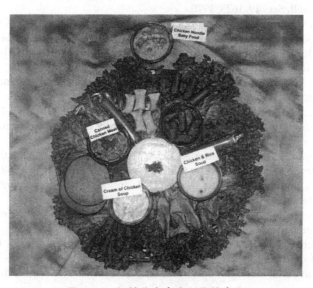

图 14.4　机械分离禽肉制作的食品

14.11 小 结

机械分离禽肉提供了一种经济的肉源,用途广泛。随着机械去骨设备的改进和更好的质量保证,它为我们饮食中禽肉的普及做出了重大的贡献。机械剔骨设备仍需改进,它制约着最终机械分离禽肉的骨髓量。可以调整传统剔骨设备降低产率并用色度计监测肉的颜色,来降低机械分离禽肉中的血红素和其他有害骨髓组分。禽肉加工业必须在蛋白质功能、风味稳定性和颜色等质量与产量之间取得平衡。

参 考 文 献

1. Froning, G. W., Mechanical deboning of poultry and fish, *Adv. Food Res.*, 27, 109, 1981.
2. United States Department of Agriculture (USDA), Food Safety Inspection Service, Proposed rules, *Fed. Regist.*, 59, No. 233, December 6, 1994.
3. Federal Register (Title 9 CFR 318 meat inspection; 9 CFR 319 meat inspection and standards of identity; 9 CFR food labeling, poultry and poultry products, standards of identity). Food Safety Inspection Service, U.S. Department of Agriculture, Washington, D.C.
4. D.D.C. Civil Action No. 93–0104.
5. Murphy, E. W., Brewington, C. R., Willis, B. W., and Nelson, M. A., *Health and Safety Aspects of the Use of Mechanically Deboned Poultry, Food Safety and Quality Service*, U.S. Department of Agriculture, Washington, D.C., 1979.
6. Froning, G. W., Mechanical deboning of poultry and fish, *Adv. Food Res.*, 110, 147, 1981.
7. Froning, G. W. and Johnson, F., Improving the quality of mechanically deboned fowl meat by centrifugation, *J. Food Sci.*, 38, 279, 1973.
8. Wallace, M. J. D. and Froning, G. W., Protein quality determination of bone residue from mechanically deboned chicken meat, *Poult. Sci.*, 58, 333, 1979.
9. Young, L. L., Composition and properties of animal protein isolate prepared from bone residue, *J. Food Sci.*, 41, 606, 1976.
10. Schnell, P. G., Vadehra, D. V., Hood, L. R., and Baker, R. C., Ultra-structure of mechanically deboned poultry meat, *Poult. Sci.*, 53, 416, 1974.
11. Froning, G. W., Poultry meat sources and their emulsifying characteristics as related to processing variables, *Poult. Sci.*, 49, 1625, 1970.
12. Grunden, L. P., MacNeil, J. H., and Dimick, P. S., Poultry product quality: Chemical and physical characteristics of mechanically deboned poultry meat, *J. Food Sci.*, 37, 247,1972.
13. Essary, E. O., Moisture, fat, protein and mineral content of mechanically deboned poultry meat, *J. Food Sci.*, 44, 1070, 1979.
14. MacNeil, J. H., Mast, M. G., and Leach, R. M., Protein efficiency ratio and levels of selected nutrients in mechanically deboned poultry meat, *J. Food Sci.*, 43, 864, 1978.
15. Froning, G. W., Arnold, R. G., Mandigo, R. W., Neth, C. E., and Hartung, T. E., Quality and storage stability of frankfurters containing 15% mechanically deboned turkey meat, *J. Food Technol.*, 36, 974, 1971.
16. Babji, A. S., Froning, G. W., and Satterlee, L. D., The protein nutritional quality of mechanically deboned poultry meat as predicted by C-PER assay, *J. Food Sci.*, 45, 441, 1980.
17. Satterlee, L. D., Froning, G. W., and Janky, D. M., Influence of skin content on composition of mechanically deboned poultry meat, *J. Food Sci.*, 36, 979, 1971.
18. Essary, E. O. and Ritchey, S. J., Amino acid composition of meat removed from boned carcasses by use of a commercial boning machine, *Poult. Sci.*, 47, 1953, 1968.
19. Hsu, H. W., Sutton, N. E., Banjo, M. O., Satterlee, L. D., and Kendrick, J. G., The C-PER and T-PER assays for protein quality, *Food Technol.*, 32(12), 69, 1978.
20. Moerck, K. E. and Ball, H. R., Jr., Lipids and fatty acids of chicken bone marrow, *J. Food Sci.*, 38, 978, 1973.
21. Froning, G. W., Characteristics of bone particles from various poultry meat products, *Poult. Sci.*, 58, 1001, 1979.

22. Murphy, E. W., Brewington, C. R., Willus, B. W., and Nelson, M. A., *Health and Safety Aspects of the Use of Mechanically Deboned Poultry, Food Safety and Quality Service*, U.S. Department of Agriculture, Washington, D.C., 1979.

23. McMahon, E. F. and Dawson, L. E., Effects of salt and phosphates on some functional characteristics of hand and mechanically deboned turkey meat, *Poult. Sci.*, 55, 573, 1976.

24. Mayfield, T. L., Hale, K. K., Rao, V. N. M., and Angels-Chacon, I. A., Effects of levels of fat and protein on the stability and viscosity of emulsions prepared from mechanically deboned poultry meat, *J. Food Sci.*, 43, 197, 1978.

25. Orr, H. L. and Wogar, W. G., Emulsifying characteristics and composition of mechanically deboned chicken necks and backs from different sources, *Poult. Sci.*, 58, 577, 1979.

26. Froning, G. W., Satterlee, L. D., and Johnson, F., Effect of skin content prior to deboning on emulsifying and color characteristics of mechanically deboned chicken back meat, *Poult. Sci.*, 52, 923, 1973.

27. Schnell, P. C., Nath, K. R., Darfler, J. M., Vadehra, D. V., and Baker, R. C., Physical and functional properties of mechanically deboned poultry meat as used in the manufacture of frankfurters, *Poult. Sci.*, 52, 1363, 1973.

28. Acton, J. C., Composition and properties of extruded, texturized poultry meat, *J. Food Sci.*, 38, 571, 1973.

29. Lampila, L. E., Froning, G. W., and Acton, J. C., Restructured turkey products from texturized mechanically deboned turkey, *Poult. Sci.*, 64, 653, 1985.

30. Dhillon, A. S. and Maurer, A. J., Stability study of comminuted poultry meats in frozen storage, *Poult. Sci.*, 54, 1407, 1975.

31. Froning, G. W. and Janky, D. M., Effect of pH and salt preblending on emulsifying characteristics of mechanically deboned turkey frame meat, *Poult. Sci.*, 60, 1206, 1971.

32. Froning, G. W., Effect of chilling in the presence of polyphosphates on the characteristics of mechanically deboned fowl meat, *Poult. Sci.*, 53, 920, 1973.

33. Lyon, B. G., Lyon, C. E., and Townsend, W. E., Characteristics of six patty formulas containing different amounts of mechanically deboned broiler meat and hand-deboned fowl meat, *J. Food Sci.*, 43, 1656, 1978.

34. Lyon, C. E., Lyon, B. G., and Townsend, W. E., Quality of patties containing mechanically deboned broiler meat, hand deboned fowl meat, and two levels of structured protein fiber, *Poult. Sci.*, 57, 156, 1978.

35. Lyon, C. E., Lyon, B. G., Townsend, W. E., and Wilson, R. L., Effect of level of structured protein fiber on quality of mechanically deboned chicken meat patties, *J. Food Sci.*, 43, 1524, 1978.

36. Janky, D. M., Riley, P. K., Brown, W. L., and Bacus, J. N., Factors affecting the stability of mechanically deboned poultry meat combined with structural soy protein emulsions, *Poult. Sci.*, 56, 902, 1977.

37. Uebersax, K. L., Dawson, L. F., and Uebersax, M. A., Influence of "CO_2-snow" chilling on TBA values in mechanically deboned chicken meat, *Poult. Sci.*, 56, 707, 1977.

38. Uebersax, K. L., Dawson, L. F., and Uebersax, M. A., Storage stability (TBA) and color of MDCM and MDTM processed with CO_2 cooling, *Poult. Sci.*, 57, 670, 1978.

39. Cunningham, F. E. and Mugler, D. J., Deboned fowl meat offers opportunities, *Poult. Meat*, 25, 46, 1974.

40. Mast, M. G., Jurdi, D., and MacNeil, J. H., Effects of CO_2-snow on the quality and acceptance of mechanically deboned poultry meat, *J. Food Sci.*, 44, 364, 1979.

41. Dhillon, A. S. and Maurer, A. J., Quality measurements of chicken and turkey summer sausages, *Poult. Sci.*, 54, 1263, 1975.

42. Dimick, P. S., MacNeil, J. H., and Grunden, L. P., Poultry product quality carbonyl composition and organoleptic evaluation of mechanically deboned poultry meat, *J. Food Sci.*, 37, 544, 1972.

43. Johnson, P. G., Cunningham, F. E., and Bowers, J. A., Quality of mechanically deboned turkey meat: Effect of storage time and temperature, *Poult. Sci.*, 53, 732, 1974.

44. Janky, D. M. and Froning, G. W., Factors affecting chemical properties of heme and lipid components in mechanically deboned turkey meat, *Poult. Sci.*, 54, 1378, 1975.

45. MacNeil, J. H., Dimick, P. S., and Mast, M. G., Use of chemical compounds and rosemary spice extract in quality maintenance of deboned poultry meat, *J. Food Sci.*, 38, 1080, 1973.

46. Moerck, K. E. and Ball, H. R., Lipid oxidation in mechanically deboned chicken meat, *J. Food Sci.*, 39, 876, 1974.

47. Lee, L. M., Surimi process technology, *Food Technol.*, 38(1), 69, 1984.

48. Lanier, T. C., Functional properties of surimi, *Food Technol.*, 40(3), 107, 1986.

49. Ball, H. R., Jr., Surimi processing of MDPM, *Broiler Ind.*, 51(6), 62, 1988.

50. Dawson, P. L., Sheldon, B. W., and Ball, H. R., Jr., Extraction of lipid and pigment components from mechanically deboned chicken meat, *J. Food Sci.*, 53, 1615, 1988.

51. Dawson, P. L., Sheldon, B. W., and Ball, H. R., Jr., A pilot washing procedure to remove fat and color components from mechanically deboned chicken meat, *Poult. Sci.*, 68, 749, 1989.

52. Yang, T. S. and Froning, G. W., Effects of pH and mixing time on protein solubility during the washing of mechanically deboned chicken meat, *J. Muscle Foods*, 3, 15, 1992.

53. Yang, T. S. and Froning, G. W., Selected washing processes affect thermal gelation properties and microstructure of mechanically deboned chicken meat, *J. Food Sci.*, 57, 325, 1992.

54. Yang, T. S. and Froning, G. W., Changes in myofibrillar protein and collagen content of mechanically deboned chicken meat due to washing and screening, *Poult. Sci.*, 71, 1221, 1992.

55. Dawson, P. L., Sheldon, B. W., Larick, D. R., and Ball, H. R., Jr., Changes in the phospholipid and neutral-lipid fractions of mechanically deboned chicken meat due to washing, cooking, and storage, *Poult. Sci.*, 69, 166, 1990.

第 15 章

禽肉的盐水添加、煮制、腌制

Douglas P. Smith, James C. Acton

刘登勇　邵俊花　译

15.1　引　言

　　消费者对更快捷和易于准备的肉制品的需求以及禽肉工业的一体化和发展,为增值产品提供了一个日益发展的市场。在美国,早在 20 世纪 50 年代,少数禽肉深加工的生产者们已经开始生产盐水添加肉,这种操作方法在 20 世纪 70 年代末和 80 年代初就开始广泛流行。为适应快餐业对于鸡肉产品的需求,盐水添加禽肉制品在 20 世纪 80 年代中期得到广泛发展。深加工产品的总体增长见表 15.1。由于消费者的需求多种多样,禽肉生产者们得以向不同类型的市场网点提供产品。更多的去骨肉被生产出来供给快餐业市场,这种肉大部分是商业化的盐水添加和熟制肉。禽肉成品经由消费者可以购买到终产品的渠道推向市场终端,但在最终呈献给消费者之前,许多禽肉产品还要经历修整、预制或煮制。预制的内容包括盐水添加、腌渍、烟熏,现在相当一部分的产品在最后销售之前还会经过煮制。

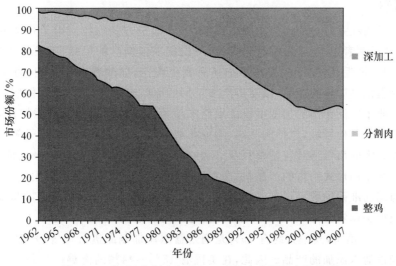

图 15.1　整鸡、分割肉和深加工鸡肉在美国的市场份额

(数据由 National Chicken Council 提供,Washington D.C.)

　　消费者的需求已经影响到了禽肉工业。在图 15.2 中显示,与 1997 年相比,2007 年更多的肉鸡投入去骨鸡胸肉市场中。市场上初分割和整禽的销售量下降,这导致整鸡胴体重量开

　　译者注:本节中原料肉的盐水添加仅用于生产过程,添加盐水后的鲜肉不作为产品销售。

始增加以提供更多的鸡胸肉。1997 年,在存栏量为 375 亿只的情况下,出栏 78 亿只整鸡;2007 年,在存栏量为 492 亿只的情况下,出栏 49.2 亿只整鸡。虽然整鸡的数量在 2008 年和 2009 年之间产量下降,但是平均鲜重却在增长,以满足市场对于去骨肉的需求,多数肉在到达消费者之前是经过盐水添加、热加工,或者两者皆有。

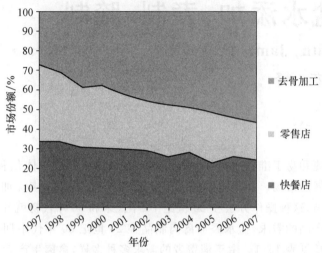

图 15.2　1997—2007 年美国肉鸡销售的市场形势
(数据由 National Chicken Council 提供,Washington,D.C.)

15.2　盐 水 添 加

15.2.1　背景

　　盐水添加是指在煮制之前向肉中添加汁液,这种加工方式已经使用了几个世纪。将原料肉浸渍在醋、油或两者中,与各种香辛料混合,可以提高肉制品的风味,延长货架期(至少可以掩盖不良气味)。最近,研究证实盐水添加还有其他优点,如改善产品功能,为加工者提高产量。向消费者提供高质量的产品,以及提高加工厂的原料肉产量,这些已经促使盐水添加成为一种在禽肉工业中广泛传播的加工手段。虽然本章着重探讨肉鸡的盐水添加,但盐水添加也同样应用在市场的其他领域,包括淘汰鸡、考尼什鸡和其他家禽如火鸡和鸭子等[1-6]。

　　盐水添加禽肉的市售形式包括整只家禽、分割肉、去骨肉、斩拌碎肉以及其他形式的禽肉。一些以原料盐水添加形式销售的产品,也会在零售商卖出前或者消费者食用前进行盐水添加。盐水添加禽肉制品准确的数字很难确定,但是可以从 1997 年的肉鸡产品市场调查中得出一些可估计值。根据美国农业部(USDA)国家农业统计局的数据,超过 80 亿 lb 的可食用肉鸡中,约 70% 在美国本土销售,其中大约有 15% 是通过盐水添加制品进行销售,其他 29% 既有盐水添加也有不经过盐水添加的产品。因此,在美国有 15%~44% 的肉鸡产品是商业化的盐水添加制品。1997 年以来,加工产品的销售持续增长,加上其他以原料销售的产品,以及盐水添加制品在零售快餐行业和消费者家中消费,以上因素促使美国的盐水添加产品在肉鸡产业中的比例超过 50%。

　　译者注:美国在鸡肉中进行盐水注射而后进行生鲜销售是允许的,本书只是尊重于原著者进行了翻译。对于此部分相关技术的使用应遵循中国生鲜鸡肉相关规定。

15.2.2　优点和效益

技术评论[7,8]和贸易杂志[9-12]上有详细的关于肉的盐水添加加工工序、机械设备,特别是进口产品的适用性方面的报道。大量机械设备应用到禽肉产品特别是肉鸡的盐水添加生产中。盐水添加能提高禽肉品质,为加工者提高收益,这两方面基本以相同的方式完成,即提高肌肉组织内部的化学结合水,这些化学结合水来源于肌肉本身或者腌制过程中添加的水分。肉结合水的能力叫持水力。较高的持水力等同于多汁、宜人的感官感受和肉品质的全方位提高。从加工者角度来说,增加持水力等同于增加产率或者说将水卖成肉的价格[13,14]。其他优点包括通过添加香辛料和调味料以降低存储过程的酸败程度并提高风味。制品的外观也可以通过盐水或盐水中香辛料或调味品的染色作用得到改善。含各种各样成分的盐水也可以改善嫩度,尤其是其基本成分磷酸盐、食盐、氯化钙以及木瓜蛋白酶[15-17]。

盐水添加是如何影响肉的结构呢?为什么反过来又能增加持水力呢[7-9,18]?禽肉本身含有约 75％的水。禽肉本身结构中含有许多细长平行的肌纤维或者是肌肉细胞,这些细胞被结缔组织所包围(主要是胶原蛋白),这样的结构能够吸收盐水中的液体并将这些盐水保存在肌肉组织中。在蛋白质结构水平上,一些带电荷的肌肉蛋白(肌原纤维蛋白和可收缩的蛋白)能够吸引、束缚或"保持"住水分。肌纤维周围的胶原蛋白可能也有一些能够结合水的带电位点。盐水中的食盐和磷酸盐能够增加带电位点的数量,实际上,通过排斥、部分展开或打开蛋白质分子之间的空间,使更多的结合水的位点暴露,这主要归功于食盐和磷酸盐的离子特性。此外,调整肌肉纤维周围液体的 pH 偏向碱性(通过碱性磷酸盐)也能够提高蛋白质之间的空间序列,利于提高持水能力。可用于食品的磷酸盐有很多种,这些磷酸盐具有不同的提高蛋白质水合作用的能力。商业化禽肉工业中,最常用的是三聚磷酸钠(STP)[19]。三聚磷酸钠的主要优点在于便利的散装粉末形式(易于运输还相当便宜)以及提高蛋白质持水的能力。

商业化肉鸡制品的典型盐水添加配方是 90％水、6％食盐(氯化钠)、4％三聚磷酸钠,这个配方能够增加生肉 10％的重量,但是增加到 15％就不合法了。这是因为 USDA 规定在终产品中总磷酸盐不得超过 0.5％(5 000 mg/kg),产品增重多,就要求盐水中的磷酸盐含量少。正如上文提到的,也可以添加许多其他成分来改善风味、颜色、外观和微生物保护(货架期和病原体保护)。通常盐水添加是先将磷酸盐加入到冰水中,在其他成分加入前迅速搅拌几分钟,否则一旦食盐和其他成分加入后溶解度较低的磷酸盐可能不溶解。

禽肉的商业盐水添加产品已经被 PQC 批准和控制,这是一个公司根据 USDA 的 FSIS 的指导方针编写的程序。USDA 的检查人员监测盐水添加操作和任何需要改进的地方,并控制产品以防偏差。HACCP(GMP 的一部分)在盐水添加食品的存储方面已经将 PQC 取代了,但仍然保留其总的功能。一般来说,盐水添加食品绝对不能超出标签上标注的成分。盐水添加增加的重量定义为盐水添加后的重量减去原来的重量,再除以原来的重量并乘以100％。一部分这样增加的重量容易在深加工或烹饪之前流失,称之为失水率(或者是滴水损失)。失水率的计算方法是盐水添加的重量减去最终产品的重量,再除以盐水添加的重量,然后乘以 100％。一个类似的方法可以修改应用于决定蒸煮损失,通过将盐水添加的重量代替成蒸煮后的重量,煮前的重量代替为最终产品的重量。蒸煮操作最重要的计算方式就是蒸煮损失,即蒸煮之前原料肉的重量减去蒸煮之后产品的重量。如前所述,依据法律,加工者要考虑的非常重要的一点是最终产品(蒸煮后)磷酸盐含量不能超过 0.5％,因此,决定蒸煮过的产品是否符合要求就要乘以 0.005(或 0.05％),然后和原始盐水添加中磷酸盐的添加量进行比较,如果终产品磷酸盐的添加量远高于原料肉所需要的添加量,则产品需要在标准之内。

$$盐水增重=盐水添加量-初始重×100/初始重$$
$$滴水损失=盐水添加量-产品重×100/盐水添加量$$
$$蒸煮损失=煮后重-煮前重×100/煮后重$$
$$出品率=煮后重/初始重×100$$

磷酸盐含量:

$$煮后重量×0.005=A$$
$$添加的磷酸盐总量=B$$

若 A>B 或 A=B,则符合标准;若 A<B,则超标。

$$产品中的磷酸盐含量=B/煮后重量×100$$

含磷酸盐的腌制液配方(原料):

$$[(100+泵型)×最终磷酸盐浓度(以小数计)]×100/泵型$$

含磷酸盐的腌制液配方(蒸煮完成):

$$预期产品煮后的重量×最终磷酸盐浓度(以小数计)×100/泵型$$

在家禽工业中,有许多产品是盐水添加食品。包括零售的生的整鸡、鸡肉或火鸡,生的或者是冷冻的分割肉,新鲜的或冷冻的肉片、嫩化肉或鸡块,新鲜或冷冻的肉饼和肉块,这些产品中有些可能已经经过热加工或完全蒸煮过。一些具体的产品包括冻整火鸡、电烤鸡、热翅、裹面的和加工过的肉片和肉块、鸡肉饼、午餐肉、烤火鸡肉、冷盘、炸鸡、火鸡或鸡肉派等以及许多其他产品。美国销售的许多生鸡肉,在蒸煮或卖给消费者之前会被经销商(零售商)进行盐水添加。盐水添加过程通常经过浸泡,也有应用小的滚揉机来对有骨部位或肌肉部位盐水添加的,后续通常要接着进行熟制。最大的以销售鸡肉为主的快餐公司现在开始购买盐水添加制品并且准备自己公司内部的盐水添加计划。

15.2.3　盐水添加技术

15.2.3.1　腌渍或静止盐水添加

商业上盐水添加的方法有几种,最简单最原始的方法就是腌渍,或者称为静止盐水添加。将肉放置在容器中,加入腌制液,混合物至少放置 24 h。放有产品的容器一般存放在冷藏室(低于 4.4℃)里。这种加工方法的优点是方法简便,成本低,带皮产品的皮层黏附性好,能够生产小批量和特殊产品。缺点是杂物掉在容器中会造成污染或微生物的生长,肉吸收的盐水不均一,对制冷空间、容器的要求高以及会额外耗费的装载和取下货物的劳力成本。禽肉浸泡的早期工作是将磷酸盐加入到冷水中来提高肉的持水能力[20,21]。腌制预冷胴体、有骨的部位和去骨肉提高了肉品质和产量[22-27]。对静止腌制进行改进的方法为:搅动盐水中的产品来提高浸泡增重和蒸煮产量[28]。

15.2.3.2　搅拌

搅拌与滚揉相似,但是搅拌一般应用于制备切碎再成型产品的肉片或粗的碎肉(图 15.3)。搅拌机内部的带形的浆可以搅拌肉和腌制液,有时在搅拌过程中也向混合物中注射二氧化碳或其他冷却剂。优点是能够很好地控制加工过程,包括冷却剂注射以及混合好于滚揉。搅拌机价格昂贵,并且不适用像有骨部位或带皮肌肉这样的产品。碎肉或切碎再成型产品的腌制,尤其是经过搅拌所生产的产品具有与浸泡方法相似的优点,终产品的功能性和产率都能提高[29-33]。

图 15.3　用于将小块肉、盐水和其他腌制剂混合的真空搅拌机
(由 CFS, Inc.提供)

15.2.3.3　滚揉

广泛使用的商业化盐水添加方法是滚揉。将容量为 2 000～8 000 lb 的滚筒放置在滚轮上,以使滚筒旋转(图 15.4)。旋转速度能够调整,大部分滚揉机内部有浆,用以提高对内容物的搅拌能力。滚筒内壁有夹层,以便在滚揉时使用制冷剂冷却产品,有些设计成向产品中直接注射二氧化碳来控制温度。转桶的门是密封的,这样可以提供真空度,来增加盐水的吸收率。滚揉机的操作很简单,肉和盐水都放在转桶中,同时盐水还通过一个泵或者真空管道的装置自动加入到转桶中。为了保证最好的增重量和品质,一般装满滚揉机容量的 1/2 或 2/3,这取决于设备和/或产品。然后关闭转桶进行设置(真空度、转速、滚揉时间和冷却剂的应用)。滚揉的优点在于大批量的生产、盐水的快速吸收(20 min)以及可以对各种物料(无皮的、有皮的、有骨的、切片的)进行滚揉。滚揉不适于一些易碎的产品(嫩化鸡肉)或者那些皮较松的产品。起初设备的消耗可能较为昂贵,包括配件的装载和安装。与静止盐水添加进行比较,滚揉搅拌能够以较快的速率增加原料中盐水的增重,但是这些吸收的较多水分将会在烹饪过程中流失[34,35]。滚揉产品在一个批次的产品中同样表现出不一样的盐水吸收率[36]。总而言之,滚揉具有盐水添加的所有好处[37-39],而且这种加工方法对于一些大量的商业化的操作较为经济有效。

图 15.4　用于将大块肉、盐水和其他腌制剂混合的真空滚揉机
(由 CFS, Inc.提供)

15.2.3.4　机械注射

以机械手段进行盐水的注射是盐水添加的另一种方法。火鸡加工者最早使用人工单针头注射,将盐水手动泵入火鸡的胴体内。新的自动的系统包括传送装带,将肉传送至通道内,通道内的十字形密集针头下降到肉内部(图15.5)。中空的针头刺入肉内,将盐水通过针头一侧的小孔注入。每一个针头有一个独立的悬挂系统防止穿透骨头。盐水的注射量一般取决于泵的压力和传送带的速度。

注射器在肉和家禽工业中广泛使用,这种方法尤其适用于整禽、有骨和带皮的部位(图15.6)。生产线的速度较快,平均速度为10 000 lb/h 或者更快。注射器不能充分将

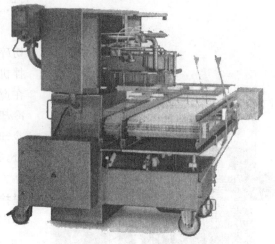

图 15.5　针孔盐水注射机
(由 CFS, Inc.提供)

盐水添加到剁碎后再成型的产品,也不能注射含有大量固体颗粒的盐水(可能会使针头堵塞)。和其他方法相比,注射也会使产品有更多的滴水损失。一些加工者在淋干和包装或煮制之前,将从注射器处收集的产品进行短暂浸泡,吸收盐水。在早期研究中,这种技术是模仿手工方式,用针头和注射器把盐水注射到肉中[40-42]。后来,其他研究人员使用在商业市场中可用的自动注射器[43-46]。注射盐水改善产品的效果与静止盐水添加相似[47,48]。有研究应用滚揉后注射使盐水添加量达到最大[49]。

图 15.6　注射针孔穿透鸡腿
(由 CFS, Inc.提供)

15.2.4　加工问题

总的来说,盐水添加是一个非常好的提高禽肉品质的方法,但盐水添加加工也会存在一些常见问题。在盐水添加过程中,产品的某些成分会超出标签标注的比率。同一批产品的同一块或几块的增重不一致,在风味和多汁性上产生可以感知的变化。配方错误和无法预见的蒸煮损失可能会导致在最终产品中超过0.5％磷酸盐的标准。一些较为敏感的消费者会发觉并拒绝这样的产品,即使磷酸盐含量较低,消费者也会抱怨有苦味和干涩的口感。使用合适的配

方以及每一步都确保盐水的均一使用可以缓解这一问题,包括随后书写 GMP 和使用统计方法控制。盐水添加可能导致表面的病原体进入肉的无菌内部,这也引起了新的关注。正确的烹饪保证适宜的内部中心温度能减少这一潜在问题,但这一问题在市售的盐水添加生肉中仍然会存在。但是,消费者认识到了肉品质的提高,加工者认识到了收益的增加,这些足以保证盐水添加制品将会继续生产和销售。

15.3　煮　　制

15.3.1　背景

有史以来,肉,包括禽肉,多多少少都会进行蒸煮或热加工。利用火来烹饪或者利用烟熏肉,利用阳光来晒干肉产品,已经成为了人们生存和文化习惯的一部分。热加工的优点是明显的,与食用生肉相比,经常食用熟肉的消费者或许很少生病,因为病原体被破坏了。而且,肉的保存时间也更长,品质也得到改善(虽然食用生肉者一开始可能不会喜欢这种新的风味、质构以及颜色)。蒸煮对肉品质的负面作用可能造成一些营养素的损失以及形成一些致诱变的化合物[50,51]。有趣的是,蒸煮前进行盐水添加可以降低煮制禽肉的诱变剂含量[52]。

传统的商业的禽肉加工最初只供应活的产品,而后是生的加工产品。唯一的例外就是罐头产品、午餐肉或者是熟肉产品(经常是火鸡)。现在,许多产品经过深加工或者蒸煮,一些零售快餐的消费者在店里只接受完全蒸煮后的家禽食品。对于禽肉产品,有各种各样的热加工方法呈现在消费者面前,从美国 16 000 家饭店的菜单上收集的方法见图 15.7。1999—2009年提供的蒸煮产品的类型没有太大的变化。然而,数据显示消费者期待不同的产品形式,这就改变了禽肉生产和蒸煮方法。过去 40 年,科学技术得到较快发展,在保证产品品质和产量的前提下可以安全快速的热处理大量的鸡肉产品。

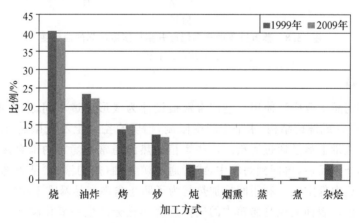

图 15.7　美国饭店菜单上各类鸡肉调理制品所占比例

(由 CFS, Inc.提供)

15.3.2　蒸煮方式

对禽肉产品进行热处理所用的介质(空气、蒸汽、油、水)是对不同蒸煮方式进行分类的一种方法。许多商业加工者根据这些加工方法运用串联式的烤箱或者炸锅来尽量使处理量最大化,加工的产品包括分割肉、整块肉以及碎肉重组肉产品。其他产品需要在不同条件下批量加工,如罐头产品、用锅煮的整鸡、烟熏或者是腌渍的产品(详见下一章)。对于大量生产禽肉产品并销往饭店或者是零售而言,串联式的烤箱或者是炸锅对商业化的禽肉加工更适宜。

干热蒸煮方式(如烧烤)相对于湿热蒸煮方式(如烘焙)生产的产品更干燥,并且产量低。同样,高温快速的加热方法像油炸和焙烤能够生产水分稍高的产品,因为能够煮熟表面,留住汁液。盐水添加是一个常用的减少蒸煮损失的方法,同时提高收益和产品质量。

法律规定的禽肉制品巴氏杀菌的终点温度,完全蒸煮为71℃(USDA 对于商业加工者的标准)或者是74℃(FDA 对于零售加工者的标准)。但是,加工者一般会加工到一个稍微高一点的温度(75～77℃)来保证安全,以防止加工方式和加工产品的变化。除了安全以外,为保证盐水添加产品的产量而不超过终温太高也是非常重要的。随着产品温度和蒸煮温度逐渐接近加工设备(烤箱、炸锅、烤架内)的温度,产品的升温速度(每分钟上升的温度)也会逐渐降低(图15.8)。所以,产品的温度越接近加工温度,温度每增加1℃所需的时间越长。时间越长就越令人头疼,因为这也意味着产品湿度和产量损失的时间增加,尤其是干热蒸煮方式。这有利于解释快速加工方法中产品多汁的原因。

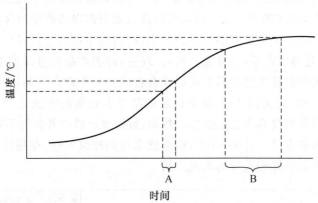

图 15.8　蒸煮过程中产品温度升高与所需时间的曲线图

(由 CFS, Inc.提供)

15.3.2.1　烤箱

烤箱在禽肉制品工业广泛使用。它们常常被设计为线形穿过车间,这样水平空间不受限制(图 15.9),或设计成螺旋结构,水平空间受限制,但竖直空间上不受限制(图 15.10)。产品在一个连续的传送带上运送通过烤箱。这些烤箱的热源通常是烤箱内部直接喷射的热空气,喷射的热气流离开产品后,再回到烤箱中,或者通过矿物油(热的液体)从外部间接加热,然后转移到烤箱内加热内部空气。利用间接加热是为了防止禽肉产品暴露于喷射的燃气中而使粉色或红色发生变色。表面变色是烤箱中的气体燃烧不充分产生一氧化碳(CO),CO 迅速与肌红蛋白结合形成粉红-红色颜色。适当的调整炉子喷嘴使氧气和燃气充分结合可以解决这一问题。而对于涂过盐水的熟禽肉,例如烤肉产品,是需要表面稍微变红的。

烤箱也可以利用蒸汽加热来替代先前的加热方法。一些烤箱使用冲击方式,即内部的鼓风机迫使热空气以很高的流速到达产品的表面。所有这些类型的烤箱都有控制器和传感器来监测温度和湿度,以有效的加热一系列的产品。这些产品包括烘烤、焙烤或者烘干的禽肉产品。许多油炸和全熟的产品现在是在油炸锅中部分油炸(不全熟),然后在烤箱中完成全熟,以使产量最大化,因为有部分产量会在油炸至全熟的过程中损失。

图 15. 9　Stein JSO-Ⅳ线型烤箱

（由 JBT Food Tech.提供）

图 15. 10　Stein GCO-Ⅱ螺旋式烤箱

（由 JBT Food Tech.提供）

图 15. 11　Stein TFF-Ⅳ带引擎的煎锅

（由 JBT Food Tech.提供）

15.3.2.2　油炸锅

商业化的油炸锅含有一个装热油的长桶,产品在连续的不锈钢传送带上输送至油锅(图 15.11)。热量传统上是通过煤气喷嘴的明火直接达到油炸锅的内壁,但是明火的安全性问题促使制造商生产了间接加热的油炸锅,使用热的矿物油(热的液体)在另一个房间中加热,然后用管道连接到炸锅中加热油。用来加热的油一般是食品级的植物油,主要包括大豆油、玉米油、菜籽油或者混合油。炸锅装有过滤装置来去除油中的杂质,这些杂质是产品的小碎片,会在油中保持很长时间并且燃烧,降低油的品质和产品的外观(如果黏附到产品上)。想要获得好的油炸产品,油的质量很关键,因为油的问题可导致终产品不好的外观、风味以及腐臭味。油炸产品通常是切碎然后裹上面包屑(有骨肉、全肉、肉块和肉饼)或者是不加面包屑加香料的鸡翅。小的和薄的原料可以在油锅中完全炸熟,但是大块的产品在短时间内是不能完全炸熟的,油炸只是固定面包层的质构、颜色和风味,然后转移到烤箱中继续热加工烤熟。

15.3.2.3 其他方法

其他方法在商业车间中不经常使用。有一种烤箱或者是烤板有一个热板,在传送带上方产品下方可以灼烧或者是完全煮熟薄的产品。小的烤箱已经设计出使用红外加热,特别是那些在饭店中为小部分顾客使用的烤箱。由于初期的成本和成批处理操作可能导致加热不均一,因而商业微波烤箱没有被广泛使用。蒸汽锅也可用于批量煮沸或者炖产品以及制造肉汤。蒸煮程序的一个不同方式是将烤箱应用于预包装产品,这是一种和罐头相似的方法,但需要一个更加适应性的包装。如一些零售的小包装食品和小袋军队即食餐(MRE)。热加工禽肉同样也可以进行冷冻干燥来获得更轻或更有营养的产品,并且拥有更长的货架期。烟熏室用作热加工整禽和一些乳化的条状食品(如弗吉尼亚香肠、博洛尼亚腊肠和得力肉卷)。

许多烹调方法均进行过相关的研究[53]。针对淘汰母鸡进行了一系列试验,研究了 2 种热加工方式对野味童子鸡和肉鸡嫩度的影响[1,3,24],淘汰家禽黑肉和考尼什鸡胸肉烟熏比烤的更嫩。使用相同方法加工的淘汰蛋鸡的白肌、考尼什鸡的红肉和肉鸡的红肉或白肉在嫩度方面没有明显差异。用蒸汽或水煮的方法加工带骨的鸡分割肉,结果表明蒸汽蒸煮能够获得更高的收益和更好的嫩度[47]。用烤箱烤和微波加热淘汰蛋鸡,产品的嫩度和产量不存在明显差异[17]。鸭胸肉通过煮沸比烤有着更高的蒸煮产率,煮制方式对于嫩度没有多大的影响[6]。

总而言之,许多加工方法能够生产即食家禽产品,大量不同的加工方法能够提供多种多样的消费者所需求的熟制品。热加工提高了产品的品质,虽然偶尔存在关于诱变因子和维生素损失的担忧。盐水添加的有时会减少这方面的问题,热加工上持续的科学研究也能够部分解决这一问题。如以前含骨的分割肉完全在炸锅中热加工(会产生大量的汁液损失和较高的氧化物),现在可以先在炸锅中预炸几秒钟,然后在有湿度的烤箱中煮熟,这样能够减少蒸煮损失和诱变因子的形成。科学研究对蒸煮技术的进步、裹面包渣肉糜配方的开发具有直接的贡献,提高了禽肉加工者的效益、产品质量和消费安全性。

15.4 腌 制

15.4.1 简介

禽肉深加工的发展有助于腌制的应用,腌制作为一种加工方法可以赋予产品独特的风味、颜色,还可以提高产品的安全性。随着消费者对分割禽肉需求的增加,人们开始从剩余的胴体骨架、脖子和背部等获取更多的类肉糜机械去骨肉。由于通过广泛地切碎整个组织来制备高度粉碎的肉是法兰克福香肠制作的起点,所以鸡肉和火鸡肉香肠也随着机械去骨肉的发展而逐渐发展起来。此外,机械去骨鸡和火鸡肉允许作为一种成分与猪肉和牛肉一起用来生产典型的红肉法兰克福香肠[54]。随着机械和人工胴体去骨技能的提升,胸肉、大腿肉、去皮全肉、肉块和肉片均可用来生产腌制产品,如禽肉火腿、五香熏牛肉以及腌制和烟熏的胸肉。另一类是由粗的无骨碎禽肉生产的产品,包括各种午餐食品,如萨拉米香肠和发酵夏香。如今,伴随着法兰克福香肠完全由家禽肉制成,这些腌腊食品在市场上原封不动的销售,或者部分销售,非常受消费者欢迎。

15.4.2　背景

早期,肉主要用盐来保存,盐能抑制微生物污染,还能通过对肌肉细胞的渗透作用使肉脱水。将盐大量涂抹在肉的表面,称为干腌。这种加工方式与老式的乡村腌制火腿的制作方法相似。早期的食盐不纯净,有一些红褐色,会导致肉变成红色,后来发现这种污染物是硝酸钠。18 世纪晚期,科学家发现硝酸盐还原菌能生成硝酸根离子,这是腌制反应中主要的活性物质。在干腌产品制作中可以使用硝酸盐,这些产品主要是非禽肉产品(除了一些土鸡肉干),除了硝酸盐,亚硝酸钠(或钾)也是允许使用的主要腌制原料,其使用量遵循 USDA 规定。最初允许使用亚硝酸盐作为腌制剂的规定是 1925 年发布的[55],随后对允许使用量进行了修订,到现在为止仍然有效并且适用于所有腌制类的禽肉产品以及其他肉类。以钠或钾形式存在的亚硝酸盐都可以使用,只要不超过产品中规定的使用量(香肠中,156 mg/kg 亚硝酸盐),以亚硝酸钠为标准进行计算。建立这类限定是为了减少亚硝胺致癌物的生成。除了降低亚硝酸盐的使用量,也可以通过添加抗坏血酸和异抗坏血酸形成还原的环境,来提高亚硝转化为一氧化氮(NO)的量,从而限制亚硝胺的生产。

除了亚硝酸盐,一些其他成分也应用于禽肉的腌制。几乎所有的腌制食品都含有食盐,食盐可以改善风味、蛋白质功能以及抑制微生物。食盐和亚硝酸盐是腌制的基本成分,其他原料包括各种还原剂,如抗坏血酸或异抗坏血酸(或者它们的钠盐),pH 改良剂,如磷酸盐、柠檬酸和葡萄糖酸,调味剂或增香剂,如糖、玉米糖浆、蜂蜜、水解蔬菜蛋白、自溶酵母、香辛料和调味品。现在,腌制类禽肉产品的生产和安全性取决于添加亚硝酸盐作为主要的防腐剂,此外还包括与真空或气调包装(MAP)和冷藏结合使用。

15.4.3　腌制的防腐作用

用亚硝酸钠腌制肉的最主要目的和优点是它能够抑制肉毒梭状芽孢杆菌的生长和毒素的产生。肉毒梭菌属是专性厌氧、革兰氏阳性、孢子繁殖的杆菌,广泛分布在土壤中[56],所以对于禽类的羽毛、皮肤和肠道具有潜在的污染。除罐头食品外,孢子对于普通的巴氏杀菌和蒸煮腌制产品的烹调加工具有较强的耐热性。肉毒梭菌属在生长过程中,会产生 A～G 几种类型的胞外毒素。其中 A 和 B 2 种类型与动物食品有关。毒素能影响身体的神经系统,麻痹肌肉,最终会导致呼吸衰竭或者心脏停搏死亡。在严重的症状发生之前使用抗毒素血清能提高存活率。

作为一种抗菌剂,亚硝酸盐的作用效果取决于 pH、盐浓度、温度以及污染程度等影响因素。它不会阻止梭状芽孢杆菌孢子发芽,但能抑制细胞生长速度。亚硝酸盐也能抑制其他菌体的生长,这可能是由于亚硝酸盐与 pH 或盐分的协同作用产生了阻碍菌体生长的副产物[57]。这种副产物的有效成分是亚硝酸,当液相 pH 升高时会迅速分解。当 pH 从 7 降至 6 时,亚硝酸盐的作用大约提升 10 倍,亚硝酸盐最有效的 pH 作用范围是 5.5～5.0[58]。通常认为亚硝酸盐可以通过以下机制发挥其抗菌作用,如与能量代谢中重要的铁硫蛋白发生作用、使过氧化氢酶失活以及通过 NO 作用于细胞色素。

真空包装禽肉制品的试验说明,类似产品在气调包装情况下,加入亚硝酸盐的包装效果更好。所有的禽肉腌制品的主要缺点是要大量的运用碱性磷酸盐来提高产品的功能性,磷酸盐的添加会削弱亚硝酸盐的抑菌作用。有关安全性和通过延缓微生物生长来延长货架期方面还需要进一步的研究和试验。

15.4.4 腌制对肉色和风味的影响

15.4.4.1 腌制色

腌制的最显著的视觉效果就是使熟制产品由粉色变成粉红色。原有的肌红蛋白及其氧化形式高铁肌红蛋白(也是血红蛋白的相应色素)最初转化成亚硝基血红蛋白,充分加热后,生成亚硝基血红素(图 15.12)。形成颜色的强度取决于原料中色素的浓度。禽类每克白肉含 0.1~0.4 mg 肌红蛋白,而每克黑肉含 0.6~2.0 mg 肌红蛋白。由于机械去骨肉含有一定量的骨髓,所以比相应的手工去骨肉的色素含量高[59],形成的颜色强度更高。由于 USDA 规定腌制禽肉产品的中心温度至少要达到 68℃,所以最终形成的色素是亚硝基血红素。

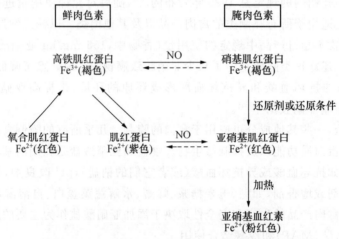

图 15.12 由硝酸钠或亚硝酸钠生成 NO 的反应途径

亚硝酸盐通过一系列反应生成 NO,而 NO 可以与肌红蛋白和高铁肌红蛋白发生反应(图 15.13)。NO 生成速率及其与球蛋白色素最终反应的主要影响因素是肉的 pH 和还原环境。

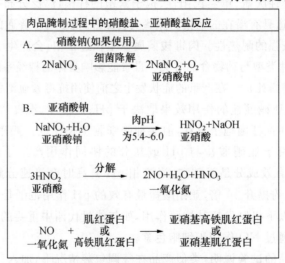

图 15.13 硝酸钠或亚硝酸钠形成 NO 的反应过程

宰后成熟的家禽肉的 pH 一般鸡胸肉在 5.7~5.9,红肉在 6.4~6.7[60]。最初,亚硝酸根离子的浓度与未解离共轭酸亚硝酸存在一个平衡。肉中轻微的偏酸环境会导致平衡向亚硝酸根离子转移,只产生少量的亚硝酸。但亚硝酸迅速分解产生 NO,因此就需要连续缓慢生成亚硝酸满足这一分解,结果 NO 不断地形成。通过添加还原剂如抗坏血酸钠和异抗坏血酸钠,可以增加亚硝酸盐生成的 NO。亚硝酸盐和抗坏血酸的反应路径是非常重要且复杂的[61],包含几种中间物质。通常认为生成了 2,3-氧化型抗坏血酸,并促进了硝基肌红蛋白的生成。此外,还原剂将高铁肌红蛋白还原为肌红蛋白,加快了腌制的速度。

如果产品包装得不好,亚硝基血红素就会迅速发生光分解,导致褪色或表面变色,形成浅灰色。光和氧在一系列反应中都起到关键作用,包括 NO 从血红素的卟啉环中心的铁原子上分解(图 15.14)。分解的 NO 可以自由地与卟啉环再结合,重新形成色素,从而使腌制产品的颜色从粉色变成粉红色。色素的重新形成受到有低氧交换速率薄膜的真空包装的青睐。分解下来的 NO 可以被氧气氧化,因此不能重新结合形成原来的色素[62]。很多褪色的发生都是由于多余的氧渗透到薄膜中,氧化血红素的中心铁离子(Fe^{2+})使之变成高铁血红素(Fe^{3+})。这一变化是肉眼可见的,因为产品的亮度增加,红度明显降低。当氧化条件很强时,高铁血红素也能被氧化,产品出现严重的漂白色。通过选用具有氧渗透速率为 15~17 cc/(m^2·24 h)

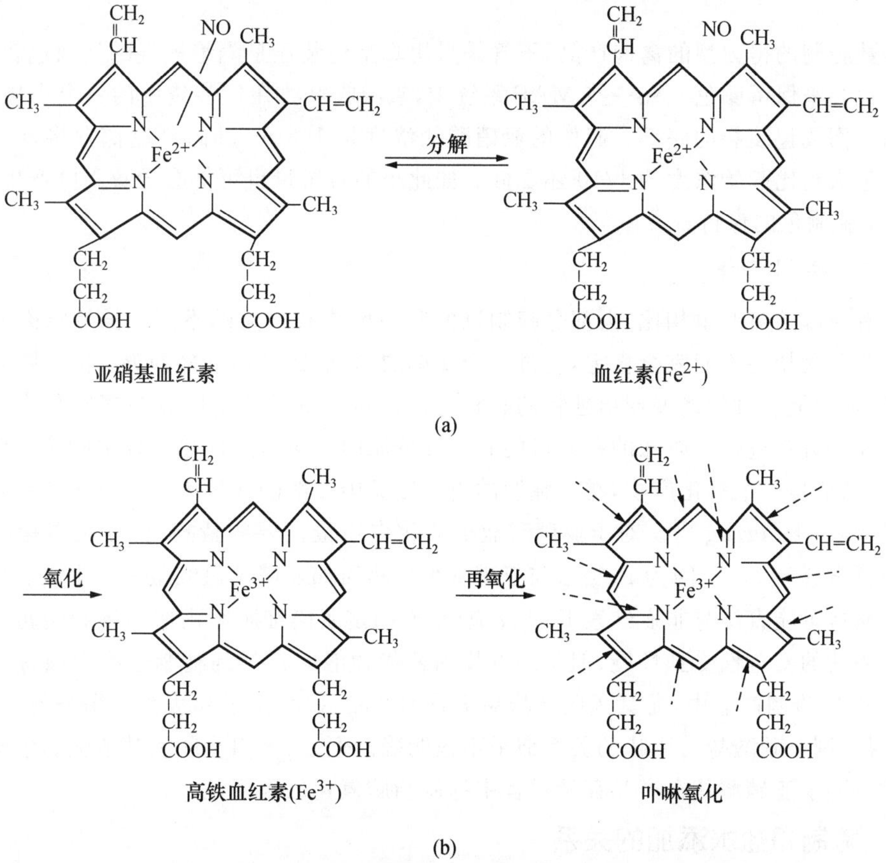

图 15.14　NO 从亚硝基血红素中分离出后导致产品褪色

(引自 Kartika,S.et al.1998.*Act.Rep.Res.Dev.Assoc*.51,293-299.经 Research & Development Associates for Mititary Food and Packaging Systems,Inc.,San Antonio,Tx 允许)

(23℃,相对湿度0%,1 atm;图15.5)的包装膜可以降低肉眼可见的亮度引发的褪色。

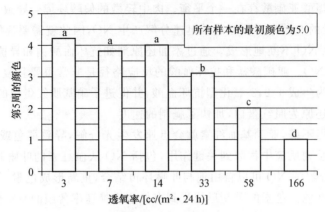

图15.15　不同透氧率膜真空包装的火鸡肉腊肠经5
周光照后的肉色(差异显著性水平 $P=0.05$)
(引自 Kartika,S.et al.1998.*Act.Rep.Dev.Assoc.*51,293-399.
经 Research & Development Associates for Military Food
and Packaging Systems,Inc.,San Antonio,Tx 允许)

　　大多数腌制的得力型的禽肉产品,不管是采用真空包装还是隔绝氧气的气调包装,都要使用适当的包装来保留颜色。在一些 MAP 系统中,氧吸收剂放在包装袋中的一个小袋中,固定在标签的下面或包装袋的底部。起始的亚硝酸盐浓度是 156 mg/kg,产品储存将近 1 周后的平均残留量大约比起始浓度的 1/10 还要低。如此小的残留量也可能会导致 NO 产生缓慢,而NO 有助于腌制色的保持。

15.4.4.2　腌制风味

　　与没有腌制的对照组相比,大部分腌制过的产品风味有很大的不同。虽然腌肉的风味来源是不是亚硝酸盐还不能完全肯定,通过一个简单的测试,比较切下来的鸡胸肉与腌制过的鸡胸肉,可以发现腌制过的肉展现出独特的感官特征。对于赋予腌制风味的挥发和非挥发性化合物的研究一直在进行。风味的差异可能有一部分原因是与后来加热过程中脂肪氧化速率降低有关,如己醛是一个氧化产物,在未腌制的鸡肉制品中一般的含量为 9.84 mg/kg,而腌制过含量的仅为 0.11 mg/kg[63]。对于亚硝酸盐抗氧化作用最主要的猜想是,亚硝酸盐能阻止含血红素的色素释放 Fe^{2+},因为 Fe^{2+} 参与亚硝基衍生物质如亚硝基血红蛋白的生成。另一个机理是亚硝酸盐可能直接与非血红素 Fe^{2+} 反应,从而稳定肌肉细胞膜内的不饱和脂肪酸。虽然过去亚硝酸盐的安全性受到怀疑,但是还没找到替代物能够参与到腌制过程中独特风味的形成[64]。在一些腌制产品中,尤其是用调味品增香的产品,如萨拉米和法兰克福香肠,一旦配方中使用食盐,则亚硝酸盐与风味的关系似乎不很明确。但是,禽肉香肠和其他腌制午餐类产品不易酸败说明了亚硝酸盐在产品存储过程中抑制脂肪氧化的重要性。

15.4.5　腌制和盐水添加的关系

　　产品的腌制加工,像整只火鸡或鸡、整块无骨胸肉以及大块、薄片状的火腿类产品都是在含有亚硝酸盐的“腌制盐水”里腌制。虽然腌制盐水是早期从厨房的盐水添加液中分离发展而来的,但它们有着共同的特点就是通过液体将主要的功能物质传递到肉组织中。整个胴体或整块无骨肉片通过以与盐水添加近似的方法被浸泡,亚硝酸盐和其他可溶腌制原料的分布也主要采用机械注射方式,因为这种方法更迅速,能使腌制液快速分布到组织中。对于重组和部分重组的产品,像由大腿和小腿的肉片做成的火腿和熏牛肉,腌制原料一般添加在滚揉机或搅拌机液体中。还有一些产品,如火鸡火腿的生产,大腿肉切片足够大,能够注射腌制盐水,接着在足量的腌制液中滚揉,以达到目标得率。

在制备粗的剁碎或磨碎的产品如萨拉米以及斩拌性好的产品如法兰克福香肠、博洛尼亚腊肠时,亚硝酸钠以颗粒状或粉末状与食盐预混,接着加入其他非肉原料。这些大量的腌制产品和非腌制的深加工产品的配方我们可以得到[65-74]。这些配方的使用可以改良,比如改变磨碎或切碎原料的程度,减小颗粒尺寸,使用不同的调味料,改变产品的直径、形状和成分。

15.4.6　腌制产品的蒸煮和烟熏

烟熏室与用来蒸煮大部分腌制禽肉产品的加工烤箱有关。现在的产品有可能不像过去一样烟熏,现在工业中提到的烟熏室是"加工烤箱"而不是过去的烟熏室。大多数产品被允许填到纤维素或人造肠衣中,如法兰克福香肠、萨拉米、火鸡火腿等,放在温度、湿度和气流速度都可以控制的烤箱中(图 15.16)或连续的流水设计(图 15.17)批量生产。这 2 种生产方式的加热介质都必须是空气,适度地调节循环空气的湿度能提高空气和产品表面的热交换。热传递的速度是由产品表面和中心温差决定的[75]。湿度,准确地说是湿球温度,在加热的前期阶段一般增加,通过凝结作用提高凉的产品的表面温度,从而提高表面和内部的温差。后一阶段湿度降低,干球温度逐渐变成产品表面的推动力。表面水分的转移和挥发导致产品的缩水或重量损失。尽管产量降低,但煮制后一阶段的干燥作用一般有利于提高产品的外观。和湿润的产品内部相比,腌制的颜色在产品干燥的表面显得更加光亮。

图 15.16　由 DDC 电脑控制蒸煮和烟熏的 ALKAR 烤炉

(由 ALKAR,A Division of DEC International,Inc.提供,Lodi,WI.)

USDA 规定的热加工产品的终温度取决于产品是否被腌制过。这一规定确保了这些产品是"即食型",不需要消费者做进一步的深加工。政府规定,不管以何种形式进行热加工,对于没有腌制禽肉产品中心温度要达到 71℃,腌制的要达到 68℃[76]。但是,许多加工者在产品的中心温度为 73～74℃时进行切片,特别是与红肉一起制作时。实际上,热加工的温度要保

图 15.17 流转加工法兰克福香肠的 ALKAR 内连续蒸煮/冷却系统

（由 ALKAR，A Division of DEC International，Inc.提供，Lodi，WI.）

证这些产品在蒸煮的同时也进行巴氏杀菌，因此，在蒸煮之后包装之前要防止产品污染。有个特例，对于加热过的禽肉去皮早餐，类似熏肉，腌制和烟熏过的产品，消费者在食用前需要用传统方法烹饪一下。USDA 要求这类产品要加热到中心温度达到 60℃，然后在 1.5 h 冷却到 26℃，5 h 内冷却到 4℃[76]。

木材的可控氧化和燃烧产生熏烟，赋予产品香味和风味，改善表面颜色，沉积一些能够延长产品货架期的抗菌化合物。天然的熏烟发生器与加工烤箱相连，生成的熏烟进入烤箱内部，作为蒸煮循环的一个步骤。为了避免产生条纹，同时尽可能使熏烟渗透和沉积，在早期产品表面冷凝物蒸发以后，将熏烟用在湿润产品表面。熏烟中主要是酚类物质和羧酸，具有提高风味和抗菌作用，而颜色改善与羰基含量（醛类和酮类）有关。除了腌制颜色改善，还有明显可见的褐色反应，这主要是由于蛋白质或其他含氮化合物的游离氨基和熏烟中的二氧化碳发生了美拉德反应。酚类物质作为抗氧化剂也能降低氧化酸败的发生[77]。

烟熏液在烤箱中进行喷淋或喷雾，或者在与其他原料搅拌或滚揉时加入，烟熏液能够截留或浓缩烟熏挥发物使之形成水或油滴。在过去几十年里，烟熏液的使用逐渐增加，因为成分更均一，并且能去除具有致癌性的杂环芳香烃[78]。为了模仿自然烟熏，熏烟发生器能够加热，使烟熏液形成蒸汽，转移至烤箱中，作为自然烟熏蒸汽以相同方式沉积在产品的表面。

新产品的发展促使了腌制、烟熏和煮制的广泛多样的结合。这些技术已经不局限于它们的传统使用形式，像单纯的腌制或烟熏。例如，全骨或无骨产品、烟熏腌制的火鸡或鸡胸肉、腌制的禽肉香肠也可以在带有连续的传送带烤箱上被熟制（烟熏后）。少量的腌制禽肉产品有时也可以用小袋蒸煮以供军队使用。

15.5 小   结

近几十年，伴随着盐水添加、蒸煮和腌制技术的革新，新的禽肉产品不断发展。盐水添加可以提高食用品质，降低蒸煮过程中的产量损失。许多可能的加工技术和装备的选择不仅能对产品进行杀菌,影响食用品质,还能通过控制蒸煮损失影响效益。腌制是一种特殊的技术,可以产生许多令人愉悦的产品品质,同时也受到严格控制,因为腌制也可能会产生具有潜在危害的副产物。盐水添加、蒸煮和腌制对于高品质产品的发展是十分重要的,毫无疑问会提高未来产品的生产线。

参 考 文 献

1. Oblinger, J. L., Janky, D. M., and Koburger, J. A., Effect of brining and cooking procedure on tenderness of spent hens, *J. Food Sci.*, 42, 1347, 1977.
2. Kijowski, J. and Mast, M. G., Tenderization of spent fowl drumsticks by marination in weak organic solutions, *Int. J. Food Sci. Technol.*, 28, 337, 1993.
3. Janky, D. M., Koburger, J. A., Oblinger, J. L., and Riley, P. K., Effect of salt brining and cooking procedure on tenderness and microbiology of smoked Cornish game hens, *Poult. Sci.*, 55, 761, 1976.
4. Maki, A. A. and Froning, G. W., Effect on the quality characteristics of turkey breast muscle of tumbling whole carcasses in the presence of salt and phosphate, *Poult. Sci.*, 66, 1180, 1987.
5. Babji, A. S., Froning, G. W., and Ngoka, D. A., The effect of short-term tumbling and salting on the quality of turkey breast muscle, *Poult. Sci.*, 61, 300, 1982.
6. Smith, D. P., Fletcher, D. L., and Papa, C. M., Evaluation of duckling breast meat subjected to different methods of further processing and cooking, *J. Muscle Foods*, 2, 305, 1991.
7. Hamm, R., Biochemistry of meat hydration, in *Advances in Food Research,* Vol. 10, Chichester, C. O., Mrak, E. M., and Stewart, G. F., Eds., Academic Press, New York, 1960, 355.
8. Gault, N. F. S., Marinaded meat, in *Developments in Meat Science,* Vol. 5, Lawrie, R., Ed., Elsevier Applied Science, London, 1991, chap. 5.
9. Acton, J. C. and Jensen, J. M., Understanding marinade technology, *Poult. Process.*, 9, 18, 1994.
10. Salvage, B., Add value by injecting whole-muscle meats, *Meat Market Technol.*, 7 (4), 34, 1999.
11. Smith, D., Marination: Tender to the bottom line, *Broiler Ind.*, 62, 22, 1999.
12. Petrak, L., Liquid solutions, *Nat. Provis.*, 213 (10), 44, 1999.
13. Cassidy, J. P., Phosphates in meat processing, *Food Prod. Dev.*, 11, 74, 1977.
14. Thomson, J. E., Effect of polyphosphates on oxidative deterioration of commercially cooked fryer chickens, *Food Technol.*, 18, 1805, 1964.
15. Young, L. L. and Lyon, B. G., Effect of sodium tripolyphosphate in the presence and absence of calcium chloride and sodium chloride on water retention properties and shear resistance of chicken breast meat, *Poult. Sci.*, 65, 898, 1986.
16. Young, L. L. and Lyon, C. E., Effect of calcium marination on biochemical and textural properties of pre-rigor chicken breast meat, *Poult. Sci.*, 76, 197, 1997.
17. Prusa, K. J., Chambers, E., Bowers, J. A., Cunningham, F., and Dayton, A. D., Thiamin content, texture, and sensory evaluation of postmortem papain-injected chicken, *J. Food Sci.*, 46, 1684, 1981.
18. Dziezak, J. D., Phosphates improve many foods, *Food Technol.*, 44, 79, 1990.
19. Barbut, S., Maurer, A. J., and Lindsay, R. C., Effects of reduced sodium chloride and added phosphates on physical and sensory properties of turkey frankfurters, *J. Food Sci.*, 53, 62, 1988.
20. Schermerhorn, E. P. and Stadelman, W. J., Treating hen carcasses with polyphosphates to control hydration and cooking losses, *Food Technol.*, 18, 101, 1964.
21. May, K. N., Helmer, R. L., and Saffle, R. L., Effect of phosphate treatment on carcass weight changes and organoleptic quality of cut-up chicken, *Poult. Sci.*, 41, 1665, 1962.
22. Froning, G. W., Effect of polyphosphates on the binding properties of chicken meat, *Poult. Sci.*, 44, 1104, 1965.
23. Landes, D. R., The effects of polyphosphates on several organoleptic, physical, and chemical properties of stored precooked frozen chickens, *Poult. Sci.*, 51, 641, 1972.
24. Oblinger, J. L., Janky, D. M., and Koburger, J. A., The effect of water soaking, brining and cooking procedure on tenderness of broilers, *Poult. Sci.*, 55, 1494, 1976.
25. Janky, D. M., Oblinger, J. L., and Koburger, J. A., The effect of salt concentration and brining time on organoleptic characteristics of smoked broiler breeder hens, *Poult. Sci.*, 57, 116, 1978.
26. Post, R. C. and Heath, J. L., Marinating broiler parts: The use of a viscous type marinade, *Poult. Sci.*, 62, 977, 1983.

27. Lemos, A. L. S. C., Nunes, D. R. M., and Viana, A. G., Optimization of the still-marinating process of chicken parts, *Meat Sci.*, 52, 227, 1999.

28. Proctor, V. A. and Cunningham, F. E., Influence of marinating on weight gain and coating characteristics of broiler drumsticks, *J. Food Sci.*, 52, 286, 1987.

29. Froning, G. W., Effect of various additives on the binding properties of chicken meat, *Poult. Sci.*, 45, 185, 1966.

30. Shults, G. W. and Wierbicki, E., Effects of sodium chloride and condensed phosphates on the water-holding capacity, pH and swelling of chicken muscle, *J. Food Sci.*, 38, 991, 1973.

31. Regenstein, J. M. and Stamm, J. R., The effect of sodium polyphosphates and of divalent cations on the water holding capacity of pre- and post-rigor chicken breast muscle, *J. Food Biochem.*, 3, 213, 1979.

32. Young, L. L., Papa, C. M., Lyon, C. E., and Wilson, R. L., Moisture retention and textural properties of ground chicken meat as affected by sodium tripolyphosphate, ionic strength and pH, *J. Food Sci.*, 57, 1291, 1992.

33. Yang, C. C. and Chen, T. C., Effects of refrigerated storage, pH adjustment, and marinade on color of raw and microwave cooked chicken meat, *Poult. Sci.*, 72, 355, 1993.

34. Chen, T. C., Studies on the marinating of chicken parts for deep-fat frying, *J. Food Sci.*, 47, 1016, 1982.

35. Cunningham, F. E., Bowers, J. A., Craig, J., Moore, A. M., and Froning, G. W., Composition and sensory characteristics of hot-boned, tumbled, turkey breast muscle, *J. Food Qual.*, 11, 225, 1988.

36. Heath, J. L. and Owens, S. L., Reducing variation in marinade retained by broiler breasts, *Poult. Sci.*, 70, 160, 1991.

37. Kotula, K. L. and Heath, J. L., Effect of tumbling chill-boned and hot-boned broiler breasts in either acetic acid or sodium chloride solutions on cooked yield, density, and shear values, *Poult. Sci.*, 65, 717, 1986.

38. Lyon, B. G. and Hamm, D., Effects of mechanical tenderization with sodium chloride and polyphosphates on sensory attributes and shear values of hot-stripped broiler breast meat, *Poult. Sci.*, 65, 1702, 1986.

39. Xiong, Y. L. and Kupski, D. R., Time-dependent marinade absorption and retention, cooking yield, and palatability of chicken fillets marinated in various phosphate solutions, *Poult. Sci.*, 78, 1053, 1999.

40. Grey, T. C., Robinson, D., and Jones, J. M., The effects on broiler chicken of polyphosphate injection during commercial processing I: Changes in weight and texture, *J. Food Technol.*, 13, 529, 1978.

41. Farr, A. J. and May, K. N., The effect of polyphosphates and sodium chloride on cooking yields and oxidative stability of chicken, *Poult. Sci.*, 49, 268, 1970.

42. Peterson, D. W., Effect of polyphosphates on tenderness of hot cut chicken breast meat, *J. Food Sci.*, 42, 100, 1977.

43. Brotsky, E., Automatic injection of chicken parts with polyphosphate, *Poult. Sci.*, 55, 653, 1976.

44. Hale, K. K., Automated phosphate injection of whole broiler carcasses, *Poult. Sci.*, 56, 859, 1977.

45. Lyon, C. E., Lyon, B. G., and Dickens, J. A., Effects of carcass stimulation, deboning time, and marination on color and texture of breast meat, *J. Appl. Poult. Res.*, 7, 53, 1998.

46. Zheng, M., Toledo, R. T., Carpenter, J. A., and Wicker, L., Yield and sensory evaluation of poultry marinated pre and postrigor, *J. Food Qual.*, 22, 85, 1999.

47. Goodwin, T. L. and Maness, J. B., The influence of marination, weight, and cooking technique on tenderness of broilers, *Poult. Sci.*, 63, 1925, 1984.

48. Hashim, I. B., McWatters, K. H., and Hung, Y.-C., Marination method and honey level affect physical and sensory characteristics of roasted chicken, *J. Food Sci.*, 64, 163, 1999.

49. Froning, G. W. and Sackett, B., Effect of salt and phosphates during tumbling of turkey breast muscle on meat characteristics, *Poult. Sci.*, 64, 1328, 1985.

50. Engler, P. P. and Bowers, J. A., B-vitamin retention in meat during storage and preparation. A review, *J. Am. Diet. Assoc.*, 69, 253, 1976.

51. Chiu, C. P., Yang, D. Y., and Chen, B. H., Formation of heterocyclic amines in cooked chicken legs, *J. Food Prot.*, 61, 712, 1998.

52. Salmon, C. P., Knize, M. G., and Felton, J. S., Effects of marinating on heterocyclic amine carcinogen formation in grilled chicken, *Food Chem. Toxicol.*, 35, 433, 1997.

53. Yingst, L. D., Wyche, R. C., and Goodwin, T. L., Cooking techniques for broiler chickens, *J. Am. Diet. Assoc.*, 59, 582, 1971.

54. Froning, G. W., Armong, R. G., Mandigo, R. W., Neth, C. E., and Hartung, T. E., Quality and storage stability of frankfurters containing 15% mechanically deboned turkey meat, *J. Food Sci.*, 36, 974, 1971.

55. Cassens, R. G., *Nitrite-Cured Meat: A Food Safety Issue in Perspective*, Food & Nutrition, Trumbull, 1990, 21.

56. Hayes, P. R., *Food Microbiology and Hygiene*, 2nd ed., Elsevier Applied Science, New York, 1992, 55.

57. van Laack, R. L. J. M., Spoilage and preservation of meat, in *Muscle Foods*, Kinsman, D. M., Kotula, A. W., and Breidenstein, B. C., Eds., Chapman & Hall, New York, 1994, 378.

58. Kraft, A. A., Meat microbiology, in *Muscle as a Food*, Bechtel, P. J., Ed., Academic Press, Orlando, FL, 1986, 239.

59. Froning, G. W. and Johnson, F., Improving the quality of mechanically deboned fowl meat by centrifugation, *J. Food Sci.*, 38, 279, 1973.

60. Bryan, F. L., Poultry and poultry meat products, in *Microbial Ecology of Foods*, Silliker, J. H., Elliot, R. P., Baird-Parker, A. C., Bryan, F. L., Christian, J. H. B., Clark, D. S., Olsen, J. C., Jr., and Roberts, T. A., Eds., Vol. 2, Academic Press, New York, 1980, 410.

61. Skibsted, L. H., Cured meat products and their oxidative stability, in *The Chemistry of Muscle-Based Foods*, Johnston, D. E., Knight, M. K., and Ledward, D. A., Eds., Royal Society of Chemistry, London, 1992, 266.

62. Kartika, S., Dawson, P. L., and Acton, J. C., Nitrosylhemochrome loss and apparent hemochrome destruction in vacuum-packaged turkey bologna, *Act. Rep. Res. Dev. Assoc.*, 51, 293, 1998.

63. Ramarathnam, N., Flavor of cured meat, in *Flavor of Meat, Meat Products and Seafoods*, 2nd ed., Shahidi, F., Ed., Blackie Academic and Professional, London, 1998, 290.

64. Gray, J. I., MacDonald, B., Pearson, A. M., and Morton, I. D., Role of nitrite in cured meat flavor: A review, *J. Food Prot.*, 44, 302, 1981.

65. Long, L., Komarik, S. L., and Tressler, D. K., *Food Products Formulary, Vol. 1, Meat, Poultry, Fish, Shellfish*, 2nd ed., AVI Publishing Company, Westport, CT, 1982.

66. Tadelman, W. J., Olson, V. M., Shemwell, G. A., and Pasch, S., Manufactured meat products, in *Egg and Poultry Meat Processing*, VCH Publishers, New York, 1988, 161.

67. Baker, R. C. and Bruce, C. A., Further processing of poultry, in *Processing of Poultry*, Mead, G., Ed., Elsevier Applied Science, New York, 1989, 267.

68. Richardson, R. I., Utilization of turkey meat in further-processed products, in *Processing of Poultry*, Mead, G., Ed., Elsevier Applied Science, New York, 1989, 296.

69. Weiner, P. D., Formulations for restructured poultry products, in *Advances in Meat Research*, Pearson, A. M. and Dutson, T. R., Eds., Vol. 3, Van Nostrand Reinhold, New York, 1987, 405.

70. Acton, J. C., Dick, R. L., and Torrence, A. K., Turkey ham properties on processing and cured color formation, *Poult. Sci.*, 58, 843, 1979.

71. Baker, R. C. and Darfler, J. M., The development of a poultry ham product, *Poult. Sci.*, 60, 1429, 1981.

72. Sheldon, B. W., Ball, H. R., and Kimsey, H. R., Jr., A comparison of curing practices and sodium nitrite levels on chemical and sensory properties of smoked turkey, *Poult. Sci.*, 61, 710, 1982.

73. Wisniewski, G. D. and Maurer, A. J., A comparison of five cure procedures for smoked turkeys, *J. Food Sci.*, 44, 130, 1979.

74. Hall, J., *Sausage Made Easy*, 2nd ed., Meat Business Magazine Publishers, St. Louis, MO, 1993.

75. Hanson, R. E., Cooking technology, *Proc. Recip. Meat Conf.*, 44, 109, 1990.

76. Code of Federal Regulations, Title 9, Animals and Animal Products, Vol. 2, Chapter III, Food Safety and Inspection Service, Department of Agriculture, Sec. 381.150 (a), Requirements for the production of poultry breakfast strips, poultry rolls and other poultry products, 1999.

77. Schmidt, G. R., Processing and fabrication, in *Muscle as a Food*, Bechtel, P. J., Ed., Academic Press, Orlando, FL, 1986, 201.

78. Pearson, A. M. and Gillett, T. A., *Processed Meats*, Aspen Publishers, Gaithersburg, MD, 1999, 79.

第 16 章

质量保证和过程控制

Douglas P. Smith

王金玉　樊庆灿　译

16.1　引　言

关于质量的定义有很多,词典、专家和相关机构对质量这个词的含义和概念都有十分深刻的定义,这些定义间有微小差别。另外,在禽产品的加工和生产中,质量还有另外的定义:在价格一定的条件下,人们对某一产品的期待和看法,也就是接受或希望得到的程度。人们常用产品缺陷的类型和数量来衡量产品的质量,然后,根据产品情况设立价格等级或者理想价格。例如,在一些低价超市,将鸡肉乳化做成块,如果质量较好,价格可能是每磅 1 美元,但如果每磅3 美元,大多数的消费者可能就不会接受,因为上好的纯鸡肉块就是这个价格。

质量目标可能是最重要,但经常被禽类加工者们忽略。质量问题在禽类产品加工过程中没有得到管理者们应有的重视,是当今很多禽类产品加工企业的通病。然而,质量才是加工企业能够留住顾客的关键,而留住顾客是加工过程的目标。当然,影响质量提高的因素有很多,包括质检部门人员的工资开支,由于顾客和法规要求造成的管理控制的缺失以及不能够或者不愿意在企业盈利报告上记录质检挽回的损失。质检部门对于保持顾客以及预防质量问题(特别是管理问题)有极其重要的作用。随着人们认识的提高,家禽公司越来越能认可质检部门,因为质检部门具有权威性,能提高企业对客户的忠诚度,并且有利于防止食物安全问题的发生。

本章将简要地介绍质检部门的组织结构,几种有效的质检管理总体体系和质检部门的基本功能(由不断完善的质检手册,工业中 2 种流行的质检流程和工业中面临的质量问题所定义)。如今,已经存在很多总体的质检体系,为提高质量的管理技术和解决质量问题方面提供有效的建议。因此,本章主要介绍质检部门的基本体系,并介绍当前几种禽类产品加工中流行的体系以及这些体系所处的整体工业环境,目的就是让新型的质检人员有真实的认识,使他们能够为求职做准备,并能更好地为质检的基本体系服务。

16.1.1　部门功能

每一个禽类加工企业都会有质检部门,这些质检部门可能由一个人或是一组人组成,这些部门经常被称作质量控制或者质量保证部门。他们的工作内容多种多样,包括监测进厂产品或者产品成分质量,引导产品生产量的研究,进行危害分析与关键控制点(HACCP)的职责(记录食物烹饪温度等),审核其他工作人员和设备,使产品符合质量标准。总体上讲,质检部门主要负责下面的工作:①监测整个流程的仪器设备;②监测产品流程;③识别不合格或有潜在缺陷的产品;④不合格产品处理后的重新检测;⑤联络产品生产、管理机构和为顾客服务。

监测仪器设备是质检人员每次轮班之前或倒班中完成的。这部分工作包括检查害虫控制设备,生产线上的冷凝和环境卫生情况。另外,还要对设备进行特别的初始检查,如测试面衣包裹设备设置是否正确。后面会详细介绍质检人员对生产流程的监督。另外,质检人员还有些不为人们熟知的任务,就是对产品进行微生物、化学和感官分析。质检部门的首要任务就是识别不合格产品。现场监测可以识别不合格产品,但当生产流程中出现问题,质检部门必须鉴定并识别不合格和有潜在缺陷的产品,通常是这些产品被控制住,一些公司在这些产品上贴上明显的标签。另外,一些企业还会把结果记录在电脑清单上。质检部门会最终将这些产品重新检测,这个过程中,会对这些产品做很多测试,有的公司可能会把这些产品用作他途,或者直接减价处理。人们经常忽视质检部门在美国农业部-食品安全检查服务局(USDA-FSIS)间的连接作用,而这种作用对于生产的流畅性是十分重要的,管理机构的信任和理解能够防止或更好的解决困难。这种连接作用对于消费者来说也很重要,质检部门本质上是让顾客感觉他们参与了产品生产的过程。

禽产品加工企业的质检部门的传统做法是派一个雇员去监测一个或多个生产线和重要的生产设备。正常情况下,员工做一些重复性的工作和人工记录,同时向他或她的上司汇报情况和产量。在一些车间,质检控制软件结合掌上电脑,使一些公司在数据收集和报告方面都实现了自动化。如果合理使用这项技术,那么将会提高收集数据的速度和质量,减少质检工作人员的数量。数据统计的质量是十分重要的,因为记录人员在纸质记录上的一个数学失误,可能会导致大量产品的召回,然而如果用电脑做实时记录不容易出现这种问题,它会警告工作人员,及时解决现实中的生产问题。

16.1.2 部门结构

较小的禽产品加工企业,可能会有一个人负责包括质检工作在内的几种工作,而那些大的加工企业或者再加工企业,会组织 100 多人的质检部门。不同公司,甚至是同一公司的不同车间,其质检部门的组织和运作都有不同。另外,产品的更新、客户的差异、管理的不同以及其他因素也要求质检部门能够有灵活多变的组织形式和娴熟的专业技术。

一个加工车间每次轮班时通常会有一个质检经理,还有一个质量监督人员(如果车间有多种流程,则是每个生产线一个监督人员),每片区域都有负责日常操作的职员(图 16.1)。车间质检部门的经理可能向公司的质检部门汇报,也可能是向公司销售部门甚至是所在地的生产经理汇报。每种汇报方式都有各自的优缺点。质检经理和一些监督人员通常是具有大学文凭的质检专家,一些监督人员和大多数的部门职员都来自于产品生产线或者是根据求职要求新雇佣的人员。这些职工通常要通过车间专业测试,测试内容包括一些数学和统计方面。然后,大多数的公司对这些职员进行质检实验技能和食物安全意识的培训,这些在职培训大多数是短期的,但有少部分公司会进行长期的培训项目。总的来说,质检人员的待遇要比生产人员的好。

不同车间和公司的质检部门,它们的质检人数有很大的不同,但通常占车间总人数的2%。质检部门所需的资金投入比较少,只需偶尔购买一些计算器、体重计和其他的小设施。比较先进的质检部门也会有掌上电脑和实验室,这明显需要公司更高的投入。然而,质检部门的功能很难去定量,因此很多加工企业的经理并不重视质检部门,所以最终这部分开支可能会被节省或者有其他用途。

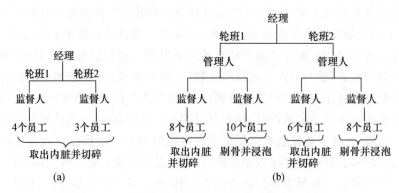

图 16.1　典型的小规模加工企业的质检部门结构

16.1.3　质检体系

　　随着顾客需求和管理需求的提高,加工企业的质检部门逐渐发展成具有产品抽样和检测等一系列功能的更复杂的组织结构。虽然不同的产品其生产条件不同,但是很多产品生产及其生产设备保存是在普通环境条件下进行,而且很多质检人员的职责只是界定在相当简单的监测和审核上。例如,剔骨这一工序会产生很多不同的产品,但是所有的产品必须经过标准的检测工序,产品的生产和检测是在同一车间进行的,这个工序会除去或者尽量减少骨头含量(根据产品要求,确定去骨程度)。去骨车间的生产,加上检测、取样和除内脏车间的审核职能(很多都是 USDA-FSIS 和 HACCP 的标准要求)和质检部门其他的所有职能(包括生产设备的校对,进厂产品和原料的检验等)有机组合在一起,形成综合性的公司质检体系。为了满足客户和管理的需要,很多禽产品加工公司一段时间后都会形成他们特有的质检体系。

　　不同工业公认的质检体系模板都已经建立,这些模版使质检体系更加标准化。相关公司采用这些公认体系的质检流程和操作来完善自己的体系以增强竞争力,争夺市场。如果公司产品能够符合公认的标准,那么在其他地区和国家也有较强的竞争力,因为当消费者了解到自己不熟悉的公司的新产品符合公认标准,就比较容易接受。国际标准化组织(ISO)是一个管理并规定质量要求标准的国际组织。ISO 制订了大量的标准,公司如果能够自愿遵守,ISO 的审核员会根据公司情况和 ISO 标准要求审核。如果公司符合 ISO 标准,那么会得到一个 ISO 颁发的相关行业的 ISO 数字序列。食品公司一般申请 9000 质量体系和 14000 环境质量体系,ISO 标准的主要优点是有完整和客观的质量体系并且可操作。这就使公司的产品出口到一些国家后比较容易被接受。美国国家标准研究院(ANSI)并不制订标准,但会有下属组织自愿提交标准,使它标准化并得到人们的遵守。ANSI 是 ISO 下属的美国的代表组织。

　　质量管理体系的背景和质量标准不同,一般的质量管理体系都包括质量控制的工具,其管理和传统的指挥控制式和目标管理式的方法不同,而是包括全面质量管理(TQM)、零瑕疵体系、六西格玛管理法和其他的内容。这基本就是一些可以统计数据的过程控制工具和一些使用后能够持续有利于车间和生产的管理技术。在禽类加工工业中,整个系统只有 TQM 的一部分得到充分的应用并取得了广泛的成功。总体来言,尽管 TQM 在其他行业中被广泛采用,但禽类的加工并没有完全采用 TQM 管理。1988—1992 年,Fred Benoff 博士在《Broiler Industry》杂志上发表了一系列优秀论文,他认为缺少知识不是问题所在,禽类工业需要特殊的 TQM 和过程控制信息,而且还有其他方法可用。六西格玛管理法也在禽类工业中被广泛采用,和 TQM 不同,它是以统计学过程控制为基础,以每百万产品中的不合格数低于 3.4 个为终极目标。效率生产管理是鉴定和消除多余无用的流程的方法,但在车间生产时它并没有被广泛采用。

16.1.4　质检手册

无论公司质检部门采用自己的体系还是标准体系,所有的质检流程包括审核、检查和其他的流程的工作都应该记录成册,以便于在整个公司执行。这本手册应该是所有的质检行为所必需的信息,如设备操作和产品质量的审查,它将有利于新的质检人员培训等工作,并且它也是参观人员和外来审查人员或管理人员最重视的文件。质检手册的内容包括职员填写的表单格式、基本的产品规格说明和每个岗位审查、检查说明,它可能有几章,但要指明质检工作的其他相关文件位置,如质量手册全文在具体建筑的某一个档案柜里。

基本的信息必须包括:害虫控制程序和文档文件;责任保险证明(通常最少是 100 万美元);水质证明;水位回流预防装置证明;各产品成分、包装袋和润滑剂成分说明;基本的测量设施(秤和体温表等)的校对程序;客户意见报告;经过模拟召回测试的产品召回程序。HACCP计划和相关的良好操作规范/卫生标准操作流程(Gmp/ssop)可以和质检手册和相关文件放一起,但通常是分开放的。完整的质检手册应该还包括以下内容:自检报告,进厂产品检查和垃圾清理程序;空气过滤器清洁和置换计划,表面防凝除凝计划,杀虫剂和化学药品储存要求,金属检测操作,卡车拖车检查,产品检验结果文件,地面清理程序;产品检验和丢弃的快速处理方案。每个计划和操作都有不同的质检手册和程序(图 16.2)。

基本内容

综合性的害虫控制程序	产品召回程序
水质证明	信用保证书
水位回流预防装置证明	客户/消费者意见

推荐内容

自检程序	杀虫剂/化学药品储存要求
进厂产品检查程序	金属检查/清除程序
垃圾清理程序	卡车拖车检查计划
空气过滤器清洁/置换计划	产品检验结果文件
表面防凝除凝计划	销售商资格审查报告
地面清理程序	紧急召回计划

图 16.2　质检手册的组成(包括基本内容和推荐内容)

当然,通常情况下,质检部门不可能独立完成所有的程序,所以大多数部门自己会对车间内的生产程序、计划和操作的归档任务进行考核,这些是由生产人员、维修人员和卫生人员来完成的(关键的检查是由质检部门的职员来完成)。质检人员从上述人员中收集数据并向生产经理汇报。质检部门会根据手册规定周期性地进行审核和估计车间生产情况,确定某一方案能否保证产品质量一直符合标准。这些审核员包括客户选出的代表和有协议的检查公司的审查员进行的突然审核。管理人员,包括 USDA-FSIS 组织内人员,甚至公司经理可能都会审查并询问质检程序和操作,所以必须有一个不断完善的、灵活的和严格的程序审查,使质检手册随着职员、产品程序、说明书要求和其他因素的变化而变化。这个过程和 HACCP 程序的完善过程相似,但是由于质检手册涉及大量的原料资料,所以它的内容很广泛。

16.2 监管体系

质检部门的目的是监测产品生产和检验产品质量,使产品满足标准和安全要求。在过去的 60 年里,为了在工业生产实现这一功能,人们开发了不同的工具,但家禽业是个例外。家禽加工产业所能采用的 2 种最普遍的方法是验收抽样程序和过程控制技术。它们是质量控制过程中 2 种不同的技术,但都是以合理的科学理论和统计学为基础,如果合理使用,人们会获得满意的成果。

16.2.1 验收抽样

验收抽样技术是在 1989 年发表的美国军用标准(Mil Std) 105E 检查程序的基础上形成的,是家禽加工工业实践中占优势的质量评估技术。很多公司仍然采用 1963 年发表的旧版本即美国军用标准 105D。为了节省开支,美国国防部在 1995 年取消了 Mil Std 105E,这些标准逐渐被记录在 ANSI 文件 Z1.4 中。

这项技术程序如下:个体样本是随机取样的,抽样数目和频率在程序开始前确定,取样后测定适当的性状。产品通过与否由产品说明和性状所决定的。通过的标准也是在程序开始前确定的[产品的验收质量合格标准(AQL)]。不合格的产品数决定该组所有的产品是否能够被消费者接受。

例如,如果加工者把前例中去骨操作生产的无骨肉片放在 70 lb 规格的包装袋内寄给客户(零售包装或者再加工),客户会要求产品的文件说明产品没有骨头或符合规格。一个典型的军用标准检查程序是由以下假定组成的:如果每个肉片的平均重量是 4 oz(盎司,1 oz = 28.349 5 g),一个 70 lb 的包装袋内有 280 个肉片;如果每个包装袋都要进行骨检测,那么每个包装袋就是一个组。根据以前的客户反映记录和生产车间记录,程序组织者必须决定去骨程序是否可信;如果可信,则使用普通的检查程序(不合格产品多则使用严格的方案,不合格产品少则使用较少的方案)。结合这些假设和客户的意见,检查程度可能是"中度Ⅱ级水平"(Ⅰ级是识别过程很不严格,Ⅲ级是识别过程十分严格)。另外,采用单次抽样方案还是双重抽样方案取决于劳动力和可利用的空间。大多数加工者采用单次抽样方案以节省开支。批次的规模、检查程度和单次抽样方法决定每组抽样检测的数目。对于上例来说,组内个体 280 个,检查程度是Ⅱ级,如果采用单次抽样方案,每组采样 32 个,说明容器内许多肉片需要进行骨含量检查。工作人员必须根据 AQL 规定,确定 32 个样品中不合格产品小于多少时,整组产品算是通过。工业中普遍采用的 AQL 水平是 1.0,一些严格的客户要求 0.25。在 AQL 要求为 1.0 时,该组 32 个样品中有 0 或 1 个骨头都是可以接受的,但是如果有 2 或更多骨头则不能通过(图 16.3)。当 AQL 为 0.25 时,32 个样品中有 0 个骨头通过,但如果该组样品中有任何骨头都是不通过的,该标准基本是零瑕疵标准。

在进行抽样检查时,相对真实可靠的假设能够提高军用标准的可靠性,提高检测效率和准确性,而且可靠的假设有利于不合格成品的筛选和再检验。除了人为操作的失误外,任何的方案本身都有误差。军用标准项目使用抽检特性曲线(OCC)来反映抽样方案的误差,OCC 能够表示平均多少袋合格的产品会被判不合格和多少袋不合格的产品会通过。在此例中,如果去骨操作能够基本清除骨头,只有不到 10% 的包装袋的产品不规范,那么此程序能够快速准确地分辨出不合格产品。但如果有 10% 的产品不合格,则检查的失误增大。这就意味着,如果误用或者在程序设置时不能正确理解此程序,或者不能理解 OCC 含义,会导致合格的产品返厂重修(产方风险)或售给顾客不合格的产品(用方风险)。产方风险会由于场地、产品重修所需的时间、劳力和再检验等原因增加成本支出,而用方风险可能会导致成本支出更高(由市场撤回、产品召回和客户的丢失造成的)。充分理解并合理利用是程序实现预期目标的基础。目前,市场上有很多介绍验收抽样原理、适用范围和存在风险的文献,所以在设计程序时要做充分的准备[1-3]。

标准	选择
抽样方案:双重抽样或单次抽样	单次
流程情况:十分严格、严格和不严格	严格
批次或组的规模:大量选择(2~500 000+)	150~280
检查水平:Ⅰ、Ⅱ、Ⅲ	Ⅱ
样品大小标准码:取决于上述选择	G
样品数目:取决于标准码	32
AQL 选择:大量选择(0.065~15.0)	1.0
合格/不合格标准:取决于质量合格标准	合格 1,不合格 2

程序设置内容总结:每个包装袋中将近 280 个无骨肉片抽取 32 个产品进行骨检查;如果只发现 1 个产品有骨,则该包装袋合格,如果发现 1 个以上的产品有骨,则不合格。

图 16.3　抽样方案采用军用标准 105E 和 AQL 的抽样程序来检验
无骨肉片包装袋内产品骨和碎骨数量

16.2.2　过程控制

过程控制的规程、理论、应用时间和原始军用标准的形成时间基本相同,但并没有被当时的美国工业所采用。W. Edwards Deming 将过程控制引入到他所创立的全面质量管理(TQM)中,在过去的 20 多年里,TQM 在美国得到了广泛的使用。在生产过程中,人们根据统计学原则使用过程控制,以提供实时数据并修正生产流程,减少不合格产品的生产。而且,除非不受控制或者将要不受控制,生产流程将被更正,从而当操作员可能认为生产流程并没有问题而持续使用时用来阻止操作员的微调。

人们设计了很多不同的工具来检查生产流程是否受控制,如抽样技术和分析技术,包括 X 值图、R 值图、柱状图、分布图、移动平均和范围图、工序生产力图,柏拉图和其他的工具。管理人员使用其中的一种或几种工具就能够记录、分析数据,确定工序是否受控制,如果必要,采取措施改正工序。

例如,如果一个再加工者烹饪重量不同、大小不同的胸肌产品,烘炉内极端的烹饪温度被认为是一个重要的监测点,甚至可能是 HACCP 计划中至关重要的控制点。如果公司生产的全部产品都遵守标准(超过 73.9℃),公司就会获利,若有偏差(未熟),就会导致不合格产品的比率极大。为了实现这个温度,职员在整个工作时间,每 15 min 检查 5 个胸肌肉内部温度(生产中可能会抽更多的样,做更多次数的检查),并记录数据。分析人员根据数据得出 X 值和 R 值,确定该产品的控制范围,并根据烘炉的设定、带速和其他的生产因子确定该工序是否在控制之下并能够生产合格产品。

经过一段时间的试验后,人们就可以计算平均温度并确定温度的控制范围(上限温度和下限温度)。这就需要每个抽样组和整个样本的平均温度信息(X 值)。所有抽样组上限和下限之间的温度范围的平均数组成了 R 值。控制范围等于整体均数(X 值)加上或减去产品的常量(表 16.1 中的 A2)乘以 R 值来估算。另外,还有一种估算控制范围的方式,X 值 ±3 倍整体样本标准差,然后再除于抽样小组数目的平方根。不管何种方式计算出的控制范围都能够有效地应用于过程控制。经过计算后,用图表来表示整体平均温度、控制范围和抽样小组温度均数,只要小组平均温度在控制范围之内,该工序可以被认为是在控制之下。如果小组平均温度在控制范围外,小组内一系列温度均数(6~8)高于整体平均温度上限、低于下限或图表上的一系列温度线比均线范围高或低,都需要对工序进行一些修正,以使系统在控制之下(根据修正方案)。当所有的范围值、平均值和抽样小组读数都以 X 值或 R 值来展现,职员很容易遵守工序要求,过程控制就容易完成(图 16.4)。控制范围一旦确定可以一直被使用,只要过程中没有大的更改。实践中,尽管工序没有变化,也应该对控制范围进行周期性的检查和核算(经常是每周或每月)。

表 16.1   流程控制中 X 值和 R 值的控制范围常量

组内个体数	A2	D3	D4
2	1.88	0	3.27
3	1.02	0	2.57
4	0.73	0	2.28
5	0.58	0	2.00
6	0.48	0	2.00
7	0.42	0.08	1.92
8	0.37	0.14	1.86
9	0.34	0.18	1.82

在持续烹饪胸肌肉的例子中,表 16.2 显示从上午 8:00 到中午 12:00 之间的半个轮班内部温度的读数,每次抽 5 个样品,每 15 min 记录 1 次,并计算了小组平均温度和整体平均温度(182℉)。小组范围可用来计算整体平均范围即 R 值。使用表 16.1 中的一个常量,小组样本数为 5,A2 值为 0.58,那么控制范围为 182+0.58(10.6)=186(上限值)和 182−0.58(10.6)=176(下限值)。用另一种计算方法,整体样品标准差为 5.35,小组样本量为 5 个,则平方根为 2.236。控制范围是 182+3(5.35/2.236)=189(上限值)和 182−3(5.35/2.236)=175(下限值)。

用 X 值图表示 X 值、小组平均温度、上限温度和下限温度(图 16.5),此工序除了上午 8:45(太低)和 9:30(太高)的抽样外,其余都在控制范围内。所有的小组均数和单次读数都在标准 165℉ 要求之上,因此,没有产品被要求重做或者销毁。另外,此工序还有改进的空间,再加工者可能会使用这些数据来改进烹饪操作,在所有的产品温度高于 165℉ 基础上,降低整体温度(以提高成品率),防止重做或降低成本,或者降低抽样小组间的温度差异。

表 16.2　烹饪胸肌肉时每 15 min 记录 1 次的 5 个样品的内部温度

项目	时间																
	8：00	8：15	8：30	8：45	9：00	9：15	9：30	9：45	10：00	10：15	10：30	10.45	11：00	11：15	11：30	11：45	12：00
样品 1	175	190	177	177	178	179	184	187	179	180	181	182	183	175	186	180	185
样品 2	185	186	187	170	187	188	187	186	189	172	174	181	179	185	183	182	187
样品 3	180	181	182	172	183	184	189	184	184	185	186	186	188	186	187	181	190
样品 4	190	170	171	174	172	177	191	183	177	178	179	180	181	175	178	183	186
样品 5	174	175	176	174	177	178	192	189	182	183	184	185	186	185	179	184	185
总和	904	902	893	867	897	906	942	929	911	898	904	914	917	906	913	910	933
平均数	181	180	179	173	179	181	189	186	182	180	181	183	183	181	183	182	187
范围	16	20	16	7	15	11	8	6	12	13	12	6	9	11	9	4	5

注：$\overline{X}=181+180+179+\cdots+187/17=182$；$R=16+20+16+\cdots+5/17=10.6$。

图 16.4　质检人员检查产品烹饪温度,并在由 X 值和 R 值组成的
"彩虹"管理表上记录

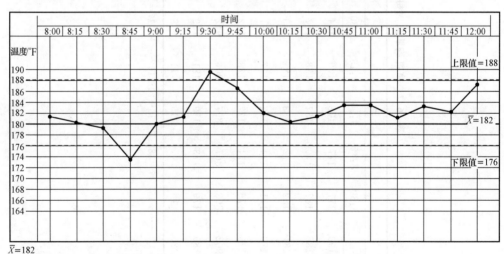

$\overline{X}=182$
$\overline{X}$的上限值$=182+(0.58)(10.6)=188$
$\overline{X}$的下限值$=182+(0.58)(10.6)=176$

图 16.5　从烤箱中取出时分割胸肉内部温度的 X 值图

　　对于 R 值图来说,控制范围的上限由 R 值与表 16.1 中的 D4 相乘得到,下限和 D3 相乘得到,那么上限温度为 $10.6(2.11)=22$,下限温度为 $10.6(0)=0$。R 值图(图 16.6)上小组温度范围和控制温度范围显示,所有的小组都在控制范围内。任何一个小组的温度范围超过控制范围,就需要对工序进行认真检查甚至是调整,调整方案和 X 值图的方案相似。

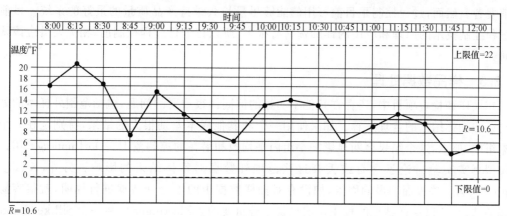

$\overline{R}=10.6$

$\overline{R}$ 的上限值=(2.11)(10.6)=22

$\overline{R}$ 的下限值=(0)(10.6)=0

图 16.6　从烤箱中取出时分割胸肉内部温度的 R 值图

另外一个有用的可以对工序控制环境数据进行评估的图表是柱状图。所有的数据是通过记录的每个温度水平的出现频率来作图。如果有足够的数据,图表的形状会是一个不规则的钟形曲线或者正态分布曲线。在实际生产中,需要 200 个以上的样品才会形成比较准确的标准曲线。

用柱状图表示胸肌肉内部的烹饪温度(图 16.7),每个样品都有一个空栏来记录温度(抽检频率),每测一次温度用温度上面的小叉号表示(一个小叉号表示一次读数)。另外,此图还反映出平均温度、控制温度范围、总体标准偏差(乘以 3,再从整体平均数中加上或减去,表示 -3 和 $+3$ Sigma 的温度范围)和工序的标准温度要求(165℉)。通过这些标准,就可以读出温度的分布来,但因为只有 85 个观察值,实际的分布曲线将要成形但并不明显。

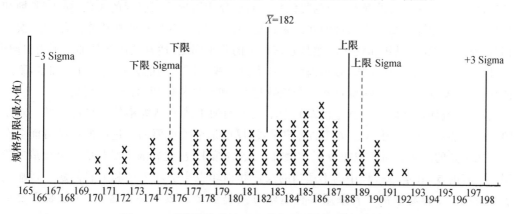

图 16.7　从烤箱中取出时分割胸肉内部温度的柱状图

作为一个质量控制工具,过程控制通常是在一个新工序开始或者抽样小组重要的样品数据丢失时才会出现问题。新工序和经过重要修改的工序一般比成熟的稳定的工序有更多的样品变化。使用一些控制图和技术能够较快的确定控制范围,但实践中,设定控制范围并对工序进行调试仍然需要一段时间。否则,一旦工序不受控制,整个系统就会有很多的不合格产品产生。即使是在成熟稳定的工序中,要求外温度的产品也会存在,这些产品有可能未被检出而售给消费者。然而,过程控制是目前可用的能够尽量长久维持产品质量的最好的系统。目前关于过程控制技术的原理和应用的详细资料有很多,所以在进行过程控制前,相关人员应该认真的研究[4-7]。

16.2.3 样品数据处理

在抽样和检查项目中,还存在其他不明显的但同样很重要的问题,包括范围外样本的处理和复杂的抽样结果的合理解释。如果使用一个和其他样本差别很大的结果,特别是在一个小样本组中,那么,这个结果会明显影响小组内平均数和潜在的控制范围。Dorfman 等[8]用计算机模拟真实实验讨论了含有或丢弃这些范围外数据对整体结果的影响。另外,Kilsby 和Pugh[9]认为一些表面明显的因素,如没有对抽样数据中的不合理数据进行说明,就很容易有错误的结论,所以抽样结果的校正说明也是十分重要的。Flickinger[10]在一个 Silliker Laboratory 研究中报道,抽样产品中的一些不合理数据的分布使人们难以分辨不合格产品,会对顾客造成潜在的危险。因此,在抽样检验的质检项目中,适当的处理抽样数据中不合理数据并重视不合理数据的多样的自然分布状态是十分重要的。

16.3 目前存在的质量问题

目前,禽产品加工企业在生产过程中存在很多质量问题,而且受到了人们的广泛关注。因此,企业必须能够解决问题并时刻准备应对新的挑战。禽产品加工产品可能存在物理、化学和微生物方面的危害,但大多数问题是出于产品的本身。最常见的问题是产品中存在不符合规定和消费者期望的污染物和产品外观。产品中物理污染包括骨(在无骨产品中)和外来物质(塑料、金属、木头、石头等)。物理外观问题包括产品的颜色、风味/气味、大小(长度、宽带和厚度)、重量和形状(畸形)。产品的颜色是至关重要的问题,具有明显的主观性,而且受很多因素的影响,包括肉产品本身的颜色(变色脱色)、产品成分使用量不当引起的颜色(褐变剂、糖和色素)、加工失误(油炸食品使用用过的油或未过滤的油)、温度不当和油炸冰冻产品的二次冰冻(引起面粉变黑)等。风味和气味问题是紧密相关的化学问题,通常是由产品加工不当引起的,如去骨前不当的产品老化操作(破坏肉结构和太过干燥),不适当的公式或成分添加量,不适当的储存时间、温度(引起干燥,促进氧化和酸败过程)和来其他相邻产品的污染。

大小、重量和形状问题通常是由车间中不正确的加工或产品规格的差异造成的。对于一些要求产品能在 73.9℃ 中快速烹饪的客户来说,厚度是至关重要的。过厚的产品可能会在销售时造成不熟的问题。对于以重量买、以数目卖的餐馆来说,比普通产品长的部分会造成餐馆的损失。有时候,在运输过程中的不适当的操作和损坏也会引起大小和形状问题。运输问题很容易辨别但不容易解决。若采用多种运输方式仍然会造成产品损害,产品包装需要重新设计。

还有一些其他的使客户/消费者不满的问题,包括新鲜动物内脏杂什的部分缺少或多余,包衣黏着不紧或有碎屑(面衣包裹食品),存在脂肪块(生的或冰冻食品),不合理的包装(如坏了的拉链包装袋)和装好后的油炸食品袋里的热油。这些和其他一些没列举的问题都会影响禽产品加工业的发展,使质检部门继续面临挑战。

　　还有一些影响整个工业的问题,尽管众所周知,但还没对它们进行定量和分类。这些问题很重要,因为它们促进了国内或国际客户和消费者的质量概念的形成(通常总结为精确的消费者规范,严格的政府管理和坚定的调控实施)。这些宏观问题的知识有利于质检部门集中精力解决问题。如果想确定禽产品加工业面临的最严重的质量问题,可以收集过去一段时间很多不同来源的数据,如表 16.3 所显示的信息。鸡肉产品召回是由 USDA 执行,根据美国主要的相关零售链消费者的顾虑,对加工/再加工企业的保险索赔,和 USDA 全国范围的大规模的有关鸡肉产品的消费者意见档案来确定质量问题的类型[11]。消费者主要的意见是骨、微生物污染(担心、指控或真正的污染)和外来物质污染。还有不同以往的意见包括所谓的 A 型肝炎和过敏源污染。由于依据数据的来源不同,所以报告的重点可能会不同。在客户意见中,很多的零售链消费者对质量问题的意见大多是外观,包括面包包裹(颜色和附着力)、分量控制、胸部肌肉大小占胴体重的比例、熟食的脱色或粉红的颜色变化、产品的感官(特别是风味、香料和表面湿度)和过程控制不当。对于这些零售产品,消费者认为加工企业从产品的生产到加工过程都应该增加过程控制,使产品能够符合标准要求。由于过程控制不当产生的问题中,消费者应主要关注明显的物理污染和病原体引起的疾病。另外,还有一种信息来源在表 16.3 中没有列出,就是顾客和消费者的意见档案,对于质检部门来说,这是最好的信息来源。这种信息解释了产品的问题并将其定量化,使质检部门能够集中精力,从而真正提高产品的质量。

表 16.3　1990—1998 年间禽产品加工业的质量问题

(可分为召回产品标准、客户质量问题、消费者索赔声明和消费者意见)

管理部门:USDA 召回产品[a]		客户:质量问题[b]		消费者:索赔声明[c]		消费者:意见[d]	
1	病原体	1	骨	1	骨	1	疾病
2	塑料	2	病原体	2	金属	2	外来物质
3	加工不足	3	面包	3	疾病	3	骨
4	金属	4	分量控制	4	外来物质	4	金属
5	骨	5	外来物质	5	玻璃	5	塑料
6	变质	6	家禽/胸部大小	6	昆虫	6	昆虫
7	成分不明	7	感官/气味	7	木块	7	玻璃
8	化学药品/药物	8	吸水率	8	石块	8	抗原
9	甲型肝炎	9	红色/粉红	9	塑料		
10	其他方面	10	过程控制	10	软骨		

来源:引自 Smith 1999。

[a] 美国农业部 1990—1998 年间召回的鸡肉产品。

[b] 1998 年 11 种主要的快餐食品和食品杂货店调查。

[c] 1992—1994 年间鸡肉的加工和再加工产品的索赔声明。

[d] 美国农业部 1992—1994 年间消费者对鸡肉产品投诉热线。

16.4　质量保证和过程控制的新技术

　　禽产品加工企业的质检部门可能会使用一些新的手段,包括电脑软件和连接灵敏仪器的掌上电脑使用。其他工业已经使用这些系统并为过程控制收集数据。经过处理的计算机在生产车间可能会连接红外线温度计记录产品的烹饪温度,或者和天平连接记录产品重量,或者和电子测量器连接记录产品大小。电脑软件可以自动创建控制表并在必要的时候发出警报。尽管有部分禽产品加工企业使用这些技术,但毕竟不多,而且使用这项技术质检人员必须是技术能力熟练,并经过良好训练的。

禽产品加工质量控制的另一个自动控制方式是机器视觉。其他工业,包括 3 种类型的食品加工业已经使用了这项技术。将电脑和感受器相连,感受器通常是 CCD 相机,质检人员就能通过视觉观察来分辨不合格产品。这项技术有着广泛的用途,从检查胴体缺陷到检查蛋的孵化[12-13]都可以使用该技术。尽管该技术潜力很大,但目前商业生产并没有成功运用该技术。

16.5 小 结

质检部门不仅要有能力和条件来处理产品生产操作中的问题,还应该能够经受住新的加工技术、政府调节和客户需求带来的新挑战,因此质检部门机构必须能够灵活多变,职员要经过培训,工作能够得到公司领导支持。目前,加工企业开始认识到质检部门不仅关系到企业的利益,而且对企业的生存也有重要作用。尽管不是所有的企业都在发展质检部门,但工业生产中质检部门已经展示出极其显著的作用,这对质检部门的发展和质检人员都有很好的意义。反过来,高效的质检部门能够保证禽产品加工企业在肉类工业中的主导地位,满足客户安全、健康食品的需求。

参 考 文 献

1. Dodge, H. F. and Romig, H. G., *Sampling Inspection Tables,* John Wiley & Sons, New York, 1944, chaps. 1 and 2.
2. Guenther, W. C., *Sampling Inspection in Statistical Quality Control,* Macmillan, New York, 1977.
3. Schilling, E. G., *Acceptance Sampling in Quality Control,* Marcel Dekker, New York, 1982.
4. Hubbard, M. R., *Statistical Quality Control for the Food Industry,* Van Nostrand Reinhold, New York, 1990, chap. 3.
5. Ledolter, J. and Burrill, C. W., *Statistical Quality Control: Strategies and Tools for Continuous Improvement,* John Wiley & Sons, New York, 1999, chap. 12.
6. Puri, S., Ennis, D., and Mullen, K., *Statistical Quality Control for Food and Agricultural Scientists,* G. K. Hall, Boston, 1979, chap. 6.
7. Derman, C. and Ross, S. M., *Statistical Aspects of Quality Control,* Academic Press, San Diego, 1997, chaps. 5 and 6.
8. Dorfman, J. H., Pesti, G. M., and Fletcher, D. L., Searching for significance: the perils of excluding pseudo-outliers, *Poult. Sci.,* 72, 37, 1993.
9. Kilsby, D. C. and Pugh, M. E., The relevance of the distribution of micro-organisms within batches of food to the control of microbiological hazards from foods, *J. Appl. Bacteriol.,* 51, 345, 1981.
10. Flickinger, B., Quality communication: Breaking down barriers with better data, *Food Qual.,* 1(3), 14, 1995.
11. Smith, D. P., Know your quality, *Broiler Ind.,* 62(7), 22, 1999.
12. Park, B., *Computer Vision Technology for Food Quality Evaluation,* Academic Press, Burlington, MA, 2008, chap. 7.
13. Smith, D. P., Lawrence, K. C., and Heitschmidt, G. W., Fertility and embryo development of broiler hatching eggs evaluated with a hyperspectral imaging and predictive modeling system, *Int. J. Poult Sci.,* 7, 1001, 2008.

参 考 书 目

Computer Vision Technology for Food Quality Evaluation, D.-W. Sun, Academic Press, Burlington, 2008.

Juran's Quality Control Handbook, 5th ed., J. M. Juran and A. B. Godfrey, McGraw-Hill, New York, 1999.

Lean Production Simplified, 2nd ed., P. Dennis, Productivity Press, New York, 2007.

Out of the Crisis, W. E. Deming, MIT Press, Cambridge, 1986.

Quality Assurance, R. C. Vaughn, Iowa State University Press, Ames, 1990.

Quality Control and Industrial Statistics, A. J. Duncan, Richard D. Irwin, Homewood, IL, 1974.

Quality Control and Statistical Methods, 2nd ed., E. M. Schrock, Reinhold, New York, 1957.

Statistical Methods in Quality Control, D. J. Cowden, Prentice Hall, Englewood Cliffs, NJ, 1957.

Statistical Process Control and Quality Improvement, 2nd ed., G. Smith, Prentice Hall, Englewood Cliffs, 1995.

Statistical Quality Control, E. L. Grant and R. S. Leavenworth, McGraw-Hill, New York, 1980.

The Certified Six Sigma Black Belt Handbook, 2nd ed., T. M. Kubiak and D. W. Denbow, ASQ, Quality Press, Milwaukee, WI, 2009.

Total Quality Assurance for the Food Industries, 2nd ed., W. A. Gould and R. W. Gould, CTI Publications, Baltimore, 1993.

What is Total Quality Control? K. Ishikawa, Prentice Hall, Englewood Cliffs, NJ, 1985.

质量标准组织

ASI Food Safety Consultants, Inc., 7625 Page Ave., St. Louis, MO, 63133.

American Institute of Baking (AIB), 1213 Bakers Way, P. O. Box 3999, Manhattan, KS, 66505.

American National Standards Institute, Inc., (ANSI), 25 West 43rd Street, New York, NY, 10036.

American Society for Quality (ASQ), 600 North Plankinton Ave., Milwaukee, WI, 53203.

International Organization for Standardization (ISO), 1, ch. de la Voie-Creuse, case postale 56, CH-1211 Geneve 20, Switzerland.

第 17 章

禽肉产品的营养价值

Leslie D. Thompson

王金玉　樊庆灿　译

17.1　引　　言

　　根据美国农业部的定义,"Poultry"这个词包含了所有的家禽,无论是活的还是胴体,通常意义的家禽指的是鸡、火鸡、鸭、鹅、珍珠鸡、走禽类和菜鸽[1]。美国 2007 年生产和消费的主要禽类是鸡和火鸡,包括 90 亿只肉鸡和雏鸡以及 2.71 亿只火鸡,人均禽肉消费量大约是104 lb,禽肉是美国人最重要的动物蛋白来源[2,3,4]。40 年来,美国的禽肉的消费量持续增长,当前禽肉的消费量超过了 1970 年消费量的 200%[3]。禽肉良好的感官性能、多样的风味、低廉的价格和较高的蛋白质含量是禽肉具有高消费率的原因。

17.2　分　　类

　　根据美国农业部家禽分类手册,家禽的品种有很多(鸡、火鸡、鸭、鹅和珍珠鸡等)[5]。市场上各种形式的家禽都可称为"类",每类产品都具有相似的体格特征。鸡的分类包括科尼什斗鸡(<5 周龄的任一性别、体重≥25%科尼什种鸡但<2 lb 的嫩鸡)、肉鸡或炸鸡(通常是 6~8 周龄、胸骨柔软、肉嫩的公、母鸡)、烤鸡类(8~10 周龄任一性别的鸡,其胸骨没有肉鸡柔软)、阉鸡类(<4 月龄,经过去势处理的公鸡)、烘焙鸡类(>10 月龄,胸骨很硬,肌肉比烤鸡类少)。火鸡也有相似的分类,根据火鸡年龄、性别和体重的不同分成不同的类别。例如,油炸-烤火鸡是火鸡的一种类别,指的是<12 周龄、任一性别、具有柔软胸骨软骨的火鸡群体[5]。在美国,家禽肉产品的市场类型主要是肉鸡和油炸火鸡或烤火鸡。

17.3　营养成分数据和标记的来源

　　美国农业部(USDA)的农业研究局(ARS)营养数据实验室(NDL)是美国产品营养成分信息最重要的官方来源。NDL 的任务是:在美国,建立权威的食物成分组成数据库,并阐明数据库的数据来源和评价方法,同时编纂和发布标准的食物成分组成数据[6]。所以,作为任务的一部分,NDL 开展了国家食物和营养分析项目。此项目中,那些高消费量的产品被分类、抽样、检查并分析,确定或更新国家营养数据库参考标准(SR)。人们可以直接上网登录数据库,现在数据库已经被企业、食物和健康专家、营养标准制订人员,研究人员和消费者广泛使用[7]。很多关键的公共健康项目和营养标准发展项目都使用了 SR 中的数据,如美国国家科学院发表的饮食摄入参考(DRI)、美国政府卫生和人类服务部(USDHHS)和美国农业部在 2005 年发布的美国膳食指南。食品工业根据 SR 数据制订营养标签,希望对消费的食物的营养价值进一步了解的消费者也使用 SR[7]。

最新的 SR 数据已在 2008 年发布,包括 7 412 种食物的营养成分,其中有 708 项是禽类产品(鸡产品 445 种,火鸡产品 223 种,鹌鹑产品 5 种,雉鸡产品 5 种,鸭产品 13 种,鹅产品 8 种,其他禽类产品 9 种)[6]。SR 包含了食物中 130 多种营养素、组分或生物活性物质信息[8],而且 SR 涉及的食物范围极其宽广,包括生的、熟的、再加工的、磨碎的食物、禽类内脏产品、快餐食物和处理后的禽类胴体[6]。为了使 SR 准确而有用,SR 每年会更新一次,更新内容包括由于食品生产条件和消费行为的改变引起的食品的数据变化或新产品信息。

在美国,对于消费者来说,另外一个重要的营养信息来源是很多零售食品或包装袋上的营养成分标签(图 17.1)。在 1973 年,美国食品和药品管理局(FDA)规定允许(某些情况是要求)食物有营养标签[10]。随后,在 1990 年,政府对这些条例和营养标识和教育法(NLEA)进行了修改,修正了联邦食品、药品和化妆品法[10]。在 1990 年,NLEA 规定大部分销售产品必须提供营养标签,FDA 负责这方面工作[12]。1990 年 NLEA 的关键部分是规定了营养成分说明和健康声明,使食用分量标准化,确定了营养标签中必须含有和可以含有的成分,并确立了标准的标签形式。大部分的禽类和肉产品中必须有营养标签,但单成分产品和未加工产品可以不进行标识。肉产品和禽类产品的营养标签是由美国农业部食品安全检查服务局(FSIS)管理,联邦管理法规(CFR)分别在条例 9317.00-317.400 和条例 9 下 381.400-381.500 进行说明[13-14]。食物标签上所有的营养信息必须是以"营养成分"为标题,并提供下列信息:

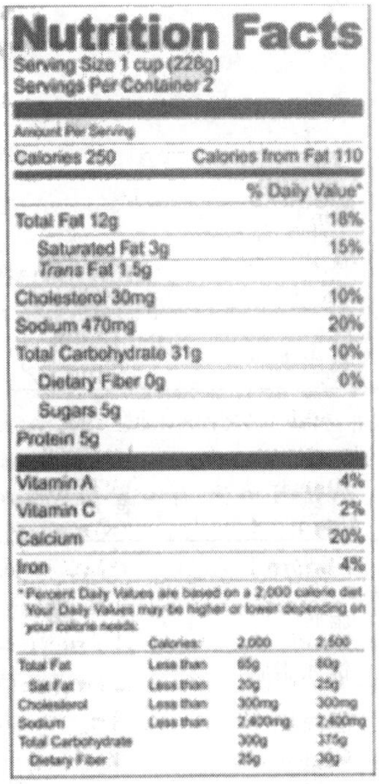

图 17.1　营养成分标签

(引自 Code of Federal Regulations. 21 CFR 101.9. Natritional Labeling of Food. 2009.)

(1)每个包装内的食用分量和份数;

(2)除维生素和矿物质外,每个营养品和食物成分的含量;

(3)每个营养品除糖和蛋白质外,占日常饮食能量水平(2 000 kcal)的百分比(DV,%)

(4)用脚注说明计算的 DV 是根据 2 000 kcal 日常饮食还是 2 500 kcal 日常饮食[12]。

DV 可以用于描述参考日常摄入量(RDI)和参考日常营养量(RDV)2 种不同的营养参数[12-14]。表 17.1 列出了人体营养所必需的维生素和矿物质的参考日常摄入量。表 17.2 列出了以 2 000 kcal 为日常饮食能量水平为基础的 DRV。

1990 年,美国营养标识与教育法的另一个关键作用是规定了营养成分声明和健康声明。营养成分声明规定必须表明食物中的特殊营养成分的水平。可以用来描述禽类产品营养素水平的词有"瘦"、"极瘦"、"高脂"、"来源良好"、"来源极好"、"富含"和"健康"。在禽类营养品和食物中,每个词的使用都是有严格定义的,使用前必须经过 FSIS 认证。例如,营养标签上的"瘦"只用于脂肪少于 10 g,饱和脂肪含量为 4.5 g 或更少,并且 100 g 产品中胆固醇含量少于 95 mg 的食品,并且标签上应表明一个人每餐的参考食用量[14]。而"极瘦"可能是用于脂肪含量少于 5 g,饱和脂肪含量少于 2 g,100 g 产品的胆固醇含量少于 95 mg 的产品,同时表明每餐的参考消费量。每餐的日常消费量的"参考量"是由 FSIS 规定的,即食(RTE)禽类食品 85 g,大多数即开即煮产品 114 g[14]。

表 17.1　人体营养所需的矿物质和维生素的日常摄入量参考值

营养素	参考日常摄入量	营养素	参考日常摄入量
钙	1 000 mg	维生素 C	60 mg
铁	18 mg	维生素 E	30 IU
镁	400 mg	硫胺素	1.5 mg
磷	1 000 mg	核黄素	1.7 mg
锌	15 mg	尼克酸	20 mg
铜	2 mg	维生素 B_6	2 mg
锰	2 mg	总叶酸	400 mcg
硒	70 mcg	维生素 B_{12}	6 mcg
维生素 A	5 000 IU	泛酸	10 mg

来源:引自 9CFR 318.409(c)(8)(B)(vi)(2008).

表 17.2　以 2 000 kcal 能量为基础的食物成分的 DRV

组分	DRV	组分	DRV
脂肪	65 g	钠	2 400 mg
饱和脂肪	20 g	钾	3 500 mg
胆固醇	300 mg	蛋白质	50 g
糖类	300 g	能量	2 000 kcal
粗纤维	25 g		

来源:引自 9CFR 318.409(c)(9)(2008).

17.4　禽类产品的营养成分

不同家禽品种其肉的营养成分的含量是不同的,同一品种不同类型的肉的营养成分含量也是不同的。鸡和火鸡的肉都是既有浅色肉也有深色肉,这 2 种肉的营养成分组成是不同的。其他影响营养成分组成的因素有遗传和育种、饲料和管理实践、环境因素和加工。不考虑上述因素和品种的差异,每份浅颜色的肉比深颜色的肉含有的脂肪和能量较少、水分较多,蛋白质稍多(表 17.3)。鸡肉和火鸡肉的营养组成变化也很大。火鸡的皮肤中脂肪含量比鸡多,水分含量比鸡少。然而,因为 2 种鸡的皮肤表面积和体重比率的差异,具有浅色和深色肉的火鸡的皮肤脂肪含量比相应的肉质颜色的鸡的皮肤脂肪含量都要低。其他禽类品质如鸭、鹅和雏鸽的肉主要是深色肉,而且比深色的鸡和火鸡肉的脂肪含量都要高。总之,禽肉的水分含量和脂肪含量是负相关的,脂肪含量升高,则水分含量降低;反之亦然。而且,因为脂肪的能量比蛋白质和糖类都要高,所以脂肪含量高的肉,则能量水平也高。每克脂肪能够提供 9 kcal 的能量,而每克蛋白质和糖类只能提供 4 kcal 的能量[15-16]。鸟类的可利用能量来源是一种糖类——糖原,但即使是在鸟类的肌肉中,它的含量也是极低的,除非是在生产涂抹产品和面包包裹产品的加工处理中添加糖原和调料,否则通常分析时认为家禽肉的糖原含量是"0"。禽类胴体肌肉的蛋白质含量为 16%～24%,大多数胴体的粗灰分含量为 1% 左右。皮肤中的粗灰分含量为 0.4% 左右(表 17.3)。

表 17.3　即开即煮产品的主要成分和能量水平(可食用蛋白质)

类型	肉的类型/皮肤	水分/%	粗蛋白质/%	粗脂肪/%	粗灰分/%	能量/(kcal/100 g)
肉鸡	浅色,有皮肤	68.60	20.27	11.07	0.86	186
	浅色,无皮肤	74.86	23.20	1.65	0.98	114
	深色,有皮肤	65.42	16.69	18.34	0.76	237
	深色,无皮肤	75.99	20.08	4.31	0.94	125
	皮肤	54.22	13.33	32.35	0.41	349
年轻的雌火鸡	浅色,有皮肤	69.13	21.51	8.10	0.90	165
	浅色,无皮肤	73.57	23.64	1.66	1.00	116
	深色,有皮肤	69.92	18.65	10.25	0.87	172
	深色,无皮肤	74.03	20.07	4.88	0.95	130
	皮肤	46.80	11.79	40.62	0.40	417
鸭	有皮肤	48.50	11.49	39.34	0.68	404
	无皮肤	73.77	18.28	5.95	1.06	132
鹅	有皮肤	49.66	15.86	33.62	0.87	371
	无皮肤	68.30	22.75	7.13	1.10	161
雏鸽	有皮肤	56.60	18.47	23.80	1.40	294
	无皮肤	72.80	17.50	7.50	1.17	142

　　浅色肉和深色肉组成成分是不同的,不同品种间如火鸡肉、鸡肉、鸭肉和鹅肉的组成成分也是有差异的,这种差异是由不同功能的肌肉的生理性适应造成的。家养鸡和火鸡属于鸡形目,它们的体形和体重都很大,并且是陆行鸟,一般只能在地面上行走或跑,不能飞[17]。而鸭和鹅能够长距离的飞行,因此它们的胸肌很发达,并且能够储存飞行所需要的能量。

　　肌肉分为红肌和白肌,这是根据肌肉中红色肌纤维和白色肌纤维的比例不同进行分类的[18]。红色或"慢反应"肌纤维的肌红蛋白含量比白色肌纤维高,肌肉中储存的氧气量多,所以禽肉的肌肉颜色呈红色或暗色。白色或"快反应"肌纤维用来进行短时间的快速反应,这是一种局部的收缩方式。相反,红色肌纤维收缩反应慢、收缩时间长,是一种强直收缩方式。无论什么位置的肌肉,都有红色和白色 2 种肌纤维,只是红色肉里的红色肌纤维比例比白色肉的红色肌纤维比例高[18]。

　　鸡和火鸡的胸肌很少用来飞行,即使胸大肌和胸小肌偶尔用来飞行,持续时间也很短且动作快,然而鸭和鹅的胸肌经常用来长距离的飞行,肌肉收缩较慢。红色肌纤维铁的含量比白色肌纤维高,铁存在于肌红蛋白中,它能够增强肌肉中氧气的运输。所有的鸟类的站立和行走都用腿部肌肉,所以需要的红色肌纤维比例比鸡和火鸡的浅色肉要高,因此,腿部肌肉是深色肉。另外,红色肌纤维的直径比白色肌纤维小,减少了肌肉中营养和代谢废物的运输距离。红色肌纤维中的脂肪含量比白色肌纤维高,所以深色肉的脂肪含量比浅色肉高[18]。

　　鸟类皮肤中的脂肪含量较高,因此,在烹饪前去除皮肤能够明显降低食物中的脂肪含量。鸡和火鸡皮肤中的脂肪含量分别是 32.35% 和 40.62%(表 17.3)。鸟类皮肤的脂肪较高是为了在体表形成隔热层。水禽如鸭和鹅皮肤中的脂肪比鸡和火鸡高。禽类脂肪含量差异较大,从脂肪含量 1.65% 的鸡和火鸡胸肌到脂肪含量为 7.50% 的雏鸽,而家禽肉最好有较低的脂肪含量。能量水平随脂肪含量的变化而变化,脂肪含量高则能量水平高。100 g 去皮的较瘦的禽肉能量只有 114 kcal,而 100 g 带皮的鸭肉的能量是 404 kcal(表 17.3)。

　　家禽加工的一个令人满意的方面就是通过去除皮肤来改变禽类产品的脂肪含量。去除皮肤后的鸡和火鸡肉,浅色肉的脂肪含量低于 2%,而深色肉的脂肪含量低于 5%。鸭、鹅和雏鸽肉去除皮肤后的脂肪含量也会明显降低。不同禽肉的能量水平差别很大,它们会因禽肉的类型和皮肤去除与否而不同。每克蛋白质的能量是 4 kcal 而脂肪是 9 kcal[15-16],因此,开袋即烹(RTC)和开袋即食(RTE)禽类产品的能量水平变化很大。

17.5　烹饪后禽类产品的组成成分

　　无论采用哪种烹饪方法,在烹饪过程,一部分禽类产品的水分和脂肪都可能丢失,导致产品中水分和脂肪含量的降低,一般情况下脂肪变化较小(表 17.4)。脂肪和水分的降低使蛋白质、灰分和胆固醇含量增高,并使大部分矿物质浓缩,导致矿物质含量的明显升高。100 g 开袋即煮的胸肌肉产品中的胆固醇含量是 64 mg。在烹饪时,每 100 g 胸肌肉产品中胆固醇的含量会随着烹饪方法的不同而在 75~96 mg 之间变化。在鸡的开袋即食胸肌肉产品中,饱和脂肪酸(SFA)、单不饱和脂肪酸(MUFA)和多不饱和脂肪酸(PUFA),这 3 种不同类型的脂肪酸的含量分别为 31.5%、45.3% 和 23.2%。

　　烘和炖的烹饪方式对甘油三酯类(组成禽类脂肪)脂肪酸比例变化的影响较小。烤的烹饪方式能够降低多不饱和脂肪酸比例,提高单不饱和脂肪酸比例,然而煎的鸡胸肌肉产品会稍微降低饱和脂肪酸比例,而稍微提高多不饱和脂肪酸比例,可能是因为烹饪过程中使用了油或脂肪。反式脂肪酸的含量很低。烹饪对维生素含量的影响会随着维生素的热稳定性、禽肉中可溶解性、烹饪方式和烹饪温度的不同而有显著差别。

　　烘和烤等干热烹饪方式和炖不同,它们会导致水分的大量丢失和多种营养素浓度增大(表 17.4)。而炖会导致一些矿物质如磷和钾丢失,其他矿物质浓度不变或增大。

　　煎炸的鸡胸肌肉食品的组成会随着烹饪方式的不同而不同(表 17.4)。烹饪后,将近 9% 的食物是可消化的碳水化合物,一些脂肪在肌肉煎炸时被包裹的面包屑吸收。因为煎炸食品的脂肪和碳水化合物含量比其他烹饪方式的食品高,所以食品的能量水平就高。从每种营养素的日常值百分比(DV)来看,需要注意的是,不管哪种类型的禽类产品都不含维生素 C,只含有少量的叶酸、维生素 A 和维生素 E 以及少量的矿物质钙、锰和铜(表 17.5)。

表 17.4 100 g 可食用开袋即烹和烹饪后的带皮肉鸡胸肌肉的营养成分和价值

成分	营养素	开袋即烹产品	烘制食品	烤制食品	蒸煮食品	煎炸食品
基本成分	水分/g	69.46	62.44	63.49	66.21	51.64
	蛋白质/g	20.85	29.80	27.48	27.39	24.84
	脂肪/g	9.25	7.78	8.18	7.42	13.20
	糖类/g	0	0	0.02	0	8.99
	灰分/g	1.01	0.99	1.72	0.84	1.33
	能量/g	172	197	184	184	260
脂类[a]	饱和脂肪酸/%	31.5	31.8	31.0	31.7	29.1
	单不饱和脂肪酸/%	45.3	44.0	52.0	44.2	45.3
	多不饱和脂肪酸/%	23.2	24.1	17.0	24.1	25.3
	反式脂肪酸/g	0.115	NA[b]	0.099	NA	NA
	胆固醇/mg	64	84	96	75	85
矿物质类	钙/mg	11	14	15	13	20
	铁/mg	0.74	1.07	0.55	0.92	1.25
	镁/mg	25	27	26	22	24
	磷/mg	174	214	255	156	185
	钾/mg	220	245	289	178	201
	钠/mg	63	71	347	62	275
	锌/mg	0.80	1.02	0.92	0.97	0.95
	铜/mg	0.039	0.05	0.043	0.044	0.06
	锰/mg	0.018	0.018	0.017	0.018	0.054
	硒/mcg	16.6	24.7	30.6	21.8	28.0
维生素类	硫胺素/mg	0.063	0.066	0.078	0.041	0.115
	核黄素/mg	0.085	0.119	0.133	0.115	0.146
	尼克酸/mg	9.91	12.71	9.40	7.81	10.52
	泛酸/mg	0.804	0.939	1.408	0.547	0.820
	维生素 B_6/mg	0.530	0.560	0.299	0.290	0.430
	总叶酸/mcg	4	4	11	3	15
	总胆碱/mg	67.1	72.8	61.9	64.4	64.8
	维生素 B_{12}/mcg	0.34	0.32	0.32	0.21	0.30
	维生素 A/IU	83	93	41	82	67
	维生素 E/mg	0.31	0.27	0.20	0.27	1.06

来源：引自 USDA National Nutrient Database for Standard Reference，Release 21,2008.

[a] 饱和脂肪酸、单不饱和脂肪酸和多不饱和脂肪酸占脂类的百分比。

[b] NA 表示数据不可用。

美国农业部允许营养成分中说明某一特定的营养成分相对于每日参考摄入量（RDI）或每日参考值（RDV）的含量。产品中某一营养成分高于 RDI 或 RDV 20% 可标识为"高"、"富含"或"优质来源"。高于 RDI 或 RDV 10%～19% 可标识为"良好的来源"。85 g 的带皮或不带皮的烤鸡胸肉是烟酸、维生素 B_6 和硒的优质来源，是磷的良好来源（表 17.5）。烤鸡腿也是烟酸和硒的优质来源，是磷、锌、核黄素、维生素 B_6 和泛酸的良好来源（表 17.5）。

表 17.5　以 2 000 kcal 的日能量水平确定的每日参考摄入量（RDI）或每日参考值（RDV）为基础得出的一份 85 g 的即食烤鸡胸肉（带皮和不带皮）中每种营养素的日常值百分比（DV）

组分	带皮的胸肌肉	不带皮的胸肌肉	带皮的大腿肉	不带皮的大腿肉
能量	8.4	7.0	10.5	8.8
钙	1.2	1.3	1.0	1.0
铁	5.0	4.9	6.3	6.2
镁	5.7	6.2	4.7	5.1
磷	18.2	19.4	14.8	15.6
锌	5.8	5.7	13.4	14.6
铜	2.1	2.1	3.3	3.4
锰	0.8	0.7	0.9	0.9
硒	30.0	33.5	23.7	35.2
维生素 A	1.6	0.4	2.8	1.1
维生素 C	0	0	0	0
维生素 E	0.8	0.8		0.8
维生素 B_1	3.7	4.0	3.8	4.2
维生素 B_2	6.0	5.7	10.6	11.6
尼克酸	54.1	58.3	27.1	27.7
维生素 B_6	23.8	25.5	13.2	14.9
叶酸	0.9	0.9	1.5	1.7
维生素 B_{12}	4.5	4.8	4.1	4.4
泛酸	5.4	8.2	9.4	10.1
脂肪	10.2	4.7	20.3	14.2
饱和脂肪	9.3	4.3	18.4	12.9
胆固醇	23.8	24.1	26.4	26.9
钠	2.5	2.6	3.0	3.1
钾	6.1	6.2	5.4	2.8
蛋白质	50.7	52.7	42.6	44.1

鸡和火鸡也是蛋白质的极好来源，在 2 000 kcal 的饮食中提供 RDV 规定蛋白质量的 40%～50%（表 17.5）。另外，禽类蛋白质质量很好。鸡和火鸡肉具有很高的生物价值，含有 8 或 9 种必需氨基酸（色氨酸、缬氨酸、苏氨酸、异亮氨酸、亮氨酸、赖氨酸、苯丙氨酸、甲硫氨酸和

组氨酸），基本能够满足人体营养需要（表 17.6）。动物来源的蛋白质如肉、禽肉、蛋和乳制品中蛋白质含有 9 种必需氨基酸，因此认为它们是高质量的蛋白质或"完整蛋白质"[19]。相反，植物来源的蛋白质如豆类、种子、坚果和谷物中蛋白质缺少一种或多种基本必需氨基酸，因此认为它们是低质量的蛋白质或"不完整蛋白质"[19]。高质量蛋白质容易被消化吸收。肉类蛋白质的吸收率为 95%～100%，然而，很多植物蛋白质的消化率只有 65%～75%[18]。禽肉中含量最多的氨基酸是谷氨酸，其次是天冬氨酸、赖氨酸和亮氨酸（表 17.6）。非必需氨基酸如谷氨酸和天冬氨酸可以用来合成新组织和化合物，为非蛋白氮化合物提供氮源，也可以用来提供能量[19]。

表 17.6　100 g 开袋即烹不同类型的（浅色和深色）鸡和火鸡肉
（年轻母火鸡）可食用部分（只有肉）的氨基酸含量

g

氨基酸	是否必需 氨基酸[a]	肉鸡 浅色肉	肉鸡 深色肉	火鸡 浅色肉	火鸡 深色肉
色氨酸	是	0.271	0.235	0.269	0.228
苏氨酸	是	0.980	0.848	1.052	0.893
异亮氨酸	是	1.225	1.060	1.229	1.044
亮氨酸	是	1.741	1.507	1.884	1.599
赖氨酸	是	1.971	1.706	2.228	1.891
甲硫氨酸	是	0.642	0.556	0.685	0.581
半胱氨酸	否	0.297	0.257	0.246	0.209
苯丙氨酸	是	0.921	0.797	0.938	0.796
酪氨酸	否	0.783	0.678	0.934	0.793
缬氨酸	是	1.151	0.996	1.256	1.066
精氨酸	否	1.399	1.211	1.649	1.400
组氨酸	是	0.420	0.623	0.738	0.626
丙氨酸	否	1.266	1.096	1.464	1.243
天冬氨酸	否	2.068	1.790	2.296	1.949
谷氨酸	否	3.474	3.007	3.859	3.275
甘氨酸	否	1.140	0.986	1.173	0.995
脯氨酸	否	0.954	0.829	0.984	0.835
丝氨酸	否	0.798	0.691	1.052	0.893

来源：引自 USDA National Nutrient Database for Standard Reference，Release 21，2008.

[a] 必需氨基酸是体内不能合成，必须通过饮食吸收的氨基酸[18,19]。

17.6　不同肉的营养成分比较

表 17.7 中对生的极瘦的禽肉、火鸡肉、牛肉和猪肉等 6 种肉进行了检测比较，发现所有的肉的脂肪含量都低于 5%（范围是 1.65%～4.88%）。牛肉和猪肉的灰分含量比火鸡和鸡高。尽管这几种肉的脂肪含量相差不大，但它们的脂肪酸组成和胆固醇含量是不同的。鸡的饱和脂肪酸含量比火鸡低。若不考虑品种，浅色肉比深色肉的饱和脂肪酸含量低。比较火鸡肉、猪

肉和牛肉,猪肉的饱和脂肪酸含量和火鸡相似,牛肉的饱和脂肪酸含量在三者中最高。如果饮食中的饱和脂肪酸过多,容易引起心血管疾病(CVD),因为饱和脂肪酸能够增加血液循环中的总胆固醇和低密度脂蛋白-胆固醇(LDL-C)的含量。猪肉和牛肉中的单不饱和脂肪酸含量比火鸡和鸡高,单不饱和脂肪酸是一种有益于心血管健康的脂肪酸。鸡和火鸡的多不饱和脂肪酸的含量也较高,多不饱和脂肪酸也是一种健康脂肪酸,它们能够降低人体血液内的总胆固醇和 LDL-C 含量,但可能会影响"健康胆固醇"高密度脂蛋白胆固醇(HDL-C)的含量。

表 17.7　100 g 开袋即烹的浅色鸡肉(只有肉)、深色鸡肉(只有肉)、浅色火鸡肉(只有肉)、深色火鸡肉(只有肉)、生的瘦牛肉和生的瘦猪肉的营养成分组成

成分	营养素	鸡浅色肉[a]	鸡深色肉[a]	火鸡浅色肉[b]	火鸡深色肉[b]	牛肉[c]	猪肉[d]
基本成分	水分/g	74.86	75.99	73.57	74.03	73.31	73.55
	蛋白质/g	23.20	20.08	23.64	20.07	22.27	21.06
	脂肪/g	1.65	4.31	1.66	4.88	3.54	4.22
	灰分/g	0.98	0.94	1.00	0.95	1.19	1.09
	能量/kcal	114	125	116	130	127	128
脂类[e]	饱和脂肪酸/%	36.7	31.3	42.1	39.0	45.4	38.2
	单不饱和脂肪酸/%	32.5	38.2	23.0	26.4	49.3	50.0
	多不饱和脂肪酸/%	30.8	30.5	34.9	34.6	5.3	11.8
	胆固醇/mg	58	80	58	62	36	63
矿物质类	铁/mg	0.73	1.03	1.38	1.90	1.61	0.87
	镁/mg	27	23	27	23	23	26
	磷/mg	187	162	199	185	211	218
	钾/mg	239	222	299	287	357	370
	钠/mg	68	85	60	74	56	51
	锌/mg	0.97	2.00	1.59	3.10	4.00	1.85
	铜/mg	0.040	0.063	0.082	0.152	0.077	0.069
	硒/mcg	17.8	13.5	24.4	28.6	30.8	33.2
维生素类	硫胺素/mg	0.068	0.077	0.060	0.076	0.075	1.086
	核黄素/mg	0.092	0.184	0.131	0.219	0.120	0.292
	尼克酸/mg	10.60	6.25	5.63	2.82	6.47	4.41
	泛酸/mg	0.822	1.249	0.690	1.156	0.654	0.828
	维生素 B_6/mg	0.54	0.33	0.56	0.36	0.63	0.63
	维生素 B_{12}/mcg	0.38	0.36	0.45	0.40	0.94	0.69

来源:引自 USDA National Nutrient Database for Standard Reference,Release 21,2008.

[a] 仅包含鸡、肉鸡和油炸用鸡的生的无骨深色肉和浅色肉。

[b] 仅包含年轻母火鸡的生的无骨深色肉和浅色肉。

[c] 仅包含根据美国农业部规定,生的含有 1/8 脂肪的上腰部精牛肉。

[d] 仅包含生的新鲜无骨的腰部精猪肉。

[e] 脂类各成分以及饱和脂肪酸、单不饱和脂肪酸和多不饱和脂肪酸占脂类成分的比例。

深色鸡肉中的组织胆固醇含量最高。浅色鸡肉、浅色和深色火鸡肉以及猪肉的胆固醇含量相近,牛肉中的胆固醇含量最低。肉中的部分胆固醇是环绕细胞的纤维质膜的原料。肌肉的肌纤维直径小,则相同范围内需要更多的质膜原料,所以胆固醇含量较高[18]。产品中的胆固醇含量和脂肪含量并不是密切相关的,因为肉中大量的胆固醇不仅存在于细胞膜中,也存在于脂肪中。

不同类型的肉的矿物质和维生素含量差别很大。肉中铁的含量深色火鸡肉(含有 DV 铁量的 10.5%)最高,然后依次是牛肉、浅色火鸡肉、深色鸡肉、猪肉和浅色鸡肉,牛肉能够供应8.9%的 DV 铁含量,是补充铁的第 2 选择。牛肉和猪肉是机体内磷的最好来源,能够提供超过 20%(1 000 mg)DV 的磷。牛肉能提供 4 mg 锌,是锌的极好来源,其次是深色火鸡肉,提供3.1 mg(锌的 DV 值为 15 mg)。上述肉类都能提供硒,但牛肉和猪肉是硒的最好来源,猪肉能提供 47% DV 的锌(70 mcg)。猪肉是现在最好的维生素 B_1 的来源。猪肉、深色火鸡肉和鸡肉是维生素 B_2 的最好来源。尽管所有的肉类都能提供尼克酸,但浅色肌肉是尼克酸的最好来源。深色鸡肉和火鸡肉的泛酸含量在所有肉中最高,猪肉中维生素 B_6 的含量最高。牛肉中维生素 B_{12} 最高,其次是猪肉、火鸡和鸡肉。因此,可以说没有一种肉类在营养组成上是最优越的,所有的瘦肉中营养素都很丰富,为健康饮食提供必需的蛋白质、脂肪、维生素和矿物质。

17.7　禽肉与健康饮食

美国人一直很重视脂肪对饮食和身体的影响,特别是心脏。在美国,1/3 人受 CVD 的困扰,并且很多人发病死亡[20]。引起心血管疾病的因素有遗产、家族式的早期 CVD、吸烟、高血压、糖尿病、肥胖症、缺少运动、过度饮酒和不正常的血脂含量,包括高水平的血清胆固醇、LDL-C、HDL-C 以及高水平的甘油三酯(TG)[20]。保持健康体重,进行健康饮食并努力维持血脂浓度,是美国心脏协会(AHA)2006 年发表的减少心血管疾病发病的饮食和生活方式建议的内容,也是 2005 年发表的美国人膳食指南的内容[20,21]。饮食中的脂肪酸和反式脂肪酸能够显著提高血液中 LDL-C 水平。也就是说,食物中的胆固醇和过高的体重能够提高 LDL-C 水平。食物中的单不饱和脂肪酸能够减少血液中胆固醇和 LDL-C 含量,减少 CVD,因此被认为是"心脏-健康脂肪"。美国人食物中的单不饱和脂肪酸大约有 50%来自于动物食品[19]。另外,多不饱和脂肪酸也是一种健康脂肪酸,它也能够降低人体血液内的总胆固醇和 LDL-C 含量,但也可能会影响"健康胆固醇"HDL-C 的含量[20-22]。食物中的饱和脂肪酸能够提高血液中的总胆固醇和 LDL-C 的含量,提高 CVD 发病率,但是已有报道证明有的饱和脂肪酸并没有类似作用,如硬脂酸是一种常见的动物长链饱和脂肪酸,但它并不影响血清胆固醇含量[23-25]。反式脂肪酸在动物产品中的含量很低。根据 2005 年美国人膳食指南,食物中 80%的反式脂肪酸来自植物油的局部氢化作用和加工的食品[21],只有 20%的反式脂肪酸来自动物产品。

尽管人们总是说食物脂肪影响人体健康,但不能否认,脂肪是人类食物中必不可少的一部分。它是能量的重要来源,能促进脂溶性维生素的吸收,并能提供体内无法合成的必需脂肪酸[19]。脂肪含量少的食物(<20%能量水平)会影响血脂含量,降低 HDL-C 水平,增加甘油三酯含量,另外还会影响维生素 E 和必需脂肪酸包括多不饱和脂肪酸、亚油酸、α-亚油酸的正常吸收[19,21]。

美国人能够从多种途径查询健康饮食的信息。根据 USDHHS 和 USDA 标准,为了保持健康饮食,健康成年人总脂肪推荐摄入量为 20%～35%,并且饱和脂肪酸摄入量低于总能的

10％[21]。这就是说,在 2 000 kcal 的饮食中,总脂肪摄入量应该不超过 44～78 g,其中饱和脂肪酸量应该低于 20 g[21]。

对于总脂肪酸摄入量,医学会也有相似的意见,但同时建议反式脂肪酸的摄入量应该尽量低[19]。美国心脏病协会认为脂肪来源的能量应该在 25％～35％,饱和脂肪酸来源的能量应该低于 7％,反式脂肪酸来源的能量应该在总能量的 1％以下[20]。食物中主要的脂肪酸应该是单不饱和脂肪酸和多不饱和脂肪酸,它们在鸡和火鸡的脂肪中含量为 58％～69％。AHA 和 USDHHS/USDA 都建议,胆固醇的日摄入量应该在 300 mg 或以下[20,21]。

MyPyramid 引导系统是美国农业部在根据 2005 年公布的美国膳食指南基础上建立的,它是消费者获取健康生活方式信息的良好来源[21,26]。MyPyramid.gov 是一个网上引导系统,它能为消费者提供个性化、互动式的健康营养和生活方式信息[27]。在 MyPyramid 计划网页中,消费者可以输入年龄、性别、体重、身高和健康状况,确定一个符合个人需要的食物计划。MyPyramid 有不同的选择,分别适用于幼儿园儿童(2～5 岁,MyPyramid for Preschoolers)、小孩(6～11 岁,MyPyramid for Kids)、妊娠和哺乳妇女(MyPyramid for Moms)和普通成年人(MyPyramid)[26,27]。Pyramid 包括 6 个等级,分别代表 6 种食物种类以及饮食中食物种类的比例(图 17.2)[28]。这 6 种食物种类分别是谷物类、蔬菜类、水果类、油类、奶类以及肉和豆类,其代表颜色分别是橘黄色、绿色、红色、黄色、蓝色和紫色。Pyramid 中还含有阶梯,代表身体生理需求。MyPyramid.gov 的网址在 Pyramid 的下角,并且附有标语"Steps to a Healthier You"[28]。在网站上,消费者点击 Pyramid 中代表一种食物类型的一阶,浏览 Pyramid 中的信息。在肉和豆类食物中,标语是"Go lean with protein"[26]。鸡和火鸡肉(去皮更好)是推荐食用的肉类,此外,豆类食物也推荐食用。这些产品的日推荐摄入量是 2～7 oz 的瘦禽肉、肉或鱼,具体摄入量取决于日常能量需求[26]。

MyPyramid.gov
STEPS TO A HEALTHIER YOU

图 17.2　MyPramid.gov 食品引导系统项目的标志、网址和标语
(引自 U.S.Department of Agriculture,2005.)

鸡肉和火鸡肉(最好去皮)很符合 AHA、USDHHS/USDA、MyPyramid.gov 和医学会推荐的膳食建议。一份 85 g 的烘鸡肉只含有推荐最高胆固醇量的 24％～27％,脂肪 3.1～13.1 g,其中饱和脂肪酸 0.9～3.7 g,反式脂肪酸少于 0.1 g。相似的,一份 85 g 火鸡由含有推荐最高胆固醇量的 20％～23％,脂肪 3.2～10.5 g,其中饱和脂肪酸 1.0～3.4 g。

17.8　增强型禽肉产品

在 2004 年,近 23％的袋装鸡肉是增强型禽肉[29]。增强措施是烹饪时向禽肉中添加一种含有水、盐、磷酸盐类和天然的香料和调料的溶液,以保持瘦肉的柔嫩多汁(关于增强措施/调味品参考第 15 章)[29,30]。现在,工业生产的动物比以前的要瘦,以满足消费者健康食品的需求。由于瘦肉中的脂肪含量低,所以烹饪尤其是过度烹饪后,食物会变得干而硬。脂肪能够使肉味美而柔嫩多汁。增强液的每个成分都能够提高食物的整体柔嫩度、多汁性和风味。添加水分是防止食品烹饪时过干。磷酸盐类有利于保持水分,使食物多汁,并保护食品风味。添加盐能提高水分含量和口味,香料和调料额外给消费者提供想要的风味。增强液的添加量是总重量的 10％,而且产品标签应该指出产品中添加了增强液[29,30]。

　　增强措施会影响肉的营养组成。在一项研究中,检查 8％的增强液对烤制的无骨无皮的胸肌肉的影响,人们发现,增强措施减少了烹饪损失(不增强时损失为 41.2％,增强后损失为 36.6％),提高了烹饪后食品的水分含量(不增强时水分含量为 65.81％,增强后水分含量为 68.7％)[31]。水分的提高使食物中蛋白质、胆固醇和一些矿物质的含量比不增强的低。但增强措施提高了烤肉中钠和磷的含量。没经过增强的 100 g 烤胸肌肉中含 96.5 mg 钠和 294.5 mg 磷,经过增强的 100 g 烤胸肌肉中含 627.2 mg 钠和 374.4 mg 磷,其含量分别增加了 549％和 27.1％。应该注意的是,消费者习惯在烹饪前或烹饪后向产品中添加盐,所以在产品烹饪前后的增强过程中不需要添加盐。一份 100 g 增强后的禽肉应该提供 27.3％的最大建议盐日摄入量(2 300 mg)和 37.4％的 DV 磷摄入量。

17.9　小　　结

　　家禽品种繁多,家禽肉的营养成分组成因类型的不同而表现出较大的差异。禽肉的营养组成受多种因素的影响,包括产品生产和加工操作、肉的类型、肉的种类和遗产、是否带皮和烹饪方式。禽肉是一种营养丰富的多功能食品,十分符合健康饮食的需求。

参 考 文 献

1. Code of Federal Regulations. 9 CFR 381.1-381.500. Poultry Products Inspection Regulations. U.S. Government Printing Office, Washington, D.C., 2008.

2. U.S. Department of Agriculture, National Agricultural Statistics Service. 2008. Poultry production and value—2007 summary. http://usda.mannlib.cornell.edu/MannUsda/viewDocumentInfo.do?documentID=1130. Accessed March 2009.

3. National Chicken Council. Consumer information. http://www.nationalchickencouncil.com/consumerInfo/detail.cfm?id=12 2008. Accessed February 2009.

4. National Turkey Federation. Turkey statistics. http://www.eatturkey.com/consumer/stats/stats.html 2008. Accessed February 2009.

5. U.S. Department of Agriculture, Agricultural Marketing Service. Poultry Grading Manual. Agriculture Handbook Number 31. U.S. Government Printing Office, Washington, D.C., 1998.

6. U.S. Department of Agriculture, Agricultural Research Service. USDA National Nutrient Database for Standard Reference, Release 21. Nutrient Data Laboratory Home Page, 2008. http://www.ars.usda.gov/ba/bhnrc/ndl. Accessed February 2009.

7. Haytowitz, D. B., P. R. Pehrsson, and J. M. Holden. The national food and nutrient analysis program: A decade of progress. J. Food Comp. Anal. 21, S94, 2008.

8. U.S. Department of Agriculture, Agricultural Research Service. 2009. About the nutrient data lab. http://www.ars.usda.gov/AboutUs/AboutUs.htm?modecode=12-35-45-00, 2009. Accessed March 2009.

9. U.S. Food and Drug Administration. Nutrition Facts Label Images for Download. http://www.fda.gov/Food/LabelingNutrition/PrintInformationMaterials/ucm114155.htm, 2009. Accessed March 2009.

10. Nielsen, S. S., and L. E. Metzger. Nutritional labeling. Pages 35–50 in Food Analysis, 3rd ed. S. S. Nielsen, ed. Springer Science and Business Media, New York, 2003.

11. U. S. Public Law 101-535. Nutrition Labeling and Education Act of 1990. November 8, 1990. U.S. Congress, Washington, D.C.

12. Code of Federal Regulations. 21 CFR 101.9. Nutritional Labeling of Food. http://edocket.access.gpo.gov/cfr_2009/aprqtr/pdf/21cfr101.9.pdf. 2009. Accessed March 2009.

13. Code of Federal Regulations. 9 CFR 317.300–317.400. Nutritional Labeling of Meat or Meat Food Products. U.S. Government Printing Office, Washington, D.C., 2008.

14. Code of Federal Regulations. 9 CFR 381.400–381.500. Nutritional Labeling of Poultry Products. U.S. Government Printing Office, Washington, D.C., 2008.

15. Merrill, A. L., and B. K. Watt. Energy Values of Foods—Basis and Derivation. Agriculture Handbook No. 74. Human Nutrition Research Branch. USDA Agricultural Research Service. U.S. Government Printing Office, Washington, D.C., 1973.

16. U.S. Department of Agriculture, Agricultural Research Service. 2008. Raw, Processed and Prepared USDA National Nutrient Database for Standard Reference, Release 21. Nutrient Data Laboratory Home Page, SR Documentation. http://www.nal.usda.gov/fnic/foodcomp/Data/SR21/sr21_doc.pdf. Accessed March 2009.

17. Gallinaceous bird. WordNet® 3.0. Princeton University. 2009. Dictionary.com http://dictionary.classic.reference.com/browse/gallinaceous bird. Accessed March 2009.

18. Aberle, E. D., J. C. Forrest, D. E. Gerrard, E. W. Mills, H. B. Hedrick, M. D. Judge, and R. A. Merkel. *Principles of Meat Science*, 4th ed. Kendall/Hunt Publishing Company, Dubuque, IA, 2001.

19. Otten, J. J., J. P. Hellwig, and L. D. Meyers (Eds). *Dietary Reference Intakes: The Essential Guide to Nutrient Requirements*. The National Academies Press, Washington, D.C., 2006.

20. Lichtenstein, A. H., L. J. Appel, M. Brands, M. Carnethon, S. Daniels, H. A. Franch, B. Frankiln, P. Kris-Etherton, W. S. Harris, B. Howard, N. Karanja, M. Lefevre, L. Rudel, F. Sacks, L. Van Horn, M. Winston, and J. Wylie-Rosett. Diet and lifestyle recommendations revisions: A scientific statement from the American Heart Association Nutrition Committee. *Circulation* 114, 82, 2006.

21. U.S. Department of Health and Human Services and U.S. Department of Agriculture. *Dietary Guidelines for Americans, 2005*, 6th ed. U.S. Government Printing Office, Washington, D.C., 2005.

22. Fletcher, B., K. Berra, P. Ades, L. T. Braun, L. E. Burke, J. L. Durstine, J. M. Fair, G. F. Fletcher, D. Goff, L. L. Hayman, W. R. Hiatt, N. H. Miller, R. Krauss, P. Kris-Etherton, N. Stone, J. Wilterdink, and M. Winston. Managing abnormal blood lipids a collaborative approach: A scientific statement from the American Heart Association Nutrition Committee. *Circulation* 112, 3184, 2005.

23. Kris-Etherton, P. M., A. E. Griel, T. L. Psota, S. K. Gebauer, J. Zhang, and T. D. Etherton. Dietary stearic acid and risk of cardiovascular disease: Intake, sources, digestion, and absorption. *Lipids* 40, 1193, 2005.

24. Mensink, R. P. Effect of stearic acid on plasma lipid and lipoproteins in humans. *Lipids* 40, 1201, 2005.

25. Grundy, S. M. Influence of stearic acid on cholesterol metabolism relative to other long-chain fatty acids. *Am. J. Clin. Nutr.* 60(Suppl.), 938s–1072s, 1994.

26. U.S. Department of Agriculture. MyPyramid.gov Website. Washington, D.C. http://mypyramid.gov/index.html. Accessed February 2009.

27. Haven, J., A. Burns, D. Herring, and P. Britten. MyPyramid.gov provides consumers with practical nutrition information at their fingertips. *J. Nutr. Educ. Behav.* 38, S153–S154, 2006.

28. U.S. Department of Agriculture. 2005. MyPyramid graphics standards: How to use the new symbol. http://www.mypyramid.gov/downloads/resource/MyPyramidGraphicStandards.pdf. Accessed March 2009.

29. American Meat Institute. 2007. Meat matters: Consumer guide to enhanced meats. www.meatami.com. Accessed May 2009.

30. Smith, D. P. and J. C. Acton. Marination, cooking, and curing of poultry products. Pages 257–280 in A. R. Sams, Ed. *Poultry Meat Processing*. CRC Press, Boca Raton, FL, 2001.

31. Kiker, J. K. Nutritional composition of cooked and raw enhanced or non-enhanced boneless skinless breast fillets. M.S. thesis. Texas Tech University, Lubbock, 2008.

第 18 章

水和废水处理

William C. Merka

赵改名　李苗云　译

18.1　引　　言

目前许多工程公司和设备生产企业都能够设计和构建符合环保排放要求的废水处理系统,因此本章的目的不是提供废水预处理和处理系统的设计和操作方法,而是提供相关的基本背景信息,通过废水分析,提高加工和深加工设备的效率,有助于增加企业利润。

18.2　废水分析测量

18.2.1　生化需氧量(BOD)

BOD 是指微生物分解水中的有机物所需要的氧气量,此过程的测定需要 5 d 的时间。氧气难溶于水,1 L 水中只能溶解约 8 mg 的氧气,微生物分解禽肉加工厂排出废水中有机质的需氧量是水中含氧量的 300~500 倍。因此,当废水排出时,微生物会迅速消耗溶解的氧,从而导致需氧水生生物死亡。

示例计算:

$$第 0 天溶解氧的量 - 消化 5 d 后溶解氧的量 = BOD$$
$$DO_0 - DO_5 = BOD$$
$$8\ mg/L - 5\ mg/L = 3\ mg/L\ BOD$$
$$(DO_0 - DO_5) \div 稀释系数$$
$$(8\ mg/L - 5\ mg/L) \div 1 : 500 = 1\ 500\ mg/L\ BOD$$

计算结果表明,消耗 1 L 样品中的有机物需要溶解 1 500 mg 的氧,当 BOD 的值为 1 lb 时表示约有 3 lb 的产品随废水流失。

18.2.2　化学需氧量(COD)

COD 是指废水中有机物被重铬酸钾离子在高温酸性条件下氧化为铬离子的需氧量。完成此过程需 2 h,不像 BOD 的测定需要 5 d 的时间。COD 和 BOD 之间有很高的相关性,禽肉加工废水中的 COD 大约是 BOD 的 2 倍。

18.2.3　总悬浮物(TSS)

TSS 是指废水中悬浮颗粒的浓度,以标准玻璃纤维过滤器的废水体积表示。将过滤器在103℃时干燥,过滤器的皮重和干重之间的差值表示为 TSS。

示例计算:

$$\frac{过滤器干重-过滤器皮重}{体积(mL)}\times1\,000\,000=TSS(mg/L)$$

$$\frac{0.300\,0\,g-0.250\,0\,g}{100\ mL}\times1\,000\,000=500\ mg/L\ TSS$$

18.2.4 总固形物(TS)

TS 是指随废水流失的固体物质总量,包括有机物和无机物含量。测定方法:将一定体积的废水加入到已知重量的坩埚中,并干燥至恒重,坩埚的增加量即是 TS。

示例计算:

$$\frac{坩埚+样品的干重-坩埚的干重}{体积(mL)}\times1\,000\,000=TS(mg/L)$$

$$\frac{67.077\,0\,g-67.000\,g}{100\ mL}\times1\,000\,000=700\ mg/L\ TS$$

18.2.5 固有固形物(FS)

FS 即污水中的矿物质含量,通过测量坩埚中灰分质量来表示。在 550℃ 条件下,有机物充分燃烧,剩余部分就是矿物质。

示例计算:

$$\frac{坩埚灰化后重量-坩埚皮重}{废水的体积(mL)}\times1\,000\,000=FS(mg/L)$$

$$\frac{67.022\,0\,g-67.000\,g}{100\ mL}\times1\,000\,000=220\ mg/L\ FS$$

18.2.6 总挥发性固形物(TVS)

TVS 是指废水中有机质的含量,通过 TS 减去 FS 来计算。

示例计算:

$$TS(mg/L)-FS(mg/L)=TVS(mg/L)$$
$$770-220=550(mg/L)$$

18.2.7 脂类物质(FOG)

FOG 含量是由有机溶剂提取废水中的油脂、油和脂肪的量所决定。首先从废水中分离出含有 FOG 提取物的有机溶剂,然后将其加入到重量已知的烧杯中,通过加热的方法使 FOG 混合物中的有机溶剂挥发,烧杯中剩余部分就是 FOG。

$$\frac{盛有\ FOG\ 的烧杯的重量-烧杯的重量}{废水的体积(mL)}\times1\,000\,000=FOG(mg/L)$$

$$\frac{45.025\,0-45.000}{1\,000}\times1\,000\,000=250\ mg/L\ FOG$$

18.2.8 总氮量(TKN)

TKN 是通过在酸性蒸馏的条件下将废水中的有机氮转换为氨进行测定,氮的浓度由蒸馏得到的氨进行计算。TKN 可用于生物污水处理设备的设计,还可用来计算水流中的产品损失,31 lb 肉中含有 1 lb 的氮。

18.3 废水处理

在 1972 年的"净水法案"颁布前,人们对水的成本和禽肉加工厂排出的废水对环境的影响不是很关注。工厂未经处理的废水排入市政下水道,或在某些情况下直接排入河流。有些加工者甚至误认为这样可以补充水质营养,从而改善渔业,这显然是不可行的。事实证明,微生物为了降解生物废物而消耗大量的氧气,从而影响了水生生物的生存。1972 年"净水法案"颁布之后,禽肉加工者如果继续按原有的方式排放废水将遭受严重的民事和刑事处罚。居民生活用水同样需要注意污水排放的质量。一般来说,排放的废水需要达到 BOD 和 TSS 的浓度低于 20 mg/L,以及溶解氧(DO)浓度超过 4.0 mg/L 的标准。禽肉加工者只能将达到这个标准的废水直接排入河流。

由于严格的排放要求,市政府要求禽肉加工者减少废水中的有机物浓度,在未达到家庭排放污水的标准(250 mg/L BOD,200 mg/L TSS,100 mg/L FOG,pH 在 5~10 的范围内)之前,不得排入市政下水道。为了达到此要求,生产企业配置了各种二次过滤和物理/化学预处理系统和设备。化学絮凝剂-空气浮选法是溶气浮选法(DAF)中的一种,是达到市政排放要求常用的方法之一。DAF 是一种去除废水中悬浮物质的方法,通过将絮凝剂加入废水中使悬浮物絮凝或聚合,然后注入高压空气,絮凝物质会吸附在微小气泡表面,浮至水面,从而将悬浮物从水中分离出来。

虽然化学絮凝剂-空气浮选法是一种有效的废水预处理方式,但加工过程中产生的有机物依然是主要的问题。由于浮选剂材料中含有大量的空气和细菌,极易快速腐烂,所以浮选材料很难提炼,一般生产出来的大多是劣质产品。加工者也可将废水喷洒到一定的区域,供植被利用,这种废水处理方法所需的土地面积由液压强度和此区域中氮量决定。

图 18.1、图 18.2 和图 18.3 提供了 3 种常用的污水处理方案,这 3 个方案或其组合可用于不同的加工厂。生产企业如果不遵守规定,不仅需要支付巨额的附加费和罚款,还将面对刑事诉讼。因此,禽肉生产企业与工程厂商签约,兴建污水处理设施,以满足市政排放或河水排放要求。表 18.1 提供了鸡肉加工废水中污染物的平均浓度。

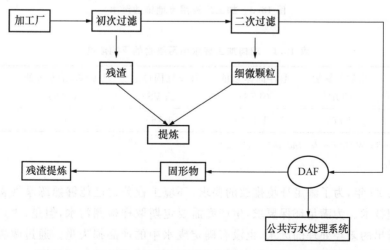

图 18.1 加工厂废水排入市政系统(POTW,公共污水处理系统)

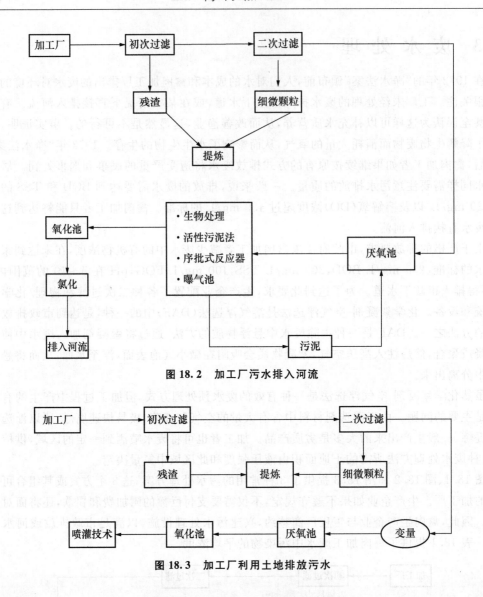

图 18.2　加工厂污水排入河流

图 18.3　加工厂利用土地排放污水

表 18.1　鸡肉加工废水中污染物的平均浓度　　　　　　　　　　　mg/L

生化需氧量 （BOD）	化学需氧量 （COD）	悬浮固体总量 （TSS）	挥发性固体总量 （TVS）	脂肪、油及油脂 （FOG）	总凯氏氮量 （TKN）
2 200[a]	3 770	1 440	1 765	715	130

来源：引自 Merka，W.G.，*Broiler Ind.*，52，20，1989.

[a] 单位为 mg/h。

在过去的 25 年，为了满足环境排放的要求，环境工程公司已能够熟练掌握畜禽屠宰加工厂的废水处理技术。为满足环保要求，生产商需要定期取样检测污水，但是，生产商很少分析加工过程中排出的未经处理的废水，也没有确定废水中的产品损失量。通过改善易产生废水的设备，减少废水中的产品损失量，可以增加工厂的利润。

一项关于供水和污水处理成本的调查研究表明，受 1972 年"净水法案"的影响，供水和污水处理成本平均由之前的约每 1 000 gal(加仑,1 gal＝3.785 412 L)约 0.33 美元增加到 2000 年前的每 1 000 gal 约 5.00 美元。更严格的环保要求使过去 25 年中供水和污水处理的成本迅速增加。在每 1 000 gal 5.00 美元的基础上,处理每只鸡的用水量每增加 1 gal 则成本增加 0.5 美分。因此,注重水的利用效率可以显著增加工厂的利润。2000 年,美国的肉鸡生产商通过对废水采样分析,发现工厂的加工效率低下而及时采取措施,使每年的环境成本减少了 200 万~250 万美元。

18.4　水和废水处理效率

为了使水的利用效率达到最大化并减少产品损失,生产商需要对用水和废水进行统计分析,以确定生产过程中过度用水和损失产品的工艺操作及加工时间。

18.4.1　水流量的测定

通过使设备中的水流沿着引水槽或者水坝定向流动,不断测定水的流量,可以确定产生废水的操作过程和加工时间。巴歇尔氏量水槽或"H"形量水槽是工厂中经常使用的测定水流量的基本装置,它们可以准确监控厂房设备的排水量。市售的流量记录仪可以通过程序设定,记录设备不同位置的污水流量,供生产者选择其中的有用信息。这种测量方法不仅能够测定废水排放总量,还能测定用水量的变化。

例如,禽肉加工厂通过每天的废水排放量来测定用水量变化,包括初次加工、二次加工以及卫生清洁过程中的废水排放等。两次加工班次过程中的废水排放量相对稳定,但是卫生清洁过程中的废水排放量变化不定,从 200 000~400 000 gal 不等,这种变化没有固定的模式(即每天家禽的加工量、冷却装置清洗等、每周工作时间)。每次卫生清洁消耗 200 000 gal 的水,企业为此每天需要支付 1 000 美元,远远超过劳动成本的费用。

例如:连续监测工厂排放的污水发现,加工过程中平均排放量约为 1 000 gal/min;加工班次时污水流量会有所不同,在 800~1 200 gal。高效的 DAF 预处理取决于流量体积的恒定,这样化学絮凝剂的浓度可以保持不变,50% 的流量变化会影响 DAF 预处理成功所需的平稳态。屠宰厂等需要大量用水的企业,可以通过适度减少用水量来降低成本。

例如,一个工厂每周处理 125 万只鸡,成本为每 1 000 gal 水 5 美元,如果每只鸡的用水量减少 1 gal,那么工厂每年将减少 312 000 美元的用水成本。采用水资源可持续利用模式减少用水量可使企业获得更多利润。通过对废水排放和水分利用的研究发现,企业每天生产和包装鸡蛋需要使用 10 000~12 000 gal 的水,一年的用水成本为 13 000 美元,是他们利润的 1/2 之多。

18.4.2　车间内各工序的用水监测

在车间的重要部位安装水表,可以确定车间内各工序及设备的用水量和用水变化。安装一个水表需要 250 美元,每分钟可以节省 10 gal 的水,按节约 1 000 gal 水价值 5 美元计算,那么,1 周左右就可收回水表的成本。

示例计算:

$$10 \text{ gal/min} \times 0.5 \text{ 美分/gal} = 5 \text{ 美分/min}$$
$$5 \text{ 美分/min} \times 60 \text{ min/h} \times 16 \text{ h/d} = 48 \text{ 美元/d}$$
$$48 \text{ 美元/d} \times 5 \text{ d/周} = 240 \text{ 美元/周}$$

18.4.3　容器集满水所需时间

用水量小的地方如洗手站、喷嘴、泄露处、输出软管等,可以用分度值为 1 qt(夸脱,容量单位,1 qt=0.946 L),用量程为 5 gal 的容器和秒表来计算,通过测定收集满容器所需的时间,就可简单计算用水的成本。

示例计算:

洗手站每天工作 16 h,每分钟需要 6 qt 的水,而 1 000 gal 水的成本为 5 美元,那么每年的成本是多少呢?

计算可知:

1.5 gal/min×60 min/h×16 h/d×260 d/年×5.00 美元/1 000 gal=1 872 美元/年

18.4.4　提高用水效率

节约用水可提高劳动效率。生产商雇人专门负责节约用水,每只家禽可以节约 1.75 gal 的水。按每 1 000 gal 3.00 美元计算,工厂每年用水和废水处理的成本可降低 350 000 美元。节约用水可使工厂每小时增加 100 美元的利润。

示例计算:

每年节约成本 350 000 美元,减去薪水和设备费用的 40 000 美元,剩余 310 000 美元。

$$\frac{节约\ 310\ 000\ 美元/年}{300\ 工作时/年}=利润\ 103\ 美元/工作时$$

18.4.5　废物最少化

废物最少化是降低环境成本增加收益的第 2 个方面,大量产品随废水排放会使生产者承担高额的环境成本。确定产品损失的基本计算是"磅"方程[8.34 为 1 gal 水换算成磅(lb)的数值]。

$$\frac{废水加仑数}{1\ 000\ 000}×8.34×分析物\ mg/L=1\ lb$$

示例计算:

工厂每天处理 25 万只鸡,每只鸡需要 8 gal 的水,每只鸡的活重为 5 lb。24 h 内收集的废水样品中含有 3 000 mg/L 的有机质,相当于百分之多少的活鸡随污水排放了?

$$\frac{2\ 000\ 000\ gal/d}{1\ 000\ 000}×8.34×3\ 000=50\ 000\ lb(干重)$$

鸡肉中大约含有 70% 的水,通过有机质的干重可计算出活重,计算方法为:有机质干重除以 0.03 得出鸡的活重。

$$\frac{50\ 000}{0.03}=166\ 800\ lb(废水中的活重)$$

$$\frac{166\ 800^{*}\ lb\ 的废水损失}{1\ 250\ 000\ lb\ 的加工活重}=13.3\%(活重)$$

译者注:英文原版书 * 处为 160 800,根据上下文分析,应为 166 800,中文版予以改正。

屠宰厂有 5 万 lb(干重)的低附加值产物,如血液、脂肪、内脏等,可以加工成动物饲料。如果将这些副产物排放到下水道中,它们就会形成低附加值 DAF 悬浮物,这些浮渣可以加工成低品质的禽肉粉。如果企业采用生物系统处理废水,他们需要为达到环境稳定状态而处理有机质,并为此支付昂贵的成本,甚至无法回收具有提炼价值的 DAF 浮动原料。

- 25 t 宠物食品级禽肉粉,每吨 400 美元,共价值 10 000 美元;
- 25 t DAF 级的禽肉,每吨 180 美元,共价值 4 500 美元;
- 损失价值:10 000 美元/d－4 500 美元/d＝5 500(美元/d)。

深加工车间的废水分析系统可以识别废水排放的时间和操作过程,深加工过程中的产品损失造成的经济损失比屠宰过程还要严重,因为加工过程需要使用肉、油、面粉等高附加值产品,而不是血液、内脏和羽毛等低附加值产物。

使用以下计算方法可确定产品损失:

- 大约 3 lb 肉的废水中含有 1 lb 有机质。
- 31 lb 肉的废水中含有 1 lb 的氮。

示例计算:

一个加工厂排放 25 000 gal 的废水中含有 150 mg/L 的氮。

$$\frac{250\ 000\ \text{gal}}{1\ 000\ 000} \times 8.34 \times 150\ \text{mg/L 氮} = 313\ \text{lb 氮}$$

禽肉进一步加工的部分包括蛋白质、脂肪、水和骨,蛋白质是氮的唯一来源,将氮含量转换成蛋白质干重,以氮乘以 6.25 得到蛋白质的质量。

$$313\ \text{lb 氮} \times 6.25 = 1\ 894\ \text{lb 蛋白质(干重)}$$

禽肉中的蛋白质含量约为 20％,313 lb 的氮相当于是 9 470 lb 的禽肉产生的。如果白色肉和深色肉的平均价格为 1.25 美元/lb,这么多的氮量就意味着每天有 11 800 美元的产品随废水流失。

所有的生产过程都会有损失,生产商通过测定和统计产品的废物损失情况可以改善加工工艺,回收副产物进行销售,增加生产利润。

例如:在满足环境排放要求的情况下,通过淘汰鸡生产肉制品、脂肪和肉汤的进一步加工就变得困难重重。工厂采用保护/最小化的方法以提高加工效率,进而减少产品损失,而不是扩大污水处理设施。使用这种方法,可满足大多数的环境排放要求。此外,提高产品回收率会使企业的利润率略有增加,每年超过 100 万美元。

18.5　小　　　结

禽肉加工者必须具有高度的环保意识,提高用水和废水处理的操作规范性。废水在排放前需要净化处理,加工厂的废水排放情况可反映出企业的水资源利用及产品消耗情况,而这些信息不仅可以帮助企业增加产品产量,而且能减少水的利用和废水处理的成本。

通过废水分析增加利润需要以下 4 个步骤。

(1)管理部门的责任和义务:管理部门若不给出管理措施,提高加工或深加工设施的效率就很难实现。

(2)收集数据,以确定废水和产品排入污水流的时间和操作过程。

(3)根据收集到的数据,提交相关部门以改善低效的操作。

(4)管理部门的持续监管以保证加工效率:没有一个持续和长效的管理部门监管,通过废水分析提高生产效率的方法将不起作用。

参 考 书 目

Biological pretreatment of poultry processing wastewater, Rusten, B., Siljudalen, J. G., Wien, A., Eidem, D., Grabow, W. O. K., Dohmann, M., Haas, C., Hall, E. R., Lesouef, A., Orhon, D., Van der Vlies, A., Watanabe, Y., Milburn, A., Purdon, C.D., and Nagle, P. T., Water Quality International '98, Part 4, *Wastewater: Industrial Wastewater Treatment*, Elsevier Science, Oxford, U.K., 1998.

Food-processing waste, Walsh, J. L., Ross, C. C., Valentine, G. E., *Water Environment Research*, 65:6, 402, 1993.

Food-processing waste, Borup, M. B., Muchmore, D. R., *Water Environment Research*, 64:4, 413, 1992.

Food-processing waste, Borup, M. B., Ashcroft, C. T., *Journal of the Water Pollution Control Federation*, 63:4, 445, 1991.

Meat, fish, and poultry processing wastes, McComis, W. T., Litchfield, J. H., *Journal of the Water Pollution Control Federation*, 61:6, 855, 1989.

Meat-, fish-, and poultry-processing wastes, Litchfield, J. H., *Journal of the Water Pollution Control Federation* (Literature Review issue), 54:6, 688, 1982.

Merka, W. C., Characteristics of wastewater. *Broiler Ind.*, 52, 20, 1989.

Standard Methods for the Examination of Water and Wastewater, 19th ed., Eaton, A. D., Clesceri, L. S., Greenberg, A. E., and Franson, M. A. H., Eds., American Public Health Association, American Water Works Association, Water Environment Federation, Washington, D.C., 1995.

第 19 章

禽肉加工中的可食副产物和不可食副产物

Rubén O. Morawicki

李苗云　赵改名　译

19.1　引　言

　　畜禽产业的副产物通常不被广大消费者青睐。副产物的加工被认为是食品产业链中比较薄弱的环节。然而,如果不对屠宰动物的所有部位进行适当的加工和商业化处理,那么,畜禽加工企业的发展绝对是受限的。

　　以禽肉为例,禽体的大约 70% 被用来生产主流产品,剩下的 30% 用于制作餐桌上的非主流产品及副产物。副产物通过不同的加工处理,如部位的选择性分割、脂肪提炼、蛋白质回收及水解等可转化为可食产品和不可食产品。

　　餐桌上的非主流产品有肝、心、胗、爪、脖、背及含有深色肉的部位,这些都是禽肉加工企业的副产物。这些部位如果能被合理地利用,则可被认为是可食的。但是在美国,由于消费者对这类产品不感兴趣,所以也没有什么相关产品。企业通常将这些部位进行进一步加工,销往民族市场、地方市场或者出口。

　　"by-product"这个词通常指胴体上所有的不可食部分。通过设备可将不可食部分上的脂肪和蛋白质分离开来用于生产商业化的家禽脂肪和蛋白粉。经过几年的努力,不可食部分已经被打造成可被消费者接受的产品。本章我们将用"by-product"这个词指代不可食副产物,而用"coproducts"指代可食副产物。

　　广义来讲,禽肉副产物分为可食副产物和不可食副产物(图 19.1)。

　　可食副产物来自于肉鸡、被淘汰的肉鸡种母鸡和公鸡。肉鸡会产生很多的可食副产物,如选择性分割的部位,可直接卖掉或者加工成其他食品成分(如机械分割鸡肉)。被淘汰的母鸡和公鸡被用来加工成熟肉制品、脂肪和肉汤。

　　不可食副产物是脂肪和蛋白质回收设备中处理的部分,包括内脏、下脚料、鸡皮,有时候即使是可食部位(如深色肉)也会由于缺乏市场吸引力而转化为不可食部分。羽毛也属于不可食部分,但是经高压蒸汽部分水解后可制作成饲料。

　　消费者的嗜好和烹饪习惯的改变对禽类副产物的生产加工具有重要影响。20 世纪 60 年代,大约 80% 的肉鸡在美国是整只被商品化,随着时间的推移,这个数字在稳步下降,到 2000年已不足 10%,目前仍是这个比例(参见第 15 章,图 15.1)。肉鸡市场的这种消退主要是由于分割肉和深加工鸡肉市场的增加。

　　消费的习惯对禽类副产品加工市场的发展有非常重要的影响,这些市场变化为加工商提供更多机会来获取副产物。例如,对无骨胸肉和其他深加工禽肉产品需求的增加会导致骨肉分离的胴体需求量增加。骨肉分离的骨架上会残留一些肉、脂肪和附着的皮,这些副产物可用

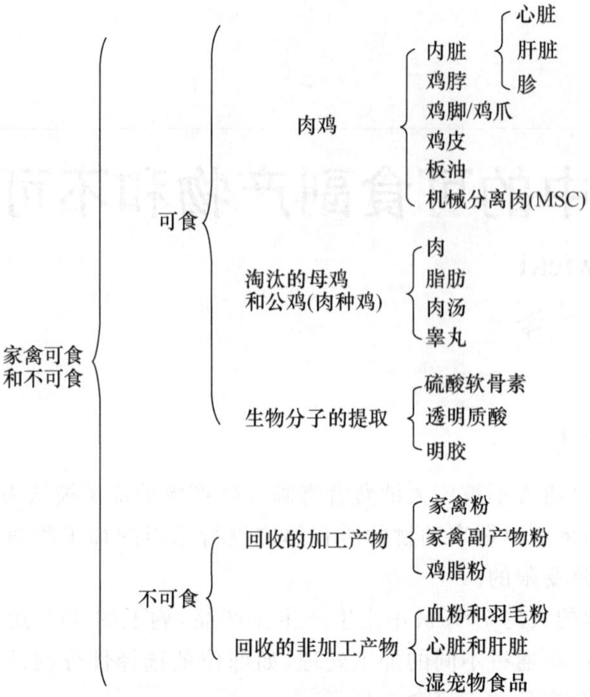

图 19.1　家禽加工副产物的分类

于深加工产品，如火鸡卷、热狗、大腊肠等。相反，当肉鸡按整只来卖时，加工厂就无法获取像腹部脂肪、鸡皮、内脏、鸡脖等副产物，因为这些部位通常算在整只禽体中。

19.2　可食副产物

19.2.1　肉鸡的副产物

19.2.1.1　内脏

内脏包括心脏、肝脏、胗。当禽体以整只出售时，通常将内脏连同脖子放在体腔内。需要注意的是，脖子不是内脏但包含在内脏中。鸡肉作为可食肉部分销售时，不包括内脏和脖子。

内脏取出后，需要经过检验部门的检查。心脏和肝脏在一个半自动化的机器中和肠分离开，然后将剩余的部分转移到胗分离机里以获取胗。胗分离机是在胗上面切一小口清空内容物并去掉胗的内层，该操作是采用手工方式把割开的胗压在旋转研磨辊上进行，外面的脂肪及其他组织也是通过手工去掉。

心脏有 2 种加工方式："净心脏"和"毛心脏"。净心脏就是去掉相关组织（主动脉瓣膜、心包膜、脂肪）剩下心肌组织。而毛心脏就是保留心肌和相关组织，通常用作宠物食品的成分。肝脏从内脏、胆囊中分离出来后，要小心地修剪掉其相关的组织。然后将分离出的心脏、肝脏和胗做进一步的检查，冲洗干净后，立即冷藏起来。如果禽体不以整只出售，加工商会把心脏、肝脏、胗分别卖往一些特色和民族市场。

19.2.1.2　鸡脚、鸡爪和鸡脖

鸡脚是腿部跖骨和胫骨关节处以下的部分，从该关节处切掉就可以获得鸡脚。出于商业化目的，带有黄皮（表皮）和指鞘的鸡脚是可以不加工的，反之加工过的鸡脚则没有表皮和指

鞘。未加工的鸡爪是指鸡脚切断腿部跖骨骨刺得到的产品,带有部分的跖骨,4 个指骨及附带的肉、皮和指甲。加工过的鸡爪是已去掉黄皮和指鞘的产品(图 19.2)。

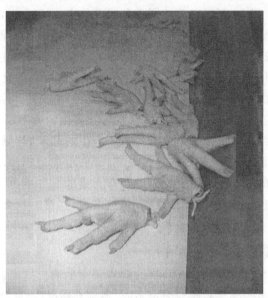

图 19.2　商业化处理的鸡爪

鸡脖是从禽体肩关节切开去掉头得到的,包括脖骨和附着的肉。

19.2.1.3　鸡皮和板油

根据标准化的商品代码,鸡皮可以选择性获取并分为 3 个部分:胸部皮肤、大腿/腿部皮肤、躯体皮肤。胸部皮肤包括环绕在胸部区域的表皮,但不包括颈部皮肤。大腿和腿部皮肤是一起获取的,包括覆盖在胴体大腿和腿部的皮肤。躯体皮肤包括整体禽体上的皮肤,颈部区域除外。

板油就是腹部脂肪组织,位于腹腔盆骨附近。当肉鸡以整只出售时,一般不分离板油。然而,当肉鸡被分割以部位出售时,板油就成了一种新的副产品。

鸡皮和板油都有可能经提炼加工制成可食性脂肪原料。然而,做这种处理的禽肉加工商还不是很多,至少北美是这样。取而代之,鸡皮和板油多用于制作汤、香肠、辣香肠、炸鸡腿等快餐食品及乳化肉制品,如热狗和大腊肠。

从肉鸡中提炼可食性脂肪:通过提炼脂肪组织(鸡皮、腹部脂肪、下脚料)来获取脂肪是生产可食性鸡肉脂肪的一种可行的替代法。从历史的角度来看,我们可以列出一些传统的提炼方法,比如通过加热一个装有鸡肉脂肪组织的罐子来提取脂肪。罐中有一个篮子可以用来装载鸡肉脂肪组织和将熔化的脂肪放进上一批熔化的脂肪中。另一种方法是湿法炼油,即将含有油脂的肌肉部位放入水中使其沸腾并撇去容器表面上的浮油得到脂肪[1]。

一种更现代的炼油方法是用低温提炼脂肪。由于鸡肉脂肪的熔点较低,有人建议将组织加热到 60～95℃来提炼[1,2]。低温可以熔化脂肪,但是却不足以杀死脂肪中的致病菌。Piette 等[1]研究了提炼温度对提取鸡皮脂肪的影响,认为提取温度为 80℃时可以抑制致病菌的生长。他还建议,如果脂肪是在低温下提炼的,必须用巴氏杀菌法杀死潜在的致病菌。

19.2.1.4　机械分离鸡肉(MSC)

机械分离鸡肉是一种副产品,是用于重组型和乳化型肉制品如热狗、夏季香肠、大腊肠、罐装肉类、炸鸡块等快餐食品及肉馅饼料(参见第 14 章)。根据 USDA 的一般定义,机械分离鸡肉是一种类似膏状和糊状的产品,通过筛子或者类似的装置把可食组织与骨头用高压分离开。机械分离鸡肉早在 19 世纪 60 年代末就被用于禽肉产品中。1995 年,关于机械分离鸡肉的最终规定表明,机械分离鸡肉的加工过程是安全,机械分离鸡肉的使用没有限制,而产品的成分标签上必须标明"机械分离鸡肉"。该规定自 1996 年 12 月 4 日开始生效[3]。

机械分离鸡肉是禽体在经过机械去骨或者手工去骨后,被一个设计好的程序回收附着在骨头上残留的肉而形成的一种产品。去骨过程是用骨肉分离机推动原料通过一个只允许柔软组织通过的筛子,坚硬的组织如骨头和软骨则会被筛出。因为分离不是 100% 有效,所以在肉中还会发现少部分的骨组织。由于骨肉分离机挤压产生的高压,与原料通过狭窄的过滤槽时被挤压而产生的巨大剪切力,使大部分细胞被破坏,骨头也成为碎片,这使得骨髓被释放出来进而成为机械分离鸡肉的一部分。由于骨髓中含有大量的血红蛋白,这使得机械分离鸡肉在未熟制的状态下呈微红色,熟制后变成褐色、灰色或者绿色,有时也会产生质量问题。关于机械分离鸡肉的详细讨论见第 14 章。

19.2.2 淘汰的母鸡和公鸡的副产物

种肉鸡场的淘汰母鸡(也被称为重型家禽)含有可食的肉。然而,它们是种禽蛋行业的副产物,因为日龄的缘故,肉的感官品质与肉鸡不同,特别是嫩度(参见第 4 章)。因此,这种被淘汰的母鸡可以被看成可食副产物。

母鸡产蛋大约始于 18 周龄,在 32 周龄左右时达到产蛋高峰,接下来产蛋能力逐步下降,到 60 或 70 周龄即到达蛋鸡盈亏平衡点。由于饲养时间超过 70 周龄以上是不经济的[4],所以要用新鸡群替代老鸡群。然而,以新换旧和对老鸡群的处理工作是同时进行的,有时这并不是个简单的任务。对养殖者而言,可行的选项有:场内屠宰并堆肥,场内屠宰并提炼,以及在准许的加工车间屠宰并熟制[5]。本章只讨论最后一个选项。

19.2.2.1 肉、脂肪和肉汤

在屠宰淘汰母鸡的加工车间,设计有专门处理重型家禽的加工线。出于同样目的也接受被淘汰的公鸡。从屠宰车间出来,冷藏的整个胴体就被运送到专门的深加工设备中,被烹制成 3 种产品:肉、脂肪和肉汤。

深加工的第 1 步就是接受胴体,然后将胴体放在一个低温半连续的蒸煮器中,该设备由一个水平长槽和一个可以运送胴体穿过蒸煮器的传送机械(图 19.3)组成。禽体在蒸煮器中的停留时间为 6~8 h。

即使胴体通过蒸煮器的过程是连续的,但是因为长槽里面的水不能一直更换,所以系统还是半连续性的。每天早晨,蒸煮器里充入新鲜的水,然后胴体在水沸点以下的温度中被煮制,在 2 个连续 8 h 班次的胴体转移中,要不时地加入一些新水来弥补水的蒸发损失。在一个工作日结束时,水槽中的水会含有大量溶解后的固体,其中可溶性蛋白最多。长槽每天要清理 1 次,溶液在过滤后存放在一个中间槽中,然后在蒸煮器中被浓缩成肉汤。这种肉汤就是蒸发掉部分水分后所剩下的浓缩液,固形物含量为 15%~30%。这种肉汤对于灌装汤和其他鸡肉风味产品而言,是一种珍贵的物质。

在肉汤烹制过程中,不断地从表面撇去浮油,加以回收。过滤出可食的脂肪输送到澄清罐,最后进行离心,这种可食用的脂肪通常用于汤料和类似食品中。

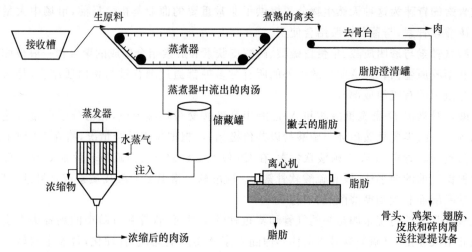

图 19.3　重型家禽深加工设施示意图

　　煮制通过手工剔骨获取的肉,经切丁、冷却/冻结并包装。从淘汰母鸡得到的肉大部分用作热馅饼和汤的配料。剔骨过程的副产物如鸡架、鸡翅、皮和残余在骨头上的肉等,在加工前与内脏混合,输送到提炼设备内。

19.2.2.2　睾丸

　　睾丸是公鸡生殖器的一部分,在阴囊内,呈豆形。当淘汰的公鸡在加工车间被屠宰后,获取睾丸后,立即冷冻,成为特殊市场的商品。

19.2.3　生物分子的提取

19.2.3.1　公鸡鸡冠和鸡胗中透明质酸的提取

　　近 10 年来,透明质酸(HA)被美容皮肤科用做皮肤填充物以消除皱纹、疤痕以及卷褶[6]。在医学领域,透明质酸可用于退化性关节疾病[7]的治疗和眼科手术[8]。

　　从化学角度来看,透明质酸是一种天然的直链多糖,由双糖单位 N-乙酰-D-葡萄糖胺和 D-葡萄糖醛酸组成的重复亚基构成,平均相对分子质量可以达到几百万道尔顿。透明质酸的特性在于它不含硫,也不与蛋白质通过共价键连接,但可以和其他蛋白多糖如硫酸软骨素(CS)和硫酸皮肤素等形成复合物。透明质酸存在于哺乳动物的玻璃体、脐带和关节液中,以及某些细菌中,也是公鸡鸡冠和鸡胗中黏多糖的主要成分。

　　由于透明质酸的化学结构不具有物种特异性,公鸡鸡冠和鸡胗便成为了提取这种化合物的极佳原料来源。由于透明质酸嵌入蛋白多糖的蛋白基质结构中,其提取的第 1 步是打开蛋白质结构使其释放透明质酸。据报道,一些活性强的蛋白酶(如木瓜蛋白酶)可水解公鸡鸡冠和鸡胗[8]中的蛋白质,在 65℃条件下水解 4 h,可获得含量分别为 44 和 19 mg/g 的透明质酸[8]。水解获得的透明质酸可以使用化学方法进行纯化。例如,先用溶剂沉淀,再应用离子交换色谱或微孔过滤膜和超滤膜等方法进行纯化[9]。

19.2.3.2　肉鸡龙骨中硫酸软骨素的提取

　　在美国,硫酸软骨素是一种被广泛应用于缓解人和宠物关节炎的功能性食品,即便它的作用机理还没有被阐释清楚。最有可能的是,由于缺乏治疗胫骨性关节炎的药物,广大消费者对硫酸软骨素的青睐为这种天然生物分子提供了非常重要的商业契机。目前,市场中大量补品中含有硫酸软骨素,与葡萄糖胺结合使用。

硫酸软骨素与透明质酸、角蛋白硫酸、硫酸皮肤素和肝素结合形成的聚合物一般被称为黏多糖或Ⅱ型胶原蛋白。除透明质酸以外的所有黏多糖都通过糖苷键与蛋白质结合,是人类和动物结缔组织的有机组成部分。

硫酸软骨素由 D-葡萄糖醛酸和 N-乙酰半乳糖胺交替连接形成,相对分子质量可达约上万道尔顿。乙酰半乳糖胺单体与硫酸盐以共价键结合,根据位点结合情况,将在 C4 位上结合的命名为硫酸软骨素 A 或 4-硫酸软骨素,在 C6 位上结合的命名为硫酸软骨素 C 或 6-硫酸软骨素。根据当前的命名法,没有硫酸软骨素 B。硫酸软骨素 B 是硫酸皮质素或 β-肝素(其中包含艾杜糖醛酸而非葡萄糖醛酸)的旧称[10]。

硫酸软骨素的传统来源是牛的气管和鲨鱼软骨。然而,软骨和日龄小的鸡骨头中也含有大量的Ⅱ型胶原蛋白(硫酸软骨素前体),但随着家禽逐渐变老,软骨硬化,骨骼中的软骨成分不断降低。Luo 等[11]的报告指出,硫酸软骨素可以从鸡胸骨软骨即龙骨中分离得到。根据他们的研究,42 日龄鸡的龙骨中黏多糖的含量约为 33 mg/g(湿重)或 308 mg/g(干重),且 75% 的黏多糖是硫酸软骨素[13]。

面向保健品市场的食品级硫酸软骨素,生产的第 1 步是使用蛋白酶水解软骨从蛋白基质中得到硫酸软骨素链。分离出脂肪和不水解的原料,然后将它们离心后取出,随后进行喷雾干燥。在保健品市场中,销售的硫酸软骨素未经过进一步的纯化。然而,在欧盟国家用于制药的硫酸软骨素,则必须进行提纯[12]。今天,已有多项专利致力于研究使用鸡龙骨中的Ⅱ型胶原蛋白预防或治疗关节炎,在市场中已有数家公司将其作为一种成分或保健剂进行销售。

19.2.3.3　鸡皮和鸡脚中明胶的提取

明胶是一种高纯度的蛋白质,一般从牛和猪的结缔组织中水解得到的。明胶是一种能提高食品质地的食品配料。最近,它在美国已作为一种营养补充剂使用,有时会结合维生素 C 或钙作为关节和骨骼的保健品。一些研究表明,明胶在作为营养补品使用时可以增强体质,改善膝盖功能并减轻疼痛,其他关于明胶功效的说法是言过其实的[13,14]。

结缔组织中的明胶含有大量的非必需氨基酸:如 L-脯氨酸和 L-羟脯氨酸。这 2 种氨基酸在结缔组织中被发现。有关人类和动物的研究表明,肠道可以高效地吸收这 2 种氨基酸,在食用了含有这些氨基酸的食物的试验对象的血浆中可检测到这 2 种氨基酸[15-17]。这很有可能是血液中 L-脯氨酸和 L-羟脯氨酸有助于关节恢复这种假说的最主要论据。

传统上的明胶是从牛身上获得的。然而,最近一些科学家提出了一个非牛明胶来源的方法,即从鸡的表皮组织和脚中提取明胶。Cliche 等[18]试验证明,36 日龄的肉鸡鸡皮上每克湿鸡皮中的胶原蛋白含量约为 1%,他们分离出的胶原蛋白为Ⅰ型和Ⅲ型组合体。其他研究人员报道了从鸡皮中提取明胶的可能性,鸡皮在 97℃水温下煮 60 min,通过羟脯氨酸的含量来定量Ⅰ型胶原蛋白的含量[19]。从鸡皮中提取明胶能达到回收Ⅰ型胶原和提取脂肪的双重目的。

明胶的另一个潜在来源是鸡脚。研究表明,从鸡脚中提取的明胶比从其他物种提取的明胶更具热稳定性[20]。其他研究人员发现,用羟脯氨酸做标记物,可以观察到鸡脚中提取的明胶可被人体肠道吸收后输送到血液中去[21]。

19.3　不可食副产物

19.3.1　回收的加工产品

19.3.1.1　回收加工工序

家禽经处理,收集了有价值的部分后,剩余的部分被送到加工厂,包括蛋白质、脂肪组织、内脏、报废的禽类、头以及市场需求低的部分,如脚、颈、翅尖等。一些加工厂也会处理农场死掉的整只禽类。

回收加工是在一个专门的高温炉中将蛋白质组织中的脂肪分离出来。在此过程中,大部分水分被蒸发,终产物中的液态部分为乳化脂肪,固体部分为变性蛋白质和碎骨片。然后,对这两部分进行分离和进一步处理,制成脂肪和蛋白粉进行出售。脂肪中的含水量可以忽略不计,但为了保证蛋白粉的稳定性,其水分含量要低于 8%。

基于家禽的状况,回收加工厂和生产加工厂不同,通常设在不同的位置,正常的做法是分区域设置以收集来自多个加工厂的原料。从操作角度来看,这种做法非常方便,但由于燃料费用增加,需要长途运输,运费的增加使原料变得昂贵。另一个缺点是生鲜原料在运输过程中的腐败恶化。新鲜的动物组织会因为酶和微生物的活动而变得很不稳定,尤其是在夏季和温暖的环境下。

19.3.1.2　回收加工体系

有 2 种加工不可食副产物的方法:干法和湿法。湿法是把原料放入水中,注入流动的热蒸汽使之沸腾,使油脂熔化,然后把表面的浮油撇出来。湿法在美国已经被停止使用,因为用此方法生产油脂耗能高且产品品质差。在此所讲的湿法加工是从历史的角度来回顾的。

干法用的是"干热"处理,就是通过蒸汽夹层蒸锅的锅壁或者搅拌器上的转轴把热量传给锅内的原料。在此过程中形成的水蒸气被蒸煮器顶部蒸汽仓中的真空抽出来。最后,蛋白质和熔化的脂肪被水解,其他可以冷凝的气体从蒸汽仓中被吸到风冷冷凝器后液化。那些不可冷凝的臭气和垃圾被接收在一个洗涤器中。

气体的臭味来源于挥发性有机污染物,其中有机物化合物有硫化物、二硫化物、C4～C7的醛类物质、三甲胺、C4 的有机胺类、喹啉、吡嗪和 C3～C6 的有机酸,其中只有喹啉是有危险的。其他的物质所表现出来的气味就是在回收加工车间附近散发出来的不良气味[22]。

干法回收加工系统可以应用于成批的生产或者连续生产中,成批的回收加工系统包括生产线上平行的蒸煮器,它们可以共用一个夹套加热或者通过搅拌轴注入蒸汽加热。蒸煮器内有搅拌系统,由蒸煮器中间的主轴和轴上的浆叶组成(图 19.4)。

回收加工前需要把上一过程的部分预热过的油脂加入到蒸煮器,然后,用活塞泵研磨成 25～50 mm 的片状。接着合上蒸煮锅加热,把温度设置在 121～135℃之间,持续加热 2～3 h。

加工开始时,在蒸煮器中放入并预热一些油脂,目的有 2 个:①为了保持蒸煮器中的温度,不在原料装进来时立即下降;②提高锅壁和轴的热交换效率。脂肪的初始添加量与回收原料的密度之间呈函数关系。原料的密度越大,需要加入的脂肪越多。

蒸煮过程结束后,内容物流入过滤器的泄油槽,使流动脂肪从固体蛋白上分离下来。然后过滤脂肪,泵入储油池之前进行离心。剩余的蛋白质中,脂肪含量大于 25% 的部分进入回转筛中以进一步排出脂肪,随后在螺旋压榨机中使脂肪尽可能多的被挤出。以上两个工序中提

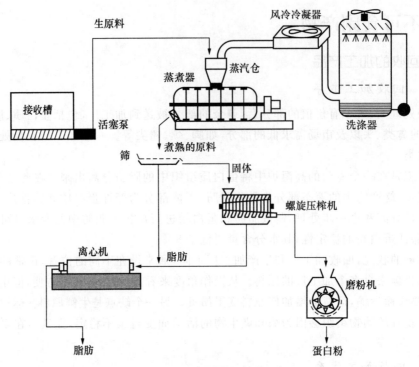

图 19.4　禽肉回收的加工工艺

取的油脂经过滤和离心后被送入储藏罐中储存。脂肪含量约为 10％的固体部分被送到磨粉机,在销售前将这些脂肪研磨成特定大小的"粉",在运输之前,根据消费者的需求,向脂肪和粉中加入天然或人工合成的抗氧化剂。

　　与成批系统含多个小的蒸煮器不同,连续性回收加工系统仅含有一个大的蒸煮器,其在一端持续添加原料,在另一端回收蛋白质和脂肪(图 19.5)。脂肪和蛋白质随后流入过滤器,其功能和成批系统中过滤器的泄油槽功能相似。蒸煮器中总是保留一定量的脂肪以便于热交换。

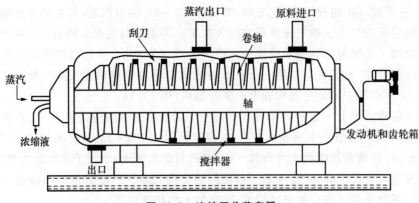

图 19.5　连续回收蒸煮器

　　连续系统和成批系统的主要区别在搅拌器。在连续系统中,搅拌器可以通过主轴上的卷轴顺着蒸煮器推动固体,蒸煮时间和停留时间可以通过调节主轴的旋转速度进行调节。

除了将物料送入蒸煮器,卷轴和主轴还具有热交换功能。卷轴和主轴都是中空的,所以蒸汽可以持续地注入到卷轴和主轴中,冷凝水可以被回收并用来加热原料。

为了提高效率,尽可能地排出水分,便于在蒸煮器中少蒸发一些水分,一些连续系统在蒸煮前会配备一个原料预热系统。预蒸煮过程是在蒸汽夹套容器中,把原料加热到脂肪熔点以下的适宜温度的过程。这种热处理工艺使水和凝固可溶性蛋白质同时从组织中排出。预热之后,采用螺旋压榨机或粗眼筛子(过滤器)使固体和水分离,然后将固体放入蒸煮器。含有一定量乳化脂肪和可溶性蛋白质(使乳状液稳定)的乳状液流入蒸发器(利用从蒸煮器中回收的蒸汽进行加热)中。乳状液在蒸发器中进行浓缩,然后将浓缩液添加到蒸煮器中。预热系统节省了大量的能源,因为除了蒸发器利用回收的热量外,其他加工过程未发生相变而造成热量损耗。

水蒸气冷凝和风味控制:蒸煮器产生的水蒸气被蒸煮器顶部蒸汽仓的真空抽出来。这个蒸汽仓的功能是收集水蒸气和将脂肪滴从水蒸气中分离出来。水蒸气和其他化合物一起进入风冷式冷凝器转化成液态,然后送入废水处理系统。经过该处理后,还有一定量的非冷凝气体在常温和常压下呈气态的存在,主要是空气和有臭气味的化合物。将这些混合气体输入洗涤器中,除去其中的不良气味化合物,然后将空气排入大气。

回收加工设备有一个空气循环系统,通过位于建筑顶部的进风口可为整个建筑换风。这样做有 2 个目的:更新厂房内的空气和收集会产生异味和危害环境的挥发性化合物。

将车间收集的废气导入同一个或几个独立的洗涤器中,洗涤器中的水可以将恶臭味的物质清除掉。洗涤器具有不同的类型,但基本都是空或填充塔,能使气体和水流有足够长时间接触,以便于充分吸收气流中的一些具有不良气味的物质。洗涤器中的水在一个闭合环路中持续流动以补偿蒸发的损失,还可以将水和几种添加剂混合以便控制矿物质的沉积和微生物繁殖。此外,在水中添加氧化剂(如二氧化氯)会促进不良化合物氧化。

从环保的"友邻"角度和美国环境保护署的要求出发,洗涤器可以有效地处理回收加工工序中产生的废气。然而,洗涤器的使用会带来高运营成本和高运行环境成本(需要一个可以输出级别百马力的马达)、泵、化学试剂、废水处理等问题。但是,尽管如此,洗涤器仍然很可能是处理废气最经济的方法。

19.3.1.3　回收的家禽产品

回收的家禽产物是家禽粉、家禽副产品粉和家禽脂类。当加工原料只来源于鸡加工厂时,就可以用"鸡"这个词来代替"禽"。羽毛粉和血粉虽然也在动物油炼油厂中处理,但并不属于回收加工的一部分,具体原因将在本章的后面进行阐述。

根据美国饲料管理协会的定义,家禽副产品粉是"由粉碎的、提炼过的、屠宰后取出内脏的胴体组成,如脖子、脚、未成形的蛋、肠,但不包括羽毛(除了在良好操作中可能混入而无法避免的)"。当原料中不含肠时,产品被认为是具有较高品质的"家禽粉"。

根据灰分含量高低,家禽粉和家禽副产品粉可以分为低、中和高灰分三级(表 19.1)。低和中灰分含量的家禽粉通常作为猫粮和狗粮配方中的廉价组分。相反,高灰分含量粉也被称为"饲料级"粉,不用作宠物食品,但是可以应用到单胃动物和反刍动物的饲料中。因为宠物食物(尤其是猫粮)中的灰分过量会使食物不易消化,长期食用会对尿道产生不良影响。

表 19.1 家禽粉和家禽副产品粉分级标准(根据蛋白质和灰分含量来分)

名称	灰分含量	蛋白质含量	应用
低灰分	<11%	70%或更高	猫和狗粮
中灰分	11%~16%	66%或者更高	狗粮
高灰分	≥16%	最少55%	饲料级

美国饲料管理协会[23]定义家禽脂类为"采用商业回收加工工序从家禽组织中获得的脂肪。它应含有在良好操作下生产的天然脂类物质,不含人为添加的游离脂肪酸或其他脂类物质。家禽脂类必须含有不少于90%的总脂肪酸和不超过3%的非皂化成分和杂质,在33℃时应该具有最低限度的皂化值。如果使用抗氧化剂,必须标明防腐剂,且注明名称或通用名"。家禽脂类通常用作干宠物食品的增味物质,尤其是颗粒宠物食品。即使不考虑颗粒宠物食品的配方平衡和营养,颗粒宠物食品也需要涂有一些风味物质,以便它们对宠物更具吸引力。由于脂类的物理性能和香味,脂是生产干宠物饲料厂商的第一选择。

19.3.2 回收的非加工产品

19.3.2.1 水解羽毛粉

即使羽毛是在回收加工设备中处理的,但是根据定义,水解羽毛粉不属于回收加工工序。羽毛水解过程是通过湿热和压强来断裂角蛋白二硫键以破坏羽毛中的角蛋白结构。

水解是在圆柱形的水解容器中进行的,螺旋输料机将羽毛粉输入水解器的一端,并推动羽毛穿过水解器,同时注入约80 psi(磅每平方英寸)压强的蒸汽1或2 h。水解后的羽毛粉由阀门控制输出(有助于维持水解器中的压强)(图 19.6)。

水解羽毛粉从水解器中输出到分离器中,水通过快速泄压与固体部分分离,闪蒸分离器中的蒸汽凝结后进入废水处理系统(参见第18章)。此时得到的固体仍含有很高的水分(大约50%),将其直接送入多通道旋转干燥器或环形干燥器中进行干燥,干燥后得到的终产品就是"羽毛粉",可应用于动物饲料。

19.3.2.2 血粉

血粉制备的第1步是血液的凝固,将血红细胞与血浆分离。在原料血中通入蒸汽使血液凝固,此时血液温度上升到90℃[2]。这是一个连续工序:血液从缓慢搅拌的储藏罐中泵入到蒸汽凝固器中,血液通过一个短节管注入并顺着支撑管蠕动以获得足够的停留时间使蛋白质变性和凝结,将这些凝结、凝固的血在离心机中分离,并在环形干燥器中干燥,得到的终产品就是血粉,血清部分仍然含有一些可溶性的蛋白质,没有进一步利用,常见的处理措施是将其和废水一起送到废水处理系统中。

19.3.2.3 血羽毛粉

水解的羽毛粉和凝固的血混合后制备的产品为"血羽毛粉",这种产品是将离心得到的血凝块和水解的羽毛粉充分混合,然后在环形或螺旋干燥器中干燥(图 19.6)得到的。由于羽毛粉的必需氨基酸如蛋氨酸和赖氨酸组成不平衡[24]。因此,该产品的主要优势是水解羽毛粉和血凝块混合后,可以提升羽毛粉的氨基酸品质。

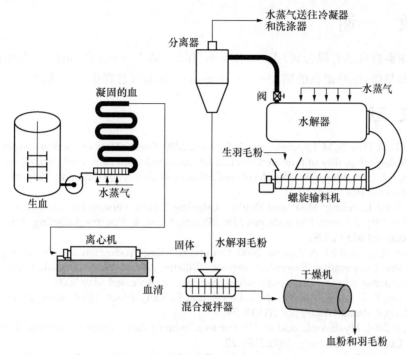

图 19.6　血粉和羽毛粉的生产工序

19.3.2.4　心脏和肝脏

鸡心和鸡肝在非食用市场是一起出售的。它们和可食用部分是在同一条生产线上加工。但是,它们的处理工序不同。鸡心不可食用,在收集之后不需要作任何处理,以保留一些组织(主动脉瓣、心包膜、脂肪)的形式销售,鸡肝也只需将胆汁排出。鸡心和鸡肝一起装满集装箱后冷冻,销售给宠物饲料生产商。

19.3.2.5　湿宠物食品

湿宠物食品是通过研磨加工废弃的家禽、骨架、脖子和其他廉价部分,并在平板冻结机上冻结成 40 lb 重的块,成为一种配料。宠物食品生产商使用这些配料来生产小袋和铁制罐装容器中储藏的耐储藏狗粮和猫粮。当内脏作为原料添加进去时,则被称为"粉碎过的鸡肉副产品"。

19.4　小　　结

可食家禽副产物和不可食家禽副产物的回收和处理可能是最古老的回收例子之一。除了部分蛋白质会在废物流中损失外,所有的原料都可得到一定的应用,要么供人类消费,要么用作动物饲料。传统意义上,家禽副产物中蛋白质和脂肪的回收是家禽副产物处理的最终方法。然而,最近研究显示从家禽各个部分进行选择性收集后通过特殊处理可以作为高附加值组分应用于食品和药物工业中。

19.5 致　谢

万分感谢泰森食品有限公司（Tyson Foods, Inc.,）的 Danniel Ramsfield 先生在本章编写过程中的无私帮助，也感谢我的朋友——Gail Stoops 在编写过程中给予的帮助。

参 考 文 献

1. Piette, G., M. Hundt, M. Lapointe, and L. Jacques. 2000. Effect of low extraction temperatures on microbiological quality of rendered chicken fat recovered from skin. *Poult. Sci.* 79:1499–1502.
2. Francis, F. J. 1999. *Wiley Encyclopedia of Food Science and Technology* (2nd ed.), Volumes 1–4. John Wiley & Sons, Hoboken, NJ, p. 36.
3. USDA Food Labeling: Meat and Poultry Labeling Terms. Version last modified on August 24, 2006. http://www.fsis.usda.gov/FactSheets/Meat_&_Poultry_Labeling_Terms/index.asp. Accessed May 2009.
4. Meunier, R. A. and M. A. Latour. 2000. Commercial Egg Production and Processing. Purdue University Cooperative Extension Service. Bulletin AS-545-W downloaded from http://ag.ansc.purdue.edu/poultry/publication/commegg/. Accessed May 2009.
5. Newberry, R. C., A. B. Webster, N. J. Lewis, and C. Van Arnam. 1999. Management of spent hens. *J. Appl. Anim. Welfare Sci.* 2(1):13–29.
6. Andre, P. 2004. Hyaluronic acid and its use as a "rejuvenation" agent in cosmetic dermatology. *Semin. Cutaneous Med. Surg.* 23(4):218–222.
7. Bucci, L. R. 1995. *Nutrition Applied to Injury Rehabilitation and Sports Medicine*. CRC Press, Boca Raton, FL.
8. Nakano, T., K. Nakano, and J. S. Sim. 1994. A simple rapid method to estimate hyaluronic acid concentrations in rooster comb and wattle using cellulose acetate electrophoresis. *J. Agric Food Chem.* 42(12):2766–2768.
9. Rangaswamy, V. and D. Jain. 2008. An efficient process for production and purification of hyaluronic acid from *Streptococcus equi* subsp. *Zooepidemicus. Biotechnol. Lett.* 30:493–496.
10. *The Merck Index* (13th edition). 2001. Published by Merck Research Laboratories, a division of Merck & Co., Whitehouse Station, NJ.
11. Luo, X. M., G. J. Fosmire, and R. M. Leach. 2002. Chicken keel cartilage as a source of chondroitin sulfate. *Poult. Sci.* 81:1086–1089.
12. Volpi, N. 2007. Analytical aspects of pharmaceutical grade chondroitin sulfates. *J. Pharm. Sci.* 96(12):3168–3180.
13. Doug, B. 2000. Gelatin supplement may help arthritic knees—brief article. *Family Practice News*, December 1 issue.
14. Moskowitz, R. 2000. Role of collagen hydrolysate in bone and joint disease. *Semin. Arthritis and Rheumatism* 30(2):87–99.
15. Walrand, S., E. Chiotelli, F. Noirt, S. Mwewa, and T. Lassel. 2008. Consumption of a functional fermented milk containing collagen hydrolysate improves the concentration of collagen-specific amino acids in plasma. *J. Agric. Food Chem.* 56(17):7790–7795.
16. Coenen, M., K. Appelt, A. Niemeyer, and I. Vervuert. 2006. Study of gelatin supplemented diet on amino acid homeostasis in the horse. *Equine Vet. J., Suppl.* (36):606–610.
17. Iwai, K., T. Hasegawa, Y. Taguchi, F. Morimatsu, K. Sato, Y. Nakamura, A. Higashi, Y. Kido, Y.Nakabo, and K. Ohtsuki. 2005. Identification of food-derived collagen peptides in human blood after oral ingestion of gelatin hydrolysates. *J. Agric. Food Chem.* 53(16):6531–6536.
18. Cliche, S., J. Amiot, C. Avezard, and C. Gariepy. 2003. Extraction and characterization of collagen with or without telopeptides from chicken skin. *Poult. Sci.* 82:503–509.
19. Franca, J. M. and N. Waszczynskyj. 2002. Hydroxyproline content in chicken skin submitted to thermal treatment. Tecnologia Quimica, Univ. Federal do Parana, Brazil. *Boletim do Centro de Pesquisa e Processamento de Alimentos* 20(1):19–28.

20. Lin, Y. K. and D. C. Liu. 2006 Comparison of physical–chemical properties of type I collagen from different species. *Food Chem.* 99:244–251.

21. Koji, I., H. Takanori, T. Yasuki, M. Fumiki, S. Kenji, N. Yasushi, H. Akane, K. Yasuhiro, N. Yukihiro, and O. Kozo. 2005. Identification of food-derived collagen peptides in human blood after oral ingestion of gelatin hydrolysates. *J. Agric. Food Chem*, 53 (16): 6531–6536.

22. AP 42. 1995. *Compilation of Air Pollutant Emission Factors* (5th edition), Volume I. U.S. Environmental Protection Agency.

23. AAFCO Official Publication. Published in 2006 by the Association of American Feed Control Officials, Inc. http://www.aafco.org. Accessed May 2009.

24. Klemesrud, M. J., T. J. Klopfenstein, and A. J. Lewis. 2000. Evaluation of feather meal as a source of sulfur amino acids for growing steers. *J. Anim. Sci.* 78(1): 207–215.

参 考 书 目

Essential Rendering: All about the Animal By-Products Industry. Edited by David L. Meeker. Published in 2006 by the National Renderers Association, Alexandria, VA.

UNECE. 2006. Standard on Chicken Meat Carcasses and Parts. United Nations Publishing Service.

第 20 章

美国禽肉加工中的动物福利和有机标准

Anne Fanatico

赵改名　李苗云　译

20.1　引　　言

　　随着动物福利的实施,生产者对特种禽类产品如有机肉类的兴趣越来越大。消费者对他们的食物是如何生产的、如何对动物进行人道化处理的以及有机产品的情况和减少农业化学药品的使用状况非常关注。对动物性产品的要求在农场和工厂中都是非常重要的。动物福利领域发展尤为迅速,美国的有机食品在过去的 10 年中增加了 20%。

　　国际上,世界动物健康组织在陆生动物(其中包括禽类)卫生法典中通过了动物运输与屠宰准则[1]。在欧洲,欧盟有动物宰杀时对动物保护(包括禽类)的"93/119/EC 指令",并建议随时更新[2,3]。加拿大也提出了肉禽及其他禽类的实施法规[4]。然而,很多国家并没有立法或政府也没有制订农场动物福利和屠宰处理方面的相关准则。而美国人道屠宰法案中覆盖了牛、猪、羊及其他牲畜,但不包含禽类。在美国,有些农场和屠宰场自发地建立了禽类福利准则,尽管这只是自发的,但是生产商和加工者都严格遵守,这是因为消费者认为动物福利是体现产品优势的关键因素[5]。关于有机食品立法,国际有机农业运动联盟(IFOAM)已建立了相关准则和全球性的法律来指导有机食品的生产,并促进其协调发展[6,7]。此外,食品法典委员会提出了有机食品生产指导方针,此方针与 IFOAM 具有高度的一致性。在美国,私有生产部门的有机食品生产已经发展了数十年,但在 2002 年才被立法。负责监管的美国农业部(USDA)对已通过国家有机计划(National Organic Program,NOP)生产的有机食品进行强制性认证。

　　美国禽类福利概述:在美国,禽类动物福利准则是从禽类加工业中发展而成的。快餐零售商迫于动物权利机构的压力,采纳了科学家和行业专家的建议,对其原料供应商提出了福利准则的要求。美国贸易机构全国鸡肉协会(NCC)和全国火鸡联合会(NTF)也为肉禽的生产加工制订了动物福利准则,并可以在他们的官方网站上查询[8,9]。这些准则已经获得了国家餐饮连锁协会(NCCR)和食品营销协会(FMI),其中包括主要的超市连锁店等重要部门的共同认可。虽然零售商在他们的网站上为消费者提供了动物福利的相关信息,但并没有标明生产商应该遵守的实际标准。

　　独立的动物福利保障机构也有相关的标准,包括畜牧饲养动物组织(HFAC)[10]及美国人道主义机构的认证[11]。人道主义机构承认英国皇家防止虐待动物协会和其自由食品标准[12]。美国人道主义机构也承认该组织和动物科学社团联合会(FASS)指南[13]。动物福利协会支持的动物福利(AWA)是为当地市场或小规模需求而设计的计划[14]。动物福利标准一般都有科学依据和科学支撑[14]。

20.2　动物宰前和宰中福利准则的重点

动物福利计划包括宰前措施(如断料、断水、捉拿、运输)和屠宰过程(包括击昏和割颈)。这一部分主要讨论进行这些操作的各种福利准则。表 20.1 对比了工业准则和动物福利保障计划下所选择的操作。

禁食和禁水对排空肠道内容物是必要的,这样可以减少加工过程中粪便污染胴体的几率(参见第 2 章)。但是,禁食和禁水应保持在最低限度[8],NCC 规定不超过 24 h,但是大多机构禁食时间限制在 8~16 h[10,11,14]。一般的禁食时间都在此范围内。

禁食和禁水后,禽类被捕捉并被装在笼子里进行运输(参见第 2 章)。捕捉时可用手或机械工具。重要的是,无论哪种方法都要将对禽类的伤害降低到最小程度。在任何情况下虐待动物都是不允许的。根据禽类大小,徒手捕捉时每次抓取的数量都有规定。根据 NCC 标准,重量超过 41 lb 的禽类每只手一次最多可抓取 5 只[8],尽管其他机构都限制抓取数量不能超过3~4 只[10,11]。一般要求抓禽类的双腿[10,11,14],不能抓翅膀或颈部。家禽公司应该有相应的奖励或表彰计划用于鼓励对动物人道处理的捕捉人员。公司应监控捕捉和装载过程中造成的禽类伤害,尤其是翅膀、腿和瘀伤。如果捕捉和运输中使用的是合同工,则需要合格证书以保证工作人员严格遵守动物福利要求。

表 20.1　不同动物福利准则/机构对鸡宰前和屠宰处理要求的比较[a]

项目	NCC[b]	人道认证机构[c]	美国人道认证机构[d]	动物福利批准机构[e]	Grandin[f]
最大禁食时间	24 h	12 h	16 h	8 h	
捕捉量	每只手最多 5 只(超过 4 lb)	每只手最多 3 只;抓其双腿	每只手最多 3 只;抓其双腿;20 s 内装入笼中		
运输密度	不能使其互相堆叠	不能使其互相堆叠		每 0.028 m³ 不超过 3 kg 活体重	
最长静养时间	6 h	10 h	10 h	2 h	
运输最大死亡率	每天 0.6%	3 个月内 0.3%	3 个月内 0.2%		每天尽可能低于 0.25%
最大翅膀损伤量	5%				1%~3%
击晕前最长悬挂时间		90 s	90 s		
击晕到割颈最长时间		10 s	10 s		
开膛		需要	需要		
漂烫前强制性放血		90 s	90 s		

续表20.1

项目	NCC[b]	人道认证机构[c]	美国人道认证机构[d]	动物福利批准机构[e]	Grandin[f]
其他	禁止活体进入漂烫槽	禁止活体进入漂烫槽	禁止活体进入漂烫槽		99%的有效击晕;99%的有效机械割颈;无活体漂烫

[a] 不包括经过审计的没有公开的标准;空白的没有具体规定。

[b] NCC[8]。

[c] CH[10]。

[d] AHC[11]。

[e] AWA[14],仅用于小群体。

[f] Grandin[15]。

运输用的笼子应该保持清洁,大小合适,环境好(例如,没有松线头,没有破损的塑料),这样禽类就不能逃脱或受伤。笼子中的禽类密度应使运输中每层禽类都能蹲下而不堆叠[8,15]。一些机构根据重量来控制密度,例如,每 0.028 m³ 不超过 3 kg[14]。在运输和存放时要保护禽类不过热和过冷,并提供良好的通风条件[8]。送至加工厂后,在运输笼内应保持最短滞留时间,且应提供足够多的电扇以保持适当的通风[7]。福利原则限制运输笼内滞留时间为 2[14]、6[8] 或 10 h[10,11]。通常,根据农场与加工厂的距离,肉鸡和火鸡运输时间分别不能超过 2 和 3 h。

除伤害外,应监控到达加工厂时的动物死亡数(DOA),并使其最小[8]。大部分机构均要求生产者对动物进行调查[8],动物 3 个月内的死亡率是否超过 0.2%～0.3%[10,11] 或每天死亡率超过 0.6%,Grandin[15] 认为,理想的 DOA 应不超过 0.25%。

当准备进行禽类加工时,在加工厂的动物卸载区将对其进行卸载(参见第 3 章)。应在灯光昏暗的房间卸载禽类[10,14]。福利机构可能要求使用防止禽类翅膀拍打的乳胶栏,低光照强度,安装窗帘和其他方法来使禽类安定[10,11]。这种安定措施可提高福利以及电击的效率。工人在捆绑活禽时必须小心,链子必须使用正确的规格和类型[10],且不能使禽类一条腿悬空[10,11,15]。一些机构将击昏前禽类悬挂的时间限制在 90 s 内。

在宰前任何环节中,人员和器械的操作应尽量避免损伤翅膀、腿以及防止造成瘀伤。断翅的或翅膀错位的不应超过 5%[8]。不应有断腿的现象发生[15],且腿部有瘀伤的不应超过 1%。各机构均要对加工厂的禽类健康状况进行监控,这样可以推断农场的状况,如垫脚皮炎、跗关节烧伤、胸水泡[8,10,11]。

低压电击(通常用 1% 的盐水浴)是美国最常用的击昏方法(参见第 3 章),这对于确保没有抬头和错过电击或接受不到电击的禽类非常重要。企业必须训练员工识别有效击昏的特征,即电击检验,如颈部弯曲、眼睛睁开、翅膀紧合和腿部伸展。在美国,禽类出现可逆性击昏,产生 60～90 s 的无意识期(参见第 3 章)。但是,不能让它们在割颈(10 s 内)或死前苏醒。

气体致晕是宰前另一种较好的禽类击晕方法(参见第 3 章)。根据 NCC,虽然科学家没有发现气体致晕与电击致晕相比有任何优点,但是,大多动物福利保障机构认为气体致晕比电击致晕更能减少对活禽处理和悬挂放血时造成的伤害。保障机构对混合气体的类型有很多限制,由于高 CO_2 浓度会对禽类产生不利影响,因此限制了混合气体中 CO_2 的使用量。击晕后,禽类被转移至割颈机器上放血。屠宰时应保证其没有知觉,同时必须保证至少99％的禽类被无痛击晕,且必须保证至少99％的禽类在割颈器上被高效割颈[15]。没有得到有效割颈的禽类应进行人工无痛致死或屠宰。在流水加工线上,没有割颈的禽类应人工割颈。对击晕和割颈设备进行监控以确保其正常运行是很重要的。

放血后,进行水烫和褪毛。水烫前,所有的禽类必须是死的[10,11],并保证没有红头现象[8,15](参见第 3 章)。一些机构强调在电击晕后到割颈所历经的时间不能超过 10 s,且在水烫前必须放血 90 s[10,11]。一些机构要求采用颈部腹侧切割来确保所有颈部动脉和静脉被切断,以保证快速放血[10,11]。

20.3　福利准则的一致性

必须保证动物福利准则的一致性,这可以借助检测和审计来完成。食品法典委员会指出,"检测是对食品及食品控制体系、原材料、加工和加工过程及成品的检验,从而保证其符合要求……也包括对产品和加工体系的检测"[6],审计是"系统性的和独立性能的检查,以确定操作行为和有关结果是否符合预期目标"[6]。审计可保证禽类有一个合适的环境,如通风以及影响禽类福利加工的过程控制(如温度控制),并提供对禽类的直接评价[5]。

NCC 和 NTF 建立了方便公众使用的网上审计工具,它们不对自身进行审核并且没有认证程序。NCCR(包括饭店)和 FMI(包括超市零售商)依据 NCC 审计、NTF 审计和专用审计来确保向消费者提供福利良好的禽类产品。专用审计以专业科学知识为基础,但透明度低,因为它们不易被公众获得。尽管很多快餐零售商在其网站上说明他们采取了福利措施,但是他们无法提供他们要遵守的福利准则。然而,福利一致性的第一方和第二方对于自我监督和建立内部和外部监督系统都很重要,独立的第三方审计方式被认为是最可靠的方式,并被所有的保障机构所使用。

一些消费者想购买经过动物保障机构认证的产品。前面提到,美国独立的动物福利保障机构有人道主义保障机构、美国人道保障机构和动物福利认证机构。这些机构努力保持其透明性使消费者了解它们的标准。它们的福利标准及科学标准委员会的成员在网上均有显示,可供消费者浏览。

为遵守动物福利准则,加工者应建立一个捕捉、拴缚、击晕和放血的动物福利计划。拥有养殖、屠宰、加工一体化的公司还应建立包括疫病死亡、捕捉和运输的动物福利计划。应指定一个人专门负责动物福利。应对设备的保养进行记录,如果加工线停止或发生停电现象,应建立替代方案以维持和保证动物福利。执行现场检查,包括生产记录和监测记录的检查。在加工厂,认证通常由质量保障部门或加工控制部门执行。

在工厂,动物捕捉方法的技术培训尤其重要,因为在捕捉时会对禽类产生较强的应激,管理人员和工人都必须对福利准则非常熟悉,必须接受全面的培训,能够识别有效击晕的特征。雇员的培训必须用通俗易懂的语言,并可记录下来。

对于工厂中的福利准则和独立的福利保障认证机构,均要进行年度检查以保证生产者遵从福利标准。在加工过程中工厂的福利标准对禽类的直接评估尤其重要。在监测中通常是对500 只禽类样品进行检测,虽然 NCC[8]会给予一定的统计分数,但对独立的认证机构来说,统计结果只有通过或不通过[10,14]。如果有很严重的不一致性,申请者将不会通过。如果只有细微的差异,方案将给予进一步的修正,使生产者整改到位,然后获得认证[10,14]。全面审计是一个复杂的过程,不仅包括工厂,也包含饲养、孵化以及出厂。美国人道主义认证机构[11]除了进行每年现场审计,还观察公司的持续性生产数据,并通过远程设备实时视频监控。福利保证机构有权随时抽查。

人道主义的认证检测还有一个识别系统用来避免分离设施(包括屠宰及深加工)中已认证的产品与未认证的产品相混合,合理记录的保持和审计控制使用程序与有机产品的描述方法相似。人道主义机构是美国唯一获得 ISO 认证体系第 65 条批准的动物福利认证组织。作为 ISO 的一部分,人性化农场动物保护组织由 USDA 农业市场服务机构每年进行统计。

Silliker 和 NSF 国际公司[16]提供审计服务,消费者利用 NCC 和 NTF 准则进行专有审计。专业的动物审计员认证机构(PAACO)使用 NCC 和 NTF 肉禽动物保健准则对审核员进行培训。相比之下,独立机构通常使用有专业物种(如禽类)的承包商,AWA 使用公司审计员。审计员的培训依托于组织机构,但通常包括最初的培训和连续的教育。

20.4　有机禽肉的加工

有机食品市场已经成为食品工业中快速发展的领域。作为有机食品市场的保障,有机禽肉的一些加工设备必须符合有机认证,且这些动物必须是在良好的有机环境下饲养。有机禽肉产品的要求包括合适的室内条件,可以是人为控制的环境,当然也包括外部环境,以及有机饲养方式,如无抗生素、无药物或者无人为农药饲养的牧场环境。美国农业部联邦守则标题七第 205 部分是关于有机食品的规定。2002 年建立的美国农业部国家有机计划机构(NOP)制订了一些规定。

以下是 NOP 关于有机禽肉加工的一些具体规定:

• C 部分包括 CFR §205.270~205.272,涵盖了有机禽肉处理的要求、害虫管理设施的标准、预防混入和接触违禁物质的标准。

• D 部分包括 CFR §205.300~205.311,涵盖了有机产品的成分、标签和应用。

• G 部分包括 CFR §205.605~205.606,是国家标准的一部分,列举了非有机产品、非有机方式生产的产品加注有"有机产品"或"用有机原料生产的"标签的要求。

有机产品标签有以下几类。

• "100%有机":这类产品含 100%的有机原料(除了产品中的水和盐)。

• "有机":这类产品包含至少 95%以上的有机原料(除了产品中的水和盐)。剩下的 5%可能只是国家标准 §205.605 和 205.606 中允许的物质(并且不是有机组成所必需的)。

• "用有机原料生产的产品":这类产品包含至少 70%的有机成分(除了产品中的水和盐)。剩下的 30%可能是非有机生产的农产品或者国家标准 §205.605 和 205.606 中允许的物质。这类产品最多包含 3 种特殊有机原材料或者食物成分。

以上 3 种类型的有机产品禁止含有禁用方法(如基因工程、辐照)生产的任何原料(有机的和无机的),且禁止添加禁用物(如亚硫酸盐、亚硝酸盐、硝酸盐)。有机成分少于 70%的产品只能在配料中显示而不能使用有机标志。有机产品的标签必须由政府机构授予。只有"100%有机"和"有机"这 2 类产品可以拥有美国农业部的有机印章。

一般情况下,有机加工要符合以下要求:

• 允许的加工/处理方法有屠宰、分割、混合、加热、腌制、保藏、冻结、包装以及一些超市产品所用到的机械和生物方法。辐照是不允许的处理方法。

- 只能使用有机原料或者国家规定的原料。
- 管理部门必须保证产品中无禁用物质。
- 设备管理机构要避免有机物的污染。
- 管理机构必须避免有机产品与非有机产品的混淆或者掺杂。
- 记录和审计控制程序必须实施，以保证产品的可追溯性及有机标志的正确应用。

20.5　有机法规的遵守

为了遵守有机产品标准，加工或者处理的方式都必须向包括有机体系规程（OSP）的认证机构提出申请。OSP 是一个管理规程，解释了认证者如何实施操作、物理处理、原材料输入、检测方法、记录体系等与 NOP 一致。鉴别的关键控制点是确定整体的有机产品中哪些部分被污染或者被混杂[19]。

OSP 应该列出对有机产品生产设施的相关要求，并且要附有书面说明或者流程图，呈现出有机产品生产的输入和输出，必须明确标明哪个步骤加入了原料和添加剂[20]。OSP 需要明确指出怎样避免使用转基因或辐照产品，以及所有关于原料或者产品（成品和半成品）的检验。

只能使用允许的添加物或方法（原料、卫生条件、加工过程）生产有机产品。可以用一个表格来显示出每个产品中的原料组成成分、原料供应商和辅助工艺设备等[21]。图表中的数据必须能够证明原料是有机的，并且要确定所用的量。加工中使用的水必须符合饮用水的安全标准。标准 § 205.605 部分列举了这些允许用来生产"有机"或"用有机物生产"标签产品的非农物质（包括自然的、人造的、非有机的）。标准 § 205.606 部分列举了可以被用于生产标有"有机"标签的非有机农业产品。水和盐是不需要有机的。生产的原料、加工方式必须满足国家标准的要求。一些销售有机添加物或原料的公司会征求有机原料管理机构的认可[22]。

与常规的清洁方式相比，用于有机禽肉加工的消毒设施和消毒剂是非常有限的。标准 § 205.605 指出，氯、氧、过氧化氢、过氧己酸、磷酸、乳酸和非合成柠檬酸等都可作清洁使用。在特殊情况下，如清水冲洗充足的时间能够除去残留物，一些禁用的清洁剂或消毒剂可能被允许使用。无论如何，加工设施的消毒不应存在污染有机产品的风险[18]。OSP 应包括应用于所有领域的消毒方法（包括原料接收、储存、产品运输、生产区、生产设施、包装区、成品储存、装卸码头、建筑外围等），并且应指出消毒材料的储藏位置。

认证管理机构允许用氯水对胴体进行浸泡冷却，但是，在最后漂洗时所用水的含氯量必须低于安全饮用水（4 mg/L）的限制标准。一些有机禽肉加工生产者在冷却设施中不使用任何添加剂，而一些生产者会使用过氧化氢或一些如臭氧水的高科技物质。用于喷淋的抗菌剂也必须符合有机标准。

应采取一些防止病虫害的措施，如移走其栖息地、设置屏障等。当然，这些是不够的，机械的方法如诱捕和驱虫剂（没被禁止的物质或 GMO）可以使用。如果这些还不够的话，也可以使用国家标准中允许的天然农药和人工合成农药。最后，为了防止污染有机原料或产品，发证机构会允许加入一些禁用物，但是这些物质必须是通过申请的。害虫的控制方法必须是 OSP[20] 规定的，其流程图中明确地规定了捕捉器和显示器的位置。必须向认证机关提交所用物质的标签信息和原料安全数据表（MSDS）。害虫控制方法必须起到指示作用，并对管理机构的决策起到指导作用。

OSP 也描述了贯穿于输入和输出、生产和储存的处理措施，以避免有机产品接触禁用物和掺杂其他物质,也避免破损产品(有机和无机产品)对设备的污染,这些都是为了确保有机产品的完整性。所有在加工过程中用到的设备都必须列举出来,包括设备的性能,有机产品加工之前是否清洗、消毒等。清洗机器和设备也必须监控。

OSP 应该提供产品的包装、储存、运输和检测等信息,必须清楚标明包装材料,记录产品储存环境。NOP 认为所有包装材料、箱子、储存容器都不能含有合成杀菌剂、防腐剂、熏蒸剂。如果包装袋或容器可重复利用,那么必须保证其无污染和掺杂等隐患。原料、正在加工的产品和成品的储存条件也要记录。购入原料和输出成品的运输情况,如何分离有机与无机物,清洁消毒的方法等都要做详细记录。如果涉及运输公司的话,运输设备必须符合有机产品的处理要求。

生产记录应显示所有的活动和交易,且必须保持 5 年,以证明其符合 NOP 的要求。对于有机产品来说,必须从原料的进入到成品的卖出进行全程跟踪记录。有机食品原料必须进行有机认证(包括来源的认证)。生产的有机产品必须与购买有机食品原料相平衡[21]。同时应有一个大容量的数据信息系统,该系统能够跟踪成品的所有原材料成分,并保证有机原料的输入和有机产品的输出(输入/输出审计)平衡。产品召回系统也要到位。有机产品的审计跟踪文件越详细越好,并且要有产品的可追溯性信息。

有机食品加工的记录类型及内容如下。
- 购入:购买单、发票单据、收据、提单、票据、质量检验结果、有机加工的认证等。
- 加工:综合记录、产品报告、设施清洗记录、卫生处理记录、包装记录、质量认证报告等。
- 储存:原料库存记录、成品储存记录等。
- 输出:运输记录、运输单位检查报告、交易单、销售单、投诉记录等[21]。

有机认证的应用就是检查。如果没有重大问题,就可以通过认证。如果有极少的不合格,可以给予纠正。有机认证要求每年重新申请和检查。在家禽饲养中,检查包括孵化、饲料、种鸡等。Fanatico[23]总结了美国对有机活禽的要求。为了更好地适应市场需求,一些公司也参与了有机食品和人道主义的项目。值得注意的是,在禽类加工过程实施动物福利的有机标准似乎是空白[24]。

NOP 可以授权有机认证机构,并在网上在线列出,其中一些是 ISO 65 体系认证的。国际有机监督协会(IOIA)也会对有机食品加工的检验人员进行日常培训。

20.6　小规模生产商参与的动物福利和有机标准

只有少量禽类是在农场饲养成熟后直接卖给消费者。很少有供小规模禽类生产者成批加工的政府检验设备。然而,禽肉产品管理机构允许少量禽类(依据数据,每年每个生产者允许有 1 000~20 000 只的禽类)可以不通过检测机构直接卖给消费者。小的生产者一般根据当地食品加工的需要销售一些禽肉,大多是以整只禽的形式销售。

小规模禽肉生产和农场自身加工的方式减少了对运输的需求,尽管有时由于一些加工者没有独立的屠宰厂,需要把禽类运输到屠宰处。这样的经济效益较低,且可供选择的项目比较少。小生产者经常把禽类束缚在锥形笼子里,并且屠宰时不进行致晕就切断脖颈。一些生产者使用电击晕倒,但是对于小生产者来说太昂贵。

尽管有一些小生产者参与了 NOP 有机计划,但是大部分没有参与,因为他们的市场是直接面向消费者,不考虑有机机构的认证。福利屠宰和有机食品计划中的文件和程序工作对小生产者来说是个累赘。每年销售额少于 5 000 美元的生产者可以不用获得有机认证,但是为了保证产品是有机产品,他们必须遵守有机准则。许多小生产者参与了免费的 AWA 项目,它限制了生产者的规模。

20.7　小　　结

由于消费者很关心动物福利,有机产品和其他特殊产品逐渐增加,公司为了保证产品质量合格而参与到此项目中。在美国,对于发展动物福利,禽肉行业已经发挥了重要的指导作用。当然,一些独立的福利保证机构也功不可没。对于有机产品来说,USDA 通过 NOP 进行强制性认证。虽然文件和审计的负担可能会很大,但是认证机构帮助生产者使其产品符合市场需要。参与这些项目也显示出一个企业的社会责任感和可持续发展能力。

参 考 文 献

1. World Health Organization. 2009. The OIE's achievements and objectives in animal welfare. http://www.oie.int/eng/bien_etre/en_introduction.htm. Accessed January 2009.
2. European Union. 1993. Directive 93/119/EC on the protection of animals at the time of slaughter or killing. http://eur-lex.europa.eu/LexUriServ/LexUriServ.do?uri=CELEX:31993L0119:EN:HTML. Accessed February 2009.
3. European Union. 2008. Proposal for a Council Regulation on the protection of animals at the time of killing. http://ec.europa.eu/food/animal/welfare/slaughter/proposal_en.pdf. Accessed February 2009.
4. Canadian Agri-Food Research Council, 2003. Chickens, Turkeys, Breeders from Hatchery to Processing Plant. http://nfacc.ca/pdf/english/ChickenTurkeysBreeders2003.pdf. Accessed February 2009.
5. Webster, A. B. 2007. Animal care guidelines and future directions. *Poult. Sci.*, 86: 1253–1259.
6. Food and Agriculture Organization and World Health Organization. 2001 Codex Alimentarius Organically Produced Foods. http://www.fao.org/docrep/005/Y2772E/y2772e00.HTM. Accessed January 2009.
7. International Federation of Organic Agriculture Movements. 2009. IFOAM and the Codex Alimentarius Commission. http://www.ifoam.org/partners/advocacy/codex.html. Accessed February 2009.
8. National Chicken Council (NCC), 2005. National Chicken Council Animal Welfare Guidelines and Audit Checklist. http://www.nationalchickencouncil.com/files/AnimalWelfare2005.pdf. Accessed February 2009.
9. National Turkey Federation. 2004. Animal Care Guidelines for the Production of Turkeys. http://www.eatturkey.com/foodsrv/pdf/NTF_animal_care.pdf. Accessed February 2009.
10. Certified Humane (CH). 2008. Chicken Standards. http://www.certifiedhumane.org/documentation08.asp. Accessed January 2009.
11. American Humane Certified (AHC). 2008. Broiler Standards. http://thehumanetouch.org/learn-more/education-resources. Accessed October 2009.
12. Royal Society for the Prevention of Cruelty to Animals. 2008. RSPCA Welfare Standards for Chickens. http://www.rspca.org.uk/. Accessed February 2009.
13. Federation of Animal Science Societies. 1999. Guide for the Care and Use of Agricultural Animals in Agricultural Research and Teaching. FASS, Savoy, IL.
14. Animal Welfare Approved (AWA). 2008. Standards for Chickens. http://www.animalwelfare-approved.org/index.php?page=standardsforchickens. Accessed January 2009.
15. Grandin, T. 2006. Poultry Slaughter Plant and Farm Audit: Critical Control Points for Bird Welfare. http://www.grandin.com/poultry.audit.html. Accessed February 2009.

16. FMI 2008. Audit Grid. http://www.fmi.org/animal_welfare/?fuseaction=producer_ac_programs. Accessed January 2009.
17. USDA AMS. 2009. National Organic Program. www.ams.usda.gov/nop. Accessed February 2009.
18. Baier, A. 2008. Organic Standards for Processing (Handling). ATTRA publication, National Center for Appropriate Technology, Fayetteville, AR. http://www.attra.ncat.org/attra-pub/PDF/nopstandard_handling.pdf. Accessed February 2009.
19. Kuepper, G., Born, H., and A. Fanatico. 2009. Farm-Made: A Guide to On-Farm Processing for Organic Producers. Kerr Center for Sustainable Agriculture, Poteau, OK.
20. Born, H. 2006. National Organic Program Compliance Checklist for Handlers. ATTRA publication. National Center for Appropriate Technology, Fayetteville, AR. www.attra.ncat.org/attra-pub/PDF/organic_handlers.pdf. Accessed January 2009.
21. Kuepper, G., Born, H., and L. Gegner. 2007. Organic System Plan (OSP) Templates for Certifiers. ATTRA publication, National Center for Appropriate Technology, Fayetteville, AR. www.attra.ncat.org/attra-pub/PDF/OSPtemplates.pdf. Accessed January 2009.
22. Organic Material Review Institute. 2009. www.omri.org. Accessed February 2009.
23. Fanatico, A. 2008. Organic Poultry Production in the U.S. ATTRA publication. National Center for Appropriate Technology, Fayetteville, AR. http://www.attra.ncat.org/attra-pub/PDF/organicpoultry.pdf. Accessed January 2009.
24. Lockeretz, W. and K. Merrigan. 2006. Ensuring comprehensive organic livestock standards. Proceedings of the 1st IFOAM International Conference on Animals in Organic Production, pp. 105–112. St. Paul, MN, August 23–25, 2006.

第 21 章

犹太和伊斯兰饮食律法在家禽业中的应用

Joe M. Regenstein，Muhammad Munir Chaudry

李苗云　赵改名　译

21.1　引　　言

犹太饮食律法规定了哪类食品对于犹太消费者是可接受的和适合的，这些律法主要来源于《圣经》中最早的 5 本书。这些年来犹太教的拉比对《犹太饮食律法》进行了详解和扩展，以保护犹太人免受其他基本法规的侵害，同时提出了新的论点和技术，犹太律法被称为"哈拉卡(lalacha)"。

伊斯兰饮食律法规定了哪类食物对穆斯林是可接受的，这些律法来自于古兰经，此外，这些年来穆斯林领导者对这些律法进行了详解。伊斯兰教法被称为"沙里亚(Shariah)"，它是永久性的。而且，在不同时代和情况下也应能与时俱进，具有可伸缩性。例如，现在犹太教的拉比和穆斯林的阿訇(教长)是依据科学技术来处理饮食问题的。

为什么犹太教会遵守犹太饮食律法呢？对此，已经有很多解释，拉比 Grunfeld 对此问题的解释可能是有史以来最正确的，总结最广泛的[1]。虽然这个解释也与伊斯兰教有关，但值得一提的是，不像犹太饮食律法规定的那样，饮食健康是伊斯兰饮食律法中的重要部分[2]。

"对我来说，你们应该成为神圣的人，并且你们不应该吃自然死亡的动物(Exodus XXII：30)，你们应该使自己的心灵更加圣洁和神圣，内外一致，从而达到完善自我的目的。"

从表面上看，似乎不遵从法律的人比遵从的人更自由，因为他们可以遵从自己的意愿。然而，事实上，受过最残酷的奴役的人们，他们被自己的本能、冲动和欲望所奴役。主观上自愿遵从法律，是人们从控制动物到给动物自由的第 1 步。法律的限制是人类自由的开始……因此，犹太人的基本道德理念与法律理念是相关的、不可分的。饮食律法在道德法规中占有一个重要的位置，而这种道德法规是以所有的犹太律法为基础的。

人类最强大的 3 个自然本能是对事物、性和所得物的欲望，犹太教不是以破坏这些欲望为目的的，而是在他们可控范围内使自己更神圣。这些律法可以让人们心灵得到净化，并能享受快乐人生。

21.2　犹太和伊斯兰食品市场

在美国，犹太食品市场有超过 10 万种产品，大约价值 1 500 亿美元。犹太食品的消费者

译者注：本章所述内容仅为科研用途，如因涉及宗教内容造成的不便，请谅解。

中,有800万~1 000万是美国人,他们购买了约3亿元的犹太食品产品,而消费者中仅有1/3是犹太人,其他的购买者包括穆斯林、七日基督降临教派、素食主义者、饮食过敏者以及寻求高质量食品的消费者。《广告周刊》杂志曾称"犹太食品是90年代良好食品标志",许多公司通过犹太食品认证(Kosher认证)来拓展市场。

在美国,穆斯林市场刚刚兴起。很多城市中心都设有伊斯兰食品市场,而大部分穆斯林教徒是遵守伊斯兰饮食律法的。但真正的发展机会是在全球范围,全世界穆斯林的数量已经超过了14亿人,南亚、东南亚、中东和北非的很多国家,穆斯林人口已经占主导地位。在很多国家,允许进口的食品必须经过伊斯兰食品认证(Halal认证)。

尽管很多穆斯林也购买犹太食品,但是它们不能满足穆斯林消费者的需求,尤其是在一些犹太监管机构监督下生产的产品仍会使用各种各样的明胶,并且酒精的使用存在区域差异(许多犹太食品如果进行合理预处理是允许使用酒精的)。

虽然市场数据有限,库尔斯(Coors™)还是发布了影响犹太食品的大部分数据。根据市场分析,犹太食品在费城的市场份额已高达18%,在东北部一些其他的城市,犹太食品的市场占有率也有小幅度增长。

21.3 犹太饮食律法

这里主要解决3个问题,它们全部是关于动物领域的:

(1)可食的动物;

(2)禁食血液及其制品;

(3)严禁混食乳制品和肉类。

然而,逾越节(Passover)这一周(3月底或4月)内,禁食5种谷物。逾越节在希伯来语中表示禁食的植物范围扩大了,延伸到了其他植物,尤其是玉米、大米、大豆,这是新规定里面的内容。

此外,还有一些专门针对有关葡萄的衍生产品的规定,如葡萄汁、酒和酒精问题的律法,犹太人基本上是在安息日这天处理产品。然而,如果果汁是经巴氏灭菌(加热或犹太人中的煮酒)的,那么它可以被当作一种普通的犹太食品成分来处理。

21.3.1 可食动物与禁食的血液

偶蹄目反刍动物、传统家禽类、有鳍和可去鳞的鱼类等动物一般是允许食用的。猪、野生鸟类、鲨鱼、星鲨、鲶鱼、鮟鱇鱼以及所有甲壳和贝壳类的品种是禁食的。昆虫(除少数外)也在禁食之列,因此,标准的主流犹太食品产品中是不允许使用胭脂红和胭脂(天然红色颜料)的。

根据家禽的特性,传统家养禽类(如鸡、火鸡、乳鸽、鸭、鹅)在犹太食品中允许食用。平胸类鸟(鸵鸟、鸸鹋、美洲鸵鸟等)是不允许食用的,特别是鸵鸟,在圣经中严禁食用[3]。但是,目前尚不清楚圣经中所指的鸵鸟是否就是今天我们所说的鸵鸟。无论如何,这些和其他大部分鸟类都是禁止食用的。有人尝试去描述犹太食品中禽类的特性,但却没有被广泛接受,人们基本上还是接受"传统"规定的鸟类。有趣的是,家养的火鸡在犹太食品中允许食用,而野生的则不行。另外,不允许在任何情况下对鸟进行"狩猎"食用。

此外,反刍动物和家禽宰杀时必须根据犹太法律由受过专门训练的宗教人士来屠宰并检查这些动物的种种缺陷。在美国,对肉品检验的要求日益严格,使得犹太肉品的检验更加严格,参照"犹太法规"的规定,检查要深入到肺部,合格的为"犹太食品"。有肺部黏连的红肉类动物是不能作为犹太食品的。一般而言,符合犹太食品的动物肺部粘连检验不少于 3 处。由于家禽的肺部难以检查,所以它不是必需的。而家禽产品也必须有严格的标准,因此,也有些生产商使用"犹太法规"的标准。不过,我们对待家禽的问题会更加详细和严格。

肉类和家禽中特定的动脉和静脉、禁食的脂肪、血液与坐骨神经必须经过进一步清除。一般只有红肉四分体分割时才会采用这种办法,因为剔除坐骨神经往往是不切合实际的。对于家禽没有这样的规定,其整个胴体都是可以食用的。另外,有一套适用于家禽的法规。将红肉和禽肉浸泡和腌制一定时间去除其中的血液。此外,犹太食品中不允许添加任何禁食的动物源性材料(人们可以在零售点处购买一种犹太鸡脂肪,这是一种在日常食品中取代黄油和人造黄油的东西)。因此,在食品工业中可能使用到的许多产品,如乳化剂、稳定剂、表面活性剂,特别是那些与脂肪有关的,都要有犹太教的监督,以确保没有使用动物源性成分。几乎所有植物油在犹太食品中都是可用的。

21.3.2　严禁混食乳制品和肉类

"你不能看见母亲在哺育孩子"

这段话在 Torah《圣经》中的前 5 卷中重复出现 3 次,它是一种非常严肃的具有宗教性质的告诫。肉类包括禽肉,乳制品包括所有的牛奶及其制品。为了达到肉和奶制品分开的要求,犹太食品的加工和处理都分为 3 类:

(1)肉类产品;

(2)乳制品;

(3)不含肉或奶的产品,或者称为中性产品。

后者包括所有未归为肉类或奶类的产品。所有植物性产品以及蛋、鱼、蜂蜜和树脂紫胶(虫胶),都属于中性产品。除了鱼不能与肉类食品混用以外,其他这些中性食品都能与肉制品或乳制品混用。一旦这些中性产品与肉类或乳制品混用,那么它们将被分别归为肉类或乳制品。

严奉犹太食品的犹太人担心犹太牛奶中可能掺有其他动物的奶(如马奶),他们要求从挤奶开始严格监督。用于生产 cholev yisroel 牛奶及乳制品的原料都需要在一些犹太食品监督机构的严格监督下生产。

为了确保奶和肉的完全分离,所有的设备、用具等必须严格分类。如果在牛奶中添加植物类材料(如果汁),那么它也属于宗教性质的乳制品。一些犹太食品监督机构认为那些没有奶成分的产品不属于"乳制品",而应称为"dairy equipment(DE,乳饮料)"。它告诉消费者该产品不含奶成分但是由乳品加工设备制造而成(随后会讨论)。有了 DE 的信息,消费者便可以在食用肉品后立即食用这种产品,但必须过一会儿才能食用含奶成分的产品。在有些情况下,人们吃的菜也会从荤菜转到与奶品有关的菜上。一些用植物蛋白加工而成的非肉产品,它们被标记为"肉品设备加工产品(ME)"。

严格按犹太教规进食的犹太人消费肉类和奶类时会间隔一个固定的时间。可能由于习惯或风俗不同,一般人们先消费肉类后消费乳制品的间隔是 3~6 h,而先消费乳制品后消费肉类的间隔是 0~1 h。然而,当吃完一个硬奶酪(即放置时间超过 6 个月的奶酪)后,他们会等 3~6 h 再吃肉。因此,大部分公司为犹太食品市场供应的奶酪保质期都在 6 个月以下。

如果真的想生产出一种完全中性的产品,那么企业必须按照犹太食品的工艺设备进行生产(下一节将会讲到)。

21.3.3 逾越节

在春季的逾越节,除了专为这个节日特制的无酵饼(希伯来文:*matzos*)以外,有 5 种谷物(小麦、黑麦、燕麦、大麦、斯佩尔特小麦)制成的产品不能食用。为确保无酵饼不会发"胀",需要一些特殊处理。此外,玉米、大米、豆类、芥菜籽、荞麦以及一些其他植物(希伯来文:*kitnyos*)制成的相关产品也不能食用,像玉米糖浆、玉米淀粉等就不可食用。然而,一些拉比允许使用植物油和一些像玉米糖浆这样的液体植物产品。甜料和淀粉的主要来源既有真正的糖也有马铃薯淀粉,有时也用土豆糖浆,它们被用来制成逾越节上的主流甜品。逾越节是一个大型家庭聚会的日子。然而,需要区分逾越节内与奶类相关的菜肴,一些犹太消费者在这一周可能都不食用任何乳制品。总之,在逾越节这一周,传统的"犹太"公司禽肉销售量占到 40%。

21.3.4 犹太食品加工设备

有 3 种简单的方式用于制造犹太食品设备或者改变设备的性能。需要哪些程序的改变取决于设备先前的生产。值得注意的是,犹太中性产品的生产线可以被改造成肉类或乳类生产线而不需要使用特殊的犹太食品设备。

最简单的犹太食品设备由合法的犹太材料制成并且它只能在天冷的时候使用,这些设备都需要碱性物质清洗。然而,犹太教不允许使用陶瓷、橡胶、陶器和瓷器等材料。如果在生产线上发现这些材料,那么就会被要求更换新的材料,并且不同产品的生产线转换也将会变得困难。

大多数食品加工设备的烹调温度高于 48.8℃,被定义为犹太教义里所谓的"烹调"。然而,即使美国的四大犹太机构一致达成协议,决定哪些食物的煮熟温度为 48.8℃,但准确的"烹调"温度依然由拉比来定。犹太教中用于生产熟食产品的设备必须要用烧碱或者肥皂进行彻底清洗。犹太教规定放置超过 24 h 的设备必须要用开水(温度在 87.7～100℃)泡一段时间来消毒,并且需要有犹太监督者在场。

对于食用烤炉或者其他会使用到"火"的设备,犹太教规定必须加热至金属发红以后才能使用。同样,整个过程拉比都会亲自监督。

犹太设备涉及的领域相当广泛,设备生产状况改变得越少,产品质量越好。严谨的产品生产方案以及良好的生产计划可以最大限度地减少不便。

21.3.5 犹太食品的烹调方法

拉比会根据所用原料选择适当的烹调方法。在实际操作过程中,当拉比离开时会通过一个指示灯来实现机器继续正常运转。

在奶酪的制作过程当中,拉比通常会加入凝固剂。然而,如果奶酪制作过程中所使用的原料都是犹太食品材料,且在制作过程中拉比没有添加混凝剂,那么这些奶酪生产过程中产生的乳清也将被视为犹太产品(凝乳和乳清排放之前未被加热到 48.8℃以上)。因此,可利用的犹太乳清会比犹太奶酪更多。

21.4 伊斯兰饮食律法

伊斯兰饮食律法主要解决以下 4 个方面的问题,除其中 1 个以外都与动物有关。

(1)禁食和可食的动物;

（2）屠宰方法；

（3）血制品的禁令；

（4）麻醉品的禁令。

伊斯兰饮食律法源于传说中穆罕默德发现的《古兰经》，后又经穆斯林法学家从《古兰经》和《圣训》中推敲而来。

《古兰经》（第 5 章第 3 节）中记载：

"禁止你们吃动物死后的肉、血液、猪肉以及未经真主之名而宰杀的、勒死的、锤死的、跌死的、觚死的、野兽吃剩的动物，但正常宰后的仍然可吃。禁止你们吃在神石上宰杀的，你要用占卜的箭头发誓，这是可憎的……"

《古兰经》（第 2 章第 172 节）中也记载：

"信主的人们啊，如果你们崇拜真主的话，你们应吃真主供给你们的佳美食物，并且你们应该感谢真主。"

伊斯兰教针对于穆斯林教徒的行为，制订了 11 条被普遍接受的原则用来指导他们哪些行为是允许的，哪些又是被禁止的。

（1）最基本的原则：由真主创造的一切事物都是被允许的，除少数被禁止的例外。这些被禁止的例外主要包括猪肉、血液、非正常原因而死亡的动物、除真主外专门祭祀某些人的食物、酒精、麻醉品等。

（2）真主有决定什么是合法的，什么是不合法的权利。任何人，无论他多么虔诚和强大，都不可能改变它。

（3）禁止曾经允许的和允许曾经禁止的东西就类似于真主的伙伴一样，放弃伊斯兰教的风俗习惯是最不合情理的事情。

（4）食物被禁止的最根本原因归咎于它是不纯洁的或是有害的。但穆斯林不会怀疑真主所禁止的食物到底它们为什么以及怎么不纯洁和有害。一些原因可能是显而易见的，一些却模糊不清。对于有科学头脑的人来说，显而易见的原因可能有以下几个方面。

• 腐烂的和已经死亡的动物不适合人们消费，因为腐烂的过程会产生对人类有害的化学物质[5]。

• 从动物身体里流出的血液含有有害的细菌、新陈代谢的产物以及毒素等[6]。

• 猪肉经常作为寄生虫的携带者进入人体，如常见的旋毛虫和猪肉绦虫[7]。

• 猪肉脂肪的脂肪酸组成与人体的脂肪及生物化学系统不相匹配[7]。

• 麻醉品被认为对人的神经系统有害，影响人的感知和判断力，从而导致社会、家庭问题，在很多情况下甚至会导致死亡[4,5]。

• 如果给一个人供祭品而不给真主供祭品，那就意味着这个人和真主同等重要。也就是说世上有 2 个真主，这与伊斯兰教的第一条教义相违背，即"世上有且只有一个真主"[8]！对于这些争论的意图，所给的原因及解释更多的听起来貌似是可以接受的。但禁令的背后潜在的规律仍然存在。正如阿訇所说的："你们什么都不允许做。"

（5）允许的东西很多，但禁止的东西也很多。真主只会禁止那些不必要的或可有可无的东西，然后给你更好的东西。如果人们不吃不健康的腐肉，不吃不健康的猪肉，不吃不健康的血制品，不做坏事，不喝酒，那么人们将会活得更好更健康。

（6）凡是对所禁止的东西有利的部分，它也会被禁止。即如果一种东西被禁止，那么导致与它相关的东西都会被禁止。

（7）说谎是不合法的，是法律上禁止的。人们购买不合法的东西而作出虚伪的道歉行为是不合法的，例如人们喝酒了却说是医学上需要。

（8）好的意图法律不一定会接受，当好的意图配上好的行动时，你的行动就会受到人们的尊敬。在不合法的情况下，不管你的意图有多好，目的有多么值得让人尊重，它不合法就是不合法。伊斯兰教认为你的初衷不好就必定不会有值得让人称颂的结果，并且坚持认为不仅要有受人尊重的目的，而且你的行动必须是合法的。伊斯兰教的法律要求你的目的和行为都要合法。

（9）有争议的事情应该避免。在合法与非法之间是一片灰色的领域，没有一个清晰的定义，这些领域内就会产生许多有争议的事情。伊斯兰教认为穆斯林虔诚的行为可以避免有争议的事发生。他们将合法与非法分的很清。伊斯兰教的创始人穆罕默德说：

"伊斯兰教合法与非法之间分的很清。很多人对于这两者的区分都非常的迷惑，不知道怎么样是合法，怎么样是非法。有人为了维护他的宗教信仰以及名誉安全会避免这种情况的发生。然而，一旦忙碌起来以后，他就可能会做一些不合法的事……"[4]

（10）对每一个人来说，不合法的事情都是被禁止的。伊斯兰教的法律普遍适用于所有的种族、宗教和性别。对于有特权的阶级也不会受到任何优待。事实上，在伊斯兰教就没有享受特权的阶级。因此，前面所说的问题也就不可能出现。这规则不仅适用于穆斯林之间，而且也适用于穆斯林和非穆斯林之间。

（11）除了有些必要性的指令之外，在伊斯兰教，禁止的食物范围发生变化是非常有限的。但对于所强调的禁食食物的态度是非常强硬的。如果不被强制禁止，那么穆斯林吃禁止的食物也是被允许的，只是在数量上有一定的限制。同时，伊斯兰教对于人们生命中的大事、人类的弱势以及面对困难的承受能力都是很重视的。

21.4.1 可食和禁食的动物

猪肉，野猪肉，还有食肉类的动物如狮子、老虎、印度豹、狗、猫等，以及捕食的鸟类如鹰、猎鹰、鱼鹰、秃鹰等都是严禁食用的。

家养的动物，像那些偶蹄目反刍动物（如牛、绵羊、山羊、小羊羔），它们的肉是允许食用的，还有骆驼和水牛的肉也可以食用。不用爪子去取食的鸟，如鸡、火鸡、鸭、鹅、鸽子、鹌鹑、鸸鹋、鸵鸟等，它们的肉也是允许食用的。一些动物和鸟类的肉只有在特定的环境或确定的条件下才能食用。在一些紧急的情况下马肉也是可以食用的，不过对此问题有所争议，超出了本章的讨论范围。用不洁的东西或下水道里的东西喂养的动物宰前必须进行动物检验检疫，且宰前要用干净的饲料喂养40 d才能确保其身体里是洁净的新陈代谢系统。

海洋食品即鱼和海鲜是穆斯林教派中最具争议的食物种类。一些教派只认为鱼是穆斯林的合法食物，而另一些教派认为只要是一直生活在水中或在水中生活一段时间的任何东西都可以作为穆斯林的合法食物，因此，虾、龙虾、贝壳、螃蟹、蛤都属于穆斯林的合法食物。但是有些人厌恶它的味道而不食用。

对于昆虫，伊斯兰教没有明确的表述，只有蝗虫在穆斯林一些教派中被特别提起。在昆虫类的副产物中，穆哈默德极力推崇蜂蜜。其他的昆虫副产物如蜂浆、蜂胶都可被食用，而不受穆斯林教派的限制。

穆斯林认为鸡蛋和牛奶是可食的，牛奶、山羊奶、绵羊奶、水牛奶都是符合穆斯林律法的食物。与犹太教不同的是,穆斯林对混合肉和奶类没有限制。

21.4.2　血制品的禁令

《古兰经》记载,禁止食用血制品,包括可食的与不可食的禽类或畜类的血制品。血液通常不能销售,甚至对于非穆斯林人员也不能消费,但非穆斯林人员可以食用血液制品。在穆斯林学者之间有一个普遍共识,不接受任何血液的产品,如血肠、血清蛋白都不能消费。

21.4.3　可食动物的正确屠宰

动物屠宰的特殊要求:

- 必须是伊斯兰教法规中的合法动物。
- 必须由健全的成年穆斯林人屠宰。
- 以真主的名义屠宰。
- 屠宰必须要以快速完全放血的方式割喉致死,通常可以接受的方法是至少将 4 个管道(颈动脉、颈静脉、气管和食管)中的 3 个切断。一般在颈脉、气管和食道处放血致死。

宰后的动物肉称为 *zabiha* 或 *dhabiha* 肉

伊斯兰教对于动物的宰前和宰中处理非常重视,宰前要求给动物足够的休息,供应足量的水,要给动物一个轻松舒服的环境,屠宰时要用锋利的刀,要放血完全并完全致死,等等。与犹太教规定不同的是,伊斯兰教不需要挑肠、浸泡或盐腌畜体,分割时要先去角、耳朵、腿。因此,伊斯兰肉与市售肉的待遇没有差别。对于伊斯兰教来说,动物性食物原料如乳化剂、动物脂肪、酶都必须取自伊斯兰屠宰的动物。

猎食野生动物如鹿、鸽子、野鸡、鹌鹑等禽类都是允许的,但不允许出于娱乐目的而去伤害动物。严格禁止在麦加朝圣期间和麦加圣地的边界处捕猎。任何方式的捕猎和捕猎工具如枪、剑、矛或诱饵都被允许使用。训练有素的犬可用来捕捉猎物,要在发射猎捕工具时诵念真主的名字而不是在捕到猎物时,猎物一旦被捕捉就要割喉放血。假如开枪或射箭时流血,并且被猎人抓住后已经死亡的动物,只要进行屠宰时将血放完全,伊斯兰食物也是允许的。只要是用合理、人性的方式猎捕的鱼类和海产品也都是可食用的。

对于陆生动物和禽类,需要合理的屠宰和放血处理,鱼类和其他水生生物不需要屠宰仪式,相似的是蝗虫类也不需要特殊的仪式。

由于自然原因死亡或疾病死亡,或与动物争斗死亡,或从高空跌落死亡的动物,如果在它们死亡前没有人将其屠宰,那么都属于不可食的食品。对于鱼类,无论是否死于水中,只要没有任何腐败的迹象都是伊斯兰食物。

除了真主外,任何情况下不能为任何人屠宰或献祭动物,否则便是一种罪孽。

21.4.4　酒精和麻醉品的禁令

依照《古兰经》(第 5 章第 90～91 节)的记载,酒精和其他麻醉品的消费都是被禁止的:

"信道的人们啊! 饮酒、赌博、拜像、求签只是一种秽行,是恶魔的行为,应当远离,以便你们成功。恶魔唯愿你们因饮酒和赌博而相互仇恨,并且阻止你们纪念真主和谨守拜功。你们将会戒除饮酒或赌博吗?"

在《古兰经》中使用的阿拉伯术语是 *khemr*,意思是发酵,不仅仅指含有酒精的饮料,如白酒、啤酒、威士忌、白兰地,也包括所有能使人醉或影响人思维的东西。不允许在软性饮料中添加酒精,食品本身含有的少量酒精被视为一种杂质而被忽视。乙醇在食品加工中可用来萃取、沉淀、溶解等,只要终产品中酒精的残存量非常小,低于0.5%,都是可以的。然而,每个进口国家都有自己的标准,出口国家必须理解并严格执行这些标准。

21.4.5 合法的烹调、食品加工和卫生方面的注意事项

只要厨房没有非伊斯兰食品或原料,伊斯兰教对于烹调就没有限制。没有必要像犹太教那样保留2套器具,1个放肉,1个放乳制品,还要考虑在烹调中究竟能不能使用。

在食品公司非伊斯兰与伊斯兰动物原料要分开存放,加工过非伊斯兰食物的设备必须用酸、碱、清洁剂和热水彻底清洗处理。作为一个惯例,犹太人的清理程序也非常复杂,例如:生产过非伊斯兰动物产品的设备必须清洗,有时也可使用磨蚀性材料处理,然后由阿訇或拉比祈福并用热水冲洗7次。

犹太教或伊斯兰教监管机构的协调:由公司负责犹太教或伊斯兰教的监管给予了其拓宽市场的机会,这是一种商业投资,像其他任何投资一样,应该严格审核。在全程品质管理、实时生产管理、全局供应商等时代,认真考虑如何处理犹太教和伊斯兰教的监管需求是必须的。

选择监管机构时,价格和名气不是公司考虑的重点,需要重点考虑的主要是:①机构是否能为公司提供书面文件和生产线上所需的拉比或穆斯林监管人员;②他们是否愿意配合公司解决问题;③他们是否愿意解释他们的犹太或伊斯兰食品标准及费用结构;④双方是否相处融洽;⑤他们的宗教标准是什么(例如:在市场上他们是否满足公司的需要?)。

食品行业处理日常犹太食品最困难的问题是有很多不同的犹太监管机构的存在。遗憾的是,虽然现存的伊斯兰教机构很少,但却有着不同的标准,这会对食品公司造成怎样的影响?犹太或穆斯林消费者要如何辨别这些机构?在宗教中不同的拉比和阿訇遵从不同的传统饮食标准,且一直没有一致的权威。一些专家倾向于更宽泛的标准,而另一些专家倾向于更严格的标准。如今的主流犹太机构和穆斯林机构都倾向于严格的标准。

人们一般将犹太教的监管机构分成3类。第1类是监管机构或组织。大型的组织主要监管大型食品公司,有OU、OK、Star-K和Kof-K。以上4个都是全国性的主流机构,其中OU和Star-K是公益性的组织(他们是大型宗教组织的一部分),这给他们带来了广泛支持,也意味着被赋予其他的优先权。Kof-K和OK是营利性机构,为犹太食品提供监管。除了这些国立机构,还有更小型的私人机构和许多地方性的社团组织可以提供同标准的监管。一些被这些监管机构接受的产品也会被其他类似的机构接受。虽然地方性机构的专业技术较少,但是他们在当地更容易被接受并开展工作,也会得到国立组织的支持。对于一个全国性的上市公司而言,它的限制因素是美国的宗教消费者是否能够识别出当地的犹太食品标志。有了犹太饮食法规杂志(KASHRUS)一年一度制作的标志物回顾,识别犹太食品标志就不会是一个难题(KASHRUS杂志并不评估不同犹太监管机构的标准,只简单说明标准的存在,当地的拉比有义务告知他的教徒这些标准,如果他对异地的机构没有足够理解,就不能评判)。

第2类是个体"拉比",一般都与犹太教哈西德派的(Hassidic)社团联合,这些社团隶属于极正统的威廉姆斯伯格(Williamsburg)社团,主要由布鲁克林(Brooklyn)、蒙西(Monsey)、门罗(Monroe,N.Y.)、Lakewood,N.J.的犹太人聚居区人员组成。他们用特殊的食品标签来满足其需要。这些社团使用的许多产品需要连续的犹太教祭司的监管,而不是主流机构的偶尔监管。这些监管机构为消费者提供的可参考的标志物并没有像犹太主流监管机构那样得到广泛认知。他们的拉比经常对产品进行特殊监管,使用主流机构监管下的设备,对于产品一般没

有什么特殊要求,但是对于某些特殊的风俗产品需要特殊监管。

第3类是比主流部门有更宽泛标准的个体拉比,许多拉比都是传统守旧的,他们的标准以犹太教律法为依据,拉比越"仁慈",食品生产者就越会取代主流机构,形成标准更宽泛的市场,但是对于零售市场公司需要自己做决定。

最近一个时期,穆斯林社团仅有一个主流机构——伊斯兰食品和营养协会,其他团体正逐渐进入该领域,但是他们的标准没有制订。

然而,原料供应商为了把原料卖给大部分犹太食品加工公司,需要使用主流犹太或伊斯兰食品监管机构。要想卖出尽可能多的产品则需要一个广泛的可接受标准。即便含有犹太食品成分,但是如果原料不被主流机构接受,那么公司也不可能盈利。在一些情况下,假如公司的产品不被主流监管机构认可,公司便可以选择较"仁慈"的犹太监管机构来认定这些原料。

公司将来要注意伊斯兰教标准,在许多情况下,给伊斯兰社团提供的犹太产品将会做出一些改变(如没有动物产品),确保产品中的酒精残留量低于 0.1%。再者,大部分穆斯林国家最好要有一个可接受的标准。

在寻找一个监管机构时,以满足公司要求的机构为准。在做出任何购买决定前有必要衡量供应商的资格。

犹太监管机构之间要注意交流,有资历的拉比认证通过的产品,其信息可以由系统的认证证书来提供。拉比监管下的犹太产品原料或者犹太产品要有特定的标签或编码。这些证书需要每年更新,并且注明起始和终止日期,这些信息是公司确定流通中原料为犹太原料的基础,消费者也希望看到这些证书。显然,犹太教的监管机构只接受他们信任的机构颁发的证书。

此外,包装上也许会出现认证机构的犹太或伊斯兰标志物或个人证明(在一些工业生产条件下,犹太教与非犹太教的产品是相似的,产品可用到彩色译码),这些标志物大部分都是商标,需要适时登记。然而,当商标没有登记时,很多拉比使用同样的犹太标志物,尤其是字母 K 和 H 或单词 kosher 和 hahal。

标记犹太和伊斯兰产品要注意 2 个问题:

(1)在印刷标签之前,食品公司有义务向他的认证机构提前出示标签,以确保标签的正确性。这个义务包括机构标志物的确定和犹太食品认证,当前许多机构并不需要在制品上标记"pareve"(中性产品),其他的也不用标记"dairy"(乳制品)。假如所有的犹太产品都有各自的标签,犹太监管机构、食品公司和消费者就都会从中受益。除了提供合适的信息外,每个人都会注意标签信息,以避免召回更多的误标产品。

(2)具有机构特征的私人标签不能在企业间随意流通,这也就是为什么一些公司,不管是个人标签还是其他都会使用"K"。如果犹太监管机构变了,标签仍然可以使用。然而,那些经验丰富的犹太消费者,对于这些标签会越来越不适应,问题也随即产生。公司花钱买一个"好"标签,只能使用"K",降低了在犹太食品认证方面的投资价值。实际上,如果公司用"K",客户服务部门、销售部门和公司内部代表都需要知道证明的拉比是谁。

因此,到目前为止,在伊斯兰国家中还没有一个团体拥有通用的伊斯兰标签,但是这些标签在一些其他国家已经得到了应用。保守派已经启动了一项为犹太产品添加次级证书的工程,Magen Tzedek(正义之星)将会评估在犹太律法中没有涉及的犹太产品问题(如工人问题、动物福利、环境问题等)。

21.5　凝　　胶

在许多食品中,凝胶在现代犹太及伊斯兰食品原料中广泛使用但也饱受争议,凝胶可以取自猪皮、牛骨或牛皮。近年来,很多研究涉及鱼类凝胶,作为一种食品原料,其与牛凝胶、猪凝胶有很多相似的特性(如张力、黏性等)。然而,取自不同鱼皮的凝胶,它的熔点比牛凝胶或猪凝胶的变化区间大,为企业产品生产提供了机会,尤其对于冰淇淋、酸奶、小甜点、蜜饯、人造奶油等的生产。这些凝胶不仅满足犹太教和伊斯兰教的要求,也被大部分主流宗教监管机构认可。

当前被称为"犹太食品"的可用凝胶没有被主流犹太监管组织接受。实际上,许多凝胶不能被伊斯兰教消费者所接受,因为他们可能是源自猪皮的凝胶。然而,按犹太律法,屠宰的牲畜制成的凝胶产品被主流甚至严格的犹太标准所接受,但它是限制性供应。虽然没有宗教证明的商业产品不能出现在市场上,但是一些产品也可以用家禽的凝胶来做。一些用家禽凝胶来做的产品,尽管不是商业产品,也没有宗教证明,但在市场上仍然可用。

在"仁慈"的犹太监管机构中,凝胶的应用范围很广泛。对于凝胶持有包容态度的人认为凝胶要取自骨和皮,而不能取自鲜肉。产品的某种处理工艺使其由"不合适"(以至于人类和犬都不能食用)变成一种新型产品。基于此,拉比接受猪肉凝胶,大部分带有"K"的甜点也符合这个规则。

有些拉比只接受牛骨凝胶和牛皮凝胶,而不接受猪凝胶,还有一些拉比只接受"印度干骨"作为牛凝胶的来源,这些骨在印度被自然风干,除此之外,宗教律法也允许使用这些材料。然而,这些产品没有被主流犹太教或伊斯兰教的监管机构接受,也不会被有影响的犹太教和伊斯兰教社团接受。

21.6　生　物　技　术

拉比、阿訇、毛拉现在只接受简单的基因工程产品,例如:凝胶酶在被拉比接受半年之后才得到 FDA 的接受。发酵产品也必须符合犹太或伊斯兰律法的要求(如原料、发酵罐、操作都必须使用犹太或伊斯兰设备)。在犹太食品环境要求下生产出的乳制品会有犹太食品标志。如果其他的条件都合乎犹太律法的规定,我们相信不久后拉比会批准使用生物技术生产的猪脂肪酶,但是穆斯林团体对这个问题仍在考虑之中,最后的规则还没有确定,他们很有可能不会接受这样的产品。然而,假如酶的基因是严格依照伊斯兰律法规定提取的,那么产品有可能被接受。2 个宗教的领导人都还没有确定更复杂基因产物的应用。

21.7　联邦与州立法规

犹太食品需要打上合法的犹太食品标签。联邦法规(21CFR101.29)中指出,这种标签必须是适合的。将近有 20 个州、一些镇和城市对犹太食品标签有特殊的规定,这些法规中涉及许多"传统的希伯来习俗"或者对某些条款进行了改动。20 世纪 90 年代,法庭对它们的诠释更有合法性。

纽约的犹太法规可能是最健全的,其中包括农业部和犹太强制机构对产品的详细记录。然而,新泽西最高法院宣称其原始法规违反宪法之后,出台了新法规。此法规重点明确不会出现违反宪法的问题,它强调了消费者认识此问题的权利和标签的真实性。他们也避免让新泽西州来诠释犹太食品标准。当然监管的拉比告诫消费者需要做出一个明确的决定,与伊斯兰法规相似的法规已经通过。纽约的犹太法规也被认为违反宪法,一部和新泽西州地区相似的法律已经通过了。其他州也会更新他们的法律,其他 5 个州也有保护伊斯兰教合法食物的法律,尽管这些法律与当前的犹太法律一样存在许多相同的宪法问题。

21.8　犹太食品认证和过敏现象

对大多数消费者来说,犹太食品认证可以指导他们判定哪种产品符合自己的要求,但是对于过敏症的消费者来说,犹太食品认证也有其局限性。

对所有的犹太食品产品,都需要注意 2 个重要的限制条件。

(1)获得犹太食品认证的生产工艺可以将食品从一种状态转变为另一种状态。虽然这种工艺得到宗教认定,但转化率也不会是 100% 的。

(2)犹太法律不准许事后再否定错误,因此微量(在特定环境下按小于体积 1/60 的量)可以忽略不计。许多犹太食品监督机构考虑到企业盈利的需求,为了最大限度地减少负面影响,不宣传为使用某个工序而忽略微量误差的事实,以便其生产出的产品可以被大众所接受。

人们需要那些经过犹太食品认证的乳制品生产线生产的产品(如乳制品的中性替代品和其他一些液体产品,如茶和果汁),但它们却不符合有过敏症消费者的要求。另一种出现问题的产品是巧克力,许多生产线生产牛奶巧克力和中性巧克力,但是从中性巧克力中提取微量乳制品很困难。事实上,一些监督机构对违反犹太律法而造成的危害进行了控制,他们已经禁止使用普通的设备来生产乳制品和中性巧克力。

乳品和肉品加工设备同样存在问题,使用未经过犹太食品认证的乳品和肉品生产线生产产品,并没有故意在其中添加乳制品或肉类成分,这一产品在犹太家庭中被认为是有限制性的中性食品。

在少数情况下,一些中性食品和乳制品中含有少量的鱼(如伍斯特郡的辣酱油凤尾鱼),这种成分可能会被犹太监督时标记出来。但许多认证不会特别标注这个。

逾越节中,人们对斯佩尔特小麦和一些其他植物的“衍生产品”有争议,并且对拉比许可的一些材料如玉米糖浆、大豆油、花生油及其衍生产品产生了质疑。一般来说,这些材料的“蛋白质部分”是不能使用的。因此,对这些物品过敏的人可以从不允许添加此类产品的监管机构那购买这些特殊的逾越节产品。不是特别敏感的人知道逾越节中不会使用蛋白质(不正常的过敏源)作为产品。关于“犹太食品认证产品”,拉比的监督更倾向于对禁止谷类(小麦、黑麦、燕麦、大麦和斯佩耳特小麦)的严格监督。因此,这些应该更能解决潜在的过敏问题,但对于延长禁令未必是至关重要的。

在确保微量成分能引起过敏的情况下,消费者不应为犹太食品标志买单。如何才能将乳品生产线彻底的改造呢?清洗方面应该注意原料乳品蛋白质的清洗,以保证不会发生交叉污染。目前犹太人接受的东西中到底是什么不能满足过敏消费者的需求呢?是空气中充满乳品粉尘而引起的问题吗?公司在生产线生产出的中性巧克力上设置一个特殊的犹太食品认证标志,同时用这个生产线生产乳制品来表明这是一个宗教的中性食品,但是不能完全避免不会出现过敏消费者的乳品过敏源。此外,他们还考虑使用现代抗体或相似的方法来检测巧克力。例如,即使产品中不包括花生,也会用常规的 M&Ms 标志表示“花生”,用来提醒那些对花生过敏的人,因为生产这 2 种产品使用的是相同的设备(尽管在 2 种产品生产间歇会对设备进行清洗)。

21.9　犹　太　家　禽

我们假设读者已经阅读过第 3、4 章中关于家禽的正常加工方法。本节将重点介绍犹太和伊斯兰屠宰家禽时的主要区别。

犹太屠宰的常规家禽,一般是合同供应或市场购买,来自于合同供应的家禽由屠宰公司控制家禽供应量,在公开市场购买的家禽,由于不能控制其供应量而优先加工。然而,因为羽毛的清除方法不同且相当粗糙,一些犹太家禽零售商贩已经找到能满足特殊要求的方法。

如果公司自己饲养活禽,那么存在 2 个重要的问题。首先是注射问题。动物可能会接受注射,但是这种注射不能被犹太教划分为"带孔"动物而禁止存活一年(这些标准是犹太教的,不是现代科学特别关注的)。特别关注的问题是:是否对动物颈部区域进行激素注射。虽然宗教没有要求,但许多犹太教生产者注射时不会使用激素或抗生素。

第 2 个问题是关于动物饲料。有趣的是,这个问题关注的是饲料中包含的牛奶和肉类成分,以及关于"烤"的斯佩尔特小麦,而不是那些非洁食成分。后一个问题是在逾越节中间(至多)4 d 出现的家禽加工问题。

下面是本文的第一作者对多次参观过的工厂的描述。待屠宰鸡 60～63 日龄(略高于非犹太的家禽)。禽类被关在板条箱中,被宰杀时由助手取出。每一个索海特都有一个助手来帮助控制屠宰。索海特使用一把非常锋利的刀,割断禽类的气管、颈动脉、颈静脉,然后检查禽类是否屠宰妥当,之后另一个助手把禽类挂起来。其他索海特负责检查刀和磨刀。如果发现刀有缺口,自上次刀检查后所屠宰的禽类均被判为非洁食品。为了维持正常的生产速度,与许多传统的工厂相比,一支 7 名索海特队伍轮流屠宰禽类,每名索海特工作 1 h,然后离开休息 1 h。索海特在屠宰前会祈祷。作为一名索海特,必须是虔诚认真的犹太人,且必须具备宗教知识及完成这项工作的实践能力。索海特的个人工作没有人监控,因此索海特没有保持工作步伐一致的压力。

禽鸟类屠宰时把血液直接放掉并往其中添加木屑,这样不可能收集血液(禽鸟类和"被宰杀"的野生动物受此规则约束,驯养的反刍动物则不)。

拔毛过程中采用冷水。使用开水会烫熟禽并对随后的除血产生不利影响,这是不允许的。水越冷,冲洗效果越好,所以要经常在水中加冰。但是用冷水处理不利于去除羽毛,所以通常会对家禽进行专门培育以增强其皮肤韧性(如前面所述),以便在去除羽毛时出现较少的撕裂情况。去毛机的所有操作都要用冷水,一般来说,在去毛机处理后大多都要再进行拔毛处理(例如,常规工厂中去毛机处理 10 只禽,当中有 6 只需要再次拔毛)。在随后的拔毛过程中,通过一个烫毛器处理后,再去仔细检查细小的羽毛。在许多企业被分配到该工序工作的人越来越多。

犹太禽类的主要操作程序与非犹太禽类的很相似。然而,是否在水中添加氯来清理机器是由拉比来决定的,为防止化学物质灼伤禽类,清洗生产犹太食品的机器时氯添加量比非犹太食品的机器添加量少。

为了保证每只禽类都健康洁净,在美国农业部检测前后,内脏器官督察人员将会彻查禽类的所有部位。内脏器官督察部对内脏每处的检查都相当严格,如果出现问题,需要进一步检测。这时候一般需要另外的督察人员做场外非神经原性烯醇化酶试验,这种情况在幼禽(即岩石科尼什母鸡)中普遍存在。

非犹太工厂中的禽类通常会被标记绿色标签(需要离线处理),因为一些设备在重复使用的过程中会与犹太教的饮食教规冲突,例如,美国农业部对清洗机器时氯的规定添加量就超过了拉比的允许添加量。

通过检测后使用一种特殊的三刃刀去除禽的脖子和双翅,然后进行排血。

接下来把金属标签放在翅膀上表明这些禽类产品是清洁食品,尽管许多禽类的双翅被切掉,工厂仍然努力将这些标志显示在禽类产品的某一部分。这些工作都是必须进行的。在家中切禽肉和拌面粉前或至少在食用犹太食品认证禽肉前要把这些标签除去。这些标签被除掉或有时候自己脱落,就成为非洁食禽肉了。当这些标签落入不道德的人手中,会将非洁食禽肉当作洁食禽肉销售。因此,需要提醒生产这些标签的公司,将犹太或伊斯兰食品的认证标签作为样品是非常不恰当的。最近几年,安置金属标签的高科技解决方案已经开始使用,包括在标签中增加个人识别码,能被设备读出,并纳入全球信息溯源图中。

上文的那些已被视为非洁食的禽肉,通过了美国农业部的检测,在他们的双翅上没有特殊的生产信息标志而是安置了黑色的金属标签,可以在当地销售。对于犹太食品和非犹太食品,通过对金属标签的控制,拉比可以区分犹太食品和非犹太食品的禽肉。

禽类预冷应不低于 30 min,而后进行盐腌,犹太食品要求禽肉内部和外部都要用盐腌。然后将禽的胴体挂在机架上排水,当机架完全挂满时开始记时,必须腌制 1 h 才准取下来。在对胴体喷淋后再放入水槽,然后用流动的冷水冲洗 3 遍。盐分会轻微增加。肌肉的渗透率小于 0.5 cm,在烹饪中盐会均匀地释放。

食用内脏(除了肝脏)的处理方式都一样,只是使用的设备较小。肝脏被放入有良好排水孔的特殊容器中继续冷却,之后将肝脏装入有专门标签的专用袋。袋子上做标记是为了向顾客进行必要的犹太食品介绍。肝脏必须使用特殊的器具来烧制,因为肝脏血液含量较高,否则即使使用盐腌也不能称其为犹太食品产品。

接下来的所有处理,禽类可能同样会被保存在放有冰的板条箱中,然后用金属密封。超市中的产品一般都是完全密封包装的,在一个超市中洁食肉类即使挨着非洁食肉类,也不会直接接触。

经营一个犹太食品工厂,需要额外的犹太监督人员来监督犹太工厂是否按规定操作。此外,因为工厂可能比较孤立,房屋的规定、饲料的要求(尤其是犹太食品产品),以及职员的宗教需求(如每天 3 次的祈祷)必须得到满足。工厂的生产时间表必须满足宗教职员的需求,在安息日(逢周五)以及其他的宗教节日返回家乡。显然,在犹太教的宗教节日里工厂会停工。

21.10　伊斯兰家禽

用于商业加工的家禽,一般从专门饲养肉鸡的家禽农场获得,当蛋产量降低到某一水平时,从蛋鸡场来的母鸡和公鸡可能用于商业加工。根据最终用途,伊斯兰食品的生产可使用任何大小、年龄、性别的鸡。公鸡和母鸡可用来高温蒸煮,例如,罐藏、干馏,甚至脱水入汤和其他混合。在中东地区幼小的禽类是首选,而在美国超市那种成熟可用的禽肉则是最好的选择,因为他们可以使用旋转烤箱焙烤。在西部地区,家禽的首选饲料不掺杂任何动物产品和其他废料。一些伊斯兰的屠宰场使用综合方法(例如,他们用干净的饲料喂养鸡),但大多数伊斯兰屠宰厂对饲料并没有额外的要求。穆斯林零售商喜欢阿米什农场自由放养的鸡,因为在那里不会用动物的副产品来饲养禽类。然而,这些禽类的体型都相当大,可用于制作全切鸡或分割鸡。不鼓励为了提高鸡蛋和鸡肉的产量而使用激素。

屠宰方法:伊斯兰教传统的屠宰方法是切割喉部颈动脉、静脉、食管,而不是把头部切掉。在屠宰时每个穆斯林要以真主安拉的名义对每只禽类念经。为了保证屠宰过程的合法化,一个生产线上有 3～7 个穆斯林屠宰人员,连续工作 1 d;然而小型的伊斯兰屠宰厂,每个生产线上只有 3 个屠宰人员。屠宰人员共同的宣言是"Bismillahi ALLhu Akbar",意思是"以真主安拉的名义,主是伟大的。"手工屠宰仍然是穆斯林的首选,在穆斯林国家及穆斯林控制的手工屠宰场是主流。西方国家发起的机械或机器屠宰禽类,也要由穆斯林进行验收。几乎所有的国家都接受由机器屠宰的鸡。机械屠宰鸡的方法是由美国伊斯兰食品和营养协会批准制订的,并由穆斯林国家批准通过,与工业用的机械屠宰方法不同之处主要表现在以下几点。

(1)穆斯林屠宰人员在开启机器时要念真主的名字。

(2)穆斯林屠宰人员需保证机器可以切到禽类的颈部,如果机器漏掉了一个禽类或对禽类屠宰的切口太小,使放血不足,屠宰人员须及时调整。一般来说,机器屠宰会有 5%～10% 的禽类不能被正确的屠宰,然后穆斯林就要亲自屠宰这些禽类。

(3)屠宰机器的叶片高度必须要调整,使其正好位于禽类头的下方,而不是穿过头部或胸部。禽类悬挂的位置大小要合理紧密,以便达到这一要求。

(4)旋转刀应该在禽类脖子上至少划出 3 个切口。用一个单刀来操作是很难实现这一要求的,因此在一定情况下,需要安装一个双刀。

(5)任何一只不能被正确宰杀的禽类均会被穆斯林屠宰人员贴上标签,视为非伊斯兰食品类食品。

(6)根据生产速度及操作效率,要求 2 名屠宰人员完成上面的任务。

(7)在休息时间机器必须关掉,重启后再开始运行程序。

禽类用热水冲洗之前必须保证完全没有生命体征。伊斯兰食品要求的拔毛条件与常规操作要求一致,如水温、氯的含量等。然而,在那些伊斯兰和非伊斯兰禽肉均可加工的工厂里,伊斯兰禽肉在拔毛、冷却、净膛、加工和储藏过程中必须与非伊斯兰禽肉完全隔离。装伊斯兰食品的容器应加盖,然后由伊斯兰检查员授权印上合适的代码并贴上标签。当伊斯兰食品的加工设备被运送到另一地点进行生产时,负责设施的伊斯兰督察员要发一个伊斯兰证书。如需腌制、撒面包屑、拌糊、搅打等进一步加工处理的产品,应该在合格的伊斯兰督察员的监督下对设备进行彻底清理后再加工生产。非肉成分,如香料、调味料及面包都必须要有伊斯兰认证。

因为对用食盐和水浸泡禽类没有要求,所以伊斯兰禽肉与正规的、商业化的产品相似。因为伊斯兰禽肉完全放血且禽类应激性较小,所以质量有保证。

不像犹太食品产品那样,伊斯兰督察员不用培训,且不用检查内脏器官的疾病或任何其他健康问题。他们认为这是美国农业部检查员的责任。

在不同的国家,一般在禽类的脖子或翅膀上固定金属或塑料标签,但是随着禽类被分割成不同的部分出售,这将变得越来越困难。在所有产品均是伊斯兰食品的国家,则不会使用标签。在某些地区,因为不喜欢禽类的头留在身体上,屠宰者或顾客会将头去掉。在美国,这需要美国农业部豁免许可证。在中国,屠宰方式不同,顾客能很容易的区分出伊斯兰和非伊斯兰的禽肉。在北美,加工和切割过程中会把禽类的头和脖子去掉,然而人们却希望那些带脖子的禽类得到伊斯兰许可。对于产品全是或部分是伊斯兰食品的工厂,员工的需求也很重要。每天的祈祷及特殊星期五的祈祷非常必要,工厂需要为穆斯林员工提供一个独立、干净、安静的洁净室进行祈祷。工厂还应在宗教节日那天给予穆斯林员工休息时间。

21.11　小　　结

对市场上家禽的生产加工而言,宗教和其他文化习俗非常重要。尽管这样的市场在美国大多数州都不常见,但在一些地区非常具有影响力,而且,在一些国家这些宗教教规就是法律。除了国内市场,出口企业也需要特别关注出口国家的宗教文化、法律和风俗习惯。

参 考 文 献

1. Grunfeld, I., *The Jewish Dietary Laws*, Soncino Press, London, 1972, 11.
2. Regenstein, J. M., Health aspects of kosher foods, *Act. Rep. Min. Work Groups Sub-Work Groups Res. Dev. Assoc.*, 46(1), 77, 1994.
3. Hertz, J. H., *Pentateuch and Haftorahs*, Soncino Press, London, 1973.
4. Al-Quaradawi, Y., *The Lawful and the Prohibited in Islam*, The Holy Quran Publishing House, Beirut, Lebanon, 1984.
5. Awan, J. A., *Islamic food laws—I. philosophy of the prohibition of unlawful foods, Science and Technology in the Islamic World*, 1984.
6. Hussanini, M. M. and Sakr, A. H., *Islamic Dietary Laws and Practices*, Islamic Food and Nutrition Council of America, Bedford Park, IL, 1983.
7. Sakr, A. H., *Pork: Possible Reasons for its Prohibition*, Foundation for Islamic Knowledge, Lombard, IL, 1991.
8. Al-Quaderi, Syed J. M., Personal Communication, Islamic Food and Nutrition Council of America, Chicago, IL, 1999.
9. Berman, M. A., Kosher fraud statutes and the establishment clause: are they kosher?, *Columbia J. Law and Social Prob.*, 26(1), 1, 1992.
10. Barghout V., Bureau of Kosher Meat and Food Control, U. S. App. LEXIS 27707, 1995.

参 考 书 目

Chaudry, M. M., Islamic Food Laws: Philosophical Basis and Practical Implications, *Food Technol.*, 46(10), 92, 1992

Chaudry, M. M. and Regenstein, J. M., Implications of Biotechnology and Genetic Engineering for Kosher and Halal Foods, *Trends Food Sci. Technol.*, 5, 165, 1994.

Ratzersdorfer, M., Regenstein, J. M., and Letson, L. M., 1988. Appendix 5: Poultry Plant Visits, in *A Shopping Guide for the Kosher Consumer*, J.M. Regenstein, C.E. Regenstein, and L.M. Letson (Eds.) for Mario Cuomo, Governor, State of New York.

Regenstein, J.M., Chaudry, M.M. and Regenstein, C.E., The Kosher and Halal Food Laws, *Comp. Reviews Food Sci. and Food Safety*, 2(3), 111, 2003.

Regenstein, J. M. and Regenstein, C. E., An Introduction to the Kosher (Dietary) Laws for Food Scientists and Food Processors, *Food Technol.*, 33(1), 89, 1979.

Regenstein, J. M. and Regenstein, C. E., The Kosher Dietary Laws and their Implementation in the Food Industry, *Food Technol.*, 42(6), 86, 1988.

索　引